CAX 工程应用丛书

U0286195

2021中文版

AutoCAD

建筑图形设计
与天正建筑TArch工程实践

胡勇　孙明　编著

清華大學出版社
北京

内 容 简 介

本书从CAD制图技术与行业应用出发，以AutoCAD 2021版和T20-Arch V7.0工具，通过应用范例和上机练习题，全方位介绍CAD制图技术和建筑图形的绘制方法和技巧，使读者掌握技能、获得经验，快速成为建筑制图的高手。

全书共11章，第1～4章以16个建筑制图中常见图形为范例，详解AutoCAD基本制图技术及其在建筑制图中的应用；第5章全面介绍建筑总平面图的绘制，包括创建道路、建筑物、绿化、水系、指北针和风玫瑰图、尺寸标注、标高、文字及图例的绘制方法和步骤；第6～9章以建筑制图中的基本要求和规定为基础，详细介绍建筑平面图、建筑立面图、建筑剖面图以及建筑详图的绘制要求、内容、方法和步骤；第10章详细介绍建筑制图中三维效果图的绘制，包括建筑三维制图常用技术、方法和步骤；第11章通过范例介绍天正建筑在AutoCAD建筑制图中的使用及绘制方法。

本书立足行业应用，内容系统全面，实例典型，技术含量高。是一本专门针对建筑行业AutoCAD初、中级用户开发的实用型教材，适合作为中、高等院校的建筑CAD制图课程的教材，也适合作为建筑制图技术人员的参考书。

图书在版编目（CIP）数据

AutoCAD 建筑图形设计与天正建筑 TArch 工程实践：2021 中文版 / 胡勇，孙明编著.—北京：清华大学出版社，2022.5（2023.1重印）

（CAX 工程应用丛书）

ISBN 978-7-302-60642-0

Ⅰ.①A… Ⅱ.①胡… ②孙… Ⅲ.①建筑制图－AutoCAD 软件 Ⅳ.①TU204.2-39

中国版本图书馆 CIP 数据核字（2022）第 068155 号

责任编辑：夏毓彦
封面设计：王　翔
责任校对：闫秀华
责任印制：宋　林

出版发行：清华大学出版社
    网　　址：http://www.tup.com.cn，http://www.wqbook.com
    地　　址：北京清华大学学研大厦 A 座　　　　　邮　编：100084
    社 总 机：010-83470000　　　　　　　　　　邮　购：010-62786544
    投稿与读者服务：010-62776969，c-service@tup.tsinghua.edu.cn
    质量反馈：010-62772015，zhiliang@tup.tsinghua.edu.cn

印 装 者：三河市君旺印务有限公司

经　　销：全国新华书店
开　　本：190mm×260mm　　　　印　张：24.75　　　　字　数：673 千字
版　　次：2022 年 6 月第 1 版　　　　　　　　　　印　次：2023 年 1 月第 2 次印刷
定　　价：99.00 元

产品编号：095346-01

前 言 Preface

AutoCAD 2021 是目前广为流行的 CAD 软件之一，由美国 Autodesk 公司开发的专门用于计算机辅助设计的软件。目前，AutoCAD 已经广泛应用于机械、建筑、电子、航天和水利等工程领域。

天正公司推出的当前天正建筑最新版本为 T20-Arch V7.0 可以更好地协助工程师在 AutoCAD 软件的基础上进行建筑图纸的绘制。天正建筑以先进的建筑对象概念服务于建筑施工图设计，是建筑 CAD 国产化的首选软件。

本书内容

本书共分为 11 章，向用户介绍 AutoCAD 2021 和 T20-Arch V7.0 软件的基本使用、各个绘图命令的功能及其使用方法和使用技巧，并根据具体实例讲述各种命令在建筑制图中的应用。

- 第 1 章简单介绍 AutoCAD 制图基础，包括 AutoCAD 2021 界面组成、AutoCAD 命令输入方式及建筑制图的基本绘图和编辑命令、绘图辅助工具的使用、对象的选择等。
- 第 2 章介绍建筑制图中使用基本绘图和编辑命令以及图块功能创建常见图形和标准图形的方法。
- 第 3 章介绍建筑制图中各种文字说明、引出说明和表格等的创建方法。
- 第 4 章介绍建筑制图中的标准标注样式的创建方法，以及各种尺寸标注的方法等。
- 第 5 章介绍建筑总平面图绘制，包括建筑总平面图制图要求和绘制小区总平面图等。
- 第 6 章介绍建筑平面图绘制，包括建筑平面图制图要求和某办公楼平面图绘制等。
- 第 7 章介绍建筑立面图绘制，包括建筑立面图制图要求和某办公楼正立面图绘制等。
- 第 8 章介绍建筑剖面图绘制，包括建筑剖面图制图要求和某办公楼剖面图绘制等。
- 第 9 章介绍建筑详图绘制，包括建筑详图制图要求、建筑详图绘制方法、楼梯详图绘制、窗台详图绘制和卫生间详图绘制等。
- 第 10 章介绍建筑制图中三维效果图的绘制，包括建筑三维制图常用技术、建筑制图中三维实体的创建、建筑制图中三维房间的创建、建筑制图中三维小区效果图的创建等。
- 第 11 章介绍天正建筑在 AutoCAD 建筑制图中的使用，通过丰富的案例演示为读者介绍在 AutoCAD 2021 中使用 T20-Arch V7.0 方便快速地配合制图的思路和方法。

本书内容翔实、图文并茂、语言简洁、思路清晰、实例典型，有很强的针对性。书中各章不仅详细介绍实例的具体操作步骤，而且还配有一定数量的上机练习题供读者练习使用。读者只需按照书中介绍的步骤一步步地进行操作，就能完全掌握本书的内容。

资源下载

为了帮助读者更加直观地学习本书，笔者将书中实例所涉及的全部操作文件都收录在云盘中供读者下载。文件内容主要包括两大部分：sample 文件夹和 video 文件夹。前者提供书中所有实例.dwg 源文件和工程文件；后者提供了适合 AutoCAD 多个版本学习的多媒体语音视频教学文件。读者可以扫描以下二维码下载，如果下载有问题，请用电子邮件联系 booksaga@126.com，邮件主题为"AutoCAD 建筑图形设计与天正建筑 TArch 工程实践：2021 中文版"。

读者对象

本书可以作为土木建筑工程从业人员、即将从事该领域或相关领域的人员学习和精通 AutoCAD 的参考书籍，也可以作为中、高等院校建筑相关专业建筑制图课程的教材和参考资料。

版本说明

本书内容在前期畅销书《AutoCAD 建筑图形设计与天正建筑 TArch 工程实践（2014 中文版）》的基础上跨越了 AutoCAD 软件 6 个版本进行升级与修订，主要由胡勇、张传记完成，对于前期版本的作者孙明、张秀梅等人的奉献，在此表示衷心的感谢。

作者力图使本书的知识性和实用性相得益彰，但由于水平有限，书中纰漏之处难免，欢迎广大读者、同仁批评斧正。

编　者

2022.2

Contents

**第1章 AutoCAD 2021
建筑制图基本操作**…………………1

1.1 AutoCAD 2021 用户界面…………………1

1.2 AutoCAD 文件的创建、打开和关闭……6

1.3 绘图环境设置与系统配置…………………8

1.4 图层设置…………………10

1.5 二维视图操作…………………15

    1.5.1 缩放…………………15

    1.5.2 平移…………………18

1.6 利用 AutoCAD 绘制基本图形…………………18

    1.6.1 AutoCAD 坐标系…………………18

    1.6.2 绘制点…………………20

    1.6.3 绘制直线…………………21

    1.6.4 绘制矩形…………………22

    1.6.5 绘制正多边形…………………23

    1.6.6 绘制圆、圆弧…………………25

    1.6.7 绘制和编辑多段线…………………28

    1.6.8 绘制和编辑多线…………………29

    1.6.9 图案填充…………………33

    1.6.10 绘制构造线…………………37

1.7 二维图形的编辑与修改…………………38

    1.7.1 删除…………………38

    1.7.2 复制…………………39

    1.7.3 镜像…………………39

    1.7.4 偏移…………………39

    1.7.5 阵列…………………40

    1.7.6 移动…………………43

    1.7.7 旋转…………………43

    1.7.8 拉伸…………………44

    1.7.9 缩放…………………44

    1.7.10 延伸…………………44

    1.7.11 修剪…………………46

    1.7.12 打断…………………47

    1.7.13 合并…………………48

    1.7.14 倒角…………………48

    1.7.15 圆角…………………49

    1.7.16 分解…………………50

1.8 绘图辅助工具…………………50

    1.8.1 设置捕捉、栅格…………………50

    1.8.2 设置正交…………………52

    1.8.3 设置对象捕捉…………………52

    1.8.4 设置极轴追踪…………………54

    1.8.5 设置对象捕捉追踪…………………55

    1.8.6 捕捉自与临时追踪点…………………55

    1.8.7 动态输入…………………56

1.9 选择对象…………………57

1.10 夹点编辑…………………58

1.11 小结…………………59

**第2章 建筑图中标准图形和
常见图形的绘制**…………………60

2.1 块技术介绍…………………60

    2.1.1 创建图块…………………60

    2.1.2 创建块属性…………………61

    2.1.3 动态块…………………64

2.1.4 插入块 ························ 65

2.2 标准图形的创建方法············ 67

2.3 常见图形的创建方法············ 74

　　2.3.1 门的绘制 ···················· 75

　　2.3.2 动态窗的绘制 ············· 76

2.4 样板图的绘制 ···················· 80

　　2.4.1 标准规定 ···················· 80

　　2.4.2 创建 A2 样板图 ············· 82

2.5 上机练习 ·························· 84

第 3 章 建筑制图中建筑说明的创建 ·····85

3.1 文字与表格技术阐述············ 85

　　3.1.1 单行文字 ···················· 85

　　3.1.2 多行文字 ···················· 86

　　3.1.3 文字编辑 ···················· 90

　　3.1.4 表格 ·························· 91

3.2 建筑制图中文字样式的创建···· 93

3.3 建筑图中说明文字的创建······ 94

　　3.3.1 创建立面图标题 ············· 94

　　3.3.2 创建建筑设计总说明 ········ 97

3.4 建筑制图中各种表格的创建··· 104

　　3.4.1 表格法创建表格 ············ 104

　　3.4.2 单行文字创建表格 ·········· 107

3.5 其他创建文字的方法·········· 111

3.6 上机练习 ························ 115

第 4 章 建筑制图中尺寸标注的创建 ··· 117

4.1 创建尺寸技术概述············· 117

　　4.1.1 建筑制图中常用的基本标注
　　　　　形式 ······················ 118

　　4.1.2 尺寸编辑 ···················· 120

4.2 建筑制图尺寸标注规范要求··· 122

　　4.2.1 尺寸界线、尺寸线及尺寸起止
　　　　　符号 ······················ 122

　　4.2.2 尺寸数字 ···················· 123

　　4.2.3 尺寸的排列与布置 ·········· 123

　　4.2.4 半径、直径、球的尺寸标注 ··· 124

　　4.2.5 角度、弧度、弧长的标注 ····· 124

　　4.2.6 薄板厚度、正方形、坡度、
　　　　　非圆曲线等尺寸标注 ········· 125

　　4.2.7 尺寸的简化标注 ············ 125

　　4.2.8 标高 ·························· 126

4.3 创建建筑制图中常用的标注样式···· 127

4.4 建筑图中尺寸的创建·········· 131

　　4.4.1 创建平面图中的尺寸标注···· 131

　　4.4.2 创建详图中的尺寸标注······ 134

4.5 上机练习 ························ 138

第 5 章 建筑总平面图的绘制 ···········140

5.1 建筑总平面图的内容·········· 140

5.2 建筑总平面图的绘制方法及步骤···· 140

5.3 绘制某商业区的总平面图····· 141

　　5.3.1 建立绘图环境 ··············· 142

　　5.3.2 创建辅助线 ················· 143

　　5.3.3 创建道路 ···················· 144

　　5.3.4 创建建筑物 ················· 148

　　5.3.5 创建绿化 ···················· 154

　　5.3.6 创建水系 ···················· 157

　　5.3.7 创建指北针和风玫瑰图······ 159

　　5.3.8 创建尺寸标注 ··············· 160

　　5.3.9 创建标高 ···················· 161

　　5.3.10 创建文字 ··················· 162

　　5.3.11 创建图例 ··················· 163

5.4 小结 ······························ 164

5.5 上机练习 ························ 164

第 6 章 建筑平面图的绘制 ··············166

6.1 建筑平面图基础 ················ 166

　　6.1.1 建筑平面图绘制内容及规定··· 166

　　6.1.2 建筑平面图绘制步骤 ········ 167

6.2 某办公楼平面图的绘制········ 168

　　6.2.1 标准层平面图的绘制········· 168

　　6.2.2 绘制底层平面图 ············· 179

　　6.2.3 绘制顶层平面图 ············· 182

6.3 小结 ······························ 183

6.4 上机练习 ························ 183

第7章　建筑立面图的绘制 ············· **185**

7.1　建筑立面图基础·················185

7.1.1　建筑立面图内容 ·············185

7.1.2　建筑立面图绘制步骤 ·······185

7.2　某办公楼正立面图绘制··········186

7.2.1　建立绘图环境·············187

7.2.2　创建立面辅助线·········187

7.2.3　创建立面图轮廓线·······188

7.2.4　创建门窗 ···············189

7.2.5　创建雨篷···············198

7.2.6　创建立面装饰···········199

7.2.7　创建立面填充···········201

7.2.8　创建立面标高···········201

7.2.9　创建文字···············202

7.2.10　创建图题和轴线编号···202

7.3　小结 ·····························203

7.4　上机练习··························203

第8章　建筑剖面图的绘制 ············· **205**

8.1　建筑剖面图基础·················205

8.1.1　建筑剖面图内容·········205

8.1.2　建筑剖面图绘制步骤 ···206

8.2　某办公楼剖面图绘制············206

8.2.1　建立绘图环境·············207

8.2.2　创建辅助线·············207

8.2.3　创建地坪线·············208

8.2.4　创建墙线和楼板线·······210

8.2.5　创建梁 ···············213

8.2.6　创建门窗 ···············215

8.2.7　创建楼梯···············220

8.2.8　创建楼顶剖面···········222

8.2.9　创建尺寸标注···········223

8.2.10　创建标高和轴线编号···224

8.2.11　创建标题和坡度符号···224

8.3　小结 ·····························225

8.4　上机练习··························225

第9章　建筑详图的绘制 ············· **227**

9.1　建筑详图基础··················227

9.1.1　建筑详图内容·············227

9.1.2　建筑详图绘制步骤·········228

9.1.3　建筑详图绘制方法·········229

9.2　楼梯详图绘制··················230

9.2.1　楼梯详图的内容及要求···230

9.2.2　楼梯平面详图·············231

9.2.3　楼梯剖面详图·············237

9.2.4　扶手详图···············245

9.3　窗台详图绘制··················248

9.3.1　设置绘图环境·············248

9.3.2　绘制辅助线·············249

9.3.3　绘制轮廓线·············249

9.3.4　填充剖切材料·············251

9.3.5　标注尺寸和文字·········252

9.4　卫生间详图绘制················252

9.4.1　设置绘图环境·············252

9.4.2　提取卫生间轮廓·········253

9.4.3　填充卫生间·············253

9.4.4　标注尺寸及文字·········253

9.5　小结 ·····························254

9.6　上机练习··························254

第10章　建筑三维图形的绘制········· **256**

10.1　三维建模概述···············256

10.2　三维视图操作···············257

10.2.1　重画、重生成 ·········257

10.2.2　动态观察·············257

10.2.3　三维视图·············258

10.2.4　视觉样式·············258

10.3　用户坐标系和动态UCS·········259

10.3.1　坐标系概述·············259

10.3.2　建立用户坐标系·········260

10.3.3　动态UCS·············261

10.4　创建网格·····················261

10.5　创建基本实体···············263

10.5.1　多段体·············263

10.5.2　长方体·············264

10.5.3　楔体·············265

10.5.4　圆锥体 ···············265

10.5.5 球体·······························265

10.5.6 圆柱体··························266

10.5.7 圆环体··························266

10.5.8 棱锥体··························266

10.6 创建复杂实体·····················267

10.6.1 拉伸·····························267

10.6.2 旋转·····························267

10.6.3 扫掠·····························268

10.6.4 放样·····························269

10.7 布尔运算··························270

10.8 三维操作··························271

10.8.1 三维移动·····················271

10.8.2 三维旋转·····················271

10.8.3 三维镜像·····················272

10.8.4 三维阵列·····················273

10.8.5 剖切·····························274

10.8.6 三维圆角·····················275

10.8.7 三维倒角·····················275

10.9 三维实体编辑·····················276

10.9.1 编辑面························276

10.9.2 编辑体························279

10.10 相机······························280

10.11 漫游与飞行······················281

10.12 运动路径动画···················282

10.13 光源······························282

10.13.1 点光源·····················282

10.13.2 聚光灯·····················283

10.13.3 平行光·····················283

10.14 贴图······························284

10.15 渲染······························284

10.16 三维图形的制图规范··········285

10.16.1 三维图形的投影········285

10.16.2 轴测投影·················285

10.16.3 透视投影·················286

10.17 三维效果图的绘制············286

10.17.1 三维家具的绘制········286

10.17.2 建筑制图中三维房间的

创建·····················303

10.17.3 小区（总平面）三维效果图的

绘制·····················307

10.18 小结·····························317

10.19 上机练习·························317

第 11 章 天正建筑在 AutoCAD

建筑制图中的使用···········319

11.1 天正建筑简介····················319

11.2 天正建筑的基本操作··········320

11.2.1 绘制轴线·····················320

11.2.2 轴网标注·····················322

11.2.3 插入标准柱·················323

11.2.4 墙体···························324

11.2.5 插入门窗·····················326

11.2.6 楼梯其他·····················329

11.2.7 房间屋顶·····················330

11.2.8 文字表格·····················331

11.2.9 尺寸标注·····················334

11.2.10 符号标注···················335

11.2.11 图库与图案···············336

11.2.12 立面图、剖面图的绘制

方法·····················337

11.3 以别墅为例介绍天正建筑软件的

使用································337

11.3.1 别墅平面图的绘制········338

11.3.2 别墅首层平面图的绘制··359

11.3.3 别墅三层平面图的绘制··364

11.3.4 别墅屋顶平面图的绘制··368

11.3.5 别墅立面图的绘制········371

11.3.6 别墅剖面图的绘制········376

11.4 建筑详图的绘制·················380

11.4.1 厨房详图·····················380

11.4.2 卫生间详图·················381

11.5 小结·····························381

11.6 上机练习·························382

附录 快捷命令的使用·········384

第1章
AutoCAD 2021 建筑制图基本操作

导言

AutoCAD 从20世纪90年代进入中国之后就打破了传统的手工制图的习惯，经过多年的发展，软件的升级和功能的完善，AutoCAD 已经能够完成几乎所有的建筑图纸设计内容，为了建筑制图的需要，AutoCAD 也专门设计了相关的技术和功能。

本章将介绍 AutoCAD 2021 的界面组成、文件操作的方法、绘图环境的设置、视图的操作方法以及二维图形绘制和编辑的相关方法等。通过对本章内容的学习，希望用户掌握一些 AutoCAD 2021 最常用的、最基本的操作方法，为后面章节的学习打下坚实的基础。

1.1　AutoCAD 2021用户界面

在成功安装 AutoCAD 2021 绘图软件之后，双击桌面上的软件程序图标 A，或选择桌面任务栏"开始"|"程序"|"Autodesk"|"AutoCAD 2021-简体中文"选项，都可以启动 AutoCAD 绘图软件，进入如图 1-1 所示的 AutoCAD 2021 启动界面。

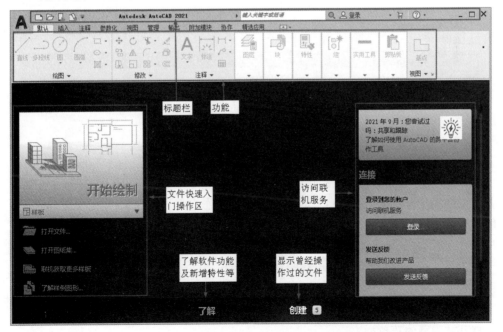

图 1-1　AutoCAD 2021 启动界面

1. 快速入门区

启动界面左侧的文件快速入门操作区，可以单击"开始绘制"按钮进行新建文件，也可以展开"样板"下拉列表，选择所需使用的样板文件，基于所选择的样板文件进行新建文件。还可以在此操作区中打开已存盘的文件或图纸集等。

2. 联机服务及其他

启动界面右侧是访问联机服务操作区。单击启动界面下侧的"了解"按钮，可以了解 AutoCAD 2021 的新增功能以及软件的相关教学视频等。"创建"区域主要用于显示最近使用过的文件及文件数目。

当使用上述操作方式新建一个文件后，可进入如图 1-2 所示的 AutoCAD 2021 软件操作界面，此操作界面是软件默认的一个名为"草图与注释"工作空间的界面。

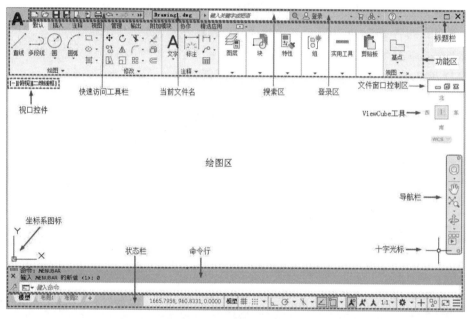

图 1-2　AutoCAD 2021"草图与注释"操作界面

AutoCAD 2021 软件共为用户提供了"草图与注释""三维基础"和"三维建模"3 种工作空间，后两种工作空间下的软件界面，主要是用于 AutoCAD 的三维建模，用户可以通过单击状态栏上的"切换工作空间"按钮 ⚙ ▾，在展开的"工作空间"列表中切换工作空间，如图 1-3 所示。

与以往版本的 AutoCAD 界面相比，新版中缺少了"AutoCAD 经典"工作空间和菜单栏，如果老用户习惯使用以往传统的经典界面，需要自定义工作空间，关闭功能区，调出工具栏。而通过在命令行将系统变量MENUBAR的值设置为1，则可以打开被隐藏的菜单栏。

图 1-3　"工作空间"切换列表

下面详细讲解"草图与注释"工作空间中的常见界面元素。

1. 标题栏

标题栏位于软件主窗口的最上方,由快速访问工具栏、程序软件及文件名显示区、搜索区、登录到 Autodesk 360 区、帮助按钮以及最小化(最大化)、关闭按钮 □ □ ☒ 组成。

在快速访问工具栏上,可以存储经常使用的命令。默认状态下,系统提供了"新建"按钮 □、"打开"按钮 ▷、"保存"按钮 🖫、"另存为"按钮 🖫、"从 Web 或 Mobile 中打开"按钮 🖫、"保存到 Web 或 Mobile" ⤴、"打印"按钮 🖶、"放弃"按钮 ⇦▪和"重做"按钮 ⇨▪。在快速访问工具栏上右击,然后在弹出的快捷菜单中选择"自定义快速访问工具栏"命令,打开"自定义用户界面"对话框,用户可以自定义快速访问工具栏上的命令。

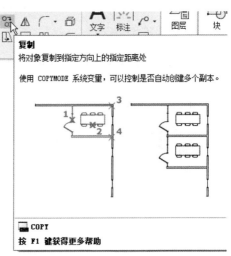

搜索区可以帮助用户同时搜索多个源(如帮助、新功能专题研习、网址和指定的文件),也可以搜索单个文件或位置。

当光标移动到命令按钮上时,会显示如图 1-4 所示的提示信息。在 AutoCAD 2021 版本中,光标最初悬停在命令或控件上时,可以得到基本内容提示,其中包含对该命令或控件的概括说明、命令名、快捷键、命令标记等。当光标在命令或控件上的悬停时间累积超过特定数值时,将显示补充工具提示。这个功能对于新用户学习软件有很大的帮助。

图 1-4　工具提示

2. 菜单栏

当系统变量 MENUBAR 值为 1 时,界面中则显示菜单栏,位于标题栏之下,如图 1-5 所示。系统默认有 12 个菜单项,用户选择任意一个菜单命令,即可弹出一个下拉菜单,可以从中选择相应的命令进行操作。

文件(F)　编辑(E)　视图(V)　插入(I)　格式(O)　工具(T)　绘图(D)　标注(N)　修改(M)　参数(P)　窗口(W)　帮助(H)　　　 _ ⬜ ✕

图 1-5　菜单栏

另外,用户还可以单击快速访问工具栏上的 ▼,在弹出的菜单中选择"显示菜单栏"命令,使菜单栏显示。

在其他的工作空间中,如果用户想调出菜单栏,同样可以单击快速访问工具栏上的 ▼,在弹出的菜单中选择"显示菜单栏"命令即可。

3. 工具栏

工具栏是由一些图标组成的工具按钮的长条,单击工具栏上的相应按钮就能执行其所代表的命令。

在默认状态下,"草图与注释"工作空间的界面中并不包含任何工具栏,用户选择菜单浏览器中的"工具"|"工具栏"|"AutoCAD"命令,会弹出 AutoCAD 工具栏的子菜单,在

子菜单中用户可以选择相应的工具栏显示在界面上。

另外，用户还可以在任意工具栏上右击，在弹出的快捷菜单中选择相应的命令即可调出该工具栏。

4. 绘图区

绘图区是用户的工作窗口，用户所做的一切工作（如绘制图形、输入文本、标注尺寸等）均要在该区中得到体现。该窗口内的选项卡用于图形输出时模型空间和图纸空间的切换。

绘图区的左下方可见一个 L 型箭头轮廓，这就是坐标系图标，它指示了绘图的方位，三维绘图很依赖这个图标。图标上的 X 和 Y 指出了图形的 X 轴和 Y 轴方向，图标说明用户正在使用的是世界坐标系（World Coordinate System）。

5. 命令行提示区

命令行提示区是提供用户通过键盘输入命令的地方，位于绘图窗口的底部。用户可以通过鼠标放大或缩小该窗口。

通常命令行提示区最底下显示的信息为"命令："，表示 AutoCAD 正在等待用户输入指令。命令行提示区显示的信息是 AutoCAD 与用户的对话，记录了用户的历史操作。可以通过其右侧的滚动条查看用户的历史操作。

通过按 F2 功能键，系统会以"文本窗口"的形式显示更多的历史信息，如图 1-6 所示；再次按 F2 功能键，即可关闭"文本窗口"。

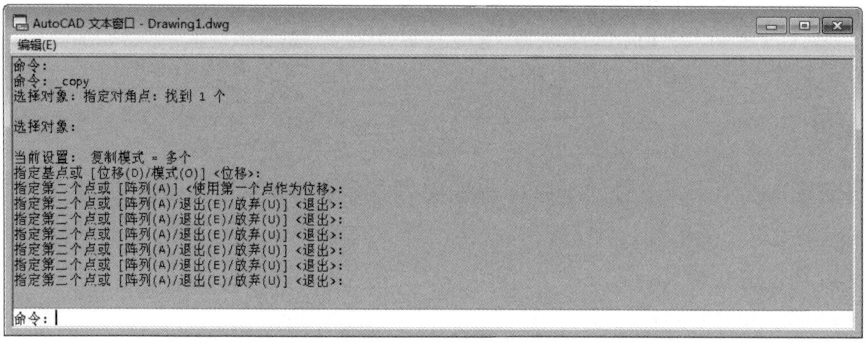

图 1-6　文本窗口

6. 状态栏

状态栏位于工作界面的最底部。状态栏左侧显示十字光标当前的坐标位置，中间则显示辅助绘图的几个功能按钮，这些按钮的说明将在第 1.5 节详细讲述，右侧显示一些常用的工具，效果如图 1-7 所示。

图 1-7　状态栏

7. 十字光标

十字光标用于定位、选择和绘制对象，它由定点设备（如鼠标和光笔）控制。当移动定点设备时，十字光标的位置会做相应地移动，就像手工绘图中的笔一样方便。

8. 功能区

功能区为当前工作空间的相关操作提供了一个单一、简洁的放置区域。使用功能区时无需显示多个工具栏，这使得应用程序窗口变得简洁有序。功能区由若干个选项卡组成，每个选项卡又由若干个面板组成，面板上放置了与面板名称相关的工具按钮，效果如图 1-8 所示。

图 1-8 功能区

用户可以根据实际绘图的情况，将面板展开，也可以将选项卡最小化，只保留面板按钮，如图 1-9 所示；再次单击"最小化为选项卡"按钮，可只保留标题，效果如图 1-10 所示；也可以再次单击"最小化为选项卡"按钮，只保留选项卡的名称，效果如图 1-11 所示，这样就可以获得最大的工作区域。当然，用户如果需要显示面板，只需再次单击该按钮即可。

单击上三角按钮

图 1-9 最小化保留面板按钮

图 1-10 最小化保留面板名称

图 1-11 最小化保留选项卡名称

功能区可以水平显示、垂直显示或显示为浮动选项板。创建或打开图形时，默认情况下，在绘图区的顶部将水平显示功能区。用户可以在选项卡标题、面板标题或功能区标题右击，会弹出相关的快捷菜单，从而可以对选项卡、面板或功能区进行操作，还可以控制显示方式、是否浮动等。

另外，在功能区任一位置上右击，通过快捷菜单上的"显示选项卡"级联菜单，也可以控制选项卡及面板的显示与隐藏状态。

9. 程序快捷菜单

单击 AutoCAD 操作界面左上角的程序 **A** 按钮，可打开如图 1-12 所示的应用程序快捷菜单，通过此菜单可以对文件进行基本的操作，比如文件的打开、新建、保存、另存为、输入、输出、发布、打印和关闭等。除此之外，此快捷菜单中还可查看和访问最近使用的文件、快速搜索软件命令、打开"选项"对话框进行软件基本设置以及退出软件等。

图 1-12   应用程序快捷菜单

1.2 AutoCAD文件的创建、打开和关闭

创建、打开和关闭图形文件是绘制建筑图形的基础。本节介绍如何使用 AutoCAD 实现这些功能。除了在启动 AutoCAD 2021 启动界面中的"快速入门"区进行新建文件、打开文件及图纸集等文件基本操作之外，将介绍如何使用软件的文件命令进行文件的基本操作。

1. 创建新文件

创建新图形文件，需要选择菜单"文件"|"新建"命令，或单击"快速访问"工具栏上的按钮 □，执行"新建"命令，弹出如图 1-13 所示的"选择样板"对话框，系统自动定位到样板文件所在的文件夹，在样板列表中选择合适的样板，单击"打开"按钮即可。

单击"打开"按钮右侧的下三角按钮，弹出如图 1-14 所示的菜单，用户可以采用英制或公制的无样板菜单创建新图形。执行无样板操作后，新建的图形不以任何样板为基础。

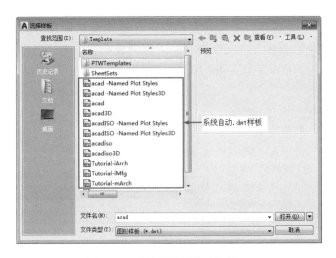

图 1-13　"选择样板"对话框　　　　　　　图 1-14　"打开"菜单

2. 打开图形

当用户需要查看、使用或编辑已经存盘的图形文件时，可以使用"打开"命令。选择菜单"文件"|"打开"命令，或单击"快速访问"工具栏上的 按钮，弹出如图 1-15 所示的"选择文件"对话框，在"搜索"下拉列表框中选择要打开的图形文件，单击"打开"按钮，便可以打开已有文件。

若需要打开当前文件内的局部图形，或以"只读"的方式打开当前文件，可以在"选择文件"对话框中单击"打开"按钮右端的下三角，从展开的菜单中选择相应的打开方式，如图 1-16 所示。

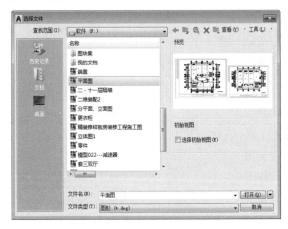

图 1-15　"选择文件"对话框　　　　　　　图 1-16　"打开"菜单

3. 保存图形

选择菜单"文件"|"保存"命令，或者单击"快速访问"工具栏上的按钮 ，或者在命令行中输入 SAVE 后按 Enter 键，都可以对图形文件进行保存。若当前的图形文件已经命名，则按此名称保存文件。如果当前图形文件尚未命名，则弹出如图 1-17 所示的"图形另存为"对话框，该对话框用于保存已经创建但尚未命名的图形文件。

在"图形另存为"对话框中，"保存于"下拉列表框用于设置图形文件保存的路径；"文件名"文本框用于输入图形文件的名称；"文件类型"下拉列表框用于选择文件保存的格式，如图 1-18 所示。在保存格式中，DWG 是 AutoCAD 的图形文件，DWT 是 AutoCAD 的样板文件，这两种格式最常用。

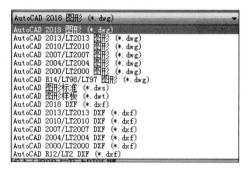

图 1-17　"图形另存为"对话框　　　　　　　　图 1-18　"文件类型"下拉列表框

4. 关闭文件并退出软件

当退出 AutoCAD 2021 绘图软件时，首先需要退出当前的 AutoCAD 文件，如果当前的绘图文件已经存盘，那么用户可以使用以下几种方式退出 AutoCAD 绘图软件。

（1）单击 AutoCAD 2021 标题栏上的控制按钮⊠。

（2）按 Alt+F4 组合键。

（3）在命令行中输入 QUIT 或 EXIT 后，按 Enter 键。

（4）展开"应用程序菜单"，单击 退出 Autodesk AutoCAD 2021 按钮。

如果用户在退出 AutoCAD 绘图软件之前，没有将当前的 AutoCAD 绘图文件存盘，那么系统将会弹出如图 1-19 所示的提示对话框，单击"是"按钮，将弹出"图形另存为"对话框，用于对图形进行命名保存；单击"否"按钮，系统将放弃存盘并退出 AutoCAD 2021；单击"取消"按钮，系统将取消执行退出命令。

图 1-19　AutoCAD 提示框

1.3　绘图环境设置与系统配置

绘图环境的设置包括绘图界限的设置和绘图单位的设置，而系统配置则是软件得以迅速运行的基本需求，下面分别进行讲解。

1. 绘图界限

系统默认情况下，AutoCAD 系统对制图范围没有限制，可以将绘图区看作是一幅无穷大的图纸。选择菜单"格式"|"图形界限"命令，或者在命令行输入 LIMITS 后按 Enter 键，命令行提示如下：

```
命令: '_limits
重新设置模型空间界限:
指定左下角点或 [开(ON)/关(OFF)] <0.0000,0.0000>:
指定右上角点 <420.0000,297.0000>:
```

命令行提示中的"开"表示打开绘图界限检查，如果所绘图形超出了图限，则系统不绘制出此图形并给出提示信息，从而保证了绘图的正确性。"关"表示关闭绘图界限检查。"指定左下角点"表示设置绘图界限左下角坐标，"指定右上角点"表示设置绘图界限右上角坐标。

在设置了图形界限后，需要使用视图的"全部缩放"功能进行调整，以方便全部显示出所设置的图形界限，确定绘图的区域。

2. 绘图单位

选择菜单"格式"|"单位"命令，或者在命令行输入 UNITS 后按 Enter 键，弹出如图1-20 所示的"图形单位"对话框。

"长度"选项组中的"类型"下拉列表框用于设置长度单位的格式类型；"精度"下拉列表框用于设置长度单位的显示精度。"角度"选项组中的"类型"下拉列表框用于设置角度单位的格式类型；"精度"下拉列表框用于设置角度单位的显示精度。

AutoCAD 提供了"建筑""小数""工程""分数"和"科学"5 种长度类型。单击▼按钮，可以从中选择需要的长度类型。"顺时针"选项用于设置角度的方向，如果勾选该复选项，那么在绘图过程中就以顺时针为正角度方向，否则，以逆时针为正角度方向。

单击"方向"按钮，弹出如图 1-21 所示的"方向控制"对话框，在对话框中可以设置起始角度的方向。

图 1-20　"图形单位"对话框

图 1-21　"方向控制"对话框

3. 系统配置

AutoCAD 2021 是一款高精度的计算机辅助设计绘图软件，其对计算机系统的硬件和软件配置有一定要求，下面针对 64 位 Windows 操作系统而言，简述其最低配置要求。

（1）操作系统：64 位 Microsoft Windows 8.1 和 Windows 10。

（2）处理器：2.5~2.9 GHz 处理器，建议 3+ GHz 处理器。

（3）内存：基本要求 8 GB，建议 16 GB。

（4）显示器分辨率：传统显示器 1920×1080 真彩色显示器，高分辨率和 4K 显示器，在 Windows 10 64 位系统（配支持的显卡）上支持高达 3840×2160 的分辨率。

（5）显卡：1 GB GPU，建议 4 GB GPU。

（6）磁盘空间：7.0 GB。

（7）指针设备：Microsoft 鼠标兼容的指针设备。

（8）.NET Framework 版本 4.8 或更高版本。

1.4　图层设置

图层的概念比较抽象，可以将其理解为透明的电子纸，在每张透明电子纸可以绘制不同线型、线宽、颜色等的图形，最后将这些透明电子纸叠加起来，即可得到完整的图样。使用"图层"命令可以非常方便地控制每张电子纸的线型、颜色等特性和显示状态，以方便用户对图形资源进行管理、规划、控制等。

选择菜单"格式"|"图层"命令，或者在功能区单击"默认"选项卡|"图层"面板上的"图层特性"按钮 ，也或者在命令行输入 LAYER 后按 Enter 键，都可执行"图层"命令，弹出如图 1-22 所示"图层特性管理器"选项板，对图层的基本操作和管理都是在该选项板中完成的，各部分功能如表 1-1 所示。

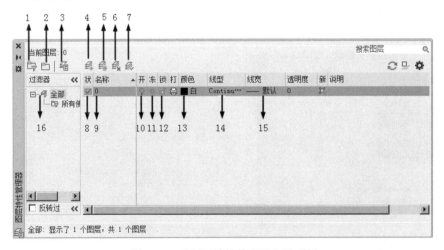

图 1-22　"图层特性管理器"选项板

表 1-1   "图层特性管理器"选项板功能说明

序 号	名 称	功 能
1	"新建特性过滤器"按钮	显示"图层过滤器特性"选项板,从中可以根据图层的一个或多个特性创建图层过滤器
2	"新建组过滤器"按钮	创建图层过滤器,其中包含选择并添加到该过滤器的图层
3	"图层状态管理器"按钮	显示图层状态管理器,从中可以将图层的当前特性设置保存到一个命名图层状态中,以后可以再恢复这些设置
4	"新建图层"按钮	创建新图层
5	"在所有的视口中都被冻结的新图层"按钮	创建新图层,然后在所有现有布局视口中将其冻结
6	"删除图层"按钮	删除选定图层
7	"置为当前"按钮	将选定图层设置为当前图层
8	–	设置图层状态:图层过滤器、正在使用的图层、空图层或当前图层
9	–	显示图层或过滤器的名称,可对名称进行编辑
10	–	控制打开和关闭选定图层
11	–	控制是否冻结所有视口中选定的图层
12	–	控制锁定和解锁选定图层
13	–	显示"选择颜色"对话框,更改与选定图层关联的颜色
14	–	显示"选择线型"对话框,更改与选定图层关联的线型
15	–	显示"线宽"对话框,更改与选定图层关联的线宽
16	–	显示图形中图层和过滤器的层次结构列表

在"图层特性管理器"选项板刚打开时,默认存在一个 0 图层,用户可以在这个基础上创建其他的图层,并对图层的特性进行修改,如修改图层的名称、状态等。新建图层后,默认名称处于可编辑状态,可以输入新的名称。对于已经创建的图层,如果要修改名称,需要单击该图层的名称,使图层名处于可编辑状态,再输入新的名称即可。

单击"颜色"列表下的颜色特性图标█白,弹出如图 1-23 所示的"选择颜色"对话框,用户可以对图层颜色进行设置。单击"线型"列表下的线型特性图标 Continuous ,弹出如图 1-24 所示的"选择线型"对话框,默认状态下,只有 Continuous 一种线型。单击"加载"按钮,弹出"加载或重载线型"对话框,可以在"可用线型"列表框中选择所需要的线型,然后返回"选择线型"对话框中选择合适的线型。

图 1-23 "选择颜色"对话框

图 1-24 "选择线型"对话框

单击"线宽"列表下的线宽特性图标 — 默认，弹出如图 1-25 所示的"线宽"对话框，在"线宽"列表中可以选择合适的线宽。下面通过设置名称为"轴线层""墙体层""标注层"三个图层，学习图层的新建、图层颜色、图层线型、图层线宽特性以及如何快速设置当前图层等重要操作技能。图层设置后的最终效果如图 1-26 所示。

图 1-25   "线宽"对话框

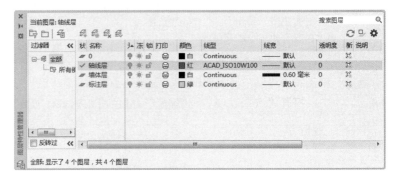

图 1-26   图层及特性设置后的效果

连续设置多个新图层。在设置新图层时，图层名最长可达 255 个字符，可以是数字、字母或其他字符；图层名中不允许含有大于号（>）、小于号（<）、斜杠（/）、反斜杠（\）等符号。另外，为图层命名时，必须确保图层名的唯一性。新图层的设置步骤如下：

步骤 01 首先新建一个空白文件。

步骤 02 单击"默认"选项卡|"图层"面板上的按钮 ，打开"图层特性管理器"对话框，然后单击对话框中的"新建图层"按钮 ，新图层将以临时名称"图层 1"显示在列表中，如图 1-27 所示。

图 1-27   新建图层

步骤 03 用户在反白显示的"图层 1"区域输入新图层的名称，如图 1-28 所示，创建第一个新图层。

图 1-28   输入图层名

步骤 04 按 Alt+N 组合键，或者再次单击"新建图层"按钮 ，创建另外两个图层，结果如图 1-29 所示。

状	名称	冻	锁	打印	颜色	线型	线宽	透明度	新	说明
✓	0				■白	Continu...	—— 默认	0		
	轴线层				■白	Continu...	—— 默认	0		
	墙体层				■白	Continu...	—— 默认	0		
	标注层				■白	Continu...	—— 默认	0		

图 1-29　设置新图层

在创建新图层时选择了一个现有图层，或者为新建图层指定了图层特性，那么后面创建的新图层将继承先前图层的一切特性（如颜色、线型等）。接下来为图层设置颜色特性。具体步骤如下：

步骤 01　单击名为"轴线层"的图层，使其处于激活状态，然后在如图 1-30 所示的颜色区域上单击，打开"选择颜色"对话框选择红色，如图 1-31 所示。

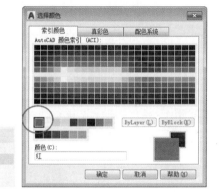

状	名称	冻	锁	打印	颜色	线型	线宽	透明度	新	说明
✓	0				■白	Continu...	—— 默认	0		
	轴线层				■白	Continu...	—— 默认	0		
	墙体层				■白	Continu...	—— 默认	0		
	标注层				■白	Continu...	—— 默认	0		

图 1-30　指定单击位置 　　　　　　　　　图 1-31　选择图层颜色

步骤 02　在"选择颜色"对话框中单击"确定"按钮，即可将图层的颜色设置为红色，结果如图 1-32 所示。

状	名称	冻	锁	打印	颜色	线型	线宽	透明度	新	说明
✓	0				■白	Continu...	—— 默认	0		
	轴线层				■红	Continu...	—— 默认	0		
	墙体层				■白	Continu...	—— 默认	0		
	标注层				■白	Continu...	—— 默认	0		

图 1-32　设置颜色后的图层

步骤 03　参照上述两个操作步骤，将"标注层"图层的颜色设置为绿色，结果如图 1-33 所示。

状	名称	冻	锁	打印	颜色	线型	线宽	透明度	新	说明
✓	0				■白	Continu...	—— 默认	0		
	轴线层				■红	Continu...	—— 默认	0		
	墙体层				■白	Continu...	—— 默认	0		
	标注层				□绿	Continu...	—— 默认	0		

图 1-33　设置图层颜色

设置图层的线型。AutoCAD 默认设置下仅为用户提供了一种连续线型，在设置图层其他线型时，需要事先加载所需使用的线型。操作步骤如下：

步骤 01　在如图 1-34 所示的"轴线层"位置上单击，打开"选择线型"对话框。

图 1-34　指定单击位置

步骤 02 单击 加载(L)... 按钮，在打开的"加载或重载线型"对话框中选择如图 1-35 所示的线型，然后单击"确定"按钮，则选择的线型被加载到"选择线型"对话框内，如图 1-36 所示。

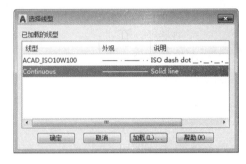

图 1-35　"加载或重载线型"对话框　　　　图 1-36　"选择线型"对话框

步骤 03 选择刚加载的线型，单击"确定"按钮，即可将此线型附加给当前被选择的图层，结果如图 1-37 所示。

图 1-37　设置线型

下面通过将"墙体层"线宽设置为 0.6mm，并将"轴线层"设置为当前图层，学习图层线宽和当前图层的设置技能。操作步骤如下：

步骤 01 选择"墙体层"图层，在如图 1-38 所示的线宽位置上单击，然后在打开的"线宽"对话框中选择"0.60mm"线宽。

图 1-38　指定线宽位置

步骤 02 单击"确定"按钮返回"图层特性管理器"对话框，则"墙体层"的线宽被设置为"0.60mm"，如图 1-39 所示。

图 1-39　设置线宽

步骤 03 设置当前图层。选择"轴线层"，然后按 Alt+C 组合键，或单击"图层特性管理器"对话框中的"置为当前"按钮 ，将"轴线层"设置为当前图层，如图 1-40 所示。

图 1-40 设置当前图层

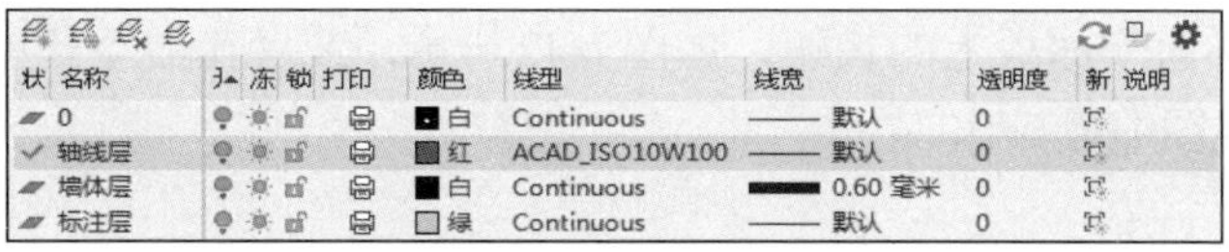

步骤 04 单击"确定"按钮关闭"图层特性管理器"对话框，并保存文件。

在掌握了图层及其各种特性的具体设置技能后，还需要了解和掌握图层的各种状态控制功能，以方便对图形进行规划和状态控制。AutoCAD 提供了开关、冻结与解冻、锁定与解锁等状态控制功能，在"图层"面板上展开"图层"下拉列表 ♀ ☀ ᵃ■ 0　　　▼，然后单击各状态控制按钮，或者在"图层特性管理器"对话框中选择要操作的图层，再单击相应的控制按钮，都可激活相应的图层状态控制功能。各控制功能如下：

（1）开 ♀/关 ♀：用于控制图层的开关状态。默认状态下的图层都为打开的图层，按钮显示为红色的 ♀，位于图层上的对象都是可见的，并且可在该层上进行绘图和修改操作；在此按钮上单击，即可关闭该图层，按钮显示为蓝色的 ♀。图层被关闭后，位于图层上的所有图形对象被隐藏，该层上的图形也不能被打印或由绘图仪输出，但重新生成图形时，图层上的对象仍将重新生成。

（2）解冻 ☀/冻结/ ❄：用于在所有视图窗口中解冻或冻结图层。默认状态下图层是被解冻的，按钮显示为黄色小太阳形状 ☀；在该按钮上单击，图层被冻结，按钮显示为蓝色雪花状 ❄，位于该层上的内容不能在屏幕上显示或由绘图仪输出，不能进行重生成、消隐、渲染、打印等操作。

> **注意** 关闭与冻结的图层都是不可见和不可输出的。但被冻结图层不参加运算处理，可以加快视窗缩放和其他操作的处理速度。建议冻结长时间不用看到的图层。

（3）解锁 ᵃ/锁定/ 🔒：用于解锁图层或锁定图层。默认状态下图层是解锁的，按钮显示为黄色的 ᵃ；在此按钮上单击，图层被锁定，按钮显示为蓝色🔒，用户只能观察该层上的图形，不能对其编辑或修改，但该层上的图形仍可以显示和输出。当前图层不能被冻结，但可以被关闭和锁定。

1.5　二维视图操作

如果要使整个视图显示在屏幕内，就要缩小视图；如果只在屏幕中显示一个局部对象，就要放大视图，这是视图的缩放操作。要在屏幕中显示当前视图不同区域的对象，就需要移动视图，这是视图的平移操作。AutoCAD 提供了视图缩放和视图平移功能，以方便用户观察和编辑图形对象。

1.5.1　缩放

单击导航栏上的缩放按钮，在打开的菜单中选择相应的功能，如图 1-41 所示，或单击

"视图"选项卡|"导航"面板上的按钮，如图1-42所示，或者在命令行中输入ZOOM命令，都可以执行相应的视图缩放操作。

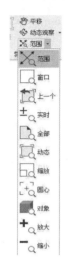

图 1-41 导航栏菜单　　　　　　　图 1-42 　"导航"面板

在命令行中输入 ZOOM 命令，命令行提示如下：

```
命令：ZOOM
指定窗口的角点，输入比例因子 (nX 或 nXP)，或者
[全部(A)/中心(C)/动态(D)/范围(E)/上一个(P)/比例(S)/窗口(W)/对象(O)] <实时>：
```

命令行中不同的选项代表了不同的缩放方法。

下面以命令行输入方式分别介绍几种常用的缩放方式。

（1）全部缩放

在命令行中输入 ZOOM 命令，然后在命令行提示中输入 A，按 Enter 键，则在视图中显示整个图形，并显示用户定义的图形界限和图形范围。当绘制的图形完全处在图形界限内，那么全部缩放后，则以图形界限区域进行最大化显示，如图 1-43 所示；当绘制的图形超出图形界限，那么全部缩放后，则以图形界限和图形范围两者所占区域进行最大化显示，如图1-44 所示。

图 1-43 　全部缩放 1　　　　　　　图 1-44 　全部缩放 2

（2）范围缩放

在命令行中输入 ZOOM 命令，然后在命令行提示中输入 E 后按 Enter 键，则在视图中尽可能大地包含图形中所有对象的放大比例显示视图，而与图形界限的区域无关，如图 1-45 所示。视图包含已关闭图层上的对象，但不包含冻结图层上的对象。

（3）对象缩放

对象缩放是最大限度地显示所选定的图形对象，使用此功能可以缩放单个对象，也可以缩放多个对象。如图 1-46 所示，最大化显示立面窗的效果。

图 1-45　范围缩放

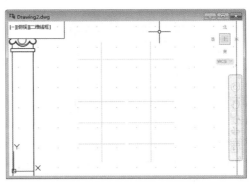

图 1-46　对象缩放

（4）缩放上一个

在命令行中输入 ZOOM 命令，然后在命令行提示中输入 P 后按 Enter 键，则显示上一个视图。

（5）比例缩放

在命令行中输入 ZOOM 命令，然后在命令行提示中输入 S 后按 Enter 键，命令行提示如下：

```
命令：ZOOM
指定窗口的角点，输入比例因子 (nX 或 nXP)，或者
[全部(A)/中心(C)/动态(D)/范围(E)/上一个(P)/比例(S)/窗口(W)/对象(O)] <实时>:S
输入比例因子(nX 或 nXP)：
```

这种缩放方式能够按照比例精确地缩放视图，按照要求输入比例后，系统将以当前视图中心为中心点进行比例缩放。系统提供了三种缩放方式：第一种是相对于图形界限的比例进行缩放，很少用；第二种是相对于当前视图的比例进行缩放，输入方式为 nX；第三种是相对于图纸空间单位的比例进行缩放，输入方式为 nXP。

（6）窗口缩放

窗口缩放方式用于缩放一个由两个对角点所确定的矩形区域，在图形中指定一个缩放区域，如图 1-47 所示，AutoCAD 将快速放大包含在区域中的图形，如图 1-48 所示。窗口缩放使用非常频繁，但是仅能用来放大图形对象，不能缩小图形对象，而且窗口缩放是一种近似的操作，在图形复杂时可能要多次操作才能得到所要的效果。

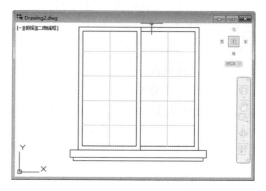

图 1-47　指定窗口缩放区域　　　　　　　　　图 1-48　窗口缩放结果

（7）实时缩放

实时缩放开启后，视图会随着鼠标左键的操作同时进行缩放。当执行实时缩放后，光标将变成一个放大镜形状，按住鼠标左键向上移动将放大视图，向下移动则缩小视图。如果鼠标移动到窗口的尽头，可以释放鼠标左键，将鼠标移回到绘图区域，然后再按住鼠标左键拖动光标继续缩放。视图缩放完成后按 Esc 键或 Enter 键完成视图的缩放。

在命令行中输入 ZOOM 命令，然后在命令行提示中直接按 Enter 键，或者单击绘图区右侧导航栏中的"实时缩放"命令，即可对图形进行实时缩放。

1.5.2　平移

当在图形窗口中不能显示所有的图形时，就需要进行平移操作，以便用户查看图形的其他部分。

在绘图窗口右侧的导航栏上单击"平移"按钮，或者在命令行中输入 PAN，然后按Enter 键，光标都将变成手形，用户可以对图形对象进行实时平移。

当然，选择菜单"视图"|"平移"命令，在弹出的级联菜单中还有其他平移菜单命令，同样可以进行平移的操作，不过不太常用。

其实最快捷的平移不需要激活命令，而是按住鼠标中键进行拖曳视图，就可达到平移的目的；而最快捷的实时缩放则是在视图内向前滚动鼠标中键，则实时放大视图；向后滚动鼠标中键，则实时缩小视图。结合鼠标的三个功能键进行平移和缩放视图，是最方便快捷的一种视图调整方法，也是一种非常常用的操作技巧。

1.6　利用AutoCAD绘制基本图形

上一节中介绍了有关 AutoCAD 的一些基础知识。现在介绍利用 AutoCAD 绘图的一些基本命令与操作。由于本书关于三维命令和三维绘图有专门的章节介绍，所以在本节中，主要介绍二维绘图命令与操作。

1.6.1　AutoCAD 坐标系

点是最简单的一维图形，但它同时也是所有图形的基础。点的集合形成了线，线的集合形成了面，面的集合形成了体。如果把面和体分得更细一些，便可以看到线、面和体都是点的集合。因此，对于初学者来说，要使用 AutoCAD 进行绘图，首先要能熟练地在 AutoCAD 中进行坐标点的输入。

点的输入主要分为两种方式：一种是通过鼠标在绘图区中直接单击取点；另一种是通过键盘输入点的坐标取点。前一种方式比较简单，也很直观，用户应该很容易掌握，下面主要介绍使用坐标输入点的方式。

在 AutoCAD 平面绘图中，经常用到的坐标系主要有四种，包括绝对直角坐标、绝对极坐标，相对直角坐标和相对极坐标，下面一一进行介绍。

1. 绝对直角坐标系

绝对直角坐标系是通过在二维平面上提供距两个相交的垂直坐标轴的距离来指定点的位置，或者在三维空间上提供距三个相互垂直的坐标轴的距离来指定点的位置。轴之间的交点称为原点（X，Y，Z）＝（0，0，0），它把二维空间坐标等分为 4 份，或是把三维空间等分成 8 份。用户可以用分数、小数或科学记数等形式来输入点的 X、Y、Z 坐标值，坐标间用逗号隔开。例如（12.3，3.5，5.6）、（1.34，8.9，9.0）等都是符合规定的坐标值。

平面制图只是二维空间作图，Z 坐标的默认值为 0，所以用户没有必要再输入 Z 坐标，直接输入 X、Y 坐标即可。例如（12.3，3.5）、（1.34，8.9）等都是符合规定的屏幕坐标。

2. 绝对极坐标系

绝对极坐标是以原点作为极点，通过相对于原点的长度和角度来定义点的。其表达式为（L<α）。例如从原点发出的长度为 100 个单位的直线，若该直线的角度为 60°，那么用绝对极坐标标示直线的另一个端点，则为（100<60）。默认设置下，AutoCAD 是以 X 轴正方向作为 0°的起始方向，逆时针方向计算的。

3. 相对直角坐标系

在利用 AutoCAD 绘制的图形中，其本身的一些特征尺寸往往是已知的，在确定对象的某些特征点的坐标时，由于需要计算它的坐标值，如果用绝对坐标，会比较麻烦，这时可以采用相对坐标系。

相对坐标是以前一个输入点作为参照点，输入将要绘制的点在此坐标系下的坐标。在 AutoCAD 中，无论何时指定相对坐标，"@"符号一定要放在输入值之前。在 AutoCAD 中，输入相对坐标的方式为（@X,Y,Z）。例如长度为 100 的水平线段，如果用相对直角坐标标注线段的右端点，则为（@100,0）。在后面的绘图中要经常用到相对直角坐标。

4. 相对极坐标系

相对极坐标是指定点距固定点之间的距离和角度。在 AutoCAD 中，通过指定点距前一点的距离以及指定点和前一点的连线与坐标轴的夹角来确定极坐标值。在 AutoCAD 中，测量角度值的默认方向是逆时针方向。需要牢记的是，对于用极坐标指定的点，它们是相对于前一点而不是原点（0,0）来定位的。距离与角度之间用尖括号"<"（而不用逗号"，"）分开，选择该符号，可以按住 Shift 键并同时按下位于键盘底部的"，"键。如果没有使用符号

"@"，将使指定点相对于原点定位。

例如长度为 100、角度为 45°的倾斜线段，如果用相对极坐标标注线段的右上端点，则为（@100<45）。

1.6.2　绘制点

在利用 AutoCAD 绘制图形时，经常需要绘制一些辅助点来准确定位，完成图形后再删除它们。AutoCAD 既可以绘制单独的点，也可以绘制等分点和等距点。在创建点之前要设置点的样式和大小，然后再绘制点。下面来介绍点的绘制。

1. 绘制点

在"绘图"菜单中选择菜单"点"|"单点"命令或"多点"命令（选择"单点"命令则一次命令仅输入一个点，选择"多点"命令则可输入多个点），即可在指定的位置单击鼠标创建点对象，或者输入点的坐标绘制多个点，具体的坐标输入方法即为上一节介绍的三种坐标系输入方法。另外，单击"默认"选项卡|"绘图"面板上的按钮∷，绘制的是多个点。

在默认设置下，绘制的点以一个小点显示，如果在某图线上绘制了点，那么将会看不到所绘制的点，为此，AutoCAD 为用户提供了多种点的样式，用户可以根据需要进行设置当前点的显示样式，如图 1-49 所示。

2. 设定点的大小与样式

在"格式"菜单中选择"点样式"命令，或者在命令行输入 PTYPE 后按 Enter 键，弹出如图 1-49 所示的"点样式"对话框，从中可以完成点的样式和大小的设置。

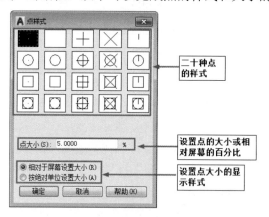

图 1-49　"点样式"对话框

"相对于屏幕设置大小"单选项表示按照屏幕大小的百分比进行显示点；而"按绝对单位设置大小"单选项表示按照点的实际大小尺寸显示点。在一个图形文件中，点的样式都是一致的，一旦更改了一个点的样式，该文件中所有的点都会发生变化，除了被锁住或冻结的图层上的点，但是将该图层解锁或解冻后，点的样式和其他图层一样会发生变化。

3. 绘制定数等分点

AutoCAD 提供了"等分"命令，可以将已有图形按照一定的要求等分。绘制定数等分点，就是将点或块沿着对象的长度或周长等间隔排列。对象定数等分的结果是仅仅在等分位置上放置了点的标记符号或图块，而实际上对象并没有被等分为多个对象。

在"绘图"菜单中选择"点"|"定数等分"命令，或者单击"默认"选项卡|"绘图"面板上的"定数等分"按钮，或者在命令行中输入 DIVIDE 后按 Enter 键，都可执行"定数等分"命令，绘制定数等分点。

执行命令行后，在系统提示下选择要等分的对象，并输入等分的线段数目，就可以在图形对象上绘制定数等分点了。可以绘制定数等分点的对象包括圆、圆弧、椭圆、椭圆弧和样条曲线。

```
命令:_divide
选择需定数等分的对象:
输入线段数目或 [块(B)]: 6
```

绘制结果如图 1-50 所示。

对于非闭合的图形对象，定数等分点的位置是唯一的，而闭合的图形对象的定数等分点的位置和鼠标选择对象的位置有关。有时候绘制完等分点后，用户可能看不到，这是因为点与所操作的对象重合了，用户可以将点设置为其他便于观察的样式。

4. 绘制定距等分点

在 AutoCAD 中，还可以按照一定的间距绘制点。在"绘图"菜单中选择"点"|"定距等分"命令，或者单击"默认"选项卡|"绘图"面板上的"定距等分"按钮，或者在命令行中输入 ME 后按 Enter 键，都可执行"定数等分"命令，绘制定数等分点。

执行命令行后，在系统的提示下，输入点的间距，即可绘制出该图形上的定距等分点，如图 1-51 所示就是在圆上绘制定距等分点的结果。

命令行提示如下：

图 1-50　绘制定数等分点　　图 1-51　绘制定距等分点

```
命令:_MEASURE
选择需定距等分的对象:
指定线段长度或 [块(B)]: 50
```

1.6.3　绘制直线

直线是基本的图形对象之一。AutoCAD 中的直线其实是几何学中的线段。AutoCAD 用一系列的直线连接各指定点。LINE 命令是为数不多的可以自动重复的命令之一，它可以将一条直线的终点作为下一条直线的起点，并连续地提示下一个直线的终点。

单击"默认"选项卡|"绘图"面板上的"直线"按钮，或者在命令行中输入 LINE 或

L 后按 Enter 键，都可执行该命令。命令行提示如下：

```
命令: _line
指定第一点:                    //通过坐标方式或者光标拾取方式确定直线第一点
指定下一点或 [放弃(U)]:          //通过其他方式确定直线第二点
指定下一点或 [闭合(C)/放弃(U)]://或者确定直线的下一点，或者输入C后按Enter键结束命令，
表示闭合
```

另外，使用"直线"命令绘制的多条直线，无论这些直线首尾相连，或者没有相连接，都分别是各自独立的对象。

1.6.4 绘制矩形

在建筑图形中，矩形是使用频率较高的一种基本图形。AutoCAD 不仅提供了绘制标准矩形的命令 RECTANG，而且在该命令中还有不同的参数设置，从而可以绘制出带有不同属性的矩形。

单击"默认"选项卡|"绘图"面板上的"矩形"按钮▢▾，或者在命令行中输入 REC 后按 Enter 键，都可以执行矩形命令。命令行提示如下：

```
命令:_rectang
指定第一个角点或 [倒角(C)/标高(E)/圆角(F)/厚度(T)/宽度(W)]:
//指定矩形的第一个角点坐标
指定另一个角点或 [面积(A)/尺寸(D)/旋转(R)]://指定矩形的第二个角点坐标
```

命令行提示中的"标高"选项和"厚度"选项使用较少；"倒角"选项用于设置矩形倒角的值，即从两个边上分别切去的长度，用于绘制倒角矩形；"圆角"选项用于设置矩形 4 个圆角的半径，用于绘制圆角矩形；"宽度"选项用于设置矩形的线宽。系统给用户提供了三种绘制矩形的方法：第一种是通过两个角点绘制矩形，这是默认方法；第二种是通过角点和边长确定矩形；第三种是通过面积来确认矩形。在命令行中，系统给出了"旋转"选项，用于绘制带一定角度的矩形。

例 1-1 使用"尺寸方式"绘制如图 1-52 所示的倒角矩形。

```
命令: _rectang
指定第一个角点或 [倒角(C)/标高(E)/圆角(F)/厚度(T)/宽度(W)]: //C Enter
指定矩形的第一个倒角距离 <0.0000>:                        //5 Enter, 设置第一倒角
距离
指定矩形的第二个倒角距离 <5.0000>:                        //10 Enter, 设置第二倒
角距离
指定第一个角点或 [倒角(C)/标高(E)/圆角(F)/厚度(T)/宽度(W)]: //在适当位置拾取一点
指定另一个角点或 [面积(A)/尺寸(D)/旋转(R)]:                //D Enter, 激活"尺寸"
选项
指定矩形的长度 <10.0000>:                                 //120 Enter
指定矩形的宽度 <6.0000>:                                  //60 Enter
指定另一个角点或 [面积(A)/尺寸(D)/旋转(R)]:
//在绘图区拾取一点，定位另一个角点，绘制结果如图 1-52 所示。
```

最后一步的操作仅用来确定矩形的位置，如果在第一个角点的左侧拾取点，结果另一个

角点位于第一个角点的左侧，反之位于右侧。另外，当设置了矩形的相关参数后，其参数会一直保持，直到用户更改为止。

例 1-2 使用"面积"绘制如图 1-53 所示的圆角矩形。

```
命令: _rectang
指定第一个角点或 [倒角(C)/标高(E)/圆角(F)/厚度(T)/宽度(W)]:
//F Enter，激活"圆角"选项
指定矩形的圆角半径 <0.0000>:                        //15 Enter，设置圆角半
径
指定第一个角点或 [倒角(C)/标高(E)/圆角(F)/厚度(T)/宽度(W)]:  //拾取一点作为起点
指定另一个角点或 [面积(A)/尺寸(D)/旋转(R)]:          //A Enter，激活"面积"选项
输入以当前单位计算的矩形面积 <100.0000>:            //7200 Enter，指定矩形面积
计算矩形标注时依据 [长度(L)/宽度(W)] <长度>:        //L Enter，激活"长度"选项
输入矩形长度 <10.0000>:                          //120 Enter，绘制结果如图 1-53 所示
```

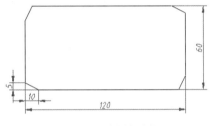

图 1-52　绘制倒角矩形

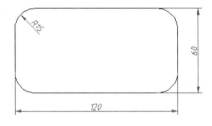

图 1-53　绘制圆角矩形

命令行中各提示项的含义如下：

- 切角：设置矩形倒角的值，即从两个边上分别切去的长度，用于绘制倒角矩形。
- 标高：设置绘制矩形时的所在 Z 平面。此项设置在平面视图中看不到效果。
- 圆角：设置矩形各角为圆角，从而绘制出带圆角的矩形。
- 厚度：设置矩形沿 Z 轴方向的厚度，同样在平面视图中无法看到效果。
- 宽度：设置矩形边的线宽度，如图 1-54 所示。
- 尺寸：通过长度和宽度来创建矩形，需要设置矩形长宽。
- 面积：通过面积来绘制矩形，需要设置矩形的面积和长度或者宽度的二者之一。
- 旋转：设置矩形的旋转角度，如图 1-54 所示。

图 1-54　绘制倒角图形

1.6.5　绘制正多边形

创建正多边形是绘制正方形、等边三角形、正八边形等图形的简单方法。用户可以通过选择"绘图"|"正多边形"命令，或者单击"默认"选项卡|"绘图"面板上的"正多边形"

按钮⬠，或者在命令行输入 POLYGON 后按 Enter 键，来执行"正多边形"命令。命令行提示如下：

```
命令：_polygon
输入侧面数 <4>:                          //指定正多边形的边数
指定正多边形的中心点或 [边(E)]:          //指定正多边形的中心点
输入选项 [内接于圆(I)/外切于圆(C)] <I>:  //确认绘制多边形的方式
指定圆的半径：                           //输入圆半径
```

命令行中各提示项的含义如下：

- 边：以一条边的长度为基础，绘制正多边形，边长方式直接给出边长的大小和方向。
- 内接于圆：多边形的顶点均位于假设圆的弧上，需要指定边数和半径。
- 外切于圆：多边形的各边与假设圆相切，需要指定边数和半径。

例 1-3 使用"内接于圆"方式画外接圆半径为 150 的正五边形。

此种方式为系统默认方式，在指定了正多边形的边数和中心点后，直接输入正多边形外接圆的半径，即可精确绘制正多边形。

```
命令：_polygon
输入边的数目 <4>:                        //5 Enter，设置正多边形的边数
指定正多边形的中心点或 [边(E)]:          //在绘图区拾取一点作为中心点
输入选项 [内接于圆(I)/外切于圆(C)] <I>://I Enter，激活"内接于圆"选项
指定圆的半径：                           //150 Enter，输入外接圆半径，如图 1-55 所示
```

例 1-4 使用"外切于圆"方式画内切圆半径为 100 的正五多边形。

当确定了正多边形的边数和中心点之后，使用此种方式输入正多边形内切圆的半径，就可精确绘制出正多边形。

```
命令：_polygon
输入边的数目 <4>:                        //5 Enter，设置正多边形的边数
指定正多边形的中心点或 [边(E)]:          //在绘图区拾取一点定位中心点
输入选项 [内接于圆(I)/外切于圆(C)] <C>://C Enter，激活"外切于圆"选项
指定圆的半径：                           //100 Enter，输入内切圆的半径，如图 1-56 所示
```

例 1-5 使用"边"方式画边长为 150 的正六边形。

此种方式是通过输入多边形一条边的边长，来精确绘制正多边形的。在具体定位边长时，需要分别定位出边的两个端点。

```
命令：_polygon
输入边的数目 <4>:                        //6 Enter，设置正多边形的边数
指定正多边形的中心点或 [边(E)]:          //E Enter，激活"边"选项
指定边的第一个端点：                     //拾取一点作为边的一个端点
指定边的第二个端点：                     //@150,0 Enter，定位第二个端点，如图 1-57 所示
```

图 1-55　"内接于圆"方式

图 1-56　"外切于圆"方式

图 1-57　"边"方式

1.6.6　绘制圆、圆弧

圆、圆弧在绘图过程中是非常重要也是非常基础的曲线图形,比如应用十分广泛的圆形柱子、建筑物的曲线形状、圆形屋盖等。通过几何学可以知道用很多办法来构造圆、圆弧,下面分别介绍它们。

1. 绘制圆

选择"绘图"|"圆"菜单下的级联菜单命令,或者单击"默认"选项卡|"绘图"面板上的"圆"按钮 ⊙ ,或者在命令行中输入 C 后按 Enter 键,都可执行"圆"命令。

命令行操作如下:

```
命令: _circle
指定圆的圆心或 [三点(3P)/两点(2P)/ 切点、切点、半径(T)]:
指定圆的半径或 [直径(D)]:
```

系统提供了指定圆心和半径、指定圆心和直径、两点定义直径、三点定义圆周、两个切点加一个半径及三个切点 6 种绘制圆的方式,如图 1-58 所示。

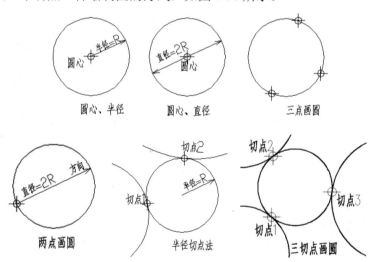

图 1-58　创建圆的各种方法

下面分别讲解 6 种方法以及命令行提示。

（1）圆心、半径

在知道所要绘制的目标圆的圆心和半径的时候采用此法，该法亦为系统默认方法，执行
"圆"命令后，命令行提示如下：

```
命令：_circle
指定圆的圆心或 [三点(3P)/两点(2P)/ 切点、切点、半径(T)]： //指定圆的圆心坐标
指定圆的半径或 [直径(D)] <93>：                      //输入圆的半径
```

（2）圆心、直径

此方法与圆心半径法类似，执行"圆"命令后，命令行提示如下：

```
命令：_circle
指定圆的圆心或 [三点(3P)/两点(2P)/ 切点、切点、半径(T)]： //指定圆的圆心坐标
指定圆的半径或 [直径(D)] <187>：D                    //输入 D，要求输入直径
指定圆的直径 <374>：                                //输入圆的直径
```

（3）三点画圆

不在同一条直线上的 3 点确定一个圆，使用该法绘制圆时，命令行提示如下：

```
命令：_circle
指定圆的圆心或 [三点(3P)/两点(2P)/ 切点、切点、半径(T)]：3P//选择三点画圆
指定圆上的第一个点： //拾取第一点或输入坐标
指定圆上的第二个点： //拾取第二点或输入坐标
指定圆上的第三个点： //拾取第三点或输入坐标
```

（4）两点画圆

选择两点，即为圆直径的两端点，圆心就落在两点连线的中点上，命令行提示如下：

```
命令：_circle
指定圆的圆心或 [三点(3P)/两点(2P)/ 切点、切点、半径(T)]：2P//选择两点画圆
指定圆直径的第一个端点：  //拾取圆直径的第一个端点或输入坐标
指定圆直径的第二个端点：  //拾取圆直径的第二个端点或输入坐标
```

（5）半径切点画圆

选择两个圆、直线或圆弧的切点，输入要绘制圆的半径，命令行提示如下：

```
命令：_circle
指定圆的圆心或 [三点(3P)/两点(2P)/ 切点、切点、半径(T)]：T //选择半径切点法
指定对象与圆的第一个切点：       //拾取第一个切点
指定对象与圆的第二个切点：       //拾取第二个切点
指定圆的半径 <134.3005>：200    //输入圆半径
```

（6）三切点画圆

该方法只能通过菜单命令执行，是三点画圆的一种特殊情况，选择"绘图"|"圆"|"相
切、相切、相切"命令，命令行提示如下：

```
命令：_circle
指定圆的圆心或 [三点(3P)/ 切点、切点、半径(T)]：3P  //系统提示
指定圆上的第一个点：_tan 到                    //捕捉第一个切点
指定圆上的第二个点：_tan 到                    //捕捉第二个切点
指定圆上的第三个点：_tan 到                    //捕捉第三个切点
```

2. 绘制圆弧

在功能区中单击"默认"选项卡|"绘图"面板上的"圆弧"按钮，如图1-59所示，或者在命令行中输入ARC后按Enter键，都可执行绘制"圆弧"命令。

命令行提示如下：

命令：_arc 指定圆弧的起点或 [圆心(C)]：

系统为用户提供了多种绘制圆弧的方法，下面对几种绘制方式进行介绍。

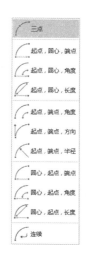

图1-59 "圆弧"面板菜单

（1）指定三点方式

指定三点方式是ARC命令的默认方式，依次指定3个不共线的点，绘制的圆弧为通过这3个点而且始于第一个点止于第3个点的圆弧。单击"圆弧"按钮，命令行提示如下：

```
命令：_arc
指定圆弧的起点或 [圆心(C)]：        //拾取点1
指定圆弧的第二个点或 [圆心(C)/端点(E)]：        //拾取点2
指定圆弧的端点：        //拾取点3，效果如图1-60所示
```

（2）指定起点、圆心以及另一参数方式

圆弧的起点和圆心决定了圆弧所在的圆。第3个参数可以是圆弧的端点（中止点）、角度（即起点到终点的圆弧角度）和长度（圆弧的弦长），各参数的含义如图1-61所示。

（3）指定起点、端点以及另一参数方式

圆弧的起点和端点决定了圆弧圆心所在的直线，第3个参数可以是圆弧的角度、圆弧在起点处的切线方向或圆弧的半径，各参数的含义如图1-62所示。

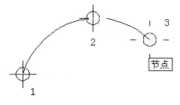

图1-60 三点确定一段圆弧

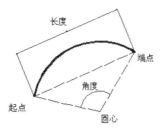

图1-61 圆弧各参数

图1-62 起点、端点法绘制圆弧

（4）指定圆心、起点以及另一参数方式

该方式与第二种绘制方式类似，这里不再赘述。

（5）继续

该方法绘制的弧线将从上一次绘制的圆弧或直线的端点处开始绘制，同时新的圆弧与上一次绘制的直线或圆弧相切。在执行ARC命令后的第一个提示下直接按Enter键，系统便采用此种方式绘制弧。

1.6.7 绘制和编辑多段线

多段线是由相连的多段直线或弧线组成，但被作为单一的对象使用，当用户选择组成多段线的其中任意一段直线或弧线时将选择整个多段线。多段线中的线条可以设置成不同的线宽以及不同的线型，具有很强的实用性。

在功能区面板中单击"默认"选项卡|"绘图"面板上的"多段线"按钮，或者在命令行中输入 PL 后按 Enter 键，可以执行该命令。命令行提示如下：

```
命令: _pline
指定起点:            //通过坐标方式或者光标拾取方式确定多段线第一点
当前线宽为 0.0000    //系统提示当前线宽，第1次使用显示默认线宽0，多次使用显示上一次线
宽
指定下一个点或 [圆弧(A)/半宽(H)/长度(L)/放弃(U)/宽度(W)]:
指定下一个点或 [圆弧(A)/闭合(C)/半宽(H)/长度(L)/放弃(U)/宽度(W)]:
```

在命令行提示中，系统默认多段线由直线组成，要求用户输入直线的下一点，其他几个选项参数的使用如下：

（1）圆弧（A）：该选项用于将弧线段添加到多段线中。用户在命令行提示后输入 A，命令行提示如下：

```
指定圆弧的端点或
[角度(A)/圆心(CE)/方向(D)/半宽(H)/直线(L)/半径(R)/第二个点(S)/放弃(U)/宽度(W)]:
```

圆弧的绘制方法在 1.6.6 节已讲述，这里不再赘述。其中的"直线（L）"选项用于将直线添加到多段线中，实现弧线到直线的绘制切换。

（2）半宽（H）：该选项用于指定从多段线线段的中心到其一边的宽度。起点半宽将成为默认的端点半宽。端点半宽在再次修改半宽之前将作为所有后续线段的统一半宽。宽线线段的起点和端点位于宽线的中心。用户在命令行中输入 H，命令行提示如下：

```
指定下一点或 [圆弧(A)/闭合(C)/半宽(H)/长度(L)/放弃(U)/宽度(W)]: H
指定起点半宽 <0.0000>:
指定端点半宽 <0.0000>:
```

（3）长度（L）：该选项用于在与前一线段相同的角度方向上绘制指定长度的直线段。如果前一线段是圆弧，程序将绘制与该弧线段相切的新直线段。用户在命令行中输入 L，命令行提示如下：

```
指定下一点或 [圆弧(A)/闭合(C)/半宽(H)/长度(L)/放弃(U)/宽度(W)]: L
指定直线的长度:       //输入沿前一直线方向或前一圆弧相切直线方向的距离
```

（4）线宽（W）：该选项用于设置指定下一条直线段或弧线的宽度。用户在命令行中输入 W，则命令行提示如下：

```
指定起点宽度 <0.0000>://设置即将绘制的多段线的起点的宽度
指定端点宽度 <0.0000>://设置即将绘制的多段线的末端点的宽度
```

（5）闭合（C）：该选项从指定的最后一点到起点绘制直线段或弧线，从而创建闭合的

多段线，必须至少指定两个点才能使用该选项。

（6）放弃（U）：该选项用于删除最近一次添加到多段线上的直线段或弧线。

对于"半宽（H）"和"线宽（W）"两个选项而言，设置的是弧线还是直线的线宽，由下一步所要绘制的是弧线还是直线来决定。对于"闭合（C）"和"放弃（U）"两个选项而言，如果上一步绘制的是弧线，则以弧线闭合多段线，或者放弃弧线的绘制；如果上一步是直线，则以直线段闭合多段线，或者放弃直线的绘制。

另外，无论使用"多段线"命令绘制的多段线中包含多少直线段或弧线段，AutoCAD 都将其看作是一个单独的对象。而且编辑多段线时需要使用"编辑多段线"命令。

单击功能区"默认"选项卡|"修改"面板上的"编辑多段线"按钮，或者在命令行中输入PEDIT命令后按Enter键，即可执行"多段线编辑"命令。多段线编辑命令可以闭合一条非闭合的多段线，或者打开一条已闭合的多段线，可以改变多段线的宽度；可以把整条多段线改变为新的统一的宽度；可以改变多段线中某一条线段的宽度或锥度；可以将一条多段线分段成为两条多段线；也可以将多条相邻的直线、圆弧和二维多段线连接组成一条新的多段线；还可以移去两顶点间的曲线，移动多段线的顶点，或者增加新的顶点。其命令行提示如下：

```
命令: Pedit
    选择多段线或 [多条(M)]:     //系统提示选择需要编辑的多段线。如果用户选择了直线或圆弧，而
不是多段线，系统出现如下提示:
    选定的对象不是多段线
    是否将其转换为多段线?<Y>:    //输入"Y"，将选择的对象即直线或圆弧转换为多段线，再进行编辑。
如果选择的对象是多段线，系统出现如下提示:
    输入选项 [闭合(C)/合并(J)/宽度(W)/编辑顶点(E)/拟合(F)/样条曲线(S)/非曲线化(D)/线型
生成(L)/反转(R)/放弃(U)]:
```

1.6.8　绘制和编辑多线

在建筑制图中，平面图和剖面图中的墙体通常都使用多线来进行绘制。而且可以绘制任意宽度的多段线。多线由1~16 条平行线组成，这些平行线统称为元素。通过指定每个元素距多线原点的偏移量可以确定元素的位置。用户可以自己创建和保存多线样式，或者使用包含两个元素的默认样式。用户还可以设置每个元素的颜色、线型，以及显示或隐藏多线的接头。所谓接头就是指那些出现在多线元素每个顶点处的线条。

1. 设置多线样式

"多线样式"命令主要用于设置多线的样式，比如多线元素，元素的线型、线宽以及元素间的距离等。选择菜单"格式"|"多线样式"命令，或者在命令行输入 MLSTYLE 后按Enter键，都可以执行"多线样式"命令，弹出如图 1-63 所示的"多线样式"对话框，在该对话框中用户可以自行设置多线样式。

图 1-63　"多线样式"对话框

在该对话框中，"当前多线样式"显示当前正在使用的多线样式，"样式"列表框显示已经创建好的多线样式，"预览"框显示当前选中的多线样式的形状，"说明"文本框为当前多线样式附加的说明和描述。图中的"置为当前""新建""修改""重命名""删除""加载"和"保存"7 个按钮的作用如下：

- 单击"置为当前"按钮，设置将要创建的多线的多线样式，从"样式"列表框中可选择一个名称。
- 单击"新建"按钮，弹出"创建新的多线样式"对话框，从中可以创建新的多线样式。
- 单击"修改"按钮，弹出"修改多线样式"对话框，从中可以修改选定的多线样式，不能修改默认的 STANDARD 多线样式。
- 单击"重命名"按钮，可以在"样式"列表框中直接重新命名选定的多线样式，但不能重命名默认的 STANDARD 多线样式。
- 单击"删除"按钮，可以从"样式"列表框中删除当前选定的多线样式，此操作并不会删除 MLN 文件中的样式。
- 单击"加载"按钮，弹出"加载多线样式"对话框，如图 1-64 所示，可以从指定的 MLN 文件加载多线样式。

图 1-64　"加载多线样式"对话框

- 单击"保存"按钮，将弹出"保存多线样式"对话框，用户可以将多线样式保存或复制到多线库（MLN）文件。如果指定了一个已存在的 MLN 文件，新样式定义将添加到此文件中，并且不会删除其中已有的定义，默认文件名是 acad.mln。

（1）新建多线样式

单击"多线样式"对话框中的"新建"按钮 新建 (N)... ，弹出如图 1-65 所示的"创建新的多线样式"对话框。"新样式名"文本框用于设置多线新样式名称,在"基础样式"下拉列表框中设置参考样式,设置完成后,单击"继续"按钮 继续 ,弹出如图 1-66 所示的"新建多线样式"对话框。

图 1-65 "创建新的多线样式"对话框   图 1-66 "新建多线样式"对话框

"新建多线样式"对话框中的"说明"文本框用于设置多线样式的简单说明和描述。

"封口"选项组用于设置多线起点和终点的封闭形式。封口有 4 个选项,分别为直线、外弧、内弧和角度,如图 1-67 所示为各种封口情况示意图。"填充"选项组中的"填充颜色"下拉列表框用于设置多线背景的填充。"显示连接"复选框设置多线每个部分的端点上连接线的显示。

　　不封口　　　　直线封口　　　　外弧封口　　　　内弧封口　　　60°角不封口

图 1-67 多线封口示意图

"图元"选项组可以设置多线元素的特性。元素特性包括每条直线元素的偏移量、颜色和线型。单击"添加"按钮可以将新的多线元素添加到多线样式中。单击"删除"按钮可以从当前的多线样式中删除不需要的直线元素。"偏移"文本框用于设置当前多线样式中某个直线元素的偏移量,偏移量可以是正值,也可以是负值。"颜色"下拉列表框可以选择需要的元素颜色,在下拉列表中选择"选择颜色"命令,可以弹出"选择颜色"对话框设置颜色。单击"线型"按钮,弹出"选择线型"对话框,可以从该对话框中选择已经加载的线型,或者按需要加载线型。单击"加载"按钮,弹出"加载或重载线型"对话框,可以选择合适的线型。

（2）修改多线样式

单击"修改"按钮弹出"修改多线样式"对话框,从中可以修改选定的多线样式,但不能修改默认的 STANDARD 多线样式。参数与"新建多线样式"对话框相同,这里不再赘述。

2. 绘制多线

在设置好多线样式后，选择"绘图"|"多线"命令，或者在命令行中输入 MLINE 后按 Enter 键，即可执行绘制"多线"命令，命令行提示如下：

```
命令: mline
当前设置: 对正 = 上, 比例 = 20.00, 样式 = STANDARD   //提示当前多线设置
指定起点或 [对正(J)/比例(S)/样式(ST)]:              //指定多线起始点或修改多线设置
指定下一点:
指定下一点或 [放弃(U)]:                             //指定下一点或取消
指定下一点或 [闭合(C)/放弃(U)]:                     //指定下一点、闭合或取消
```

在命令行提示中，显示当前多线的对齐样式，比例和多线样式，用户如果需要采用这些设置，则可以指定多线的端点绘制多线。如果需要采用其他的设置，可以修改绘制参数，命令行提供了对正（J）、比例（S）、样式（ST）三个选项供用户设置。

（1）对正（J）

该选项的功能是控制将要绘制的多线相对于十字光标的位置。在命令行中输入 J，命令行提示如下：

```
命令: mline
当前设置: 对正 = 上, 比例 = 20.00, 样式 = STANDARD
指定起点或 [对正(J)/比例(S)/样式(ST)]: J           //输入 J, 设置对正方式
输入对正类型 [上(T)/无(Z)/下(B)] <上>:            //选择对正方式
```

MLINE 命令有三种对正方式：上（T）、无（Z）和下（B）。默认选项为"上"，使用此选项绘制多线时，在光标下方绘制多线，因此在指定点处将会出现具有最大正偏移值的直线。使用选项"无"绘制多线时，多线以光标为中心绘制，拾取的点在偏移量为 0 的元素上，即多线的中心线与选取的点重合。使用选项"下"绘制多线时，多线在光标上面绘制，拾取点在多线负偏移量最大的元素上。使用三种对正方式绘图的效果如图 1-68 所示。

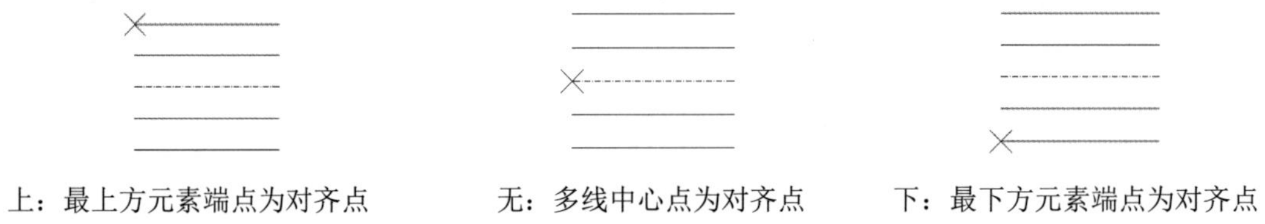

上：最上方元素端点为对齐点　　　　无：多线中心点为对齐点　　　　下：最下方元素端点为对齐点

图 1-68　对正样式示意图

（2）比例（S）

该选项的功能是决定多线的宽度是在样式中设置宽度的多少倍。在命令行中输入 S，命令行提示如下：

```
命令: mline
当前设置: 对正 = 上, 比例 = 20.00, 样式 = STANDARD
指定起点或 [对正(J)/比例(S)/样式(ST)]: S           //输入 S, 设置比例大小
输入多线比例 <20.00>:                              //输入多线的比例值
```

若比例输入 0.5，则宽度是设置宽度的一半宽，即各元素的偏移距离为设置值的一半。因

为多线中偏移距离最大的线排在最上面，越小越往下。为负值偏移量的，在多线原点下面，所以当比例为负值时，多线的元素顺序颠倒过来。

（3）样式（ST）

此选项的功能是为将要绘制的多线指定样式。在命令行中输入 ST，命令行提示如下：

```
命令: st
当前设置: 对正 = 上, 比例 = 20.00, 样式 = STANDARD
指定起点或 [对正(J)/比例(S)/样式(ST)]: ST      //输入 ST，设置多线样式
输入多线样式名或 "?":                          //输入存在并加载的样式名，或输入 "?"
```

输入 "?" 后，文本窗口中将显示出当前图形文件加载的多线样式，默认的样式为 Standard。

3. 多线编辑

选择 "修改" | "对象" | "多线" 命令，或者在命令行中输入 MLEDIT 后按 Enter 键，可以执行 "多线编辑" 命令。执行 MLEDIT 命令后，弹出如图 1-69 所示的 "多线编辑工具" 对话框。在该对话框中，可以对十字形、T 形及有拐角和顶点的多线进行编辑，还可以截断和连接多线。对话框中有 4 组编辑工具，每组工具有 3 个选项。要使用这些选项时，只需单击选项的图标即可。对话框中第一列控制的是多线的十字交叉处；第二列控制的是多线的 T 形交点的形式；第三列控制的是拐角点和顶点；第四列控制的是多线的剪切及连接。

图 1-69 "多线编辑工具" 对话框

1.6.9 图案填充

在绘制建筑图形时，经常需要将某个图形填充某一种颜色或材料。AutoCAD 提供了 "图案填充" 命令用于为封闭区域填充图案。

在功能区单击 "默认" 选项卡 | "绘图" 面板上的 "图案填充" 按钮，或者在命令行中输入 HATCH 后按 Enter 键，都可执行 "图案填充" 命令，执行命令后右击，选择 "设置" 选项，可以打开如图 1-70 所示的 "图案填充和渐变色" 对话框。用户可在该对话框的各选项卡中设置相应的参数，为图形创建相应的图案填充。

其中"图案填充"选项卡包括类型和图案、角度和比例、边界、图案填充原点、选项、继承特性、孤岛等。下面分别介绍几个主要参数的使用。

（1）类型和图案

在"类型和图案"选项组中可以设置填充图案的类型，其中：

- "类型"下拉列表框包括"预定义""用户定义"和"自定义"三种图案类型。其中"预定义"类型是指 AutoCAD 存储在产品附带的 acad.pat 或 acadiso.pat 文件中的预先定义的图案，是制图中的常用类型。

- "图案"下拉列表框控制对填充图案的选择，下拉列表显示填充图案的名称，并且最近使用的 6 个用户预定义图案出现在列表顶部。单击 按钮，弹出"填充图案选项板"对话框，如图 1-71 所示，通过该对话框选择合适的填充图案类型。

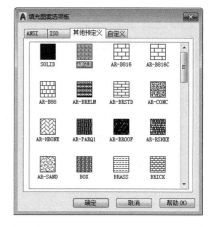

图 1-70　"图案填充和渐变色"对话框　　　　图 1-71　"填充图案选项板"对话框

- "颜色"下拉列表框设置填充图案的颜色，还可以为填充图案对象指定背景色。
- "样例"列表框显示选定图案的预览。
- "自定义图案"下拉列表框在选择"自定义"图案类型时可用，其中列出可用的自定义图案，6 个最近使用的自定义图案将出现在列表顶部。

（2）角度和比例

"角度和比例"选项组包含"角度""比例""间距"和"ISO 笔宽"4 部分内容。主要控制填充的疏密程度和倾斜程度。

- "角度"下拉列表框可以设置填充图案的角度，"双向"复选框设置当填充图案选择"用户定义"时采用的当前线型的线条布置是单向还是双向。
- "比例"下拉列表框用于设置填充图案的比例值。如图 1-72 所示为选择 AR-BRSTD 填充图案进行不同角度和比例值填充的效果。

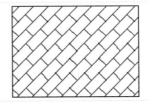
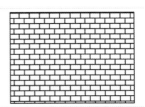

角度 0°，比例 1　　　　　角度 45°，比例 1　　　　　角度 0°，比例 0.5

图 1-72　角度和比例的控制效果

- "间距"文本框用于设置当用户选择"用户定义"填充图案类型时采用的当前线型的线条间距。输入不同的间距值将得到不同的效果，如图 1-73 所示。

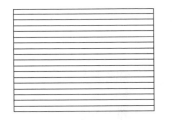
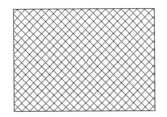
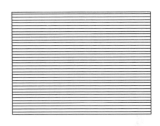

角度 0°，间距 100　　　　角度 45°，间距 100，双向　　　　角度 0°，间距 50

图 1-73　"用户定义"角度、间距和双向的控制效果

- "ISO 笔宽"下拉列表框主要针对用户选择"预定义"填充图案类型，同时选择了 ISO 预定义图案时，可以通过改变笔宽值来改变填充效果。

（3）边界

"边界"选项组主要用于用户指定图案填充的边界，用户可以通过指定对象封闭的区域中的点或者封闭区域的对象的方法确定填充边界，通常使用的是"添加：拾取点"按钮⊞和"添加：选择对象"按钮⊞。

"添加：拾取点"按钮⊞根据围绕指定点构成封闭区域的现有对象确定边界。单击该按钮，此时对话框将暂时关闭，系统将会提示用户拾取一个点。命令行提示如下：

```
命令: _bhatch
拾取内部点或 [选择对象(S)/删除边界(B)]:　正在选择所有对象...
```

"添加：选择对象"按钮⊞根据构成封闭区域的选定对象确定边界。单击该按钮，对话框将暂时关闭，系统将会提示用户选择对象，命令行提示如下：

```
命令: _bhatch
选择对象或 [拾取内部点(K)/删除边界(B)]:　//选择对象边界
```

在使用"添加：拾取点"按钮⊞确定边界时，不同的孤岛设置，产生的填充效果是不一样的。在"孤岛"选项组中选中"孤岛检测"复选框，则在进行填充时，系统将根据选择的孤岛显示模式检测孤岛来填充图案。所谓"孤岛检测"是指最外层边界内的封闭区域对象将被检测为孤岛。系统提供了三种检测模式："普通"孤岛检测、"外部"孤岛检测和"忽略"孤岛检测。

- "普通"检测模式从最外层边界向内部填充，对第一个内部岛形区域进行填充，间隔一个图形区域，转向下一个检测到的区域进行填充，如此反复交替进行。
- "外部"检测模式从最外层的边界向内部填充，只对第一个检测到的区域进行填充，填充后就终止该操作。
- "忽略"检测模式从最外层边界开始，不再进行内部边界检测，对整个区域进行填充，忽略其中存在的孤岛。

系统默认的检测模式是"普通"检测模式。三种不同检测模式效果的对比如图 1-74 所示。

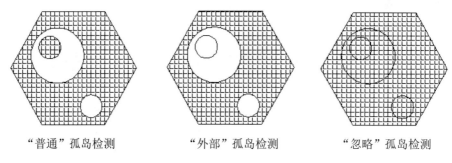

"普通"孤岛检测　　　　　　"外部"孤岛检测　　　　　　"忽略"孤岛检测

图 1-74　三种不同孤岛检测模式的效果对比

（4）图案填充原点

在默认情况下，填充图案始终相互对齐。但是有时用户可能需要移动图案填充的起点（称为原点），在这种情况下，需要在"图案填充原点"选项组中重新设置图案填充原点。选中"指定的原点"单选按钮后，用户单击 按钮，在绘图区利用光标拾取新原点，或者选中"默认为边界范围"复选框，并在下拉列表框中选择所需点作为填充原点即可实现。

使用砖形图案类型填充建筑立面图为例，希望在填充区域的左下角以完整的砖块开始填充图案，重新指定原点，设置如图 1-75 所示。使用默认填充原点和新的指定原点的对比效果如图 1-76 所示。

默认图案填充原点　　　　　新的图案填充原点

图 1-75　设置"图案填充原点"选项组　　　　图 1-76　改变图案填充原点效果

单击该对话框中的"渐变色"选项卡，或者直接单击"绘图"面板上的"渐变色"按钮，可以得到如图 1-77 所示的"图案填充和渐变色"对话框，该对话框可以定义要应用的渐变填充的外观。

- "单色"单选按钮：用于以一种渐变色进行填充； 显示框用于显示当前的填充颜色，双击该颜色框或单击其右侧的 按钮，可打开"选择颜色"对话框，选择所需

的颜色。

- "暗——明"滑动条 ◀ ▶：拖动滑块可以调整填充颜色的明暗度，如果用户激活"双色"单选按钮，此滑动条自动转换为颜色显示框。
- "双色"单选按钮：用于以两种颜色的渐变色作为填充色。
- "角度"选项：用于设置渐变填充的倾斜角度。
- "孤岛显示样式"选项组提供了"普通""外部"和"忽略"三种方式，其中"普通"方式是从最外层边界向内填充，第一层填充，第二层不填充，如此交替进行；"外部"方式只填充从最外边界向内第一边界之间的区域；"忽略"方式忽略最外层边界以内的其他任何边界，以最外层边界向内填充全部图形。

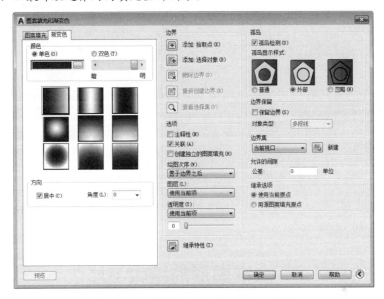

图 1-77 "图案填充和渐变色"对话框

- "边界保留"选项组：用于设置是否保留填充边界。系统默认设置为不保留填充边界。
- "允许的间隙"选项组：用于设置填充边界的允许间隙值，处在间隙值范围内的非封闭区域也可填充。
- "继承选项"选项组：用于设置图案填充的原点，即使用当前原点还是使用源图案填充的原点。

1.6.10 绘制构造线

"构造线"命令用于绘制向两端无限延伸的直线，如图 1-78 所示。此图线常被用作图形辅助线，不能作为图形轮廓线，但是可以通过修改工具将其编辑为图形轮廓线。

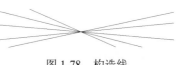

图 1-78 构造线

单击"默认"选项卡|"绘图"面板上的"构造线"按钮，或者在命令行中输入 XLINE 或 XL 后按 Enter 键，都可以执行"构造线"命令，绘制向两端延伸的作图辅助线，此辅助线可以是水平的、垂直的，还可以是倾斜的。

命令行提示如下：

```
命令:_xline
指定点或 [水平(H)/垂直(V)/角度(A)/二等分(B)/偏移(O)]:   //H Enter，激活"水平"选项
指定通过点:                              //在绘图区拾取一点
指定通过点: :                            //继续在绘图区拾取点，
指定通过点:                              //Enter，绘制结果如图 1-79 所示
```

图 1-79　绘制水平构造线

```
命令:_xline
指定点或 [水平(H)/垂直(V)/角度(A)/二等分(B)/偏移(O)]: //A Enter，激活"角度"选项
输入构造线的角度 (0) 或 [参照(R)]: //30 Enter，设置倾斜角度
指定通过点:                      //拾取通过点
指定通过点:                      //Enter，结束命令绘制结果如图 1-80 所示
```

命令行提示中的"垂直"选项可以绘制垂直的构造线，"二等分"选项可以绘制任意角的角平分线，如图 1-81 所示。

图 1-80　绘制倾斜辅助线　　　　　　　　　　　　图 1-81　绘制等分线

1.7　二维图形的编辑与修改

用户在绘制建筑图形时，经常需要对已绘制的图形进行编辑和修改。这时就要用到 AutoCAD 的图形编辑功能。本节将在功能区"默认"选项卡|"修改"面板的基础上，对 AutoCAD 提供的编辑和修改命令进行介绍。"修改"面板如图 1-82 所示。

图 1-82　功能区"修改"面板

1.7.1　删除

在绘图过程中，难免出现错误绘制，此时需要将绘制错误的部分图形或是多余的辅助线从图形中删除，这就要用到 AutoCAD 提供的"删除"命令。单击"默认"选项卡|"修改"

面板上的"删除"按钮，或者在命令行中输入 ERASE 或 E 后按 Enter 键，都可执行"删除"命令。单击"删除"按钮，命令行提示如下：

```
命令：_erase
选择对象：     //在绘图区选择需要删除的对象（构造删除对象集）
选择对象：     //按 Enter 键完成对象，并同时完成对象删除
```

1.7.2 复制

单击"默认"选项卡|"修改"面板上的"复制"按钮，或者在命令行中输入 COPY/CO 后按 Enter 键，可以执行"复制"命令。"复制"命令中提供了"模式"选项来控制将对象复制一次还是多次，下面分别讲解。命令行提示如下：

```
命令：_copy
选择对象://在绘图区选择需要复制的对象
选择对象://按 Enter 键，完成对象选择
当前设置：  复制模式 = 单个
指定基点或 [位移(D)/模式(O)/多个(M)] <位移>：     //在绘图区拾取或输入坐标确认复制对象的
基点，或者输入 O，设置复制模式是单个复制还是多次复制
指定第二个点或 [阵列(A)] <使用第一个点作为位移>：     //在绘图区拾取或输入坐标确定位移点
指定第二个点或 [阵列(A)/退出(E)/放弃(U)] <退出>：//对对象进行多次复制
指定第二个点或 [阵列(A)/退出(E)/放弃(U)] <退出>：//按 Enter 键，完成复制
```

在"复制"命令中，系统提供了"单个（S）"和"多个（M）"两个选项供用户使用，"单个（S）"表示只能将源对象复制一次；"多个（M）"表示可以将源对象复制多次。"阵列（A）"表示对选定的对象进行线性阵列复制，用户可以指定阵列的项目数和阵列路径的两点。

1.7.3 镜像

当绘制的图形对象相对于某一对称轴对称时，就可以使用 MIRROR 命令来绘制图形。镜像命令是将选定的对象沿一条指定的直线对称复制，复制完成后可以删除源对象，也可以不删除源对象。

单击"默认"选项卡|"修改"面板上的"镜像"按钮，或者在命令行中输入 MIRROR/MI 后按 Enter 键，来执行该命令，命令行提示如下：

```
命令：_mirror
选择对象：找到 1 个                    //在绘图区选择需要镜像的对象
选择对象：找到 1 个，总计 2 个          //在绘图区选择需要镜像的对象
选择对象：                            //按 Enter 键，完成对象选择
指定镜像线的第一点：                   //在绘图区拾取或者输入坐标确定镜像线第一点
指定镜像线的第二点：                   //在绘图区拾取或者输入坐标确定镜像线第二点
要删除源对象吗？[是(Y)/否(N)] <N>://输入 N 不删除源对象，输入 Y 则删除源对象
```

1.7.4 偏移

偏移图形命令可以根据指定距离或通过点，创建一个与原有图形对象平行或具有同心结

构的形体，偏移的对象可以是直线段、射线、圆弧、圆、椭圆弧、椭圆、二维多段线和平面上的样条曲线等。偏移的对象可以是直线、样条曲线、圆、圆弧、正多边形等。

单击"默认"选项卡|"修改"面板上的"偏移"按钮 ⊂，或者在命令行中输入 OFFSET 或 O 后按 Enter 键，来执行该命令，命令行提示如下：

```
命令：_offset
当前设置：删除源=否  图层=源  OFFSETGAPTYPE=0
指定偏移距离或 [通过(T)/删除(E)/图层(L)] <1.0000>： 100//设置需要偏移的距离
选择要偏移的对象，或 [退出(E)/放弃(U)] <退出>://在绘图区选择要偏移的对象
指定要偏移的那一侧上的点，或 [退出(E)/多个(M)/放弃(U)] <退出>：
//以偏移对象为基准，选择偏移的方向
选择要偏移的对象，或 [退出(E)/放弃(U)] <退出>：
//按 Enter 键，完成偏移操作或者重新选择偏移对象，继续进行偏移操作
```

部分选项解析：

- "通过"选项用于按照指定的通过点偏移对象，偏移出的对象将通过事先指定的目标点。
- "图层"选项用于设置偏移对象的所在层。激活该选项后，命令行出现"输入偏移对象的图层选项 [当前(C)/源(S)]<源>："的提示，如果让偏移出的对象处在当前图层上，可以选择"当前"选项；如果让偏移出的对象与源对象处在同一图层上，可以选择"源"选项。
- "删除"选项用于将偏移的源对象自动删除。

1.7.5 阵列

AutoCAD 为用户提供了矩形阵列、环形阵列和路径阵列三种阵列方式。

1. 矩形阵列

矩形阵列是指在 X 轴、在 Y 轴或者在 Z 轴方向上等间距绘制多个相同的图形。单击"默认"选项卡|"修改"面板上的"矩形阵列"按钮 ⊞，或者在命令行中输入 ARRAYRECT 后按 Enter 键，都可执行"矩形阵列"命令。命令行提示如下：

```
命令：_arrayrect
选择对象：                    //选择如图1-83（a）所示的阵列对象
选择对象：
类型 = 矩形  关联 = 是
选择夹点以编辑阵列或 [关联(AS)/基点(B)/计数(COU)/间距(S)/列数(COL)/行数(R)/层数
(L)/退出(X)] <退出>：         //COU Enter，激活"计数"选项，表示设置列数和行数
输入列数数或 [表达式(E)] <2>： //4 Enter，设置列数
输入行数数或 [表达式(E)] <2>： //3 Enter，设置行数
选择夹点以编辑阵列或 [关联(AS)/基点(B)/计数(COU)/间距(S)/列数(COL)/行数(R)/层数
(L)/退出(X)] <退出>：                              //S Enter，激活"间距"选项
指定列之间的距离或 [单位单元(U)] <11.5362>：       //20 Enter，设置列间距
指定行之间的距离 <11.5362>：  //15 Enter，设置行间距
选择夹点以编辑阵列或 [关联(AS)/基点(B)/计数(COU)/间距(S)/列数(COL)/行数(R)/层数
(L)/退出(X)] <退出>：         //Enter，结束命令，阵列结果如图1-83（b）所示
```

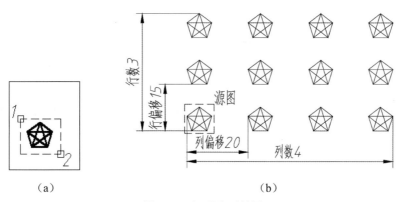

图 1-83　矩形阵列效果

除通过指定行数、行间距、列数和列间距方式创建矩形阵列外，还可以通过"选择夹点以编辑阵列"的方式在绘图区选择阵列的夹点移动光标设置阵列的行间距、列间距、行数和列数。矩形阵列的夹点功能如图 1-84 所示。

矩形阵列的主要参数含义如表 1-2 所示。

表 1-2　矩形阵列参数含义

参　数	含　义
基点（B）	表示指定阵列的基点
计数（COU）	输入 COU，命令行要求分别指定行数和列数的方式产生矩形阵列
间距（S）	输入 S，命令行要求分别指定行间距和列间距
关联（AS）	输入 AS，用于指定创建的阵列项目是否作为关联阵列对象，或是作为多个独立对象
行数（R）	输入 R，命令行要求编辑行数和行间距
列数（COL）	输入 COL，命令行要求编辑列数和列间距
层数（L）	输入 L，命令行要求指定在 Z 轴方向上的层数和层间距

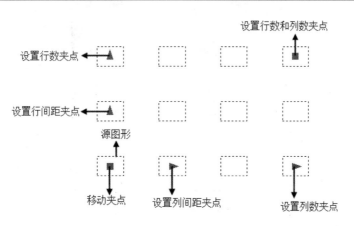

图 1-84　矩形阵列夹点功能

2. 环形阵列

环形阵列是指围绕一个中心创建多个相同的图形。单击"默认"选项卡 | "修改"面板上的"环形阵列"按钮，或者在命令行中输入 ARRAYPOLAR 后按 Enter 键，都可以执行

"环形阵列"命令。命令行提示如下：

> 命令：_ARRAYPOLAR
> 选择对象：指定对角点：找到 3 个 //选择如图 1-85（a）所示的阵列对象
> 选择对象： //按 Enter 键，完成选择
> 类型 = 极轴 关联 = 是
> 指定阵列的中心点或 [基点(B)/旋转轴(A)]：//拾取如图 1-85（a）所示的点 3 为阵列中心点
> 选择夹点以编辑阵列或 [关联(AS)/基点(B)/项目(I)/项目间角度(A)/填充角度(F)/行(ROW)/层(L)/旋转项目(ROT)/退出(X)] <退出>：I //输入 I，设置项目数
> 输入阵列中的项目数或 [表达式(E)] <6>：6//设置项目数为 6
> 选择夹点以编辑阵列或 [关联(AS)/基点(B)/项目(I)/项目间角度(A)/填充角度(F)/行(ROW)/层(L)/旋转项目(ROT)/退出(X)] <退出>：F //输入 F，设置填充角度
> 指定填充角度(+=逆时针、-=顺时针)或 [表达式(EX)] <360>：//按 Enter 键，默认填充角度为 360°
> 选择夹点以编辑阵列或 [关联(AS)/基点(B)/项目(I)/项目间角度(A)/填充角度(F)/行(ROW)/层(L)/旋转项目(ROT)/退出(X)] <退出>： //按 Enter 键，完成环形阵列，效果如图 1-85（b）所示

当然，用户也可以指定填充角度，如图 1-85（c）所示的是设置填充角度为 170°的效果。在 AutoCAD 2021 版本中，"旋转轴"表示指定由两个指定点定义的自定义旋转轴，对象绕旋转轴阵列；"基点"选项用于指定阵列的基点；"项目间角度"选项用于设置相邻项目之间的旋转角度；"行数"选项用于编辑阵列中的行数和行间距，以及它们之间的增量标高，该选项类似于将阵列的图向往外偏移形成新的图形；"旋转项目"选项用于控制在排列项目时是否旋转项目。

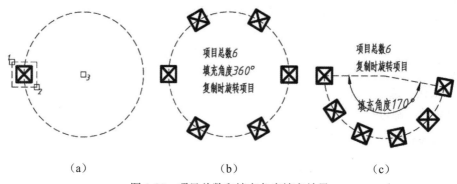

|（a）|（b）|（c）|

图 1-85 项目总数和填充角度填充效果

3. 路径阵列

路径阵列是指沿路径或部分路径均匀分布对象副本。路径可以是直线、多段线、三维多段线、样条曲线、螺旋、圆弧、圆或椭圆。单击"默认"选项卡|"修改"面板上的"路径阵列"按钮，或者在命令行中输入 ARRAYPATH 后按 Enter 键，都可以执行"路径阵列"命令。命令行提示如下：

> 命令：_arraypath
> 选择对象：找到 1 个 //选择图 1-86 所示的树图块
> 选择对象： //按 Enter 键，完成选择
> 类型 = 路径 关联 = 是

选择路径曲线: //选择如图 1-86 所示的样条曲线作为路径曲线
选择夹点以编辑阵列或 [关联(AS)/方法(M)/基点(B)/切向(T)/项目(I)/行(R)/层(L)/对齐项目
(A)/z 方向(Z)/退出(X)] <退出>: //M Enter, 激活 "方法" 选项
输入路径方法 [定数等分(D)/定距等分(M)] <定距等分>: //D Enter, 设置路径方法
选择夹点以编辑阵列或 [关联(AS)/方法(M)/基点(B)/切向(T)/项目(I)/行(R)/层(L)/对齐项目
(A)/z 方向(Z)/退出(X)] <退出>: //I Enter, 激活 "项目" 选项
输入沿路径的项目数或 [表达式(E)] <10>: //8 Enter, 设置项目数
选择夹点以编辑阵列或 [关联(AS)/方法(M)/基点(B)/切向(T)/项目(I)/行(R)/层(L)/对齐项目
(A)/z 方向(Z)/退出(X)] <退出>: //Enter, 结束命令, 阵列结果如图 1-87 所示

图 1-86   选择阵列对象和路径曲线

图 1-87   路径阵列效果

1.7.6   移动

单击 "默认" 选项卡|"修改" 面板上的 "移动" 按钮✛, 或者在命令行中输入 MOVE 或
M 后按 Enter 键, 都可执行 "移动" 命令。命令行提示如下:

```
命令: _move
选择对象:                        //选择需要移动的对象
选择对象:                        //按 Enter 键, 完成选择
指定基点或 [位移(D)] <位移>:      //输入绝对坐标或者绘图区拾取点作为基点
指定第二个点或 <使用第一个点作为位移>:
//输入相对或绝对坐标, 或者拾取点, 确定移动的目标位置点
```

1.7.7   旋转

"旋转" 命令可以改变对象的方向, 并按指定的基点和角度定位新的方向。用户可以通
过单击 "默认" 选项卡|"修改" 面板上的 "旋转" 按钮↻, 或者在命令行中输入 ROTATE 或
RO 后按 Enter 键, 来执行该命令。命令行提示如下:

```
命令: _rotate
UCS 当前的正角方向:  ANGDIR=逆时针  ANGBASE=0
```

选择对象：找到 1 个	//选择需要旋转的对象
选择对象：	//按 Enter 键，完成选择
指定基点：	//输入绝对坐标或者绘图区拾取点作为基点
指定旋转角度，或 [复制(C)/参照(R)] <0>:-60	//输入需要旋转的角度，按 Enter 键完成旋转

在命令行中，"复制"和"参照"选项不常用，其含义如下：

- "复制"：创建要旋转的选定对象的副本。
- "参照"：将对象从指定的角度旋转到新的绝对角度，执行"参照"选项后，命令行提示如下：

指定参照角度 <上一个参照角度>：	//通过输入值或指定两点来指定角度
指定新角度或 [点(P)] <上一个新角度>：	//通过输入值或指定两点来指定新的绝对角度

1.7.8 拉伸

"拉伸"命令可以拉伸对象中选定的部分，没有选定的部分保持不变。在使用拉伸图形命令时，图形选择窗口外的部分不会有任何改变；图形选择窗口内的部分会随图形选择窗口的移动而移动，但也不会有形状的改变，只有与图形选择窗口相交的部分会被拉伸。

单击"默认"选项卡|"修改"面板上的"拉伸"按钮 ，或者在命令行中输入 STRETCH 后按 Enter 键，来执行该命令。单击"拉伸"按钮 ，命令行提示如下：

命令：_stretch	
以交叉窗口或交叉多边形选择要拉伸的对象…	
选择对象：指定对角点：找到 5 个	//选择需要拉伸的对象，要使用交叉窗口选择
选择对象：	//按 Enter 键，完成对象选择
指定基点或 [位移(D)] <位移>：	//输入绝对坐标或者在绘图区拾取点作为基点
指定第二个点或 <使用第一个点作为位移>：	//输入相对或绝对坐标或者拾取点确定以第二点

1.7.9 缩放

"缩放"命令是指将选择的图形对象按比例均匀地放大或缩小，可以通过指定基点和长度（被用作基于当前图形单位的比例因子）或输入比例因子来缩放对象，也可以为对象指定当前长度和新长度。大于 1 的比例因子使对象放大，介于 0～1 之间的比例因子使对象缩小。

单击"默认"选项卡|"修改"面板上的"缩放"按钮 ，或者在命令行中输入 SCALE 后按 Enter 键，来执行该命令。单击"缩放"按钮 ，命令行提示如下：

命令：_scale	
选择对象：指定对角点：找到 10 个	//选择缩放对象
选择对象：	//按 Enter 键，完成选择
指定基点：	//指定缩放的基点
指定比例因子或 [复制(C)/参照(R)] <1.0000>: 0.5	//输入缩放比例

1.7.10 延伸

"延伸"命令可以将选定的对象延伸至距离对象最近的边界上并与边界交于一点，也可

以将对象延伸至指定的边界上。用户可以将所选的直线、射线、圆弧、椭圆弧、非封闭的二维或三维多段线延伸到指定的直线、射线、圆弧、椭圆弧、圆、椭圆、二维或三维多段线、构造线和区域等的上面。

单击"默认"选项卡|"修改"面板上的"延伸"按钮 ，或者在命令行中输入 EXTEND 后按 Enter 键，来执行该命令。单击"延伸"按钮 ，命令行提示如下：

```
命令：_extend
当前设置：投影=UCS,边=无,模式=快速
选择要延伸的对象，或按住 Shift 键选择要修剪的对象或[边界边(B)/窗交(C)/模式(O)/投影
(P)]://在靠近边界的一侧单击需要延伸的对象
选择要延伸的对象，或按住 Shift 键选择要修剪的对象或[边界边(B)/窗交(C)/模式(O)/投影(P)/放弃
(U)]:        //在靠近边界的一侧单击需要延伸的对象
…
选择要延伸的对象，或按住 Shift 键选择要修剪的对象或[边界边(B)/窗交(C)/模式(O)/投影(P)/放弃
(U)]:        //按 Enter 键结束命令，结果对象被延伸至距离对象最近的边界上，并与其交于一点，如图
1-88 所示
```

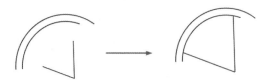

图 1-88　延伸结果

"边界边"选项需要用户手动选择延伸边界，其命令行提示如下：

```
命令：_extend
当前设置：投影=UCS,边=无,模式=快速
选择要延伸的对象，或按住 Shift 键选择要修剪的对象或[边界边(B)/窗交(C)/模式(O)/投影
(P)]://B Enter，选择"边界边"选项
当前设置：投影=UCS,边=无,模式=快速
选择边界边…
选择对象或 <全部选择>：        //选择延伸边界
选择对象：                     //Enter，结束边界的选择
选择要延伸的对象，或按住 Shift 键选择要修剪的对象或[边界边(B)/窗交(C)/模式(O)/投影
(P)]://在靠近边界的一侧单击需要延伸的对象
选择要延伸的对象，或按住 Shift 键选择要修剪的对象或[边界边(B)/窗交(C)/模式(O)/投影(P)/放弃
(U)]:                         //在靠近边界的一侧单击需要延伸的对象
…
选择要延伸的对象，或按住 Shift 键选择要修剪的对象或[边界边(B)/窗交(C)/模式(O)/投影(P)/放弃
(U)]:                         //按 Enter 键结束命令，结果对象被延伸至距离对象最近的边界上，并与其
交于一点
```

对于需要延伸的对象比较多的情况，用户通常还会用到"栏选"和"窗交"两个选项，其中"栏选"表示选择与选择栏相交的所有要延伸的对象，选择栏是一系列临时线段，它们由两个或多个栏选点指定；"窗交"表示通过交叉窗口选择矩形区域（由两点确定）内部或与之相交的需要延伸的对象。

上述延伸操作是在"快速"模式下操作的，即边界与对象的延长线存在一个实际的交点。接

下来介绍另外一种延伸方式，就是当边界与对象延长线没有实际的交点，而是边界被延长后，与对象延长线存在一个隐含交点，此时需要更改延伸模式为"标准"模式，更改"边"为"延伸"，具体操作如下：

```
命令：_extend
当前设置：投影=UCS,边=无,模式=快速
选择要延伸的对象，或按住 Shift 键选择要修剪的对象或[边界边(B)/窗交(C)/模式(O)/投影
(P)]：//O Enter，激活"模式"选项
输入延伸模式选项 [快速(Q)/标准(S)] <快速(Q)>：//S Enter，激活"标准"选项，设置延伸模式
选择要延伸的对象，或按住 Shift 键选择要修剪的对象或[边界边(B)/栏选(F)/窗交(C)/模式(O)/
投影(P)/边(E)/放弃(U)]：          //E Enter，激活"边"选项，设置边的延伸模式
输入隐含边延伸模式 [延伸(E)/不延伸(N)] <不延伸>：//E Enter，设置延伸模式
选择要延伸的对象，或按住 Shift 键选择要修剪的对象或[边界边(B)/栏选(F)/窗交(C)/模式(O)/
投影(P)/边(E)/放弃(U)]：          //B Enter，激活"边界边"选项，设置剪切边界的选择模式
当前设置：投影=UCS,边=延伸,模式=标准
选择边界边…
选择对象或 <全部选择>：          //选择图1-89所示的水平直线作为延伸边界
选择对象：          //按 Enter 键，结束边界的选择
选择要延伸的对象，或按住 Shift 键选择要修剪的对象或[边界边(B)/栏选(F)/窗交(C)/模式(O)/
投影(P)/边(E)]：          //在垂直直线的下端单击垂直直线
选择要延伸的对象，或按住 Shift 键选择要修剪的对象或[边界边(B)/栏选(F)/窗交(C)/模式(O)/
投影(P)/边(E)/放弃(U)]：          //按 Enter 键，结束命令，延伸结果如图1-89所示
```

延伸后

图 1-89   延伸结果

1.7.11   修剪

"修剪"命令可以将选定的对象在指定边界一侧的部分剪切掉，可以修剪的对象包括直线、射线、圆弧、椭圆弧、二维或三维多段线、构造线、样条曲线等。有效的边界包括直线、射线、圆弧、椭圆弧、二维或三维多段线、构造线、填充区域等。

单击"默认"选项卡|"修改"面板上的"修剪"按钮 ，或者在命令行中输入 TRIM 后按 Enter 键，来执行该命令。"修剪"命令有"快速"和"标准"两种修剪式。快速模式下的修剪可以不需要事先指定剪切边界。命令行提示如下：

```
命令：_trim
当前设置：投影=UCS,边=无,模式=快速
选择要修剪的对象，或按住 Shift 键选择要延伸的对象或[剪切边(T)/窗交(C)/模式(O)/投影(P)/
删除(R)]：          //在需要修剪的部位单击对象
选择要修剪的对象，或按住 Shift 键选择要延伸的对象或 [剪切边(T)/窗交(C)/模式(O)/投影
(P)/删除(R)/放弃(U)]：    //在需要修剪的部位单击对象
…
```

选择要修剪的对象,或按住 Shift 键选择要延伸的对象或[剪切边(T)/窗交(C)/模式(O)/投影(P)/删除(R)/放弃(U)]:　　　　　//按 Enter 键,结束命令,快速模式下的修剪操作

标准模式下的修剪,可以设置边的延伸模式,即需要修剪的对象与剪切边界没有相交,而是与剪切边界的延长线相交,如图 1-90 所示。此时需要在标准模式下将边的"不延伸"修改为"延伸"。命令行提示如下:

```
命令: _trim
当前设置: 投影=UCS,边=无,模式=快速
选择要修剪的对象,或按住 Shift 键选择要延伸的对象或[剪切边(T)/窗交(C)/模式(O)/投影(P)/
删除(R)]:                                         //O Enter,激活"模式"选项
输入修剪模式选项 [快速(Q)/标准(S)] <快速(Q)>:    //S Enter,激活"标准"选项
选择要修剪的对象,或按住 Shift 键选择要延伸的对象或[剪切边(T)/栏选(F)/窗交(C)/模式(O)/
投影(P)/边(E)/删除(R)/放弃(U)]:                  //E Enter,激活"边"选项
输入隐含边延伸模式 [延伸(E)/不延伸(N)] <不延伸>: //E Enter,设置边的延伸模式
选择要修剪的对象,或按住 Shift 键选择要延伸的对象或[剪切边(T)/栏选(F)/窗交(C)/模式(O)/
投影(P)/边(E)/删除(R)/放弃(U)]:                  //T Enter,激活"剪切边"选项
当前设置: 投影=UCS,边=延伸,模式=标准
选择剪切边…
选择对象或 <全部选择>:            //选择垂直的直线作为剪切边界
选择对象:                        //按 Enter 键,结束对象的选择
选择要修剪的对象,或按住 Shift 键选择要延伸的对象或[剪切边(T)/栏选(F)/窗交(C)/模式(O)/
投影(P)/边(E)/删除(R)]:                          //在水平直线的右端单击,指定修剪部位
选择要修剪的对象,或按住 Shift 键选择要延伸的对象或[剪切边(T)/栏选(F)/窗交(C)/模式
(O)/投影(P)/边(E)/删除(R)/放弃(U)]:              //按 Enter 键,结束命令,修剪结果如图 1-90
所示
```

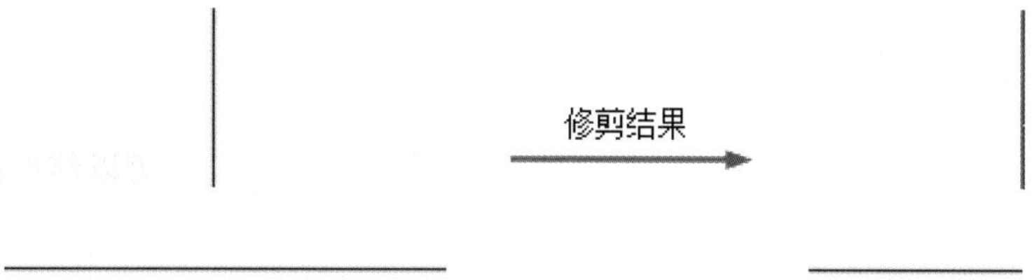

修剪结果

图 1-90　修剪结果

在"修剪"命令的命令行提示中也有"栏选"和"窗交"选项,其含义与"延伸"命令中的类似。另外,"删除"选项用于删除选定的对象,此选项提供了一种删除不需要的对象的简便方法,而无需退出 TRIM 命令。

1.7.12　打断

"打断"命令用于打断所选的对象,即将所选的对象分成两部分或删除对象上的某一部分,该命令作用于直线、射线、圆弧、椭圆弧、二维或三维多段线、构造线等。

"打断"命令将会删除对象上位于第一点和第二点之间的部分,第一点是选取该对象时

的拾取点或用户重新指定的点，第二点即为选定的点。如果选定的第二点不在对象上，系统将选择对象上距该点最近的一个点。

单击"默认"选项卡|"修改"面板上的"打断"按钮凸，或者在命令行中输入 BREAK 后按 Enter 键，都可以执行"打断"命令。

单击"修改"面板|"打断"按钮凸，命令行提示如下：

```
命令：_break
选择对象：
指定第二个打断点或[第一点(F)]：F
指定第一个打断点：
指定第二个打断点：
```

在用户选择对象时，如果选择方式使用的是一般默认的定点选取图形，那么用户在选定图形的同时也把选择点定为图形上的第一断点。如果用户在命令行提示"指定第二个打断点或[第一点(F)]："下输入 F 选择"第一点"项，那么就是重新指定点来代替以前指定的第一断点。

如果用户要将一个图形一分为二而不删除其中的任何部分，可以将图形上的同一点指定为第一断点和第二断点（在指定第二断点时利用相对坐标只输入"@"即可）。同时用户也可单击"修改"面板上的"打断于点"按钮凸进行单点打断，用户可以将直线、圆弧、圆、多段线、椭圆、样条曲线、圆环以及其他几种图形拆分为两个图形或将其中的一端删除。在圆上删除一部分弧线时，命令会按逆时针方向删除第一断点到第二断点之间的部分，将圆转换成圆弧。

1.7.13 合并

"合并"命令是使打断的对象或相似的对象合并为一个对象，合并的对象包括圆弧、椭圆弧、直线、多段线和样条曲线。

单击"默认"选项卡|"修改"面板上的"合并"按钮⁺⁺，或者在命令行中输入 JOIN 后按 Enter 键，来执行该命令。

单击"修改"面板|"合并"按钮⁺⁺，命令行提示如下：

```
命令：_JOIN
选择源对象或要一次合并的多个对象：找到 1 个        //选择合并的源对象
选择要合并的对象：找到 1 个，总计 2 个            //选择要合并到源对象的图形
选择要合并的对象：                              //按 Enter 键，完成合并
```

"合并"命令在命令行的提示信息因为选择合并的源对象不同，显示的提示也不同，要求也不一样，用户在使用时需注意。

1.7.14 倒角

"倒角"命令主要用于为对象倒角，使一条线段连接两个非平行的图线，如图 1-91 所示。用于倒角的图线一般有直线、多段线、矩形、多边形等，不能倒角的图线有圆、圆弧、椭圆、椭圆弧等。

单击"默认"选项卡|"修改"面板上的"倒角"按钮，或者在命令行中输入CHAMFER后按Enter键，来执行倒角命令。执行"倒角"命令后，需要依次指定角的两边、设置倒角在两条边上的距离，倒角的尺寸就由这两个距离来决定。执行"倒角"命令后，命令行提示如下：

```
命令：_chamfer
（"修剪"模式）当前倒角距离 1 = 0.0000，距离 2 = 0.0000
选择第一条直线或 [放弃(U)/多段线(P)/距离(D)/角度(A)/修剪(T)/方式(E)/多个(M)]：
//D Enter，激活没有"距离"选项，设置倒角距离
指定第一个倒角距离 <0.0000>：          //150 Enter，设置第一个倒角距离
指定第二个倒角距离 <150.0000>：        //100 Enter，设置第二个倒角距离
选择第一条直线或 [放弃(U)/多段线(P)/距离(D)/角度(A)/修剪(T)/方式(E)/多个(M)]：
//选择图1-91（左）所示的水平直线
选择第二条直线，或按住 Shift 键选择直线以应用角点或 [距离(D)/角度(A)/方法(M)]：
//选择图1-91（左）所示的倾斜直线，倒角结果如图1-91（右）所示
```

图 1-91　倒角示例

在命令行提示中，提供了"多段线（P）""距离（D）""角度（A）""修剪（T）""方式（E）""多个（M）"等选项供用户选择，下面分别介绍：

- "多段线（P）"选项：用于对整个二维多段线倒角，相交多段线线段在每个多段线顶点被倒角，倒角成为多段线的新线段。如果多段线包含的线段过短以至于无法容纳倒角距离，则不对这些线段倒角。
- "距离（D）"选项：用于设置倒角至选定边端点的距离。如果将两个距离都设置为零，CHAMFER命令将延伸或修剪两条直线，使它们终止于同一点，该命令有时可以替代修剪和延伸命令。
- "角度（A）"选项：用于用第一条线的倒角距离和角度设置倒角距离的情况。
- "修剪（T）"选项：用于设置是否采用修剪模式执行倒角命令，即倒角后是否还保留原来的边线。
- "方式（E）"选项：用于设置是使用距离方式倒角还是使用角度倒角。
- "多个（M）"选项：用于设置连续操作倒角，不必重新启动命令。

1.7.15　圆角

"圆角"命令主要使用一段给定半径的圆弧光滑连接两条图线，如图 1-92 所示。 一般情况下，用于圆角的图线有直线、多段线、样条曲线、构造线、射线、圆弧、椭圆弧等。

单击"默认"选项卡|"修改"面板上的"圆角"按钮，或者在命令行中输入 FILLET后按Enter键，来执行圆角命令。激活圆角命令后，设置半径参数和指定角的两条边，即可完

成对这个角的圆角操作。执行"圆角"命令，命令行提示如下：

```
命令: _fillet
当前设置: 模式 = 修剪, 半径 = 0.0000
选择第一个对象或 [放弃(U)/多段线(P)/半径(R)/修剪(T)/多个(M)]:    //R Enter, 设置圆角
半径
指定圆角半径 <0.0000>:                                      //100 Enter, 输入
圆角半径
选择第一个对象或 [放弃(U)/多段线(P)/半径(R)/修剪(T)/多个(M)]:
//选择如图 1-92 所示的圆弧作为第一个圆角对象
选择第二个对象, 或按住 Shift 键选择对象以应用角点或 [半径(R)]:
//选择直线作为第二个圆角对象, 圆角结果如图 1-92 (右) 所示
```

圆角命令中的除"半径（R）"选项外，其他选项含义均与倒角相同，而"半径"选项主要控制圆角的半径。

图 1-92　圆角示例

1.7.16　分解

"分解"命令主要用于将组合对象分解成各自独立的对象，或者将块与参照分解为组合前的对象，以方便对分解后的各对象进行编辑。用于分解的对象有矩形、正多边形、多段线、边界以及图块等。比如正五边形是由五条直线元素组成的单个对象，如果用户需要对其中的一条边进行编辑，则首先将矩形分解还原为五条线对象。

在命令行输入 X 后按 Enter 键，或者在功能区中单击"默认"选项卡上的"修改"面板中的"分解"按钮 ，都可以执行"分解"命令。在执行命令后，只需选择需要分解的对象按 Enter 键即可将对象分解。如果是对具有一定宽度的多段线分解，AutoCAD 将忽略其宽度并沿多段线的中心放置分解后产生的直线和圆弧。

1.8　绘图辅助工具

在 AutoCAD 中，为了方便用户进行各种图形的绘制，如图 1-93 所示在状态栏中提供了多种辅助工具以帮助用户能够快速准确地绘图，单击相应的功能按钮，对应的功能便能发挥作用。

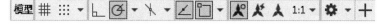

图 1-93　状态栏辅助绘图工具

1.8.1　设置捕捉、栅格

在绘图中，使用栅格和捕捉功能有助于创建和对齐图形中的对象。栅格是按照设置的间

距显示在图形区域中的点，它能提供直观的距离和位置的参照，类似于坐标纸中方格的作用，栅格只在图形界限以内显示。

捕捉则使光标只能停留在图形中指定的点上，这样就可以很方便地将图形放置在特殊点上，便于以后的编辑工作。栅格和捕捉这两个辅助绘图工具之间有着很多联系，尤其是两者间距的设置。有时为了方便绘图，可将栅格间距设置为与捕捉间距相同，或者使栅格间距为捕捉间距的倍数。

在状态栏的"捕捉模式"按钮⋮⋮或"显示图形栅格"按钮⊞上右击，在弹出的快捷菜单中选择"捕捉设置"或"栅栏设置"选项，弹出如图 1-94 所示的"草图设置"对话框，当前显示的是"捕捉和栅格"选项卡。

在"捕捉和栅格"选项卡中选择"启用捕捉"和"启用栅格"复选框，则可分别启动控制捕捉和栅格功能，用户也可以通过单击状态栏上的相应按钮来控制开启。

在"捕捉类型"选项组中，提供了"栅格捕捉"和"PolarSnap"（极轴捕捉）两种类型供用户选择。"栅格捕捉"模式中包含了"矩形捕捉"和"等轴测捕捉"两种样式，在二维图形绘制中，通常使用的是矩形捕捉。

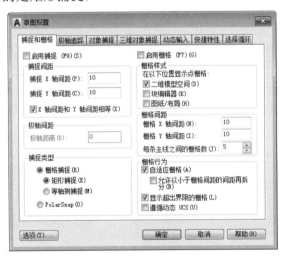

图 1-94 "草图设置"对话框

"PolarSnap"（极轴捕捉）模式是一种相对捕捉，也就是相对于上一点的捕捉。如果当前未执行绘图命令，光标就能够在图形中自由移动，不受任何限制。当执行某一种绘图命令后，光标就只能在特定的极轴角度上，并且定位在距离为间距的倍数的点上。

系统默认模式为"栅格捕捉"中的"矩形捕捉"，这也是最常用的一种。

在"捕捉间距"选项组和"栅格间距"选项组中，用户可以设置捕捉和栅格的距离。"捕捉间距"选项组中的"捕捉 X 轴间距"和"捕捉 Y 轴间距"文本框可以分别设置捕捉在 X 方向和 Y 方向的单位间距，"X 和 Y 间距相等"复选框可以设置 X 和 Y 方向的间距是否相等。"栅格间距"选项组中的"栅格 X 轴间距"和"栅格 Y 轴间距"文本框可以分别设置栅格在 X 方向和 Y 方向的单位间距。"栅格样式"选项组设置栅格在"二维模型空间""块编辑器"和"图纸/布局"中是以点栅格出现还是以线栅格出现，选中相应的复选框，则以点栅格出现，否则以线栅格出现。

1.8.2 设置正交

正交辅助工具可以帮助用户绘制平行于 X 或 Y 轴的直线。当绘制众多正交直线时，通常要打开"正交"辅助工具。在状态工具栏中单击"正交限制光标"按钮⌐，或按 F8 功能键，都可打开"正交"辅助工具。

在打开"正交"辅助工具后，就只能在平面内平行于两个正交坐标轴的方向上绘制直线，并指定点的位置，而不用考虑屏幕上光标的位置。绘图的方向由当前光标在平行其中一条坐标轴（如 X 轴）方向上的距离值与在平行于另一条坐标轴（如 Y 轴）方向的距离值相比来确定的，如果沿 X 轴方向的距离大于沿 Y 轴方向的距离，AutoCAD 将绘制水平线；相反，如果沿 Y 轴方向的距离大于沿 X 轴方向的距离，那么只能绘制竖直的线。同时，"正交"辅助工具并不影响从键盘上输入点。

下面通过绘制如图 1-95 所示的台阶截面轮廓图，学习使用"正交"功能。命令行提示如下：

```
命令：_line
指定第一点：                        //在绘图区拾取一点作为起点
指定下一点或 [放弃(U)]：             //向上引导光标，输入 200 后按 Enter 键
指定下一点或 [放弃(U)]：             //向右引导光标，输入 300 后按 Enter 键
指定下一点或 [闭合(C)/放弃(U)]：     //向上引导光标，输入 200 后按 Enter 键
指定下一点或 [闭合(C)/放弃(U)]：     //向右引导光标，输入 300 后按 Enter 键
指定下一点或 [闭合(C)/放弃(U)]：     //向上引导光标，输入 200 后按 Enter 键
指定下一点或 [闭合(C)/放弃(U)]：     //向右引导光标，输入 300 后按 Enter 键
指定下一点或 [闭合(C)/放弃(U)]：     //向上引导光标，输入 200 后按 Enter 键
指定下一点或 [闭合(C)/放弃(U)]：     //向右引导光标，输入 300 后按 Enter 键
指定下一点或 [闭合(C)/放弃(U)]：     //向下引导光标，输入 800 后按 Enter 键
指定下一点或 [闭合(C)/放弃(U)]：     //C Enter，闭合图形，并结束命令，结果如图 1-95 所示
```

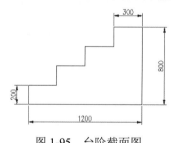

图 1-95　台阶截面图

1.8.3 设置对象捕捉

"对象捕捉"功能捕捉的是图形上的一些特征点，比如直线的端点和中点、圆的圆心和象限点、块的插入点、图线的交点等。AutoCAD 共为用户提供了 14 种对象特征点的捕捉功能，如图 1-96 所示。

选择"工具"菜单中的"草图设置"命令，或右击状态栏上"对象捕捉"按钮▢，在弹出的快捷菜单中选择"对象捕捉设置"选项，即可弹出如图 1-96 所示的对话框，用于设置对象捕捉功能。另外，单击状态栏上"对象捕捉"▢右端的下三角按钮，弹出如图 1-97 所示的

快捷菜单，也可以快速开启对象的各种捕捉功能。

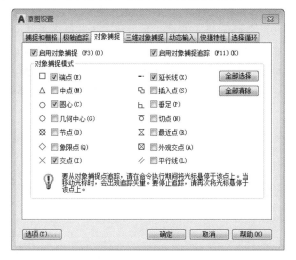

图1-96　"对象捕捉"选项卡

图1-97　"对象捕捉"菜单

"对象捕捉"功能的启用有以下方式：

（1）单击状态栏上的"对象捕捉"按钮 。

（2）按F3功能键。

对象捕捉模式下的各种功能如下：

- 端点：捕捉直线、圆弧、椭圆弧、多线、多段线线段的最近的端点，以及捕捉填充直线、图形或三维面域最近的封闭角点。
- 中点：捕捉直线、圆弧、椭圆弧、多线、多段线线段、参照线、图形或样条曲线的中点。
- 圆心：捕捉圆弧、圆、椭圆或椭圆弧的圆心。
- 几何中心：用于捕捉图形的几何中心点。
- 节点：捕捉点对象。
- 象限点：捕捉圆、圆弧、椭圆或椭圆弧的象限点。象限点分别位于从圆或圆弧的圆心到0°、90°、180°、270°圆上的点。象限点的零度方向是由当前坐标系的0°方向确定的。
- 交点：捕捉两个对象的交点，包括圆弧、圆、椭圆、椭圆弧、直线、多线、多段线、射线、样条曲线或参照线。
- 延长线（范围）：在光标从一个对象的端点移出时，系统将显示并捕捉沿对象轨迹延伸出来的虚拟点。
- 插入点：捕捉插入图形文件中的块、文本、属性及图形的插入点，即它们插入时的原点。
- 垂足：捕捉直线、圆弧、圆、椭圆弧、多线、多段线、射线、图形、样条曲线或参照线上的一点，而该点与用户指定的上一点形成一条直线，此直线与用户当前选择的对象正交（垂直）。但该点不一定在对象上，而有可能在对象的延长线上。
- 切点：捕捉圆弧、圆、椭圆或椭圆弧的切点。此切点与用户所指定的上一点形成一条直线，这条直线将与用户当前所选择的圆弧、圆、椭圆或椭圆弧相切。
- 最近点：捕捉对象上最近的一点，一般是端点、垂足或交点。

- 外观交点：捕捉 3D 空间中两个对象的视图交点（这两个对象实际上不一定相交，但看上去相交）。在 2D 空间中，外观交点捕捉模式与交点捕捉模式是等效的。
- 平行线（平行）：绘制平行于另一对象的直线。首先是在指定了直线的第一点后，用光标选定一个对象（此时不用单击鼠标指定，AutoCAD 将自动帮助用户指定，并且可以选取多个对象），之后再移动光标，这时经过第一点且与选定的对象平行的方向上将出现一条参照线，这条参照线是可见的。在此方向上指定一点，那么该直线将平行于选定的对象。

1.8.4 设置极轴追踪

AutoCAD 为用户提供了多种追踪功能，其中“极轴追踪”功能就是根据当前设置的追踪角度，引出相应的极轴追踪虚线，进行追踪定位目标点，如图 1-98 所示。

“极轴追踪”功能的启用主要有以下方式：

（1）单击状态栏上的“极轴追踪”按钮。

（2）按 F10 功能键。

在状态栏上的“极轴追踪”按钮上右击，或单击按钮右侧的下三角，然后在弹出的菜单上选择“正在追踪设置”选项，打开如图 1-99 所示的“草图设置”对话框，用于相关极轴追踪参数的设置。

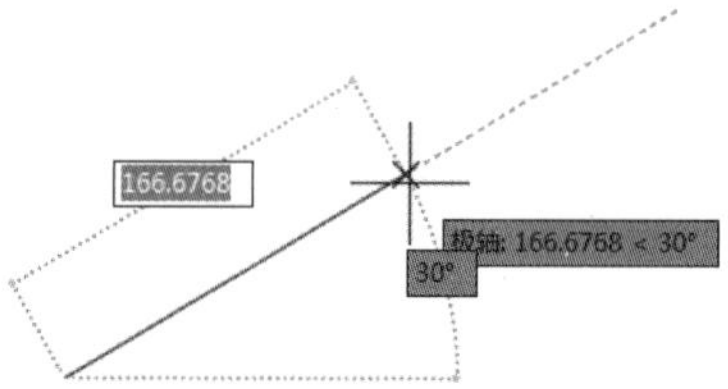

图 1-98　极轴追踪示例

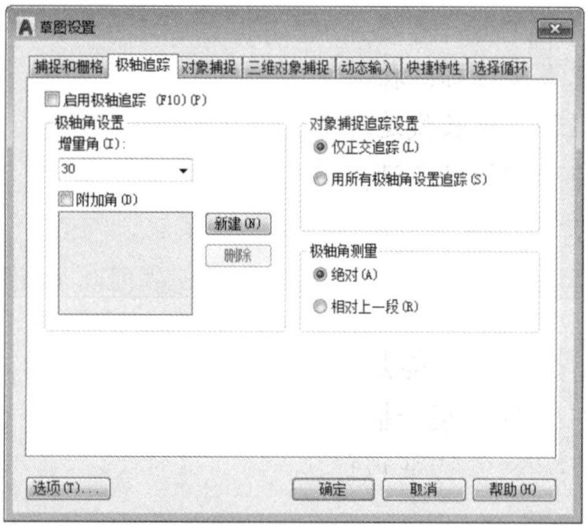

图 1-99　启用“极轴追踪”

“极轴追踪”选项卡中各选项的含义如下：

- 增量角：设置极轴角度增量的模数，在绘图过程中所追踪到的极轴角度将为此模数的倍数。
- 附加角：在设置角度增量后，仍有一些角度不等于增量值的倍数。对于这些特定的角度值，用户可以单击“新建”按钮，添加新的角度，使追踪的极轴角度更加全面（最多只能添加 10 个附加角度）。
- 绝对：极轴角度绝对测量模式。选择此模式后，系统将以当前坐标系下的 X 轴为起始轴计算出所追踪到的角度。
- 相对上一段：极轴角度相对测量模式。选择此模式后，系统将以上一个创建的对象为起始

轴计算出所追踪到的相对于此对象的角度。

1.8.5 设置对象捕捉追踪

所谓"对象捕捉追踪"功能主要是对象的某些特征点作为追踪基准点，根据此基准点沿正交方向或极轴方向形成追踪线，进行追踪，如图 1-100 所示。

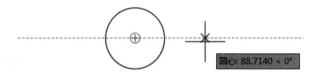

图 1-100 对象捕捉追踪示例

"对象捕捉追踪"功能需要配合"对象捕捉"功能才能使用，但是不能与"正交"功能同时开启。启用"对象捕捉追踪"功能主要有以下方式：

（1）单击状态栏上的"对象捕捉追踪"按钮 。

（2）按 F11 功能键。

在图 1-99 所示的对话框中的"对象捕捉追踪设置"选项组中可对对象捕捉追踪进行设置。各参数含义如下：

- 仅正交追踪：表示仅在水平和垂直方向（即 X 轴和 Y 轴方向）对捕捉点进行追踪（但切线追踪、延长线追踪等不受影响）。
- 用所有极轴角设置追踪：表示可按极轴设置的角度进行追踪。

1.8.6 捕捉自与临时追踪点

"捕捉自"功能是借助"对象捕捉"和"相对坐标"进行定位窗口中相对于某一捕捉点的另外一点。使用"捕捉自"功能时需要先捕捉对象特征点作为目标点的偏移基点，然后再输入目标点的坐标值。

执行"捕捉自"功能主要有以下方式：

（1）单击"对象捕捉"工具栏上的按钮 。

（2）在命令行输入 FROM 后按 Enter 键。

（3）按住 Ctrl 键或 Shift 键并右击，选择临时捕捉快捷菜单中的"自"选项，如图 1-101 所示。

图 1-101 临时对象捕捉菜单

"临时追踪点"与"对象追踪"功能类似，不同的是前者需要事先精确定位出临时追踪点，然后才能通过此追踪点，引出向两端无限延伸的临时追踪虚线，以进行追踪定位目标点。

执行"临时追踪点"功能主要有以下方式：

（1）单击"对象捕捉"工具栏按钮 。

（2）在命令行输入 TT 后按 Enter 键。

（3）按住 Ctrl 键或 Shift 键并右击，选择临时捕捉快捷菜单中的"临时追踪点"选项。

1.8.7 动态输入

使用 AutoCAD 提供的动态输入功能，可以在工具栏提示中直接输入坐标值或进行其他操作，而不必在命令行中进行输入，这样可以帮助用户专注于绘图区域。

单击状态栏上的"动态输入"按钮 ，可以启用和关闭"动态输入"功能。在"动态输入"按钮 上右击，在弹出的快捷菜单中选择"动态输入设置"选项，弹出如图 1-102 所示的"草图设置"对话框。"动态输入"选项卡中有三个选项组：指针输入、标注输入和动态提示。

（1）指针输入

选择"启用指针输入"复选框，当有命令在执行时，十字光标的位置将在光标附近的工具栏提示中显示为坐标。用户可以在工具栏提示中输入坐标值，而不用在命令行中输入。

要输入坐标，用户可以按 Tab 键将焦点切换到下一个工具栏提示，然后输入下一个坐标值。在指定点时，第一个坐标是绝对坐标，第二个或下一个点的格式是相对极坐标。如果要输入绝对值，则需在值前加上前缀井号（#）。

单击"指针输入"选项组中的"设置"按钮，弹出如图 1-103 所示的"指针输入设置"对话框，"格式"选项组可以设置指针输入时第二个点或后续点的默认格式。"可见性"选项组可以设置在什么情况下显示坐标工具栏提示。

图 1-102 "动态输入"选项卡

图 1-103 "指针输入设置"对话框

（2）标注输入

选中"可能时启用标注输入"复选框，当命令提示输入第二点时，工具栏提示将显示距离和角度值。在工具栏提示中的值将随着光标移动而改变。按 Tab 键可以移动到要更改的值。标注输入可用于 ARC、CIRCLE、ELLIPSE、LINE、PLINE 等命令。

启用"标注输入"后，坐标输入字段会与正在创建或编辑的几何图形上的标注绑定。

单击"标注输入"选项组中的"设置"按钮，弹出"标注输入设置"对话框，"可见性"选项组可以设置夹点拉伸时显示的标注字段。

（3）动态提示

选中"在十字光标附近显示命令提示和命令输入"复选框，可以在工具栏提示而不是命令行中输入命令以及对提示做出响应。如果提示包含多个选项，可以按键盘上的下箭头键查看这些选项，然后选择一个选项。动态提示可以与指针输入和标注输入一起使用。

当用户使用夹点编辑对象时，标注输入工具栏提示可能会显示旧的长度、移动夹点时更新的长度、长度的改变、角度、移动夹点时角度的变化和圆弧的半径等信息。

1.9　选择对象

AutoCAD 提供了两种编辑图形的顺序：先输入命令，后选择要编辑的对象；或者先选择对象，然后进行编辑，这两种方法用户可以结合自己的习惯和命令要求灵活使用。

用户在进行复制、粘贴等编辑操作的时候，都需要选择对象，也就是构造选择集。建立了一个选择集以后，这一组对象将作为一个整体被执行编辑命令以及其他的 AutoCAD 命令。

用户可以通过三种方式构造选择集：单击直接选择、窗口选择（左选）和交叉窗口选择（右选）。

（1）单击直接选择

当命令行提示"选择对象:"，需要用户选择对象，绘图区出现拾取框光标，将光标移动到某个图形对象上单击，则可以选择与光标有公共点的图形对象，被选中的对象呈高亮显示。关闭动态输入的效果如图 1-104 所示，打开动态输入的效果如图 1-105 所示。

图 1-104　关闭动态输入直接选择　　　　图 1-105　打开动态输入直接选择

（2）窗口选择（左选）

当需要选择的对象较多的时候，可以使用窗口选择方式，这种选择方式与 Windows 一般鼠标窗口选择类似。首先单击，将光标沿右下方拖动；再次单击，形成选择框，选择框呈实线显示，被选择框完全包容的对象就被选择。关闭动态输入选择效果如图 1-106 所示，打开动态输入选择效果如图 1-107 所示，选择结果如图 1-108 所示。

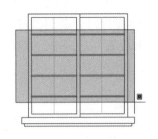
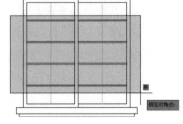

图 1-106　关闭动态输入窗口选择　　图 1-107　打开动态输入窗口选择　　图 1-108　选择结果

（3）交叉窗口选择（右选）

交叉窗口选择（右选）与窗口选择（左选）选择方式类似，所不同的就是光标往左上移动形成选择框，选择框呈虚线，只要与交叉窗口相交或被交叉窗口包容的对象都将被选择。

关闭动态输入选择效果如图 1-109 所示，打开动态输入选择效果如图 1-110 所示，选择结果如图 1-111 所示。

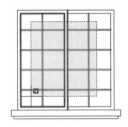
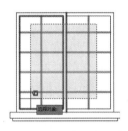

图 1-109　关闭动态输入交叉窗口选择　图 1-110　打开动态输入交叉窗口选择　　图 1-111　选择结果

1.10　夹点编辑

对象处于选择状态时，会出现若干个带颜色的小方框，这些小方框代表的是所选实体的特征点，被称为夹点。

夹点有三种状态：冷态、温态和热态。当夹点被激活时，处于热态，默认为红色，可以对图形对象进行编辑；当夹点未被激活时，处于冷态，默认为蓝色；当光标移动到某个夹点上时，该点处于温态，系统默认为绿色，单击夹点后，该点处于热态。

在 AutoCAD 2021 系统添加动态输入功能后，大大增强了夹点编辑的功能，使 AutoCAD 软件本身越来越像一款工程软件。当图形对象处于选中状态时，图形显示表示特征的夹点，当光标移动到某夹点时，夹点变为温态，显示与此夹点相关的参数，如图 1-112 所示，当

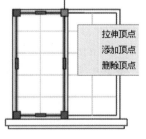

图 1-112　温态夹点提示　　　　图 1-113　热态夹点提示

单击夹点时，夹点处于热态，用户可以在工具栏提示中修改相应的参数，修改后，图形对象随之变化，如图 1-113 所示。

1.11 小 结

本章为读者介绍了 AutoCAD 的一些基础知识和基本操作，帮助读者掌握最基本的文件操作、视图操作、绘图环境设置，以及二维基本图形的创建和编辑。通过对这些内容的学习，读者可以掌握最基本的建筑图形的绘制方法，为学习后面章节专业图纸的绘制打下坚实的基础。

对于读者来说，在第 1 章所介绍的内容是比较基础的，但在后面的章节中都会得到应用。读者在了解本章的相关内容后，即可阅读后面的章节，通过后面章节的学习和应用对本章内容加以巩固。

第2章

建筑图中标准图形和常见图形的绘制

导言

在建筑制图中，有很多标准图形会被反复使用，在每一张图纸中都是一样的，这样的图形被称为标准图形，如指北针、标高符号、轴线编号、折断线等；还有一些常见的建筑图形，如各类洁具、各类厨具等，在各种建筑图中差不多也是类似的。这种情况下，为了节省绘图的时间，绘图人员通常把这一类图形保存为图块，或者形成一个图库，以便在下次制图时使用。

在本章中，将为读者介绍各类建筑制图中标准图形和常见图形的绘制方法。通过对本章内容的学习，读者应该掌握第1章讲解的各类基本绘图命令和编辑命令的使用，能够掌握图块的使用方法。

2.1 块技术介绍

在 AutoCAD 制图中，"图块"是一个综合性的概念，它是将多个图形对象或文字信息等集合起来，形成一个单独的对象集合，用户不仅可以方便地选择，还可以对其进行多次引用。在文件中引用了块后，不仅可以很大程度地提高绘图速度、节省存储空间，还可以使绘制的图形更标准化和规范化。

2.1.1 创建图块

"创建块"命令用于将单个或多个图形集合成一个整体图形单元，保存于当前图形文件内，以供当前文件重复使用，使用此命令创建的图块被称之为"内部块"。

在功能区中单击"默认"选项卡|"块"面板上的"创建"按钮，也或者在命令行输入 BLOCK 或 B 后按 Enter 键，都可执行"创建块"命令，弹出如图 2-1 所示的"块定义"对话框，用户在各选项组中可以设置相应的参数，也可以创建一个内部图块。

在"块定义"对话框中，"名称"下拉列表框用于输入或选择当前要创建的块名称。"基点"选项组用于指定块的插入基点，可以单击"拾取点"按钮，暂时关闭对话框以使用户能在当前图形中拾取插入基点。"对象"选项组用于指定新块中要包含的对象，以及创建块之后如何处理这些对象，单击"选择对象"按钮，暂时关闭"块定义"对话框，允许用户到绘图区选择块对象，完成选择对象后，按 Enter 键重新显示"块定义"对话框。"按统

一比例缩放"复选框指定块按统一比例缩放，即各方向按指定的相同比例缩放。当选中"在块编辑器中打开"复选框并单击"确定"按钮后，将在块编辑器中打开当前的块定义，一般用于动态块的创建和编辑。

图 2-1　"块定义"对话框

2.1.2　创建块属性

块的属性是图块的一个组成部分，它是块的非图形的附加信息，包含于块中的文字对象。

在功能区中单击"默认"选项卡|"块"面板上的"定义属性"按钮，或者在命令行中输入 ATTDEF 后按 Enter 键，都可执行"定义属性"命令，弹出如图 2-2 所示的"属性定义"对话框。

图 2-2　"属性定义"对话框

在"属性定义"对话框中，"模式"选项组用于设置属性模式。"属性"选项组用于设置属性数据。"标记"文本框用于标识图形中每次出现的属性；"提示"文本框指定在插入包含该属性定义的块时显示的提示，提醒用户指定属性值；"默认"文本框用于指定默认的属性值。"插入点"选项组用于指定图块属性的位置。选中"在屏幕上指定"复选框，则在绘图区中指定插入点。"文字设置"选项组用于设置属性文字的对正、样式、高度和旋转参数值。

当属性创建完毕后，需要使用"创建块"命令将定义的文字属性和图形一起创建为属性块。下面通过具体实例学习定义属性、定义属性块、编辑属性等具体操作技能。

具体操作步骤如下：

步骤 01　首先新建文件并设置捕捉模式为圆心捕捉，开启"对象捕捉"功能。

步骤 02　调整视图，然后单击"默认"选项卡|"块"面板上的按钮 ◈ ，在打开的"属性定义"对话框中为圆图形定义文字属性如图 2-3 所示。

步骤 03　单击"确定"按钮返回绘图区，根据命令行的提示捕捉圆心作为属性的起点，属性的定义结果如图 2-4 所示。

图 2-3　"属性定义"对话框　　　　图 2-4　属性定义结果

步骤 04　单击"默认"选项卡|"块"面板上的按钮 ⬚ ，在打开的"块定义"对话框中设置块参数如图 2-5 所示，然后单击"拾取点"按钮 ⬚ ，返回绘图区拾取如图 2-6 所示的圆心作为块的基点。

图 2-5　设置块参数　　　　　图 2-6　捕捉圆心作为块的基点

在为图块进行命名时，图块名是不超过 255 个字符的字符串，可以包含"字母""数
字""＄""-""_"等符号。

步骤 05 在"块定义"对话框中单击"确定"按钮，打开如图 2-7 所示的"编辑属性"对话框，
根据需要输入轴号，在此将轴号设置为 A。

步骤 06 在"编辑属性"对话框中单击"确定"按钮，结束命令，属性块的最终定义结果如图 2-8
所示。

"编辑属性"命令是对带有文字属性的几何图块进行编辑块属性的工具。选择"修改"|
"对象"|"属性"|"单个"命令，或者单击"默认"选项卡|"块"面板上的"编辑属性"
按钮 ✍，或者在命令行输入 EATTEDIT 或 EAT 后按 Enter 键，都可执行"编辑属性"命令，
弹出如图 2-9 所示的"增强属性编辑器"对话框。在"属性"选项卡中，用户可以在"值"
文本框中修改属性的值。

图 2-7　设置轴号　　　　图 2-8　属性块效果　　　图 2-9　"增强属性编辑器"对话框

"增强属性编辑器"对话框部分选项解析：

- "属性"选项卡用于显示当前文件中所有属性块的标记、提示和默认值，还可以修改属性
  块的属性值。单击右上角的"选择块" 按钮，可以连续对当前图形中的其他属性块进行
  修改。
- "文字选项"选项卡用于修改属性的文字特性，如文字样式、对正方式、高度、宽度比例
  等，如图 2-10 所示。
- "特性"选项卡用于修改属性的图层、线型、颜色、线宽以及属性的打印样式等特性，如
  图 2-11 所示。

图 2-10　"文字选项"选项卡

图 2-11　"特性"选项卡

2.1.3　动态块

通过动态块功能，用户可以自定义夹点或自定义特性来操作几何图形，这使得用户可以根据需要快速地调整块参照，而不用搜索另一个块以插入或重定义现有的块。

默认情况下，动态块的自定义夹点的颜色与标准夹点的颜色和样式不同。表 2-1 显示了可以包含在动态块中的不同类型的自定义夹点。如果分解或按非统一缩放某个动态块参照，它就会丢失其动态特性。

表 2-1　夹点操作方式表

参数类型	夹点类型		可与参数关联的动作
点	■	标准	移动、拉伸
线性	▶	线性	移动、缩放、拉伸、阵列
极轴	■	标准	移动、缩放、拉伸、极轴拉伸、阵列
XY	■	标准	移动、缩放、拉伸、阵列
旋转	●	旋转	旋转
翻转	➡	翻转	翻转
对齐	▷	对齐	无（此动作隐含在参数中）
可见性	▽	查寻	无（此动作是隐含的，并且受可见性状态的控制）
查寻	▽	查寻	查寻
基点	■	标准	无

要成为动态块的块必须至少包含一个参数以及一个与该参数相关联的动作，这个工作可以由块编辑器完成。"块编辑器"命令用于创建块定义并添加动态行为的编写区域。在功能区中单击"默认"选项卡|"块"面板上的"块编辑器"按钮 ，或者在命令行中输入 BEDIT 后按 Enter 键，都可执行"块编辑器"命令，打开如图 2-12 所示的"编辑块定义"对话框。在"要创建或编辑的块"文本框中可以选择已经定义的块，也可以选择当前图形创建的新动态块，如果选择"<当前图形>"，当前图形将在块编辑器中打开。在图形中添加动态元素后，可以保存图形并将其作为动态块参照插入到另一个图形中。

单击"编辑块定义"对话框中的"确定"按钮，即可进入"块编辑器"，如图 2-13 所示。"块编辑器"由块编辑器功能区、块编写选项板和编写区域组成。

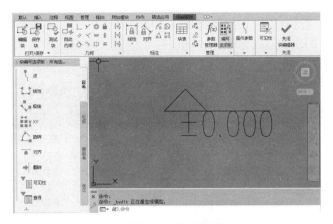

图 2-12 "编辑块定义"对话框　　　　　　　　　图 2-13 块编辑器

块编写选项板中包含用于创建动态块的工具，其中有"参数""动作""参数集"和"约束"4 个选项卡。"参数"选项卡用于向块编辑器中的动态块添加参数，动态块的参数包括点参数、线性参数、极轴参数、XY 参数、旋转参数、翻转参数、对齐参数、可见性参数、查寻参数、基点参数等；"动作"选项卡用于向块编辑器中的动态块添加动作，包括移动动作、缩放动作、拉伸动作、极轴拉伸动作、旋转动作、翻转动作、阵列动作和查寻动作；"参数集"选项卡用于在块编辑器中向动态块定义添加一个参数和至少一个动作的工具，是创建动态块的一种快捷方式；"约束"选项卡用于在块编辑器中向动态块定义添加几何约束或标注约束。

2.1.4　插入块

完成块的定义后，就可以将块插入到图形中。在功能区中单击"默认"选项卡|"块"面板上的"插入块"按钮，或者在命令行中输入 I 后按 Enter 键，都可执行"插入块"命令，打开如图 2-14 所示的"块"选项板。

图 2-14 "块"选项板

选择需要使用的图块，在选项板下侧的"插入选项"区域设置相应的参数，然后在选择的图块上双击，返回绘图区在命令行"指定插入点或 [基点(B)/比例(S)/X/Y/Z/旋转(R)]:"提示下，指定插入点，即可插入图块。

另外，还可以在选择的图块上右击，在弹出的快捷菜单中选择"插入"选项，如图 2-15 所示，然后根据命令行的提示设置块的参数，定位插入点，进行插入图块操作。

"块"选项板中共包括"当前图形""最近使用""库"三个选项卡和"插入选项"下拉列表，各选项卡解析如下：

- "当前图形"选项卡显示的是当前图形文件中的所有图块，用户可以将当前文件中的图块再次插入到当前文件内。通过单击选项板上侧的按钮 ，可以以多种模式显示并预览当前文件中的所有图块。
- "最近使用"选项卡主要用于显示当前文件中最近使用过的图块，用户可以通过此选项卡查看并引用最近使用过的图块，比较方便。
- "库"选项卡是比较重要的一项功能，通过单击选项板上侧的按钮 ，可以打开"为块库选择文件夹或文件"对话框，选择已存盘文件，如图 2-16 所示，单击"打开"按钮即可将其以图块的形式插入到当前图形文件中。另外，在"为块库选择文件夹或文件"对话框中还可以选择所需文件夹，如图 2-17 所示，然后单击"打开"按钮，文件夹中所有文件都会被加载到"块"选项板中，如图 2-18 所示，然后根据需要选择并插入所需图块即可。

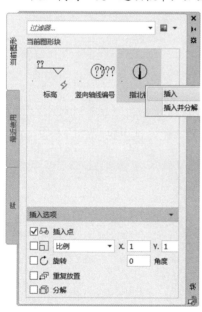

图 2-15   "块"快捷菜单

图 2-16   "为块库选择文件夹或文件"对话框

图 2-17　选择文件夹

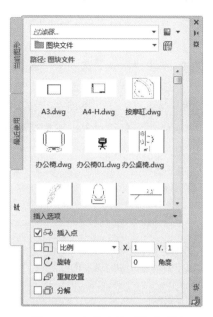

图 2-18　加载文件后的选项板

- "插入选项"下拉列表主要用于设置图块的插入参数。其中如果勾选了"插入点"复选项，那么将会在绘图区捕捉图形的特征点或在命令行输入插入点坐标，进行定位插入点；如果不勾选该复选项，则需要在"块"选项板中输入插入点的绝坐标值；"比例"复选项用于设置图块的缩放比例；"旋转"复选项用于设置图块的旋转角度；"重复放置"复选项用于重复使用上一次插入图块时设置的参数；如果勾选了"分解"选项，那么所插入的图块就不是一个单独的对象了。

2.2　标准图形的创建方法

建筑制图中的标准图形很多，本节将主要讲解指北针、轴线编号和标高图块的绘制。

1. 指北针

绘制如图 2-19 所示的指北针图案，将指北针保存为图块，图块名称为"指北针"，基点为圆心，在指北针的绘制中使用了构造线和偏移的方法构造定位点。

具体操作步骤如下：

步骤 01　打开 AutoCAD 2021，创建一个新文档，选择"格式"|"图形界限"命令，命令行提示如下：

```
命令: '_limits
重新设置模型空间界限:
指定左下角点或 [开(ON)/关(OFF)] <0.0000,0.0000>: 0,0    //输入左下角范围坐标
指定右上角点 <420.0000,297.0000>: 42000,29700            //输入右上角范围坐标
```

步骤 02　在窗口右侧单击导航栏上的"全部缩放"按钮 ，将设置的绘图界限全部显示在绘图区中。

67

步骤 03 单击"默认"选项卡|"绘图"面板上的"圆"按钮⊘，在绘图区任意拾取一点为圆心，绘制半径为 1200 的圆，效果如图 2-20 所示。

步骤 04 单击"默认"选项卡|"绘图"面板上的"构造线"按钮✎，通过步骤（3）绘制的圆的圆心绘制垂直构造线。

步骤 05 单击"默认"选项卡|"修改"面板上的"偏移"按钮⊂，选择步骤（4）绘制的垂直构造线为偏移对象，将构造线向左、右分别偏移 150，命令行提示如下：

命令：_offset
当前设置：删除源=否 图层=源 OFFSETGAPTYPE=0
指定偏移距离或 [通过(T)/删除(E)/图层(L)] <通过>：   //输入偏移距离 150
选择要偏移的对象，或 [退出(E)/放弃(U)] <退出>：//选择步骤（4）绘制的构造线为偏移对象
指定要偏移的那一侧上的点，或 [退出(E)/多个(M)/放弃(U)] <退出>：   //在右侧拾取一点向
右偏移
选择要偏移的对象，或 [退出(E)/放弃(U)] <退出>：//选择步骤 4 绘制的构造线为偏移对象
指定要偏移的那一侧上的点，或 [退出(E)/多个(M)/放弃(U)] <退出>：   //在左侧拾取一点向
左偏移
选择要偏移的对象，或 [退出(E)/放弃(U)] <退出>：//按 Enter 键，完成绘制，效果如图 2-21 所示

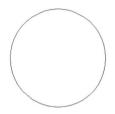
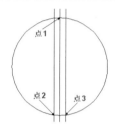

图 2-19　指北针图块　　　　图 2-20　绘制圆　　　　图 2-21　绘制构造线

步骤 06 单击"默认"选项卡|"绘图"面板上的"直线"按钮／，捕捉如图 2-21 所示的点 1 和点 2 绘制直线。使用同样的方法，捕捉点 1 和点 3 绘制另外一条直线。

步骤 07 单击"默认"选项卡|"修改"面板上的"删除"按钮✎，删除 3 条构造线，效果如图 2-22 所示。

步骤 08 单击"默认"选项卡|"绘图"面板上的"图案填充"按钮▨，在打开的"图案填充创建"选项卡中的"图案"面板上选择如图 2-23 所示的填充图案，在步骤（4）绘制的直线范围内拾取一点确定填充区域，填充效果如图 2-24 所示。

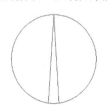
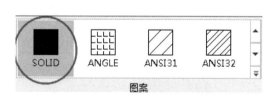

图 2-22　删除构造直线　　　　　图 2-23　设置填充图案

步骤 09 单击"默认"选项卡|"块"面板上的"创建"按钮➷，选择如图 2-24 所示的图形为块对象，捕捉基点为圆的圆心，命名图块名称为"指北针"，设置如图 2-25 所示的参数，单击"确定"按钮，完成指北针图块的创建。

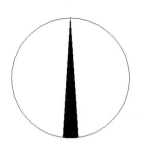

图 2-24　填充图案　　　　　　　　　　　图 2-25　创建图块

2. 轴线编号

创建竖向轴线编号图块，在图形中插入竖向轴线编号时，用户可以输入每条轴线的编号，如图 2-26 所示为轴线编号 1 的图形。

图 2-26　轴线编号 1 的图形

具体操作步骤如下：

步骤 01　单击"默认"选项卡|"绘图"面板上的"圆"按钮，在绘图区任意拾取一点为圆心，绘制半径为 400 的圆，效果如图 2-27 所示。

步骤 02　单击"默认"选项卡|"注释"面板上的"文字样式"按钮，弹出"文字样式"对话框，单击"新建"按钮，创建 G500 文字样式，设置字体、高度和宽度因子，如图 2-28 所示。

图 2-27　绘制圆　　　　　　　　　　图 2-28　创建 G500 文字样式

步骤 03　单击"默认"选项卡|"块"面板上的"定义属性"按钮，弹出"属性定义"对话框，如图 2-29 所示设置对话框中的参数。

步骤 **04** 设置完成后单击"确定"按钮，命令行提示"指定起点："，拾取步骤（1）绘制的圆的圆心为起点，效果如图 2-30 所示。

图 2-29　设置属性　　　　　　　　　　图 2-30　设置属性效果

步骤 **05** 单击"默认"选项卡|"块"面板上的"创建"按钮，弹出"块定义"对话框，选择如图 2-30 所示的图形为块对象，捕捉基点为圆的上象限点，命名图块名称为"竖向轴线编号"，设置参数如图 2-31 所示。单击"确定"按钮，完成"竖向轴线编号"图块的创建，效果如图 2-32 所示。

图 2-31　"块定义"对话框　　　　　　图 2-32　"竖向轴线编号"图块

3. 标高图块

创建如图 2-33 所示的标高图块，该标高图块可以在插入图块时输入具体标高值，也可以改变标高箭头的方向。

具体操作步骤如下：

步骤 **01** 单击"默认"选项卡|"绘图"面板上的"多段线"按钮，绘制标高符号，第一点为

任意点，其他点依次为（@1500，0）、（@-300，-300）和（@-300，300），效果如图 2-34 所示。

图 2-33　标高图块　　　　　　　　　　　　　图 2-34　绘制标高图形

步骤 02 单击"默认"选项卡|"注释"面板上的"文字样式"按钮 **A**，弹出"文字样式"对话框，单击"新建"按钮，创建 G350 文字样式，设置字体、高度和宽度因子，如图 2-35 所示。

图 2-35　创建 G350 文字样式

步骤 03 单击"默认"选项卡|"块"面板上的"定义属性"按钮 ，弹出"属性定义"对话框，如图 2-36 所示设置对话框中的参数。

步骤 04 设置完成后单击"确定"按钮，命令行提示指定起点，拾取步骤（1）中绘制的多段线的起点为文字插入的起点，效果如图 2-37 所示。

图 2-36　"属性定义"对话框　　　　　　　　　　图 2-37　创建属性

步骤 05 创建图块，如图 2-38 所示定义图块名称为"标高"，基点为三角的下点，选择图 2-37 所有的图形为定义块对象。

图 2-38 定义"标高"图块

步骤 06 单击"确定"按钮，弹出如图 2-39 所示的"编辑属性"对话框，输入属性 0.000，单击
"确定"按钮，完成图块的创建，效果如图 2-40 所示。

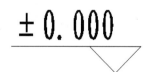

图 2-39 "编辑属性"对话框   图 2-40 编辑完成属性效果

步骤 07 右击选择图块，在快捷菜单中选择"块编辑器"命令，弹出块编辑器，如图 2-41 所示，
再对块进行编辑。

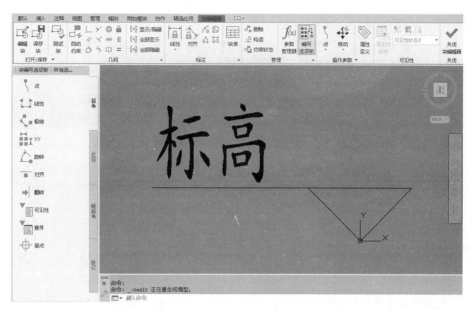

图 2-41　块编辑器

步骤 08　分别按下 F3 和 F11 功能键，打开状态栏上的"对象捕捉"和"对象追踪"功能。

步骤 09　选择"参数集"选项卡中的"翻转集"选项 ➡ 翻转，命令行提示如下：

```
命令：_BParameter 翻转
指定投影线的基点或 [名称(N)/标签(L)/说明(D)/选项板(P)]:
//捕捉三角下端点水平线上左边一点，使用对象追踪
指定投影线的端点：　　 // 捕捉三角下端点水平线上右边一点
指定标签位置：　　　　 //指定如图 2-42 所示的标签位置
```

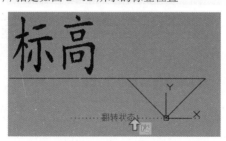

图 2-42　添加上下翻转参数

步骤 10　将光标移动到 上右击，在如图 2-43 所示的快捷菜单中选择"动作选择集"|"新建选
　　　　择集"命令，命令行提示如下：

```
命令：_bactionset
指定动作的选择集
选择对象：_n
*无效选择*
需要点或窗口(W)/上一个(L)/窗交(C)/框(BOX)/全部(ALL)/栏选(F)/圈围(WP)/圈交(CP)/编组
(G)/添加(A)/删除(R)/多个(M)/前一个(P)/放弃(U)/自动(AU)/单个(SI)
选择对象：指定对角点：找到 3 个//选择所有的图形对象
选择对象://按 Enter 键，完成选择集的创建，完成效果如图 2-44 所示
```

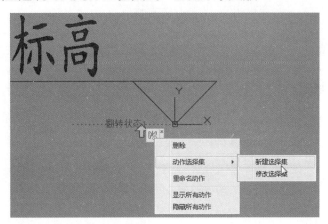

图 2-43　选择快捷菜单

步骤 11　使用同样的参数集为左右翻转创建动作，投影线为通过三角形下端点的竖直线，翻转对象为所有图形对象，效果如图 2-45 所示。

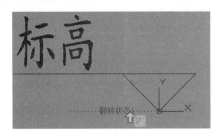

图 2-44　添加左右翻转参数

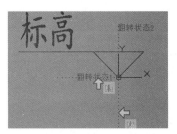

图 2-45　完成左右翻转

步骤 12　单击"保存块定义"按钮 ，保存动态块，单击"关闭编辑器"按钮关闭块编辑器。标高图块如图 2-46 所示，可以上下左右翻转，也可以修改属性。如图 2-47 所示为上下左右翻转后的效果。

图 2-46　标高图块可编辑状态

图 2-47　翻转效果

2.3　常见图形的创建方法

在建筑制图中，门和窗是平立剖面图中最基本的元素。除了尺寸不同外，绘制方法也基本相同，特别是在同一幅图纸中，门和窗户就几种规格。通常情况下，用户在绘图时可以将不同规格的门和窗户绘制出来，并保存为图块，在墙体绘制完成后，可以直接插入门和窗户图块。同样的，对于平立剖面图中的各种家具、洁具和厨具，用户也可以定义成图块，绘图时直接调用。当然，如果使用的频率不高，用户也可以在绘制平立剖面图的时候再独立绘制。

2.3.1　门的绘制

在实际的设计中，通常会遇到各种宽度的门，这里以宽为 900，厚度为 45 的门为例，讲解创建"900 门"图块的方法，其他的如 700、800、1000 宽的门都可以采用这样的方法来进行绘制。

具体操作步骤如下：

步骤 01　单击"默认"选项卡|"绘图"面板上的"矩形"按钮 □▼，执行"矩形"命令，命令行提示如下：

```
命令：_rectang
指定第一个角点或 [倒角(C)/标高(E)/圆角(F)/厚度(T)/宽度(W)]://绘图区任意一点
指定另一个角点或 [面积(A)/尺寸(D)/旋转(R)]：@900,45//输入对角点的坐标，按 Enter 键结
束命令
```

步骤 02　单击"默认"选项卡|"绘图"面板上的"圆"按钮 ⊙，执行"圆弧"命令，命令行提示如下：

```
命令：_arc
指定圆弧的起点或 [圆心(C)]://拾取步骤（1）绘制的矩形的左下角点
指定圆弧的第二个点或 [圆心(C)/端点(E)]：c
指定圆弧的圆心://拾取步骤（1）绘制矩形的右下角点
指定圆弧的端点或 [角度(A)/弦长(L)]：a
指定包含角：-90 //输入圆弧的角度，按 Enter 键，效果如图 2-48 所示
```

步骤 03　选择"绘图"|"块"|"创建"命令，在弹出的"块定义"对话框中输入名称为"900 门"，拾取基点为矩形的右下角，选择对象为如图 2-48 所示的对象，其他设置如图 2-49 所示，单击"确定"按钮，完成"门"图块的创建。

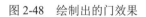

图 2-48　绘制出的门效果　　　　　　　　　図 2-49　定义"门"图块

如果想使该门图块具有上下左右翻转功能，可以参照 2.2 节标高图块中介绍的方法为门图块创建这些功能，或者在插入该图块的时候，设置图块的旋转角度。

2.3.2 动态窗的绘制

在建筑制图中，窗的尺寸通常是不固定的，但是平面图中的形状基本是相似的。为了制图的方便，通常将窗图形创建成动态图块，在绘制窗平面图时，只需要插入图块，指定一定的参数就行。下面通过一个窗平面图的绘制学习门窗动态块的创建。

具体操作步骤如下：

步骤 01 单击"默认"选项卡|"绘图"面板上的"矩形"按钮 ⬚▾，绘制 900×240 的矩形；执行"分解"命令，将绘制完成的矩形分解。

步骤 02 单击"默认"选项卡|"修改"面板上的"偏移"按钮 ⊏，将矩形的上边向下偏移 80，将矩形的下边向上偏移 80，效果如图 2-50 所示。

步骤 03 单击"默认"选项卡|"块"面板上的"创建"按钮 ➡，弹出"块定义"对话框，设置如图 2-51 所示的参数，基点为矩形的左下角点。

图 2-50　绘制窗平面图　　　　　　　　　　图 2-51　创建"模数窗"图块

步骤 04 选中"在块编辑器中打开"复选框，单击"确定"按钮，进入动态块编辑器，如图 2-52 所示。

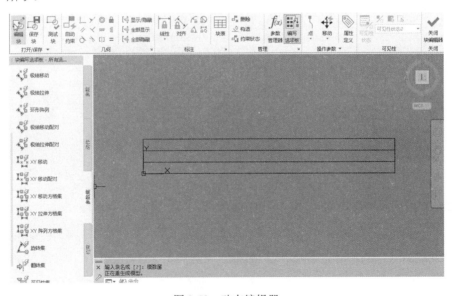

图 2-52　动态编辑器

步骤 05 在块编写选项板中单击"参数集"选项卡，选择 线性拉伸选项，命令行提示如下：

命令：_BParameter 线性

指定起点或 [名称(N)/标签(L)/链(C)/说明(D)/基点(B)/选项板(P)/值集(V)]：

//起点为矩形下边左端点

指定端点： //端点为矩形下边右端点

指定标签位置：//标签位置如图 2-53 所示

步骤 06 将光标移动到 上右击，在弹出的快捷菜单中选择"动作选择集"|"新建选择集"命令，命令行提示如下：

命令：_BParameter 线性

指定起点或 [名称(N)/标签(L)/链(C)/说明(D)/基点(B)/选项板(P)/值集(V)]：

指定端点：

指定标签位置：

命令：_bactionset

指定拉伸框架的第一个角点或 [圈交(CP)]：_n

需要点或选项关键字

指定拉伸框架的第一个角点或 [圈交(CP)]： //指定拉伸框架的第一个角点，如图 2-54 所示

指定对角点： //指定对角点如图 2-54 所示

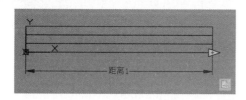

图 2-53 创建拉伸参数

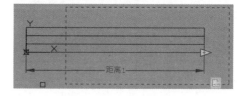

图 2-54 指定拉伸框架

指定要拉伸的对象

选择对象：指定对角点：找到 7 个 //使用交叉窗口选择拉伸对象，效果如图 2-55 所示

选择对象： //按 Enter 键，拉伸动作创建完成，效果如图 2-56 所示

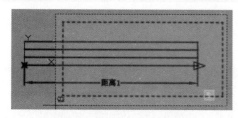

图 2-55 选择拉伸对象

图 2-56 创建完成拉伸动作

步骤 07 右击选择"距离 1"线性参数，在弹出的快捷菜单中选择"特性"命令，弹出如图 2-57 所示的"特性"选项板，向下拖动选项板至"值集"卷展栏，在"距离类型"下拉列表中选择"列表"选项，如图 2-58 所示。

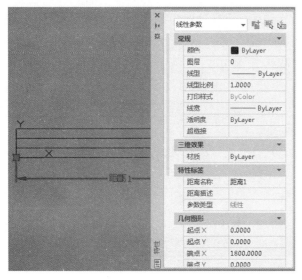

图 2-57　距离参数"特性"选项板

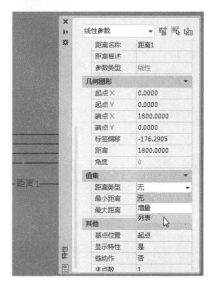

图 2-58　设置"距离类型"

步骤 08 单击"距离值列表"列表框后面的按钮 ⬇️，弹出"添加距离值"对话框，在"要添加的距离"文本框中输入距离值，单击"添加"按钮，添加到列表框中，如图 2-59 所示，单击"确定"按钮，完成距离参数的设置。

步骤 09 在块编写选项板中单击"参数集"选项卡，选择 🔄 旋转集 选项，添加旋转参数。命令行提示如下：

```
命令：_BParameter 旋转
指定基点或 [名称(N)/标签(L)/链(C)/说明(D)/选项板(P)/值集(V)]://基点为矩形的左下角点
指定参数半径://参数半径为下边上一点，配合极轴追踪功能，如图 2-60 所示
指定默认旋转角度或 [基准角度(B)] <0>:
//按 Enter 键，默认角度为 0°，添加旋转参数效果如图 2-61 所示
```

图 2-59　添加距离值

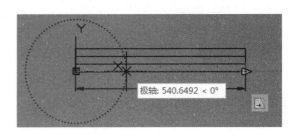

图 2-60　定位参数半径

步骤 10 将光标移动到 🔄 上右击，在弹出的快捷菜单中选择"动作选择集"|"新建选择集"命令，命令行提示如下：

命令：_bactionset
指定动作的选择集
选择对象：_n
无效选择
需要点或窗口(W)/上一个(L)/窗交(C)/框(BOX)/全部(ALL)/栏选(F)/圈围(WP)/圈交(CP)/编组
(G)/添加(A)/删除(R)/多个(M)/前一个(P)/放弃(U)/自动(AU)/单个(SI)
选择对象：指定对角点：找到 11 个//使用交叉窗口法选择所有的图形对象
选择对象：//按 Enter 键，完成旋转动作的创建，效果如图 2-62 所示

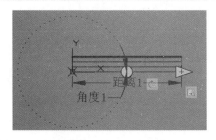

图 2-61　创建旋转参数

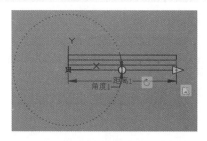

图 2-62　创建旋转动作

步骤⑪　与步骤（7）和步骤（8）类似，为角度参数添加值集，设置值集是 0°和 90°，效果如图 2-63
所示。

步骤⑫　单击"保存块定义"按钮 ，单击"关闭编辑器"按钮 关闭块编辑器(C) 关闭动态块编辑器，
完成后的窗动态块夹点效果如图 2-64 所示。

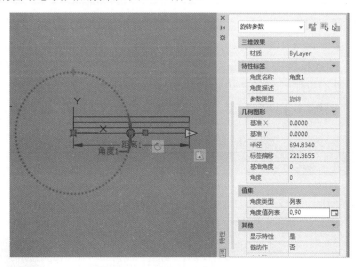

图 2-63　创建"角度值列表"

由于窗的绘制比较简单，在实际绘图的时候，也可以直接在图纸中绘制窗图形。这里介
绍门和窗的绘制方法，主要是介绍一种思想，以帮助读者在进行大规模绘制图的时候更加方
便、快速。

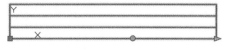

图 2-64　窗动态块

2.4 样板图的绘制

《房屋建筑制图统一标准》GB/T5001-2010 和《建筑制图标准》GB/T50104-2010 是目前我国建筑制图的主要标准，标准中对于建筑制图中图幅、标题栏等做了严格的规定。因此，在实际绘图时，通常会根据标准的规定，创建一些样板图保存在样板库中，需要使用的时候，直接调用就可以。

2.4.1 标准规定

图幅是指图纸幅面得大小分为横式幅面和立式幅面，分为 A0、A1、A2、A3 和 A4，图幅与图框的大小规范有严格的规定。图纸以短边作为垂直边称为横式，以短边作为水平边称为立式。一般 A0~A3 图纸宜横式使用，必要时，也可立式使用，具体尺寸如表 2-2 所示。

表 2-2 图幅及图框尺寸（mm）

尺寸代号	辅面代号				
	A0	A1	A2	A3	A4
B×L	841×1189	594×841	420×594	297×420	210×297
c	10			5	
a	25				

如果需要微缩复制的图纸，其一个边上应附有一段准确米制尺度，4 个边上均附有对中标志，米制尺度的总长应为 100mm，分格应为 10mm。对中标志应绘在图纸各边长的中点处，线宽应为 0.35mm，伸入框内应为 5mm。

图纸的短边一般不应加长，长边可加长，但应符合表 2-3 所示的规定。一个工程设计中，所使用的图纸，一般不宜多于两种幅面，不含目录及表格所采用的 A4 幅面。

表 2-3 图纸长边加长尺寸（mm）

幅面尺寸	长边尺寸	长边加长后的尺寸
A0	1189	1486、1635、1783、1932、2080、2230、2378
A1	841	1051、1261、1471、1682、1892、2102
A2	594	743、891、1041、1189、1338、1486、1635
A2	594	1783、1932、2080
A3	420	630、841、1051、1261、1471、1682、1892

注 意　有特殊需要的图纸，可采用 b×l 为 841mm×891mm 与 1189mm×1261mm 的幅面。

纸的标题栏、会签栏及装订边的位置如图 2-65～图 2-68 所示。

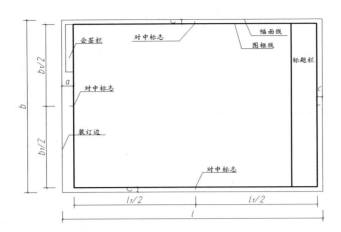

图 2-65　A0～A3 横式幅图 1

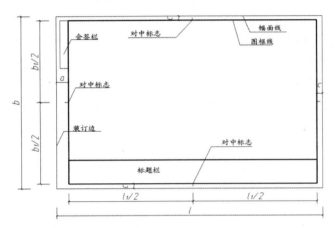

图 2-66　A0～A3 横式幅图 2

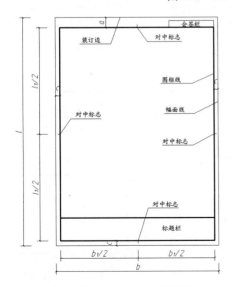

图 2-67　A0～A4 立式幅面 1

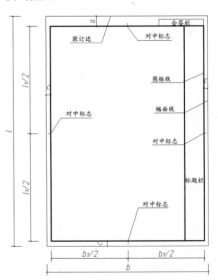

图 2-68　A0～A4 立式幅面 2

其格式和具体尺寸还应符合下列规定：

（1）标题栏

标题栏应按如图 2-69 所示，根据工程需要选择确定其尺寸、格式及分区。签字区应包含实名列和签名列。

图 2-69　标题栏

（2）图框线、标题栏线和会签栏线的宽度

A0 和 A1 图幅的图纸的图框线的线宽采用 1.4mm，标题栏的外框线线宽采用 0.7mm，标题栏的分格线和会签栏线线宽采用 0.35mm。

A2、A3 和 A4 图幅的图纸的图框线的线宽采用 1.0mm，标题栏的外框线线宽采用 0.7mm，标题栏的分格线和会签栏线线宽采用 0.35mm。

比例是图形与实物相对应的线性尺寸之比。比例的大小是指比值的大小，如比例 1:50 就大于比例 1:100。比例的符号为"："，比例应以阿拉伯数字表示，如 1:1、1:2、1:100 等。同一张图纸中若只有一个比例，则在标题栏中统一注明图纸的比例大小；若在同一张图纸中有多个比例，则比例大小应该注明在图名的右侧，且字的基准线应取平。比例的字高宜比图名的字高小一号或两号，如图 2-70 所示。

底层平面图 1:100

图 2-70　比例的注写

绘图所用的比例，应根据图样的用途与被绘对象的复杂程度，从表 2-4 中选用，并优先选用表中的常用比例。一般情况下，一个图样应选用一种比例。根据专业制图需要，同一图样可选用两种比例。

表 2-4　绘图所用的比例

常用比例	1:1、1:2、1:5、1:10、1:20、1:30、1:50、1:100、1:150、1:200、1:500、1:1000、1:2000
可用比例	1:3、1:4、1:6、1:15、1:25、1:40、1:60、1:80、1:250、1:300、1:400、1:600、1:5000、1:10000、1:20000、1:50000、1:100000、1:200000

2.4.2　创建 A2 样板图

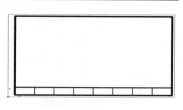

创建如图 2-71 所示的 A2 图纸样板。

具体操作步骤如下：

步骤 01 选择"格式"|"绘图界限"命令，命令行提示如下：

图 2-71　A2 图纸样板

```
命令：'_limits
重新设置模型空间界限：
```

指定左下角点或 [开(ON)/关(OFF)] <0,0>: 0,0//输入绘图界限的左下角点

指定右上角点 <420,297>: 59400,42000　　　//输入绘图界限的右上角点

命令：'_zoom

指定窗口的角点，输入比例因子 (nX 或 nXP)，或者

[全部(A)/中心(C)/动态(D)/范围(E)/上一个(P)/比例(S)/窗口(W)/对象(O)] <实时>: _e 正
在重生成模型　　　　　　　　　　　　//将绘图界限全部缩放到绘图区

步骤 **02** 单击"默认"选项卡|"绘图"面板上的"矩形"按钮 □ ·，绘制 59400×42000 的矩形；
单击"分解"按钮 ，将矩形分解，效果如图 2-72 所示。

步骤 **03** 单击"默认"选项卡|"修改"面板上的"偏移"按钮 ，将矩形的上、下、右边向内偏
移 1000，效果如图 2-73 所示。

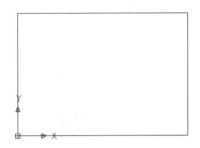

图 2-72　绘制矩形并分解　　　　　　　　图 2-73　偏移上、下、右边

步骤 **04** 单击"默认"选项卡|"修改"面板上的"偏移"按钮 ，将矩形左边向右偏移 2500 并
修剪，效果如图 2-74 所示。

步骤 **05** 单击"默认"选项卡|"绘图"面板上的"矩形"按钮 □ ·，在绘图区任意位置绘制 55900
×4000 的矩形，将矩形分解，效果如图 2-75 所示。

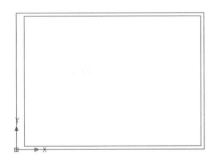

图 2-74　偏移左边并修剪　　　　　　图 2-75　绘制 55900×4000 的矩形并分解

步骤 **06** 单击"默认"选项卡|"绘图"面板上的"定数等分"按钮 ，将标题栏长方形的边分成
8 份，将水平线等分成 8 份，打开"对象捕捉"，并确保"节点""端点"和"垂足"捕捉
方式被选择，若没有选择"工具"|"草图设置"命令，可在"草图设置"对话框的"对
象捕捉"选项卡中进行设置。

步骤 **07** 单击状态栏中的"正交"按钮，打开正交开关，单击"默认"选项卡|"绘图"面板上的
"直线"按钮 ，按照如图 2-76 所示的图形连接节点和垂足。由于不同的单位对于标题
栏和会签栏的填写并不相同，这里不再对标题栏细化，用户在实际绘制时，可以根据本
公司或者相应的设计院的要求进行设置。

图 2-76　绘制完成的标题栏

步骤 08　单击"默认"选项卡|"修改"面板上的"移动"按钮✛，选择标题栏，捕捉右下角点为移动的基点，捕捉图框的右下角点，完成移动，得到如图 2-71 所示的效果。

步骤 09　选择"文件"|"另存为"命令，弹出"图形另存为"对话框，如图 2-77 所示选择文件类型为"AutoCAD 图形样板"，输入"文件名"为 A2，单击"保存"按钮，系统会自动将样板保存到样板文件夹中。

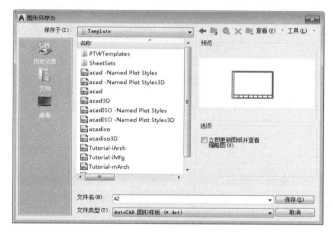

图 2-77　保存为样板图

2.5　上机练习

练习 1：按照 2.1 节中创建竖向轴线编号图块的方法，创建名为"横向轴线编号图块"的图块，基点为轴线圆的右象限点，效果如图 2-78 所示。

练习 2：按照如图 2-79 所示的尺寸创建窗图形立面效果，并将图形定义为图块，图块的名称为"窗"，基点为图中的 1700×100 矩形的下边中点。

练习 3：绘制如图 2-80 所示的洗脸盆平面图。

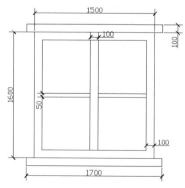

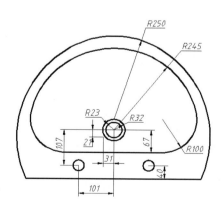

图 2-78　横向轴线编号图块　　　　图 2-79　窗立面效果图　　　　图 2-80　洗脸盆平面图

第3章

建筑制图中建筑说明的创建

 导言

在建筑制图中，文字是图形对象的一种补充形式，文字可以对建筑图形进行补充说明。一套完整的建筑图纸，有图纸目录、门窗数量表、材料做法表以及各种建筑施工说明等，要实现这些内容很容易，因为 AutoCAD 为用户提供了专门的工具来实现。

本章通过对建筑制图中常见的各类建筑说明以及各种标高的绘制，详细讲解 AutoCAD 中文字样式、单行多行文字和表格功能的使用方法，以及结合构造线实现文字说明的方法。

3.1　文字与表格技术阐述

在 AutoCAD 中，凡是与文字相关的图形内容均可用单行文字、多行文字或表格来解决，用户只要掌握了这三种工具，与文字相关的内容均可以解决。

3.1.1　单行文字

"单行文字"命令主要通过命令行创建单行或多行的文字对象，所创建的每一行文字都被看作是一个独立的对象。

在命令行输入 DTEXT 后按 Enter 键，或者在功能区中单击"注释"选项卡|"文字"面板上的"单行文字"按钮A，或者单击"默认"选项卡|"注释"面板上的"单行文字"按钮A，都可执行"单行文字"命令，命令行提示如下：

```
命令: _dtext
当前文字样式: "Standard" 文字高度: 90.0000 注释性: 否 对正: 左
指定文字的起点或 [对正(J)/样式(S)]://指定文字的起点
指定高度 <2.5000>:              //输入文字的高度
指定文字的旋转角度 <0>:          //输入文字的旋转角度
```

"对正（J）"选项用来确定标注文字的排列方式及排列方向。文字的对正方式是基于如图 3-1 所示的 4 条参考线而言的，这 4 条参考线分别为顶线、中线、基线和底线。"文字的对正"指的就是文字的哪一位置与插入点对齐，文字的各种对正方式可参见图 3-2 所示。

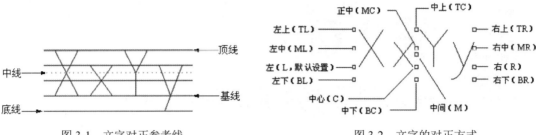

图 3-1 文字对正参考线　　　　　　　　　　图 3-2 文字的对正方式

"样式（S）"选项用来选择文字样式。在命令行提示下，指定文字的起点，设置文字高度和旋转角度后，在绘图区会出现单行文字动态输入框，其中包含一个高度为文字高度的边框，该边框随用户的输入而展开。

　　如果遇到比较复杂的特殊符号，用户可以打开输入法的软键盘，这里以常用的微软拼音输入法为例进行讲解。单击微软输入法的"功能菜单"按钮，弹出功能菜单，在如图 3-3 所示的"软键盘"菜单中可以看到 12 个类别的软键盘。以其中的"数字序号"为例，选择"数字序号"命令，弹出数字序号软键盘，如图 3-4 所示，用户可以利用软键盘输入相应的数字序号。

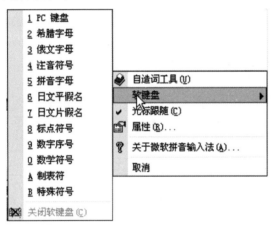

图 3-3 软键盘菜单　　　　　　　　　　　图 3-4 数字序号软键盘

3.1.2 多行文字

　　"多行文字"命令比较适合于创建较为复杂的文字，如单行、多行及段落性文字。无论创建的文字包含多少行，AutoCAD 都将其作为一个独立的对象。

　　在命令行输入 MTEXT 后按 Enter 键，或者在功能区中单击"注释"选项卡|"文字"面板上的"多行文字"按钮A，或者单击"默认"选项卡|"注释"面板上的"多行文字"按钮A，都可执行"多行文字"命令，命令行提示如下：

```
命令：_mtext
当前文字样式："Standard" 文字高度：90 注释性：否
指定第一角点：//指定多行文字输入区的第一个角点
指定对角点或 [高度(H)/对正(J)/行距(L)/旋转(R)/样式(S)/宽度(W)/栏(C)]：//指定多行文
```

字输入区的对角点

命令行提示中，"高度（H）"选项用于设置文字框的高度；"对正（J）"选项用来确定文字排列方式，与单行文字类似；"行距（L）"选项用来为多行文字对象制定行与行之间的间距；"旋转（R）"选项用来确定文字倾斜角度；"样式（S）"选项用来确定多行文字采用的字体样式；"宽度（W）"选项用来确定标注文字框的宽度；"栏（C）"选项用于指定多行文字对象的栏设置。

根据命令行的提示指定对角点之后，AutoCAD 将在这两个对角点形成的矩形区域中进行文字标注，矩形区域的宽度就是所标注文字的宽度。

当指定了对角点之后，在功能区中展开文字编辑器选项卡，如图3-5所示，此选项卡面板区包括"样式""格式""段落""插入""拼写检查""工具""选项"及"关闭"8个功能区面板组成。

图 3-5　文字编辑器选项卡面板

1. "样式"面板

- "样式"下拉列表 AaBb123 AaBb123 ：用于设置当前的文字样式。
- 注释性 按钮：用于为新建的文字或选定的文字对象设置注释性。
- "文字高度"下拉列表框 2.5 ：用于设置新字符高度或更改选定文字的高度。
- A 遮罩 按钮：用于设置文字的背景遮罩。

2. "格式"面板

- A 按钮：用于将选定文字的格式匹配到其他文字上。
- "粗体"按钮 B：用于为输入的文字对象或所选定文字对象设置粗体格式。
- "斜体"按钮 I：用于为新输入文字对象或所选定文字对象设置斜体格式。这两个选项仅适用于使用 TrueType 字体的字符。
- "删除线"按钮 ā：用于在需要删除的文字上画线，表示需要删除的内容。
- "下画线"按钮 U：用于为文字或所选定的文字对象设置下画线格式。
- "上画线"按钮 Ō：用于为文字或所选定的文字对象设置上画线格式。
- "堆叠"按钮 ᵇ/ₐ：用于为输入的文字或选定的文字设置堆叠格式。文字堆叠，文字中须包含插入符（＾）、正向斜杠（/）或磅符号（#），堆叠字符左侧的文字将堆叠在字符右侧的文字之上。默认情况下，包含插入符（＾）的文字转换为左对正的公差值；包含正斜杠（/）的文字转换为居中对正的分数值，斜杠被转换为一条与较长的字符串长度相同的水平线；包含磅符号（#）的文字转换为被斜线分开的分数。

- "上标"按钮 x²：用于将选定的文字切换为上标或将上标状态关闭。
- "下标"按钮 x₂：用于将选定的文字切换为下标或将下标状态关闭。
- ᵃA 大写 按钮：用于修改英文字符为大写；Aa 小写 按钮用于修改英文字符为小写。
- ⅰ≡ 按钮：用于清除字符及段落中的粗体、斜体或下画线等格式。
- "字体"下拉列表：用于设置当前字体或更改选定文字的字体。
- "颜色"下拉列表：用于设置新文字的颜色或更改选定文字的颜色。
- "文字图层替代"下拉列表：用于为文字对象指定的图层替代当前图层。
- "倾斜角度"按钮 0/ 0：用于修改文字的倾斜角度。
- "追踪"微调按钮 ab 1：用于修改文字间的距离。
- "宽度因子"按钮 ○ 1：用于修改文字的宽度比例。

3. "段落"面板

- "对正"按钮 Ⓐ：用于设置文字的对正方式，如图 3-6 所示。
- ☰ 项目符号和编号 按钮：用于设置以数字、字母或项目符号等标记，其菜单如图 3-7 所示。

图 3-6　多行文字对正方式　　　　图 3-7　项目符号菜单

- ☰ 行距 按钮：用于设置段落文字的行间距。
- ☰ 按钮：用于设置段落文字的制表位、缩进量、对齐、间距等。
- "左对齐"按钮 ☰：用于设置段落文字为左对齐方式。
- "居中"按钮 ☰：用于设置段落文字为居中对齐方式。
- "右对齐"按钮 ☰：用于设置段落文字为右对齐方式。
- "对正"按钮 ☰：用于设置段落文字为对正方式。
- "分散对齐"按钮 ☰：用于设置段落文字为分布排列方式。

4. "插入"面板

- "列"按钮 ☰ 菜单：用于为段落文字分栏排版，如图 3-8 所示，分栏前后的效果如图 3-9 所示。

图 3-8　"列"按钮菜单

- "符号按钮" @ 菜单：用于添加一些特殊符号，其菜单如图 3-10 所示。

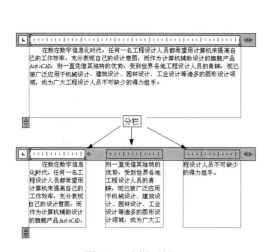

图 3-9　分栏示例

图 3-10　符号按钮菜单

- "字段"按钮 🅰：用于为段落文字插入一些特殊字段。

5. "拼写检查"面板

主要用于为输入的文字进行拼写检查。

6. "工具"面板

- 🔍 按钮：用于搜索指定的文字串并使用新的文字将其替换。
- 输入文字 按钮：用于向文本中插入 TXT 格式的文本、样板等文件或插入 RTF 格式的文件。
- 全部大写 按钮：用于将新输入的文字或当前选择的文字转换成大写。

7. "选项"面板

- 标尺 按钮用于控制文字输入框顶端标心的开关状态。
- 更多 按钮/字符集按钮用于设置当前字符集。
- 更多 按钮/编辑器设置按钮用于设置显示文字背景色、选定文字的亮显色以及使用功能区面板或工具栏的形式进行创建多行文字，如图 3-11 所示。

8. "关闭"面板

用于关闭文字编辑器选项卡面板，结束"多行文字"命令。

如图 3-12 所示的文本输入框，位于文字编辑器选项卡面板的下方，主要用于输入和编辑文字对象，它是由标尺和文本框两部分组成。

在文本输入框内右击，即可弹出如图 3-13 所示的快捷菜单。其大多数选项功能与功能区面板上的各按钮功能相对应，用户也可以直接从此快捷菜单中调用所需工具。

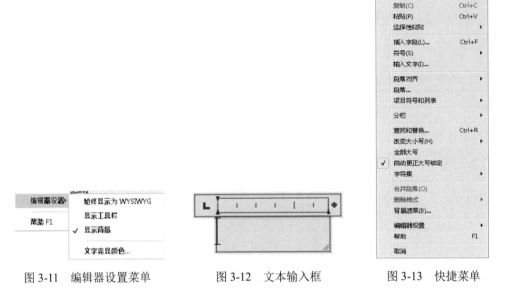

图 3-11　编辑器设置菜单　　　　图 3-12　文本输入框　　　　图 3-13　快捷菜单

3.1.3　文字编辑

选择"修改"|"对象"|"文字"|"编辑"命令，或者单击"文字"工具栏中的"编辑文字"按钮 ，或者在命令行中输入 DDEDIT，或者直接双击文字，即可进入编辑状态，对文字内容进行修改。对于多行文字来讲，在命令行中输入 MTEDIT，也可以进行编辑。

单击"编辑文字"按钮 ，命令行提示如下：

```
命令: _textedit
当前设置: 编辑模式 = Multiple
选择注释对象或 [放弃(U)/模式(M)]:
```

"模式"选项包括"单个"和"多个"两种模式，其中单个模式只能修改一个文字对象，而在多个模式下可以对多个文字对象进行修改，而不需要重复执行"编辑文字"命令。

用户可以使用光标在图形中选择需要修改的文字对象，按照用户选择文字对象的不同，系统会出现两种不同的响应。

（1）如果选择的是单行文字，用户只能对文字内容进行修改。如果要修改文字的字体样式、字高等属性，用户可以修改该单行文字所采用的文字样式。

（2）如果选择的是多行文字，系统会显示多行文字编辑器，用户可以直接在其中对文字的内容和格式进行修改。

在具体创建文字的时候，如果发现文字创建的内容有问题，可以直接双击文字对象。对于单行文字来说，双击后处于可编辑状态，可以重新输入文字；对于多行文字来说，双击后弹出多行文字编辑器，可以在编辑器中对文字内容以及其他的格式进行编辑。

如果需要对文字位置进行调整，可以选择单行文字或多行文字，如图 3-14 所示是使用"正中"方式输入单行文字。选择该单行文字，出现两个夹点："节点"和"插入点"，当

夹点处于热态时，可以移动单行文字。如果不捕捉单行文字上的特殊点，一般也只有节点和插入点这两个夹点，效果如图 3-15 所示。

图 3-14 单行文字的夹点　　　　　　　　图 3-15 单行文字上的辅助点

多行文字与单行文字不同，多行文字有 5 个夹点，如图 3-16 所示的多行文字也是采用"正中"方式创建。插入点为其中一个基点，可以控制多行文字的位置，当处于热态时，可以移动多行文字，其他 4 个夹点可以控制多行文字宽度和高度。当捕捉多行文字的辅助点时，仅可以捕捉插入点，效果如图 3-17 所示。

图 3-16 多行文字夹点编辑　　　　　　图 3-17 多行文字上的辅助点

3.1.4　表格

用户在创建表格之前，需要创建表格样式，单击"默认"选项卡|"注释"面板上的"表格样式"按钮▦，执行"表格样式"命令，即可完成。由于表格的创建比较简单，在后面的案例中也会详细讲解，这里就不再赘述。本小节主要讲解表格的编辑方式，其中包括夹点编辑方式、选项板编辑方式和快捷菜单编辑方式。

1. 夹点编辑方式

表格创建完成后，用户可以单击该表格上的任意网格线以选中该表格，然后通过夹点来修改该表格。单击网格的边框线选中该表格，将显示如图 3-18 所示的夹点模式。各个夹点的功能如下：

- 左上夹点：移动表格。
- 右上夹点：修改表宽并按比例修改所有列。
- 左下夹点：修改表高并按比例修改所有行。
- 右下夹点：修改表高和表宽并按比例修改行和列。
- 列夹点：在表头行的顶部，将列的宽度修改到夹点的左侧，并加宽或缩小表格以适应此修改。
- 表格打断夹点：可以将包含大量数据的表格打断成主要和次要的表格片断，使用表格底部的表格打断夹点，可以使表格覆盖图形中的多列或操作已创建的不同的表格部分。

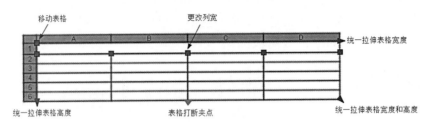

图 3-18　表格的夹点编辑模式

更改表格的高度或宽度时，只有与所选夹点相邻的行或列会被更改。表格的高度或宽度保持不变。如果需要根据正在编辑的行或列的大小按比例更改表格的大小，在使用列夹点时按住 Ctrl 键即可。

当选中表格中的单元格时，表格状态如图 3-19 所示，此时可以对表格中的单元格进行编辑处理，在表格上方的"表格单元"选项卡中的各面板上提供了多种对表格单元格进行编辑的工具。

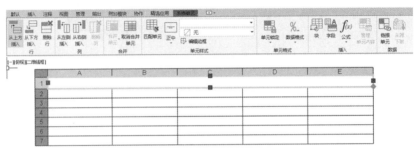

图 3-19　单元格选中状态

当选中表格中的单元格后，单元格边框的中央将显示夹点，效果如图 3-20 所示。在另一个单元格内单击可以将选中的内容移到该单元格，拖动单元格上的夹点可以使单元及其列或行更宽或更小。

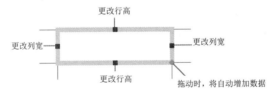

图 3-20　单元格夹点

2. 选项板编辑方式

在命令行输入 PROPERTIES 或 PR 后按 Enter 键，或者单击"视图"选项卡|"选项板"面板上的"特性"按钮，然后选择要编辑的单元格，如图 3-21 所示。在"特性"选项板中可以更改单元格宽度、单元格高度、对齐方式、文字内容、文字样式、文字高度、文字颜色等内容，使用选项板编辑方式可以精确地对单元格的宽度、高度等各种参数进行修改，这一点与夹点编辑方式有所不同。

3. 快捷菜单编辑方式

先选择要编辑的单元格，然后右击，将会弹出如图 3-22 所示的快捷菜单。如果选择了多个行或列中的单元格，选择"合并"命令中的子命令可以按行或按列合并；如要插入行或列，则可右击，弹出快捷菜单，然后选择"行"或者"列"命令中的子命令，即可插入列或行。还可以在单元格中插入公式，其操作与 Excel 类似。另外，插入图块和字段，修改单元格内容、编辑单元格文字、单元格对齐和单元格边框的修改都能够通过快捷菜单的方式进行，在此不详细列举。

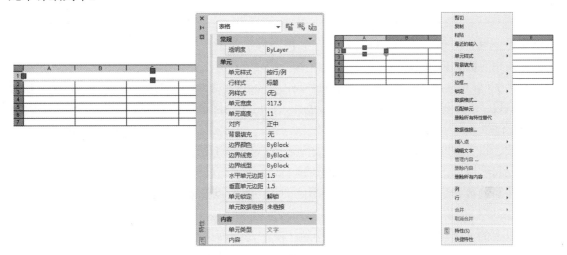

图 3-21 "特性"选项板编辑方式   图 3-22 快捷菜单编辑方式

3.2 建筑制图中文字样式的创建

《房屋建筑制图统一标准》GB/T50001-2010 中要求图纸上所需书写的文字、数字或符号等，均应笔画清晰、字体端正、排列整齐；标点符号应清楚正确。文字的字高，如果是中文矢量字体，则应从如下系列中选用：3.5mm、5mm、7mm、10mm、14mm、20mm；如果是TrueType 字体及非中文矢量字体，则应从如下系列中选用：3mm、4mm、6mm、8mm、10mm、14mm、20mm。如需书写更大的字，其高度应按 $\sqrt{2}$ 的比值递增。

图样及说明中的汉字，宜采用长仿宋体，宽度与高度的关系应符合表 3-1 中的规定。大标题、图册封面、地形图等的汉字，也可书写成其他字体，但应易于辨认。

表 3-1 长仿宋体字高宽关系（mm）

字高	20	14	10	7	5	3.5
字宽	14	10	7	5	3.5	2.5

拉丁字母、阿拉伯数字与罗马数字的书写与排列，应符合表 3-2 的规定。

表 3-2　拉丁字母、阿拉伯数字与罗马数字的书写规则（mm）

书写格式	一般字体	窄 字 体
大写字母高度	h	h
小写字母高度（上下均无延伸）	7/10h	10/14h
小写字母伸出头和尾部	3/10h	4/14h
笔画宽度	1/10h	1/14h
字母间距	2/10h	2/14h
上下行基准线最小间距	15/10h	21/14h
词间距	6/10h	6/14h

拉丁字母、阿拉伯数字与罗马数字，如需写成斜体字，其斜度为 75°。斜体字的高度与宽度应与相应的直体字相等。

拉丁字母、阿拉伯数字与罗马数字的字高，应不小于 2.5mm。数量的数值注写，应采用正体阿拉伯数字。各种计量单位凡前面有量值的，均应采用国家颁布的单位符号注写。单位符号应采用正体字母。

分数、百分数和比例数的注写，应采用阿拉伯数字和数学符号，例如：四分之三、百分之二十五和一比二十应分别写成 3/4、25%和 1:20。

当注写的数字小于 1 时，必须写出个位的 0，小数点应采用圆点，齐基准线书写，例如0.01。

从以上的文字可以看出，建筑制图中对于文字是有严格规定的。在一幅图纸中一般也就几种文字样式，为了使用的方便，制图人员通常预先创建可能会用到的文字样式。对文字样式进行命名，并对每种文字样式设置参数，以便在制图的时候，直接使用文字样式即可。

AutoCAD 提供了文字样式功能，在第 2 章创建标准图形和常见图形的时候，已经讲解过创建文字样式的方法，因此本节将不再赘述，可以参看第 2 章相关的内容。由于下面的章节将使用到各种文字样式，所以要使用第 2 章讲过的方法创建 G350、G500、G700、G1000 共 4 种文字样式。

3.3　建筑图中说明文字的创建

在建筑图纸中，通常为了将图形表达得更清楚，也为了工程人员能够更好地施工，需要在图纸上添加很多的文字性的说明。最常见的是建筑施工图说明，其他的还有如材料做法说明、平立剖面图标题等。下面通过立面图标题和施工图总说明来讲解创建方法。

3.3.1　创建立面图标题

对于文字比较少且只有一行的说明文字，在创建的时候可以使用单行文字，也可以使用多行文字，操作时间和难度都相似，可根据用户的习惯而定。

1. 单行文字创建

创建如图 3-23 所示的东向立面图图题，使用 3.2 节创建的文字样式。

<u>万科星城2号楼A户型东向立面图 1:100</u>

图 3-23　东向立面图图题

具体操作步骤如下：

步骤01 单击"默认"选项卡|"注释"面板上的"单行文字"按钮A，执行"单行文字"命令，命令行提示如下：

```
命令: _dtext
当前文字样式: G700  文字高度: 700  注释性: 否  对正: 左
指定文字的起点或 [对正(J)/样式(S)]://在绘图区任意指定一点为起点
指定文字的旋转角度 <0>://按 Enter 键，采用默认旋转角度 0°，绘图区出现单行文字动态输入框
```

步骤02 在动态输入框中输入如图 3-24 所示的文字，按两次 Enter 键，完成文字的输入，效果如图 3-25 所示。

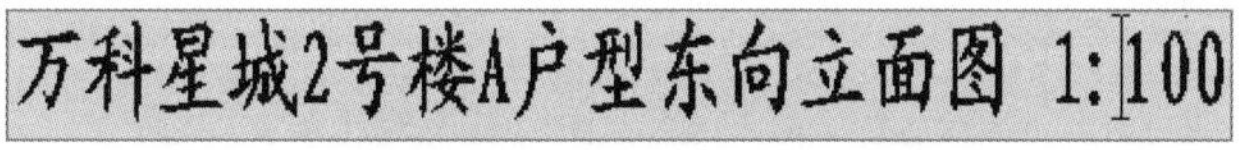

万科星城2号楼A户型东向立面图 1:100

图 3-24　输入单行文字

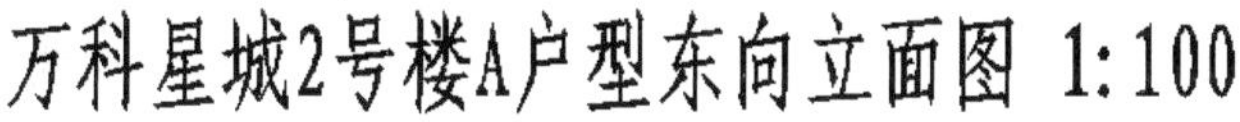

万科星城2号楼A户型东向立面图 1:100

图 3-25　单行文字输入完成

步骤03 单击"默认"选项卡|"绘图"面板上的"直线"按钮，在文字底部绘制直线，直线的第一点为文字插入点，第二点相对坐标为（@11700，0），效果如图 3-26 所示。

万科星城2号楼A户型东向立面图 1:100

图 3-26　绘制文字底部直线

步骤04 单击"默认"选项卡|"修改"面板上的"移动"按钮，执行"移动"命令，选择步骤（3）绘制的直线为移动对象，基点为直线上任意点，偏移相对坐标为（@0，-200），效果如图 3-27 所示。

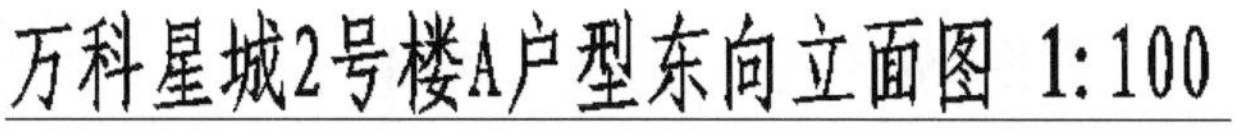

万科星城2号楼A户型东向立面图 1:100

图 3-27　移动文字底部直线

步骤05 选择步骤（4）中移动的直线，如图 3-28 所示，在"特性"面板中的"线宽"下拉列表中选择 0.7mm 线宽，设置完成后效果如图 3-23 所示。

文字
标注
图层特性
插入
特性
组
实用工具
剪贴板
修改
注释
图层
块
特性匹配
列表
ByLayer
ByLayer
0.35 毫米
0.40 毫米
0.50 毫米
0.53 毫米
0.60 毫米
0.70 毫米
万科星城2号楼A户型东向立面图 1:100

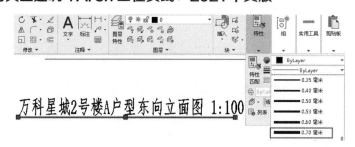

图 3-28　修改直线线宽

2. 多行文字创建

使用多行文字创建图题的具体操作步骤如下：

步骤 01 单击“注释”选项卡|“文字”面板上的“多行文字”按钮A，执行“多行文字”命令，命令行提示如下：

```
命令： _mtext 当前文字样式："G700"  当前文字高度：700.000  注释性： 否
指定第一角点：//在绘图区任意拾取一点
指定对角点或 [高度(H)/对正(J)/行距(L)/旋转(R)/样式(S)/宽度(W)]： j
//输入 j，设置对正样式
输入对正方式 [左上(TL)/中上(TC)/右上(TR)/左中(ML)/正中(MC)/右中(MR)/左下(BL)/中下(BC)/右下(BR)]<左上(TL)>： bl//输入 bl，采用左下对正方式
指定对角点或 [高度(H)/对正(J)/行距(L)/旋转(R)/样式(S)/宽度(W)]：
//在绘图区拖出文字区域，弹出多行文字编辑器选项卡
```

步骤 02 在“文字编辑器”选项板下侧的多行文本输入框内单击，指定位置，然后输入文字，如图 3-29 所示。

AaBb123
AaBb123
G500
G700
ByLayer
万科星城2号楼A户型东向立面图
1:100

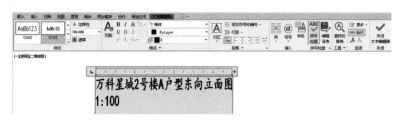

图 3-29　输入多行文字

步骤 03 关闭文字编辑器，完成多行文字的输入。选择多行文字，使右上方的夹点处于可编辑状态，向右拖动，使文字在一行上，如图 3-30 所示。

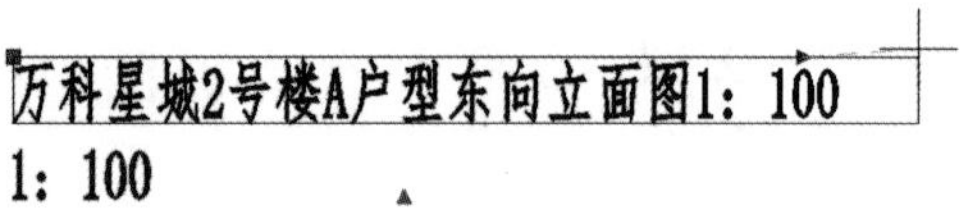
万科星城2号楼A户型东向立面图1：100
1：100

图 3-30　夹点编辑多行文字

步骤 04 取消夹点，效果如图 3-31 所示，其他步骤请按照单行文字绘制中步骤（3）~步骤（5）执行。

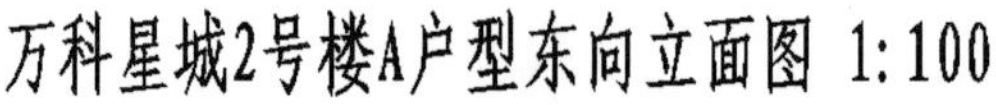
万科星城2号楼A户型东向立面图 1:100

图 3-31　多行文字夹点编辑效果

3.3.2 创建建筑设计总说明

建筑设计总说明，应该是建筑图中涉及文字最多的部分。整个建筑设计总说明包含各种尺寸说明、地面露面做法说明、材料说明等，同时还包含各种表格，如门窗表、材料表等。本小节将详细讲解建筑设计总说明中文字部分的创建方法，表格部分将在 3.4 节中阐述。

1. 多行文字法创建建筑说明

使用多行文字方法，使用 3.2 节创建的文字样式创建建筑施工图说明，其中要求"建筑施工图设计说明"文字字高为 700，"一、建筑设计"文字字高为 500，其他文字字高为 350，字体都为"仿宋"，宽度比例为 0.7。创建效果如图 3-32 所示。

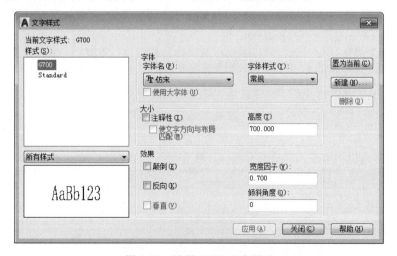

图 3-32　建筑施工图说明

具体操作步骤如下：

步骤 01　首先新建文件，然后使用快捷键"ST"执行"文字样式"命令，创建如图 3-33～图 3-35
　　　　所示的三种文字样式，并将"G700"设置为当前文字样式。

图 3-33　设置 G700 文字样式

图 3-34　设置 G500 文字样式

图 3-35　设置 G350 文字样式

步骤02　单击"注释"选项卡|"文字"面板上的"多行文字"按钮 **A**，执行"多行文字"命令，命令行提示如下：

```
命令：_mtext
当前文字样式："G700"  当前文字高度：700
指定第一角点：//在绘图区任意拾取一点
指定对角点或 [高度(H)/对正(J)/行距(L)/旋转(R)/样式(S)/宽度(W)]：
//用光标拉动出文本编辑框，打开文本编辑器选项卡面板
```

步骤03　在文本编辑框中输入文字"建筑施工图设计说明"如图 3-36 所示，然后按 Enter 键，另起一行，继续输入其他行文字，效果如图 3-37 所示。

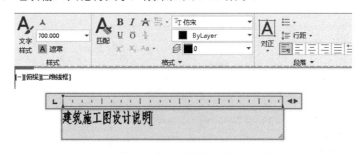

图 3-36　输入文字"建筑施工图设计说明"

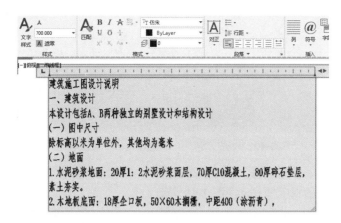

图 3-37　输入其他文字

步骤 04 在"插入"面板上单击"符号"按钮@，弹出如图 3-38 所示的下拉菜单，选择"直径"命令，完成直径符号的输入。

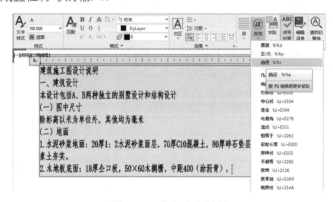

图 3-38　输入直径符号

步骤 05 按 Enter 键换行，继续输入直径符号以后的文字，效果如图 3-39 所示。

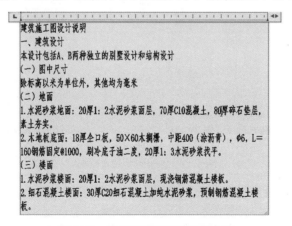

图 3-39　输入直径符号以后的文字

步骤 06 选择文字"一、建筑设计"，在"样式"面板上的"文字样式"列表内修改所选文字的文字样式，如图 3-40 所示。

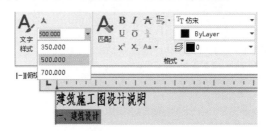

图 3-40　设置文字"一、建筑设计"文字样式

步骤07 选择文字"一、建筑设计"下方所有的文字，在"样式"面板上的"文字样式"列表内修改所选文字的文字样式，如图 3-41 所示。

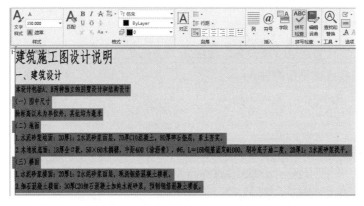

图 3-41　设置"一、建筑设计"下方所有文字的文字样式

步骤08 选择直径符号，然后在"格式"面板上的"字体"下拉列表中修改文字的字体为 Times New Roman，如图 3-42 所示。

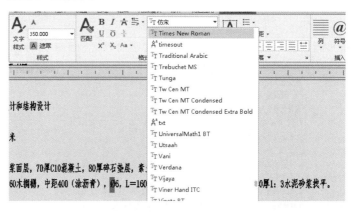

图 3-42　设置直径符号字体

步骤09 拖动文本编辑框标尺右端的两个小三角,改变多行文字的宽度,调整效果如图 3-43 所示,最后关闭"文字编辑器"选项卡面板，结束命令，完成文字的创建。

2. 表格法创建建筑说明

除了多行文字创建建筑设计总说明之外，还可以使用单行文字结合构造线定位的方法，以及表格的方法创建建筑设计总说明这一类文字数量比较大，并且需要分行的文字。所谓单

行文字结合构造线定位的创建方法，与 3.4 节中单行文字结合构造线创建表格的方法类似，这种方法在创建表格中使用得比较多，所以这里就不再讲解，可以参看 3.4 节的内容体会学习。

表格方法创建建筑设计总说明能够有效地控制行与行之间的间距，以及每行的宽度，在表格中输入完文字后，分解表格，将各种图线删除即可完成说明文字的创建。另外，在创建建筑说明文字的时候，建议先将文字输入到 Word 文档或记事本中，这样直接从 Word 文档或记事本中复制到 AutoCAD 中会比较方便，毕竟在 AutoCAD 中输入文字不太方便。

下面介绍使用表格方法创建建筑施工说明的步骤，效果如图 3-44 所示，其中 ϕ 和 @符号采用 Simplex 字体，与使用多行文字创建时稍有不同。

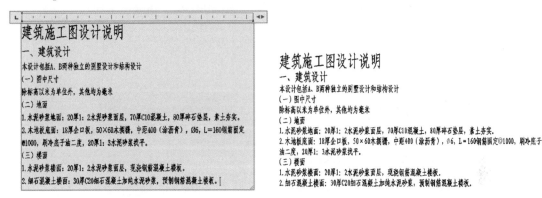

图 3-43 调整多行文字宽度 　　　　　图 3-44 建筑施工说明文字

具体操作步骤如下：

步骤 01 单击"默认"选项卡|"注释"面板上的"表格样式"按钮 ，执行"表格样式"命令，弹出"表格样式"对话框，单击"新建"按钮，弹出"创建新的表格样式"对话框，在"新样式名"文本框中输入样式名为"建筑施工说明"，单击"继续"按钮，弹出"新建表格样式"对话框，在"单元样式"下拉列表框中选择"数据"选项，分别设置"常规"和"文字"选项卡，参数设置如图 3-45 所示。

图 3-45 设置"数据"单元格参数

步骤 **02** 在"单元样式"下拉列表框中选择"表头"选项，在"文字"选项卡中设置"文字样式"为 G500，其他与"数据"单元格参数相同，设置如图 3-46 所示。

步骤 **03** 在"单元样式"下拉列表框中选择"标题"选项，在"义字"选项卡中设置"文字样式"为 G700，其他与"数据"单元格参数相同，设置如图 3-47 所示。

图 3-46　设置"表头"单元格参数　　　　图 3-47　设置"标题"单元格参数

步骤 **04** 单击"默认"选项卡|"注释"面板上的"表格"按钮 ▦，执行"表格"命令，弹出"插入表格"对话框，在"表格样式"下拉列表中选择"建筑施工说明"选项，设置"列宽"为 15000，"数据行数"为 9，如图 3-48 所示。

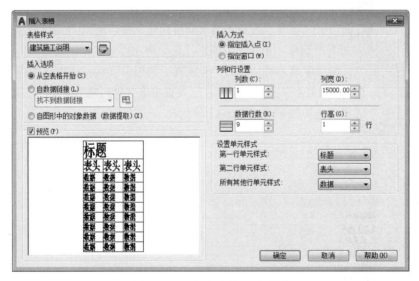

图 3-48　"插入表格"对话框

步骤 **05** 单击"确定"按钮，命令行提示"指定插入点:"，在绘图区任意拾取一点，进入表格编辑状态，与多行文字编辑器类似，效果如图 3-49 所示。

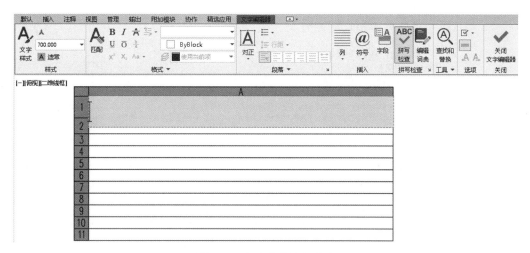

图 3-49　空白表格编辑状态

步骤 06　在表格的"标题"行、"表头"行和"数据"行分别输入文字，其中ϕ和@符号采用 Simplex 字体，效果如图 3-50 所示。

图 3-50　在表格中输入文字

步骤 07　输入完毕，关闭"文字编辑器"选项卡面板，完成后的表格如图 3-51 所示。

图 3-51　完成后的表格

步骤 08　选择表格，执行"分解"命令，将表格分解，删除表格中的图线，效果如图 3-52 所示。

建筑施工图设计说明

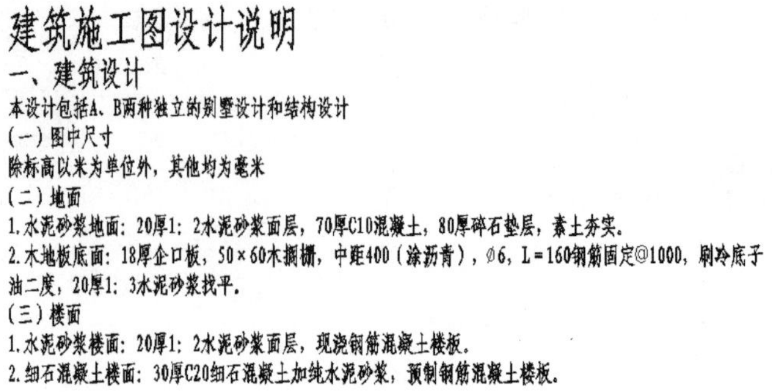

一、建筑设计

本设计包括A、B两种独立的别墅设计和结构设计

（一）图中尺寸

除标高以米为单位外，其他均为毫米

（二）地面

1.水泥砂浆地面：20厚1：2水泥砂浆面层，70厚C10混凝土，80厚碎石垫层，素土夯实。

2.木地板底面：18厚企口板，50×60木搁栅，中距400（涂沥青），∅6，L=160钢筋固定@1000，刷冷底子

油二度，20厚1：3水泥砂浆找平。

（三）楼面

1.水泥砂浆楼面：20厚1：2水泥砂浆面层，现浇钢筋混凝土楼板。

2.细石混凝土楼面：30厚C20细石混凝土加纯水泥砂浆，预制钢筋混凝土楼板。

图 3-52　删除表格图线效果

在实际绘制的时候可能会遇到表格单元格中的文字不在一行的问题，这时可以使用夹点编辑功能或者选项板编辑功能调整表格的宽度或高度，以使得表格满足设计和制图的要求。

3.4　建筑制图中各种表格的创建

建筑图中的各种表格有直接绘制和间接绘制两种方法来绘制。所谓直接绘制法就是直接使用表格功能绘制；间接绘制就是使用单行文字结合构造线绘制。下面通过门窗表的绘制来进行详细讲解。

3.4.1　表格法创建表格

为某新农村别墅二层小洋楼创建门窗表，效果如图 3-53 所示。其中"门窗表"标题字高为 700，居中；表头的文字字高为 500，居中；单元格内容文字字高为 350，所有文字采用楷体 GB2312，宽高比为 0.7。

具体创建步骤如下：

步骤 01　单击"默认"选项卡|"注释"面板上的"表格样式"按钮 ▦，执行"表格样式"命令，弹出"表格样式"对话框，单击"新建"按钮，弹出如图 3-54 所示的"创建新的表格样式"对话框，在"新样式名"文本框中输入表格样式名称为"门窗表"。

门　窗　表

类别	序号	名称	尺寸	数量
门	1	D1800	1800×2400	1
	2	D900	900×2400	4
窗	3	W1800	1800×1500	2
	4	W1500	1500×1500	4
	5	W1200	1200×600	1

图 3-53　门窗表效果　　　　图 3-54　"创建新的表格样式"对话框

步骤 02　单击"继续"按钮，弹出"新建表格样式"对话框，在"单元样式"下拉列表框中选择"标题"选项，"常规"选项卡参数设置如图 3-55 所示，"文字"选项卡参数设置如图 3-56 所示。

步骤 03 在"单元样式"下拉列表框中选择"表头"选项,"常规"选项卡参数设置如图 3-57 所示,"文字"选项卡参数设置如图 3-58 所示。

图 3-55 设置"标题"的常规参数　图 3-56 设置"标题"的文字参数　图 3-57 设置"表头"的常规参数

步骤 04 在"单元样式"下拉列表框中选择"数据"选项,"常规"选项卡参数设置如图 3-59 所示,"文字"选项卡参数设置如图 3-60 所示。

图 3-58 设置"表头"的文字参数　图 3-59 设置"数据"的常规参数　图 3-60 设置"数据"的文字参数

步骤 05 单击"默认"选项卡|"注释"面板上的"表格"按钮囲,执行"表格"命令,弹出"插入表格"对话框,选中"从空表格开始"单选按钮,设置列和行的参数,如图 3-61 所示。

图 3-61 设置插入表格参数

步骤06 单击"确定"按钮，在绘图区拾取一点为表格插入点，在第一行输入表格的标题，效果如图 3-62 所示。

图 3-62　输入表格标题

步骤07 按键盘上的右方向键，输入表格的表头文字，效果如图 3-63 所示。

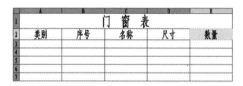

图 3-63　输入表格表头内容

步骤08 关闭"文字编辑器"选项卡，然后夹点显示如图 3-64 所示的单元格 A3 和 A4，单击"合并单元"按钮 ▦，在弹出的下拉菜单中选择"按列"命令，将单元格合并，效果如图 3-65 所示。

图 3-64　选择需要合并的单元格　　　　　　图 3-65　合并选定单元格

步骤09 继续合并单元格的操作，将 A5～A7 合并，合并效果如图 3-66 所示。

步骤10 输入数据单元格内容，效果如图 3-67 所示。

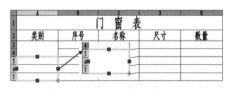
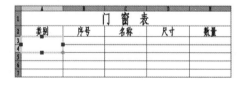

图 3-66　合并其他单元格　　　　　　图 3-67　输入单元格内容

步骤11 选择 B2～E2 单元格，选择快捷菜单中的"特性"命令，打开"特性"选项板，设置"单元高度"为 800，如图 3-68 所示。

步骤12 按照同样的方法，选择 B3～E7 单元格，设置"单元高度"为 600，对齐方式为左下；选择 A3～A7 单元格，对齐方式为正中，如图 3-69 所示；选择 A 列单元格，设置"单元宽

度"为 1500，选择 B、C、E 列单元格，设置"单元宽度"为 2000，选择 D 列单元格，设置"单元宽度"为 2500，调整效果如图 3-70 所示。

门 窗 表				
类别	序号	名称	尺寸	数量
门	1	D1800	1800×2400	1
	2	D900	900×2400	4
窗	3	W1800	1800×1500	1
	4	W1500	1500×1500	4
	5	W1200	1200×600	1

图 3-68　设置"单元高度"　　图 3-69　设置"单元高度"　　图 3-70　调整单元格宽度、高度和对齐后的效果

步骤 13 选择整个表格，单击"默认"选项卡上的"修改"面板中的"分解"按钮，将表格分解，删除表格标题上方的直线。

步骤 14 单击"默认"选项卡| "修改"面板上的"修剪"按钮，执行"修剪"命令，对表格进行修剪，最终效果如图 3-53 所示。

3.4.2　单行文字创建表格

使用单行文字创建表格实际上是使用构造线配合单行文字创建表格，构造线充当了表格线的功能，同时又承担了辅助定位的功能。本小节将讲解使用单行文字配合构造线绘制表格的方法。

为某新农村别墅二层小洋楼创建门窗表，效果如图 3-71 所示。其中要求"门窗表"标题字高为 1000，其他为 350，除"类别"列单元格宽度为 1000 外，其他单元格宽度为 2500，单元格高度为 600，行标题和列标题居中，其他内容左下对齐，各偏移 50。

门 窗 表

类别	型号	尺寸	数量			说明
			一层	二层	总数	
门	M1	800×2100	2	2	4	实木门
	M2	900×2400	4	3	7	实木门
	M3	1200×2400	1		1	实木门
窗	N1	900×1600	2	2	4	铝合金窗
	N2	1200×1600	3	1	4	铝合金窗
	N3	1500×1600	1		1	铝合金窗

图 3-71　别墅门窗表效果

具体操作步骤如下：

步骤 01 单击"默认"选项卡| "绘图"面板上的"构造线"按钮，执行"构造线"命令，输入

h，绘制水平构造线；输入 v，绘制垂直构造线，效果如图 3-72 所示。

步骤 02 单击"默认"选项卡|"修改"面板上的"偏移"按钮 ⟂，执行"偏移"命令，向下偏移 600，连续偏移，效果如图 3-73 所示。

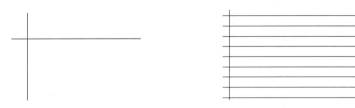

图 3-72 绘制水平和垂直构造线　　　　　图 3-73 偏移水平构造线

步骤 03 继续单击"默认"选项卡|"修改"面板上的"偏移"按钮 ⟂，将垂直构造线连续向右偏移，偏移尺寸如图 3-74 所示。

步骤 04 继续单击"默认"选项卡|"修改"面板上的"偏移"按钮 ⟂，将最上方的水平构造线向上偏移 1500，偏移效果如图 3-75 所示。

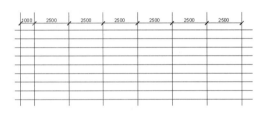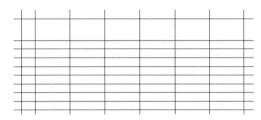

图 3-74 偏移垂直构造线　　　　　图 3-75 向上偏移水平构造线

步骤 05 单击"默认"选项卡|"修改"面板上的"修剪"按钮 ✂，执行"修剪"命令，选择最上侧的水平构造线为剪切边，将剪切边界上侧的图线修剪，结果如图 3-76 所示。

步骤 06 单击"默认"选项卡|"修改"面板上的"修剪"按钮 ✂，重复执行"修剪"命令使用同样的方法，修剪其他构造线，效果如图 3-77 所示。

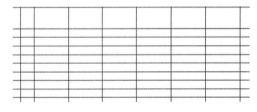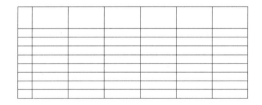

图 3-76 修剪结果　　　　　图 3-77 修剪效果

步骤 07 单击"默认"选项卡|"修改"面板上的"偏移"按钮 ⟂，执行"偏移"命令，修剪单元格部分，修剪出的单元格效果如图 3-78 所示。

步骤 08 单击"默认"选项卡|"绘图"面板上的"直线"按钮 ╱，执行"直线"命令，连接端点，绘制斜向线作为辅助线，效果如图 3-79 所示。

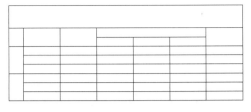

图 3-78　修剪形成表格

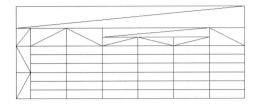

图 3-79　绘制斜向定位辅助线

步骤 09　单击"注释"选项卡|"文字"面板上的"单行文字"按钮 **A**，执行"单行文字"命令，为表格填充文字。命令行提示如下：

```
命令：_dtext
当前文字样式：G1000  当前文字高度：1000.000
指定文字的起点或 [对正(J)/样式(S)]：S           //输入S，设置样式
输入样式名或 [?] <A1000>：G1000               //使用G1000样式
当前文字样式：G1000  当前文字高度：1000.000
指定文字的起点或 [对正(J)/样式(S)]：J           //输入J，设置对正样式
输入选项
[对齐(A)/调整(F)/中心(C)/中间(M)/右(R)/左上(TL)/中上(TC)/右上(TR)/左中(ML)/正中
(MC)/右中(MR)/左下(BL)/中下(BC)/右下(BR)]：mc //输入mc，设置正中对齐
指定文字的中间点：                           //如图3-80所示捕捉斜向直线的中点
指定文字的旋转角度 <0>：
//按Enter键，进入动态文字编辑框，输入"门 窗 表"，效果如图3-81所示
```

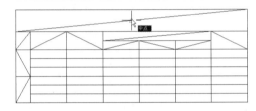

图 3-80　捕捉辅助线中点为插入点

图 3-81　创建表格标题

步骤 10　重复执行"单行文字"命令，配合中点捕捉功能继续为表格填充文字。命令行提示如下：

```
命令：_dtext
当前文字样式：G1000  当前文字高度：1000.000
指定文字的起点或 [对正(J)/样式(S)]：S           //输入S，设置样式
输入样式名或 [?] <G1000>：A350                //使用G350样式
当前文字样式：G350  当前文字高度：350.000
指定文字的起点或 [对正(J)/样式(S)]：J           //输入J，设置对正样式
输入选项
[对齐(A)/调整(F)/中心(C)/中间(M)/右(R)/左上(TL)/中上(TC)/右上(TR)/左中(ML)/正中
(MC)/右中(MR)/左下(BL)/中下(BC)/右下(BR)]：MC //输入MC，设置正中对齐
指定文字的中间点：                           //捕捉斜向直线的中点
指定文字的旋转角度 <0>：//按Enter键，进入动态文字编辑框，输入"类别"，效果如图3-82所示
```

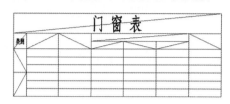

图 3-82　输入文字"类别"

步骤⑪　选择步骤（10）创建的文字，选择快捷菜单中的"带基点复制"命令，如图 3-83 所示。
设置插入点为基点，如图 3-84 所示。

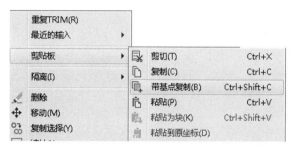

图 3-83　带基点复制

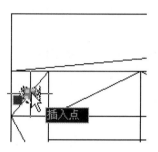

图 3-84　设置基点

步骤⑫　选择快捷菜单中的"粘贴"命令，捕捉斜向直线的中点并粘贴单行文字，效果如图 3-85
所示。

步骤⑬　选择单行文字，双击使其处于可编辑状态，修改文字内容，效果如图 3-86 所示。

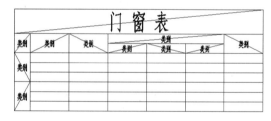

图 3-85　粘贴单行文字

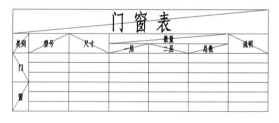

图 3-86　修改单行文字内容

步骤⑭　单击"默认"选项卡|"修改"面板上的"删除"按钮，删除斜向直线，效果如图 3-87
所示。

步骤⑮　单击"注释"选项卡|"文字"面板上的"单行文字"按钮 A，执行"单行文字"命令，
继续为表格填充文字。命令行提示如下：

```
命令：_dtext
当前文字样式：G350  当前文字高度：350.000
指定文字的起点或 [对正(J)/样式(S)]：J              //输入 J，设置对正样式
输入选项
[对齐(A)/调整(F)/中心(C)/中间(M)/右(R)/左上(TL)/中上(TC)/右上(TR)/左中(ML)/正中
(MC)/右中(MR)/左下(BL)/中下(BC)/右下(BR)]：BL      //输入 BL 表示左下对齐
指定文字的左下点：                                  //捕捉图 3-88 所示的点为插入点
指定文字的旋转角度 <0>：                            //按 Enter 键，输入单行文字"M1"
```

图 3-87　删除斜向直线效果

图 3-88　删除表格图线效果

步骤 ⑯ 单击"默认"选项卡|"修改"面板上的"复制"按钮，执行"复制"命令，复制对象为步骤（15）创建的单行文字，基点为插入点，以构造线的交点为插入点，效果如图 3-89 所示。

步骤 ⑰ 在复制出所表格文字上双击，修改粘贴的单行文字内容，效果如图 3-90 所示。

类别	型号	尺寸	数量			说明
			一层	二层	总数	
门	M1	M1	M1	M1	M1	M1
	M1	M1	M1	M1	M1	M1
	M1	M1	M1	M1	M1	M1
窗	M1	M1	M1	M1	M1	M1
	M1	M1	M1	M1	M1	M1
	M1	M1	M1	M1	M1	M1

图 3-89　复制粘贴单行文字

类别	型号	尺寸	数量			说明
			一层	二层	总数	
门	M1	800×2100	2	2	4	实木门
	M2	900×2400	4	3	7	实木门
	M3	1200×2400	1	1	1	实木门
窗	N1	900×1600	2	2	4	铝合金窗
	N2	1200×1600	1	3	4	铝合金窗
	N3	1500×1600	1	1	1	铝合金窗

图 3-90　修改文字内容

步骤 ⑱ 选择门、窗右侧的所有表格文字，然后单击"默认"选项卡|"修改"面板上的"移动"按钮，执行"移动"命令，调整表格文字的位置。命令行提示如下：

```
命令：_move 找到 34 个
指定基点或 [位移(D)] <位移>：              //拾取任意点为基点
指定第二个点或 <使用第一个点作为位移>：@50,50  //输入相对偏移坐标，效果如图 3-91 所示
```

步骤 ⑲ 单击"默认"选项卡|"修改"面板上的"删除"按钮，删除部分直线，效果如图 3-92 所示。

类别	型号	尺寸	数量			说明
			一层	二层	总数	
门	M1	800×2100	2	2	4	实木门
	M2	900×2400	4	3	7	实木门
	M3	1200×2400	1	1	1	实木门
窗	N1	900×1600	2	2	4	铝合金窗
	N2	1200×1600	1	3	4	铝合金窗
	N3	1500×1600	1	1	1	铝合金窗

图 3-91　偏移效果

类别	型号	尺寸	数量			说明
			一层	二层	总数	
门	M1	800×2100	2	2	4	实木门
	M2	900×2400	4	3	7	实木门
	M3	1200×2400	1	1	1	实木门
窗	N1	900×1600	2	2	4	铝合金窗
	N2	1200×1600	1	3	4	铝合金窗
	N3	1500×1600	1	1	1	铝合金窗

图 3-92　删除部分直线效果

3.5　其他创建文字的方法

建筑制图中还有一种文字说明叫引线说明，这种引线说明通常用在材料做法等的说明上。例如，大样图的材料做法说明，详图的材料做法说明。通常情况下，制图人员可以使用多段线或者直线配合单行文字或多行文字来完成。还有两种方法就是使用"快速引线"功能或

"多重引线"功能。

1. 快速引线

下面通过如图 3-93 所示的例子说明快速引线功能的使用方法。

具体操作步骤如下：

步骤 01 在命令行中输入 QLEADER 命令，命令行提示如下：

```
命令: qleader
指定第一个引线点或 [设置(S)] <设置>:        //引线第一点为扶手上的一点
指定下一点: @1200<60                        //输入第二点相对坐标
指定下一点: @200,0                          //输入第三点相对坐标
指定文字宽度 <0>:                           //按 Enter 键
输入注释文字的第一行 <多行文字(M)>: 60 钢管   //输入文字，按 Enter 键
输入注释文字的下一行:    //按 Enter 键，效果如图 3-94 所示，注意文字很小，看不清楚
```

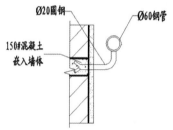

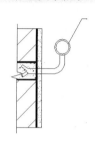

图 3-93　扶手详图说明效果　　　　　　　　图 3-94　创建快速引线标注

步骤 02 双击引线标注，打开"文字编辑器"选项卡面板。

步骤 03 在文字编辑器中修改选择文字的文字样式为 G350，并补充输入直径符号，设置字体为 Times New Roman，效果如图 3-95 所示。

步骤 04 文字位置不太合适，选择说明文字并拖动到合适的位置，效果如图 3-96 所示。

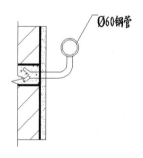

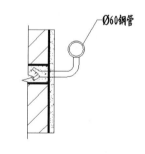

图 3-95　编辑完成的文字效果　　　　　　　　图 3-96　移动说明文字位置

步骤 05 继续执行"快速引线"命令，不输入文字，直接按 Enter 键，弹出多行文字编辑器，如图 3-97 所示输入另外的一个文字说明。

步骤 06 使用同样的方法输入其他文字说明，并移动说明文字到合适的位置，完成最终效果。

2. 多重引线

下面介绍为如图 3-98 所示的卫生间详图创建引线说明。

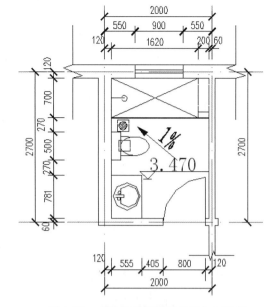

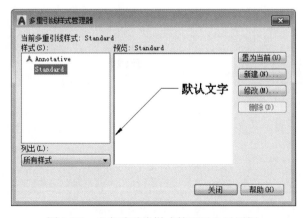

图 3-97　创建另外一个引线说明　　　　图 3-98　未添加引线说明的卫生间详图

具体操作步骤如下：

步骤01　单击"默认"选项卡|"注释"面板上的"多重引线样式"按钮，执行"多重引线样式"命令，弹出如图 3-99 所示的"多重引线样式管理器"，单击"新建"按钮，创建详图引线说明中需要的多重引线样式，弹出如图 3-100 所示的"创建新多重引线样式"对话框。新建样式名为 G50，表示 1:50 的详图中采用的多重引线样式，以 Standard 样式为基础样式。

图 3-99　"多重引线样式管理器"对话框　　　图 3-100　"创建新多重引线样式"对话框

步骤02　单击"继续"按钮，弹出如图 3-101 所示的"修改多重引线样式"对话框，在"引线格式"选项卡中设置参数；在"引线结构"选项卡中设置如图 3-102 所示的参数。

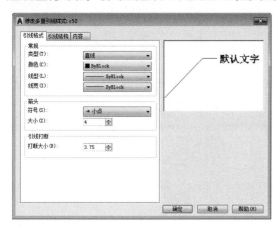 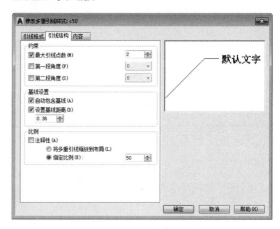

图 3-101　"引线格式"选项卡参数设置　　　　图 3-102　"引线结构"选项卡参数设置

步骤 03 在"内容"选项卡中设置如图 3-103 所示的参数。设置完毕后单击"确定"按钮返回到"多重引线样式管理器"对话框，单击"置为当前"按钮，将"G50"设置为当前引线样式。

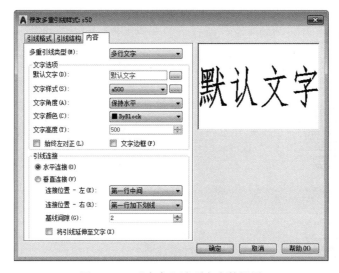

图 3-103　"内容"选项卡参数设置

步骤 04 单击"默认"选项卡|"注释"面板上的"引线"按钮，执行"引线"命令，命令行提示如下：

```
命令:_mleader
指定引线箭头的位置或 [引线基线优先(L)/内容优先(C)/选项(O)] <选项>:
//在卫生间内污水立管预留孔洞处拾取一点作为引线箭头的位置
指定引线基线的位置:
/*在绘图区内合适的位置拾取一点作为基线的位置，单击拾取点后绘图区内出现移动光标提示，在光标
处输入文字"污水立管楼板留孔靠墙 600×200"，创建效果如图 3-104 所示
```

步骤 05 使用与步骤（2）同样的方法创建其他引线说明，效果如图 3-105 所示。

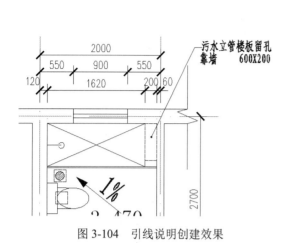

图 3-104　引线说明创建效果

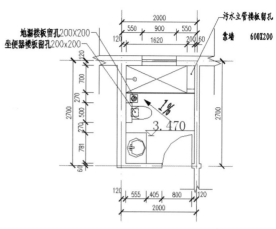

图 3-105　其他引线说明创建效果

3.6　上机练习

练习 1： 按照 3.3 节介绍的创建文字样式的方法，创建名称为"建筑说明"的文字样式，要求字体为仿宋体，文字高度为 200，宽度因子为 0.7。"文字样式"对话框如图 3-106 所示。

图 3-106　"建筑说明"文字样式参数说明

练习 2： 创建如图 3-107 所示的楼梯平面图图题，图题采用文字样式 G500。

楼梯第一、二跑平面图 1:50

图 3-107　楼梯平面图图题

练习 3： 创建效果如图 3-108 所示的设计总说明，其中标题采用 G700 文字样式，说明内容采用 G350 文字样式。

设计总说明

1、本工程建筑面积1500平方米，室外地平标高0.000，室内外高差-0.450。
2、图示尺寸，标高以米为单位，其他以毫米为单位。
3、平面图中砖墙厚度未注明均为240。
4、窗均采用白色塑钢窗，选型详见门窗表。
5、凡本工程说明及图纸未详尽处，均按国家有关现行规范、规程、规定执行。

图 3-108　设计总说明

练习4：使用构造线和单行文字创建门窗表，效果如图3-109所示，标题采用 G1000 文字样式，表格中内容采用 G350 文字样式。

门　窗　表

类别	型号	宽×高	数量				说明
			一层	二层	阁楼层	总数	
门	M1	800×2100	1	1	1	3	见详图，采用塑钢型材和净白玻璃
	M2	900×2100	2			2	见详图，采用塑钢型材和净白玻璃
	M3	1000×2100	1	4		5	见详图，采用塑钢型材和净白玻璃
	M4	1200×2400	3	1		4	见详图，采用塑钢型材和净白玻璃
	M5	1800×2100	1		1	2	见详图，采用塑钢型材和净白玻璃
窗	C1	600×600		1	2	3	见详图，采用塑钢型材和净白玻璃
	C2	900×1200	2	2		4	见详图，采用塑钢型材和净白玻璃
	C3	900×1500	4			4	见详图，采用塑钢型材和净白玻璃
	C4	1200×1500		3		3	见详图，采用塑钢型材和净白玻璃
	C5	1500×1500		1		1	见详图，采用塑钢型材和净白玻璃

图 3-109　构造线创建门窗表效果图

练习5：使用创建表格功能创建门窗表，效果如图3-110所示，标题采用 G1000 文字样式，表格中内容采用 G350 文字样式。

门　窗　表

类型	型号	宽×高	数量				说明
			一层	二层	阁楼层	总数	
门	M1	800×2100	1	1	1	3	见详图，采用塑钢型材和净白玻璃
	M2	900×2100	2			2	见详图，采用塑钢型材和净白玻璃
	M3	1000×2100	1	4		5	见详图，采用塑钢型材和净白玻璃
	M4	1200×2400	3	1		4	见详图，采用塑钢型材和净白玻璃
	M5	1800×2100	1		1	2	见详图，采用塑钢型材和净白玻璃
窗	C1	600×600		1	2	3	见详图，采用塑钢型材和净白玻璃
	C2	900×1200	2	2		4	见详图，采用塑钢型材和净白玻璃
	C3	900×1500	4			4	见详图，采用塑钢型材和净白玻璃
	C4	1200×1500		3		3	见详图，采用塑钢型材和净白玻璃
	C5	1500×1500		1		1	见详图，采用塑钢型材和净白玻璃

图 3-110　表格创建门窗表效果图

第4章

建筑制图中尺寸标注的创建

导言

在第3章中详细讲解了文字创建的方法。而在建筑制图中，尺寸标注与文字一样，也是图形对象的一个很好的补充，也可以认为是一种比较特殊的图形对象。尺寸标注可以非常明确地表示建筑物尺寸以及建筑物关系，可以为建筑施工提供最严谨和精确的参考依据。

本章主要讲解标注样式的创建方法、建筑制图中对标注的标准和规定以及建筑制图中常见的标注创建方法及修改方法。通过对本章内容的学习，读者应该掌握最常见的线性标注和连续标注，以及编辑标注的方法。

4.1 创建尺寸技术概述

标注显示了对象的测量值、对象之间的距离、角度或特征距指定原点的距离。标注可以是水平、垂直、对齐、旋转、坐标、基线、连续、角度或弧长。标注具有以下独特的元素：标注文字、尺寸线、箭头和尺寸界线；对于圆标注，还有圆心标记和中心线，如图 4-1 所示。

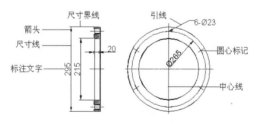

图 4-1　尺寸标注元素组成示意图

- 标注文字：用于指示测量值的字符串。文字可以包含前缀、后缀和公差。
- 尺寸线：用于指示标注的方向和范围。对于角度标注，尺寸线是一段圆弧。
- 箭头也称为终止符号，显示在尺寸线的两端。可以为箭头或标记指定不同的尺寸和形状。
- 尺寸界线：命令行中显示的尺寸界线，也称为投影线或证示线，从部件延伸到尺寸线。
- 圆心标记：标记圆或圆弧中心的小十字。
- 中心线：标记圆或圆弧中心的虚线。

每一个标注都采用当前标注样式，用于表示诸如箭头样式、文字位置、尺寸公差等特性。用户可以通过单击"默认"选项卡|"注释"面板上的按钮□或按钮├┤▼，如图 4-2 所示，也可以通过单击"注释"选项卡|"标注"面板上的按钮，如图 4-3 所示，使用相应的标注工具。

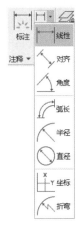

图 4-2 "标注"按钮菜单　　　　图 4-3 "标注"面板

4.1.1 建筑制图中常用的基本标注形式

建筑制图中常用的标注形式相对较少，通常情况下有线性标注、对齐标注、基线标注、连续标注和坐标标注 5 种，下面分别进行介绍。

1. 线性尺寸标注

线性标注能够标注水平尺寸、垂直尺寸和倾斜尺寸。单击"默认"选项卡|"注释"面板上的"线性"按钮├┤▼，或单击"注释"选项卡|"标注"面板上的"线性"按钮├┤▼，或者在命令行中输入 DIMLINEAR 来标注水平尺寸、垂直尺寸和倾斜尺寸。命令行提示如下：

```
命令：_dimlinear
指定第一个尺寸界线原点或 <选择对象>://指定第一条尺寸界线的原点
指定第二条尺寸界线原点：              //指定第二条尺寸界线的原点
指定尺寸线位置或
[多行文字(M)/文字(T)/角度(A)/水平(H)/垂直(V)/旋转(R)]:
//一般移动光标指定尺寸线位置标注文字 =2000
```

"尺寸线位置""多行文字""文字"和"角度"选项是尺寸标注命令行中的常见选项，其中"尺寸线位置"选项表示确定尺寸线的角度和标注文字的位置；"多行文字"选项表示显示多行文字编辑器，可用它来编辑标注文字，可以通过文字编辑器来添加前缀或后缀，用控制代码和 Unicode 字符串来输入特殊字符或符号，如果要编辑或替换生成的测量值，先删除文字，再输入新文字，然后单击"确定"按钮，如果标注样式中未打开换算单位，可以通过输入方括号（[ ]）来显示它们；"文字"选项表示在命令行自定义标注文字，要包括生成的测量值，可用尖括号（<>）表示生成的测量值。如果标注样式中未打开换算单位，可以通过输入方括号（[ ]）来显示换算单位；"角度"选项用于修改标注文字的角度。

命令行中的其他三个选项："水平""垂直"和"旋转"都是线性标注特有的选项，其中"水平"选项创建水平线性标注；"垂直"选项创建垂直线性标注；"旋转"选项创建旋转线性标注。如图4-4所示为水平线性标注、垂直线性标注和旋转60°的线性标注效果。

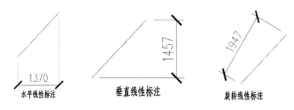

图4-4　线性标注效果

2. 对齐尺寸标注

对齐尺寸标注可以创建与指定位置或对象平行的标注，在对齐标注中，尺寸线平行于尺寸界线与原点连成的直线。单击"默认"选项卡|"注释"面板上的"对齐"按钮，或单击"注释"选项卡|"标注"面板上的"已对齐"按钮。命令行提示如下：

```
命令: _dimaligned
指定第一个尺寸界线原点或 <选择对象>:      //指定第一条尺寸界线的原点
指定第二条尺寸界线原点:                   //指定第二条尺寸界线的原点
指定尺寸线位置或
[多行文字(M)/文字(T)/角度(A)]:           //一般移动光标指定尺寸线位置
标注文字 =2000
```

对齐尺寸标注命令行选项基本与线性尺寸标注类似，这里不再详述。如图 4-5 所示为对齐尺寸标注的效果。

3. 基线尺寸标注

基线标注是自同一基线处测量的多个标注，在创建基线之前，必须先创建线性、对齐或角度标注，基线标注是从上一个尺寸界线处测量的，除非指定另一点作为原点。选择"标注"|"基线"命令，单击"注释"选项卡|"标注"面板上的"基线"按钮，或者在命令行中输入 DIMBASELINE 来执行基线标注。命令行提示如下：

```
命令: _dimbaseline
选择基准标注:
指定第二个尺寸界线原点或 [选择(S)/放弃(U)] <选择>://指定第二条尺寸界线原点
标注文字 = 1000
指定第二个尺寸界线原点或 [选择(S)/放弃(U)] <选择>://继续提示指定尺寸界线原点
标注文字 = 2000
指定第二条尺寸界线原点或 [选择(S)/放弃(U)] <选择>:
…
```

命令行中的"选择"选项表示用户可以选择一个线性标注、坐标标注或角度标注作为基线标注的基准。选择基准标注之后，将再次显示"指定第二条尺寸界线原点"提示。如图4-6所示为基线尺寸标注效果。

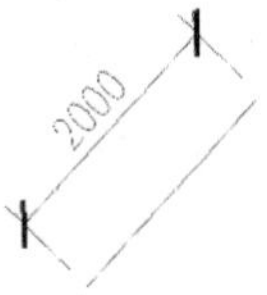

图 4-5　对齐尺寸标注效果 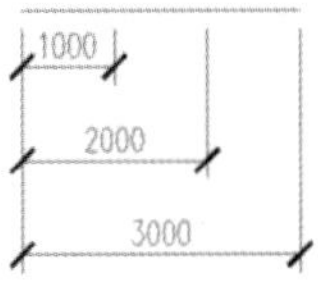　　　　图 4-6　基线尺寸标注效果

4. 连续尺寸标注

连续尺寸标注是首尾相连的多个标注，前一尺寸的第二尺寸界线就是后一尺寸的第一尺寸界线。与基线尺寸标注一样，在创建连续尺寸标注之前，必须先创建线性、对齐或角度标注，连续尺寸标注是从上一个尺寸界线处测量的，除非指定另一点作为原点。选择"标注"|"连续"命令，或者单击"注释"选项卡|"标注"面板上的"连续"按钮 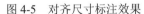，或者在命令行中输入 DIMCONTINUE 来执行连续标注。命令行提示与"基线标注"类似，这里不再赘述。如图 4-7 所示为连续尺寸标注效果。

图 4-7　连续尺寸标注效果

5. 坐标标注

坐标标注测量原点（称为基准）到标注特征点（例如建筑物的角点）的垂直距离，这种标注保持特征点与基准点的精确偏移量，从而避免增大误差。

坐标标注由 X 或 Y 值和引线组成。X 基准坐标标注沿 X 轴测量特征点与基准点的距离。Y 基准坐标标注沿 Y 轴测量特征点与基准点的距离。程序使用当前 UCS 的绝对坐标值确定坐标值。在创建坐标标注之前，通常需要重设 UCS 原点与基准相符，坐标标注通常用于总平面图中坐标的创建。

选择"标注"|"坐标"命令，或者单击"默认"选项卡|"注释"面板上的"坐标"按钮 ，或单击"注释"选项卡|"标注"面板上的"坐标"按钮 ，或者在命令行中输入 DIMORDINATE 来执行坐标标注。命令行提示如下：

```
命令：_dimordinate
指定点坐标://指定需要创建坐标标注的点
指定引线端点或 [X 基准(X)/Y 基准(Y)/多行文字(M)/文字(T)/角度(A)]://指定引线端点
标注文字 = 132.33
```

4.1.2　尺寸编辑

在绘图过程中创建标注后，经常要对标注后的文字进行旋转或用新文字替换，可以将文字移动到新位置或返回等，也可以将标注文字沿尺寸线移动到左、右、中心或尺寸界线之内、外的任意位置。用户可以通过命令方式和夹点编辑方式进行编辑。

1. 命令编辑

AutoCAD 提供了多种方法以满足用户对尺寸标注的编辑，DIMEDIT 和 DIMTEDIT 是最常用的两种对尺寸标注进行编辑的命令。

（1）DIMEDIT

单击"注释"选项卡|"标注"面板上的"倾斜"按钮 $\digamma$，或者在命令行中输入 DIMEDIT，都可以执行该命令。命令行提示如下：

```
命令：_dimedit
输入标注编辑类型 [默认(H)/新建(N)/旋转(R)/倾斜(O)] <默认>：_o
选择对象：              //选择图4-8（左）所示的尺寸标注
选择对象：              //Enter，结束选择
输入倾斜角度（按Enter表示无)： //-45 Enter，输入倾斜角度，结果如图4-8（右）所示
```

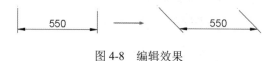

图 4-8 编辑效果

命令行提示中有 4 个选项，分别为"默认（H）""新建（N）""旋转（R）"和"倾斜（O）"，各选项含义如下：

- "默认"选项：将尺寸文本按 DDIM 所定义的默认位置、方向重新置放。
- "新建"选项：更新所选择的尺寸标注的尺寸文本，使用多行文字编辑器更改标注文字。
- "旋转"选项：旋转所选择的尺寸文本。
- "倾斜"选项：实行倾斜标注，即编辑线性尺寸标注，使其尺寸界线倾斜一个角度，不再与尺寸线相垂直，常用于标注锥形图形。

（2）DIMTEDIT

单击"注释"选项卡|"标注"面板上的"编辑文字角度"按钮 $\checkmark$，或者在命令行中输入 DIMTEDIT，都可以执行该命令。命令行提示如下：

```
命令：_dimtedit
选择标注：              //选择图4-9（左）所示的尺寸标注
为标注文字指定新位置或 [左对齐(L)/右对齐(R)/居中(C)/默认(H)/角度(A)]：
//A Enter，激活"角度"选项
指定标注文字的角度：    //45 Enter，输入标注文字的角度，编辑结果如图4-9（右）所示
```

图 4-9 编辑效果

命令行提示中有"左对齐（L）""右对齐（R）""居中（C）""默认（H）"和"角度（A）"5 个选项，各项含义如下：

- "左对齐"选项：更改尺寸文本沿尺寸线左对齐，如图 4-10（左）所示。
- "右对齐"选项：更改尺寸文本沿尺寸线右对齐，如图 4-10（右）所示。
- "居中"选项：更改尺寸文本沿尺寸线中间对齐，如图 4-9 所示。
- "默认"选项：将尺寸文本按 DDIM 所定义的默认位置、方向重新置放。
- "角度"选项：旋转所选择的尺寸文本，如图 4-9 所示。

图 4-10　左对齐和右对齐效果

2. 夹点编辑

使用夹点编辑方式移动标注文字的位置时，用户可以先选择要编辑的尺寸标注，当激活文字中间夹点后，拖动鼠标可以将文字移动到目标位置，激活尺寸线夹点后，可以移动尺寸线的位置，激活尺寸界线的夹点后，可以移动尺寸界线的第一点或第二点。夹点编辑效果如图 4-11 所示。

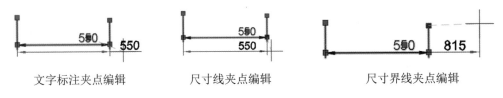

文字标注夹点编辑　　　　　尺寸线夹点编辑　　　　　尺寸界线夹点编辑

图 4-11　夹点编辑效果

若需要对文字内容进行更改，则选择需要更改的标注，然后右击，在弹出的快捷菜单中选择"特性"命令，通过"特性"选项板来进行更改。

4.2　建筑制图尺寸标注规范要求

《房屋建筑制图统一标准》GB/T 50001-2010 对建筑制图中的尺寸标注有着详细的规定。下面分别介绍规范对尺寸界线、尺寸线、尺寸起止符号和标注文字（尺寸数字）的一些要求。

4.2.1　尺寸界线、尺寸线及尺寸起止符号

尺寸界线应用细实线绘制，一般应与被注长度垂直，其一端应离开图样轮廓线不小于 2mm，另一端宜超出尺寸线 2mm～3mm。图样轮廓线可用作尺寸界线，如图 4-12 所示。

尺寸线应用细实线绘制，应与被注长度平行。图样本身的任何图线均不得用作尺寸线。因此尺寸线应调整好位置避免与图线重合。

尺寸起止符号一般用中粗斜短线绘制，其倾斜方向应与尺寸界线成顺时针 45°角，长度宜为 2mm～3mm。半径、直径、角度与弧长的尺寸起止符号，宜用箭头表示，如图 4-13 所示。

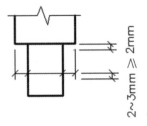

图 4-12　尺寸界线

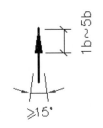

图 4-13　箭头尺寸起止符号

4.2.2 尺寸数字

图样上的尺寸，应以尺寸数字为准，不得从图上直接量取。建议按比例绘图，这样可以减少绘图错误。图样上的尺寸单位，除标高及总平面以 m 为单位外，其他必须以 mm 为单位。

尺寸数字的方向，应按如图 4-14 所示的规定注写。若尺寸数字在 30° 斜线区内，宜按如图 4-15 所示的形式注写。

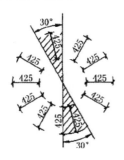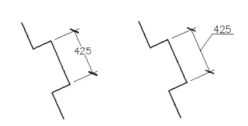

图 4-14　尺寸数字的方向　　　　图 4-15　30° 斜线区内尺寸数字的方向

尺寸数字一般应依据其方向注写在靠近尺寸线的上方中部。若没有足够的注写位置，最外边的尺寸数字可注写在尺寸界线的外侧，中间相邻的尺寸数字可错开注写，如图 4-16 所示。

图 4-16　尺寸数字的注写位置

4.2.3 尺寸的排列与布置

尺寸宜标注在图样轮廓以外，不宜与图线、文字、符号等相交，如图 4-17 所示。

互相平行的尺寸线，应从被注写的图样轮廓线由近向远整齐排列，较小尺寸应离轮廓线较近，较大尺寸应离轮廓线较远，如图 4-18 所示。

图样轮廓线以外的尺寸线，距图样最外轮廓之间的距离不宜小于 10mm。平行排列的尺寸线的间距宜为 7mm～10mm，并应保持一致，如图 4-18 所示。

总尺寸的尺寸界线应靠近所指部位，中间的分尺寸的尺寸界线可稍短，但其长度应相等，如图 4-17 所示。

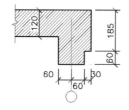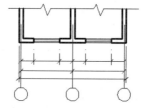

图 4-17　尺寸数字的注写　　　　　图 4-18　尺寸的排列

4.2.4 半径、直径、球的尺寸标注

半径尺寸线的一端应从圆心开始，另一端绘制箭头并指向圆弧。半径数字前应加注半径符号"R"，如图 4-19 所示。较小圆弧的半径，可按如图 4-20 所示的形式标注；较大圆弧的半径，可按如图 4-21 所示的形式标注。

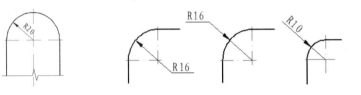

图 4-19　半径标注方法　　　　　　　　图 4-20　小圆弧半径标注方法

标注圆的直径尺寸时，直径数字前应加直径符号"ϕ"。在圆内标注的尺寸线应通过圆心，两端绘制箭头并指至圆弧，如图 4-22 所示。对于小圆直径，可按如图 4-23 所示的形式标注。

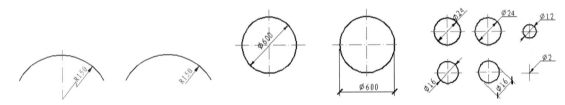

图 4-21　大圆弧半径标注方法　　　图 4-22　圆直径的标注方法　　　图 4-23　小圆直径的标注方法

标注球的半径尺寸时，应在尺寸前加注符号"SR"。标注球的直径尺寸时，应在尺寸数字前加注符号"$S\phi$"。注写方法与圆弧半径和圆直径的尺寸标注方法相同。

4.2.5 角度、弧度、弧长的标注

角度的尺寸线应以圆弧表示。该圆弧的圆心应是该角的顶点，角的两条边为尺寸界线。起止符号应以箭头表示，如果没有足够的位置绘制箭头，可用圆点代替，角度数字应按水平方向注写，如图 4-24 所示。

标注圆弧的弧长时，尺寸线应以该圆弧同心的圆弧线表示，尺寸界线应垂直于该圆弧的弦，起止符号用箭头表示，弧长数字上方应加注圆弧符号"⌒"，如图 4-25 所示。

标注圆弧的弦长时，尺寸线应以平行于该弦的直线表示，尺寸界线应垂直于该弦，起止符号用中粗斜短线表示，如图 4-26 所示。

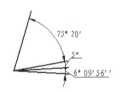

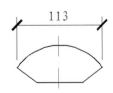

图 4-24　角度标注方法　　　　　图 4-25　弧长标注方法　　　　　图 4-26　弦长标注方法

4.2.6 薄板厚度、正方形、坡度、非圆曲线等尺寸标注

在薄板板面标注板厚尺寸时，应在厚度数字前加厚度符号"t"，如图 4-27 所示。

标注正方形的尺寸，可用"边长×边长"的形式，也可在边长数字前加正方形符号"□"，如图 4-28 所示。

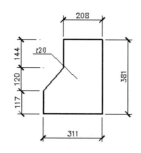

图 4-27　薄板厚度标注方法

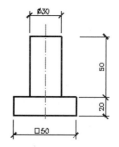

图 4-28　正方形标注方法

标注坡度时，应加注坡度符号"　　　"，该符号为单面箭头，箭头应指向下坡方向。坡度也可用直角三角形形式标注，如图 4-29 所示。

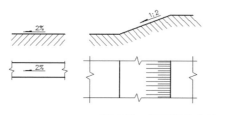

图 4-29　坡度标注方法

外形为非圆曲线的构件，可用坐标形式标注尺寸，如图 4-30 所示。复杂的图形，可用网格形式标注尺寸，如图 4-31 所示。

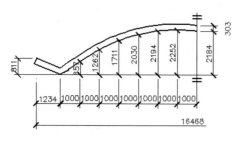

图 4-30　坐标法标注曲线尺寸

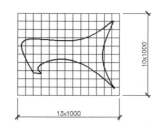

图 4-31　网格法标注曲线尺寸

4.2.7　尺寸的简化标注

连续排列的等长尺寸，可用"个数×等长尺寸=总长"的形式标注，如图 4-32 所示。构件内的构造因素（如孔、槽等）若相同，可仅标注其中一个要素的尺寸，如图 4-33 所示。

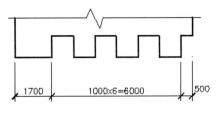

图 4-32　等长尺寸的简化标注方法

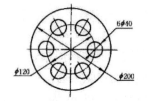

图 4-33　相同要素尺寸的标注方法

对称构件采用对称省略绘制方法时，该对称构件的尺寸线应略超过对称符号，仅在尺寸线的一端绘制尺寸起止符号，尺寸数字应按整体全尺寸注写，其注写位置宜与对称符号对齐，如图 4-34 所示。

两个构件，如个别尺寸数字不同，可在同一图样中将其中一个构件的不同尺寸数字注写在括号内，该构件的名称也应注写在相应的括号内，如图 4-35 所示。

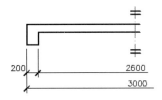

图 4-34　对称构件尺寸的标注方法

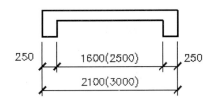

图 4-35　相似构件尺寸的标注方法

多个构件，如果仅某些尺寸不同，这些有变化的尺寸数字可用拉丁字母注写在同一图样中，另列表格写明其具体尺寸，如图 4-36 所示。

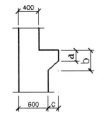

构件编号	a	b	c
Z-1	200	200	200
Z-2	250	450	200
Z-3	200	450	250

图 4-36　相似构件尺寸的表格式标注方法

4.2.8　标高

标高符号应以直角等腰三角形表示，按如图 4-37（a）所示的形式用细实线绘制，如果标注位置不够，也可按如图 4-37（b）所示的形式绘制。标高符号的具体绘制方法如图 4-37（c）、（d）所示。L 取适当长度标注标高数字，h 根据需要取适当高度。

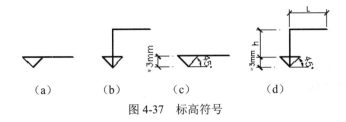

（a）　　　　（b）　　　　（c）　　　　　　（d）

图 4-37　标高符号

总平面图室外地坪标高符号，宜用涂黑的三角形表示，如图 4-38（a）所示，具体绘制方法如图 4-38（b）所示。

标高符号的尖端应指至被注高度的位置。尖端一般应向下，也可向上。标高数字应注写在标高符号的左侧或右侧，如图 4-39 所示。

标高数字应以 m 为单位，注写到小数点以后第三位。在总平面图中，可注写到小数点以后第二位。零点标高应注写成±0.000，正数标高不注"+"，负数标高应注"－"，如 3.000、－0.600。

在图样的同一位置需表示几个不同标高时，标高数字可按如图 4-40 所示的形式注写。

图 4-38　总平面室外地坪标高符号　　　图 4-39　标高的指向　　　图 4-40　同一位置注写多个标高

4.3　创建建筑制图中常用的标注样式

在 AutoCAD 中对建筑图进行标注时，首先要确定标注样式，不同绘图比例的图纸采用不同的标注样式。通常情况下，常见的绘图比例为 1:1000、1:500、1:100、1:50、1:20、1:10 等。在这些最常见的绘图比例中，1:100 是最常见的绘图比例，通常的平面图、立面图以及剖面图都采用 1:100 比例绘制。下面通过两种方法来讲解 1:100 标注比例的创建。

第一种绘制方法的具体步骤如下：

步骤 01　单击"默认"选项卡|"注释"面板上的"标注样式"按钮，或者单击"注释"选项卡|"标注"面板上的按钮，都可以执行"标注样式"命令，弹出如图 4-41 所示的"标注样式管理器"对话框，再单击"新建"按钮，弹出"创建新标注样式"对话框，如图 4-42 所示输入"新样式名"为"S1-100"。

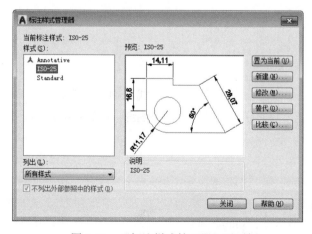

图 4-41　"标注样式管理器"对话框

图 4-42　创建 S1-100 标注样式

步骤 **02** 单击"继续"按钮，弹出"新建标注样式"对话框，在"线"选项卡中设置"基线间距"
为 10，"超出尺寸线"为 2，"起点偏移量"为 2，选中"固定长度的尺寸界线"复选框，
设置"长度"为 4，如图 4-43 所示。

步骤 **03** 选择"符号和箭头"选项卡，选择箭头为"建筑标记"，"箭头大小"为 2.5，设置"折弯
角度"为 45°，如图 4-44 所示。

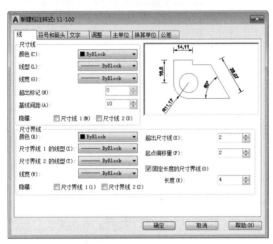

图 4-43　设置 S1-100 "线"选项卡

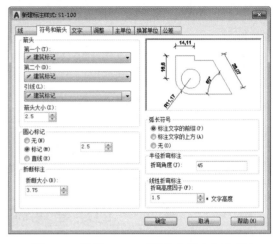

图 4-44　设置 S1-100 "符号和箭头"选项卡

步骤 **04** 选择"文字"选项卡，单击"文字样式"下拉列表框后面的按钮，弹出"文字样式"对
话框，单击"新建"按钮，创建"标注文字"文字样式，如图 4-45 所示。

步骤 **05** 单击"关闭"按钮，回到"文字"选项卡，在"文字样式"下拉列表框中选择"标注文
字"，设置"文字高度"为 2.5，"从尺寸线偏移"为 1，如图 4-46 所示。

图 4-45　设置"标注文字"的参数

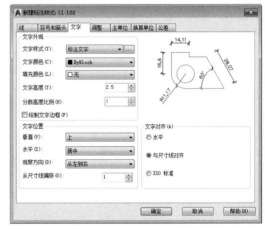

图 4-46　设置 S1-100 "文字"选项卡

步骤 **06** 单击"调整"选项卡，在"标注特征比例"选项组中选中"使用全局比例"单选按钮，
然后输入 100，这样就会把标注的一些特征放大 100 倍，例如原来的字高为 2.5，放大后
为 250，按 1:100 输出后，字体高度仍然为 2.5mm。另外，在"调整选项"选项组中选中
"文字"单选按钮，在"文字位置"选项组中选中"尺寸线上方，不带引线"单选按钮，

在"优化"选项组中选中"在尺寸界线之间绘制尺寸线"复选框，如图 4-47 所示。

步骤 07 单击"主单位"选项卡，设置线性标注的"单位格式"为"小数"，"精度"为 0，测量单位的"比例因子"为 1，其他设置如图 4-48 所示。

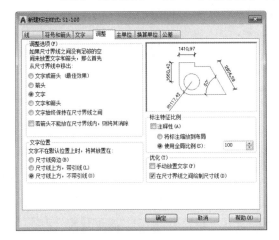

图 4-47　设置 S1-100 "调整"选项卡

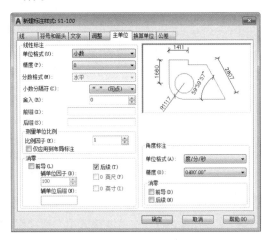

图 4-48　设置 S1-100 "主单位"选项卡

步骤 08 单击"确定"按钮，回到"标注样式管理器"对话框，S1-100 标注样式创建完成。

第二种创建 1:100 绘图比例标注样式的操作步骤如下：

步骤 01 使用同样的方法打开"标注样式管理器"对话框，创建 S100 标注样式，进入"新建标注样式"对话框，单击"线"选项卡，设置如图 4-49 所示的参数，相对于第一种创建方式，尺寸比例相应扩大了 100 倍。

步骤 02 单击"符号和箭头"选项卡，选择箭头为"建筑标记"，设置"箭头大小"为 250，"折弯角度"为 45°，如图 4-50 所示。

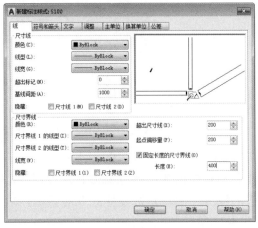

图 4-49　设置 S100 "线"选项卡

图 4-50　设置 S100 "符号和箭头"选项卡

步骤 03 单击"文字"选项卡，在"文字样式"下拉列表框中选择"标注文字"，设置"文字高度"为 250，"从尺寸线偏移"为 100，如图 4-51 所示。

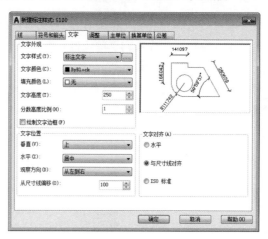

图 4-51 设置 S100 "文字"选项卡

步骤 04 单击"调整"选项卡，在"标注特征比例"选项组中选择"使用全局比例"单选按钮，然后输入 1，在"调整选项"选项组中选中"文字"单选按钮，在"文字位置"选项组选中"尺寸线上方，不带引线"单选按钮，在"优化"选项组中选中"在尺寸界线之间绘制尺寸线"复选框，如图 4-52 所示。

步骤 05 单击"确定"按钮，完成 S100 的标注样式创建，S1-100 和 S100 产生的标注效果是一样的，如图 4-53 所示。

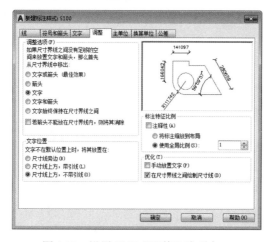

图 4-52 设置 S100"调整"选项卡

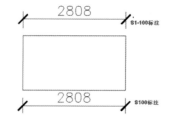

图 4-53 S1-100 和 S100 标注效果比较

对于绘图比例不是 1:100 的图形，用户可以新创建标注样式，在 1:100 的基础上进行简单的修改即可创建适合其他绘图比例的标注样式。例如要创建绘图比例为 1:50 的标注样式，在"标注样式管理器"对话框中单击"新建"按钮，弹出"创建新标注样式"对话框，输入"新样式名"为 S50，"基础样式"为 S100，如图 4-54 所示。

步骤 06 单击"继续"按钮，进入"新建标注样式"对话框，单击"主单位"选项卡，如图 4-55 所示，设置"比例因子"为 0.5。

图 4-54　创建 S50 标注样式

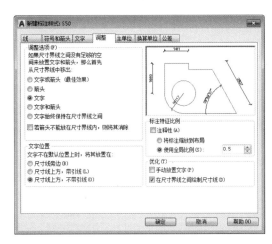

图 4-55　设置"比例因子"

步骤 07 单击"确定"按钮，则完成 S50 标注样式的创建。同样的道理，1:20 绘图比例的标注样式比例因子为 0.2，样式名称可以为 S20。

4.4　建筑图中尺寸的创建

建筑图中的标注常见为平立剖面图、详图、大样图标注，标注通常为长度型标注，标注方法基本类似。下面将通过一个平面图尺寸标注的创建和一个楼梯详图尺寸标注的创建，详细讲解建筑图中尺寸的标注。

4.4.1　创建平面图中的尺寸标注

为如图 4-56 所示的房屋平面图创建横向和纵向的尺寸标注。

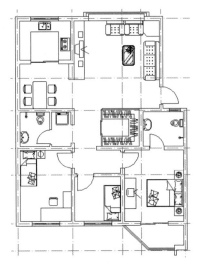

图 4-56　未标注的平面图

具体操作步骤如下：

步骤 01 单击"默认"选项卡|"注释"面板上的"线性"按钮├─┤ ▾，执行"线性"命令，命令行提示如下：

```
命令：_dimlinear
指定第一个尺寸界线原点或 <选择对象>：//如图 4-57 所示指定第一条尺寸界线原点
指定第二条尺寸界线原点：        //如图 4-58 所示指定第二条尺寸界线原点
指定尺寸线位置或
[多行文字(M)/文字(T)/角度(A)/水平(H)/垂直(V)/旋转(R)]：
//指定尺寸线位置，效果如图 4-59 所示标注文字 = 763
```

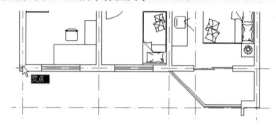

图 4-57 指定第一条尺寸界线原点

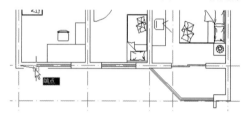

图 4-58 指定第二条尺寸界线原点

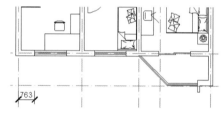

图 4-59 确定标注位置

步骤 02 单击"注释"选项卡|"标注"面板上的"连续"按钮├┼┤，执行"连续"命令，继续标注平面图下侧的尺寸。命令行提示如下：

```
命令：_dimcontinue
指定第二个尺寸界线原点或 [选择(S)/放弃(U)] <选择>：//如图 4-60 所示捕捉端点
标注文字 = 1500
指定第二个尺寸界线原点或 [选择(S)/放弃(U)] <选择>：
标注文字 = 738
指定第二个尺寸界线原点或 [选择(S)/放弃(U)] <选择>：
标注文字 = 600
指定第二个尺寸界线原点或 [选择(S)/放弃(U)] <选择>：
标注文字 = 1500
指定第二个尺寸界线原点或 [选择(S)/放弃(U)] <选择>：
标注文字 = 600
指定第二个尺寸界线原点或 [选择(S)/放弃(U)] <选择>：
标注文字 = 950
指定第二个尺寸界线原点或 [选择(S)/放弃(U)] <选择>：
标注文字 = 1500
指定第二个尺寸界线原点或 [选择(S)/放弃(U)] <选择>：//依次捕捉点创建标注
标注文字 = 950
指定第二个尺寸界线原点或 [选择(S)/放弃(U)] <选择>：//按 Enter 键，完成标注，效果如图 4-61
```
所示

选择连续标注：　　　　　　　　　　　　　　　　//按 Enter 键，结束命令

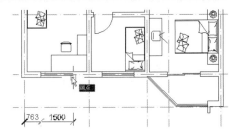

图 4-60　创建第一个连续标注

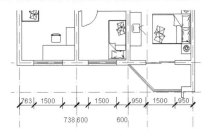

图 4-61　创建完成的连续标注

步骤 03 如图 4-62 所示选择尺寸值为 738 的尺寸标注，出现 5 个夹点，使中间的夹点处于热态。如图 4-63 所示使用夹点编辑标注值位置，移动后效果如图 4-64 所示。

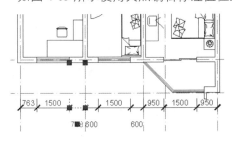

图 4-62　标注值为 738 的夹点

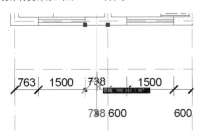

图 4-63　夹点处于热态

步骤 04 继续使用标注的夹点对尺寸进行编辑，修改后效果如图 4-65 所示。

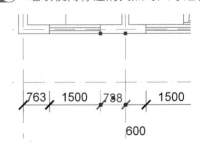

图 4-64　值为 738 的标注移动效果

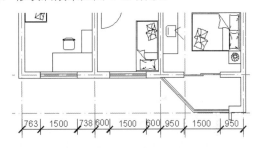

图 4-65　其他标注值移动效果

步骤 05 继续执行"线性"和"连续"命令，创建轴线间和总长度尺寸标注，效果如图 4-66 和图 4-67 所示。

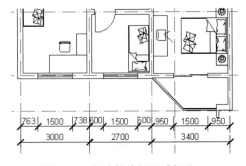

图 4-66　创建轴线间尺寸标注

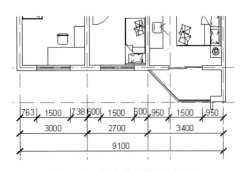

图 4-67　创建总长度尺寸标注

步骤 06 重复执行"线性"和"连续"命令，创建纵向和图形上方的横向尺寸标注，效果如图 4-68

和图 4-69 所示。

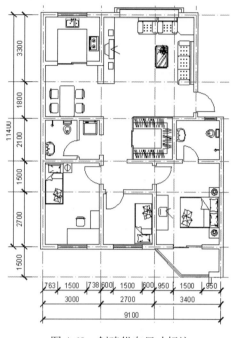

图 4-68　创建纵向尺寸标注

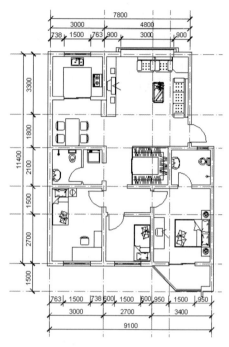

图 4-69　创建上方横向尺寸标注

4.4.2　创建详图中的尺寸标注

为如图 4-70 所示的楼梯详图创建尺寸标注，本例将采用两种方法创建，读者可以仔细体会尺寸标注方法和编辑方法的使用。

第一种创建方法具体步骤如下：

步骤 **01**　单击"默认"选项卡|"注释"面板上的"线性"按钮 ├-，执行"线性"命令，如图 4-71 所示捕捉第一条尺寸界线的原点，创建完成的尺寸标注如图 4-72 所示。

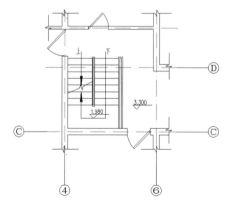

图 4-70　未标注尺寸详图

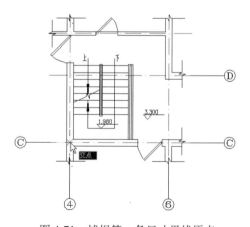

图 4-71　捕捉第一条尺寸界线原点

步骤 02 单击"注释"选项卡|"标注"面板上的"连续"按钮，执行"连续"命令，依次标注其他尺寸，标注效果如图 4-73 所示。

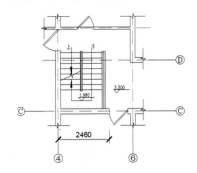

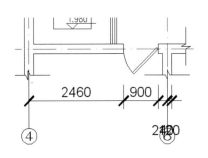

图 4-72 创建的第一个线性标注   图 4-73 创建详图下方横向其他标注

步骤 03 使用夹点编辑方法对标注值的位置进行编辑，如图 4-74 所示使夹点处于热态，将数值 120 移动到合适的位置，如图 4-75 所示。

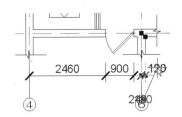

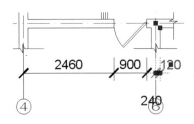

图 4-74 夹点可编辑状态   图 4-75 夹点编辑标注值位置

步骤 04 继续使用夹点编辑，移动标注值为 240 的数值部分，移动效果如图 4-76 所示。

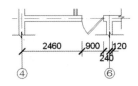

图 4-76 标注值为 240 和 120 的位置移动后效果

步骤 05 使用"线性"和"连续"命令，标注详图其他位置的尺寸，效果如图 4-77 所示。

步骤 06 使用夹点编辑，移动标注值为 60 的数值位置，移动效果如图 4-78 所示。

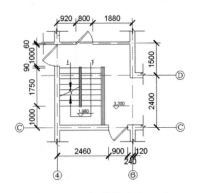

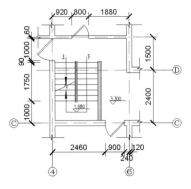

图 4-77 添加其他方向尺寸   图 4-78 移动标注值位置

步骤 **07** 在命令行中输入 DIMEDIT 后按 Enter 键，执行"编辑标注"命令，然后配合使用命令行中的"新建"选项，重新对标注文字内容进行修改编辑，此方式较为常用。命令行提示如下：

```
命令：_dimedit
输入标注编辑类型 [默认(H)/新建(N)/旋转(R)/倾斜(O)] <默认>：N
//输入 N，弹出如图 4-79 所示的文字编辑器，在编辑器中输入文字 250×7=1750，如图 4-80 所示，
单击"确定"按钮
选择对象：      //选择如图 4-81 所示的尺寸标注
选择对象：      //按 Enter 键，完成标注值修改，效果如图 4-82 所示
```

图 4-79 多行文字编辑器

图 4-80 输入新标注值

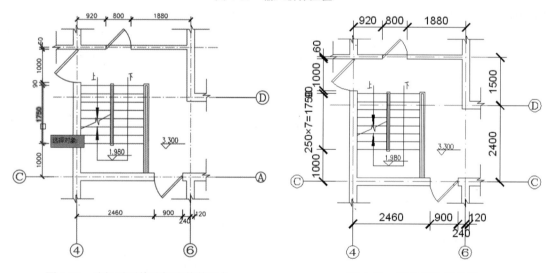

图 4-81 选择需要修改标注值的对象   图 4-82 修改标注值效果

步骤 **08** 选择步骤（7）中修改过的标注，然后右击，选择快捷菜单中的"特性"命令，弹出如图 4-83 所示的"特性"选项板，修改"文字替代"为 250×7，如图 4-84 所示。

步骤 **09** 按 Esc 键取消尺寸标注的夹点显示，修改完成后，显示效果如图 4-85 所示。

图 4-83　"特性"选项板

图 4-84　修改文字替代

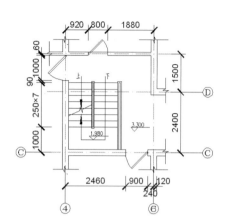

图 4-85　修改文字替代后

第二种方法不采用标注编辑的方法，而是直接采用"线性"命令中的"多行文字"选项功能进行创建，具体步骤如下：

步骤 **01** 假设其他标注已经创建完成，单击"注释"选项卡|"标注"面板上的"线性"按钮 ┣ ▼，执行"线性"命令，命令行提示如下：

```
命令: _dimlinear
指定第一个尺寸界线原点或 <选择对象>: //捕捉如图 4-86 所示交点作为第一条尺寸界线原点
指定第二条尺寸界线原点:          //捕捉如图 4-87 所示交点作为第二条尺寸界线原点
指定尺寸线位置或
[多行文字(M)/文字(T)/角度(A)/水平(H)/垂直(V)/旋转(R)]:
//输入 M，弹出文字编辑器，如图 4-88 所示，在多行文字编辑器中输入 250×7，如图 4-89 所示，关闭文字编辑器
指定尺寸线位置或[多行文字(M)/文字(T)/角度(A)/水平(H)/垂直(V)/旋转(R)]:
//捕捉如图 4-90 所示上一个标注的节点确定尺寸线位置标注文字 = 1750
```

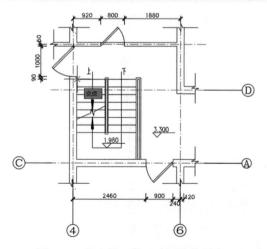

图 4-86　指定第一条尺寸界线的原点

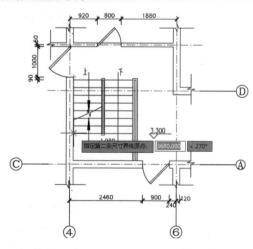

图 4-87　指定第二条尺寸界线的原点

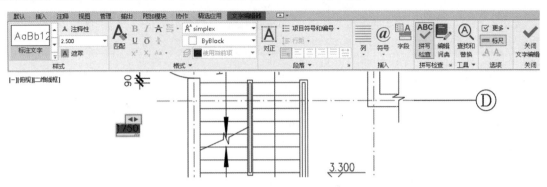

图 4-88　多行文字编辑器

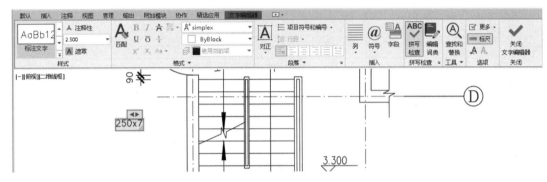

图 4-89　输入标注文字

步骤 02 在"关闭"面板上单击 按钮，关闭"文字编辑器"，单击确定尺寸线放置位置后，线性标注完成，效果如图 4-91 所示。

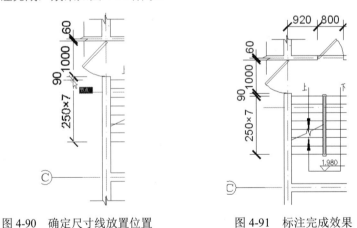

图 4-90　确定尺寸线放置位置　　　图 4-91　标注完成效果

4.5　上机练习

练习1：按照4.3节介绍的方法，首先创建S100标注样式，然后在S100的基础上创建S25标注样式。

练习2：为如图 4-92 所示的窗立面图创建尺寸标注，窗的绘图比例为 1:25。

练习 3：为如图 4-93 所示的屋顶平面图创建尺寸标注，绘图比例为 1:100。

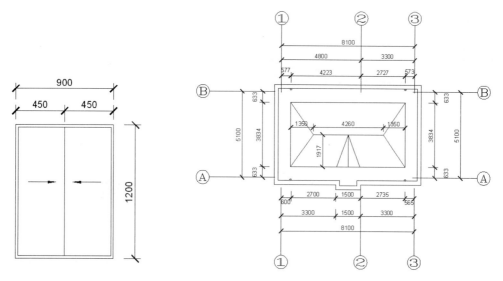

图 4-92　窗立面图创建尺寸标注

图 4-93　屋顶平面图创建尺寸标注

练习 4：为楼梯详图创建如图 4-94 所示的尺寸标注。

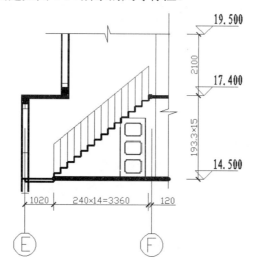

图 4-94　楼梯详图尺寸标注

第 5 章

建筑总平面图的绘制

 导言

　　建筑总平面图的绘制是建筑图纸必不可少的一个重要环节。总平面图表明新建房屋所在地有关范围内的总体布置，它反映了新建房屋、建筑物等的位置和朝向，室外场地、道路、绿化的布置，地形、地貌标高以及和原有环境的关系和临界状况。建筑总平面图是建筑物及其他设施施工的定位、土方施工和绘制水、暖、电等管线总平面图以及施工总平面图的依据。

5.1　建筑总平面图的内容

建筑总平面图所要表达的内容如下：

- 建筑地域的环境状况，如地理位置、建筑物占地界限及原有建筑物、各种管道等。
- 应用图例应表明新建区、扩建区和改建区的总体布置，表明各个建筑物和构筑物的位置，道路、广场、室外场地和绿化等的布置情况以及各个建筑物和层数等。在总平面图上，一般应该绘制出所采用的主要图例及其名称。此外，对于《总图制图标准》中所缺乏规定而需要自定的图例，必须在总平面图中绘制清楚，并注明名称。
- 确定新建或者扩建工程的具体位置，一般根据原有的房屋或道路来定位。
- 当新建成片的建筑物和构筑物或者较大的公共建筑和厂房时，往往采用坐标来确定每一个建筑物及其道路转折点等的位置。在地形起伏较大的地区，还应绘制出地形等高线。
- 注明新建房屋底层室内和室外平整地面的绝对标高。
- 未来计划扩建的工程位置。
- 绘制出风向频率玫瑰图形以及指北针图形，用来表示该地区的常年风向频率和建筑物、构筑物等地方向，有时也可以只绘制出单独的指北针。
- 注明图名和比例尺。

5.2　建筑总平面图的绘制方法及步骤

　　绘制建筑总平面图时，坐标和尺寸定位以及标高是建筑总平面图绘制的关键。具体绘制的步骤如下：

步骤 01 设置图形界限，按制图标准创建常用图层。

步骤 02 设置坐标原点，确定图纸坐标与测量点位置的坐标关系。

步骤 03 根据坐标值和设计依据文件中规定的位置关系绘制建筑红线图。

步骤 04 绘制已建建筑或构筑物的平面图和已有道路的布置图。

步骤 05 坐标定位，新建建筑的平面和新建道路布置图。

步骤 06 绘制绿化和其他设施的布置图，如停车坪、运动场地等。

步骤 07 填充图样，规范未规定的图样，要单独绘制图例并注明。

步骤 08 标注文字、坐标及尺寸，绘制风玫瑰或指北针。

步骤 09 填写图框标题栏，打印出图。

结合上述要求，建筑剖面图的绘制步骤如下：

步骤 01 绘制轴线、室内外地坪线、楼面线和顶棚线，并绘制墙线，主要使用的命令有"直线"命令、"偏移"命令和"修剪"命令。

步骤 02 确定门窗位置和楼梯位置，以及绘制其他细节，如门洞、楼梯、楼板、雨棚、檐口、屋面、台阶等，主要通过"直线"命令和"修改"工具栏上的一些修改命令来完成。

步骤 03 填充材料图案、注写标高、尺寸、图名、比例和相关的文字说明，调整图层。

5.3 绘制某商业区的总平面图

通过上两节的学习，已经了解了建筑总平面图的组成内容以及绘制建筑总平面图的基本方法和一般步骤，接下来在本节中将讲解如何利用 AutoCAD 2021 绘制建筑总平面图。

在前面的几章中已经介绍了建筑制图的绘制方法以及一些常用图形的绘制方法。下面将根据上节建筑总平面图的绘制方法来具体绘制如图 5-1 所示某商业区的总平面图。

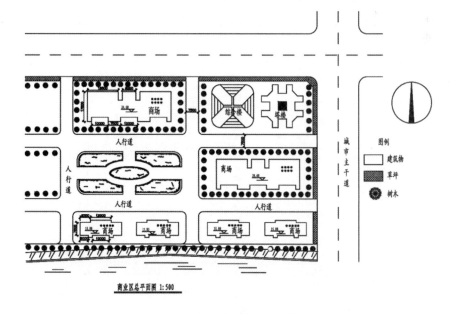

图 5-1 某商业区的总平面图

5.3.1 建立绘图环境

绘制建筑图前要先设置好绘图环境，绘图环境包括图形单位、绘图边界、图层等内容。这里采用第 2 章已经创建好的 A2 样板图进行绘图。

单击"快速访问"工具栏上的按钮 ⬜，执行"新建"命令，弹出"选择样板"对话框，选择如图 5-2 所示的 A2 样板，单击"打开"按钮，即可新建一个 AutoCAD 图形文件。

图 5-2　使用 A2 样板

下面进行图层的创建。单击"默认"选项卡|"图层"面板上的"图层特性"按钮 缉，弹出"图层特性管理器"选项板。单击"新建"按钮 🗐，为轴线创建一个图层，然后在列表区的动态文本框中输入"辅助线"，最后单击"置为当前"按钮 ✔，即可完成"辅助线"图层的创建。采用同样的方法，可以依次创建"道路""已有建筑物""新建建筑物""草坪""花坛""水系""图例""尺寸标注""标高""文字""指北针""图框"等图层。

在"图层特性管理器"选项板中创建的图层效果如图 5-3 所示。

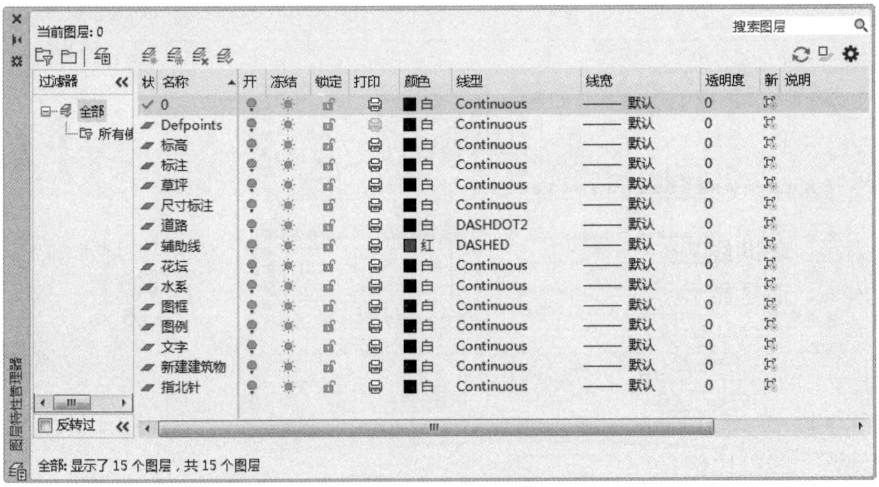

图 5-3　创建的总平面图的图层

到现在为止，整个绘图环境的设置已基本完成，对于绘制一幅高质量的工程图纸而言这些工作是非常重要的，因此需给予足够的重视。

5.3.2 创建辅助线

辅助线是用来在绘图的时候准确定位的，其绘制步骤如下：

步骤 01 单击导航栏上的"全部缩放"按钮 🔍 ，将图形界限最大化显示在绘图区。

步骤 02 单击状态栏中的"正交"按钮，打开"正交"状态。

步骤 03 单击"默认"选项卡|"图层"面板上的"图层特性"按钮 🗐 ，在打开的"图层特性管理器"对话框中，将"辅助线"图层设置为当前层，并将当前图层的线型设置为 Dashdot，线宽为默认，颜色设置为红色。

步骤 04 单击"默认"选项卡|"绘图"面板上的"矩形"按钮 ▭ ▾ ，绘制商业区的范围，命令行提示如下：

```
命令: _rectang
指定第一个角点或 [倒角(C)/标高(E)/圆角(F)/厚度(T)/宽度(W)]: //指定绘图区域左下角一点
指定另一个角点或 [面积(A)/尺寸(D)/旋转(R)]: @40000,25000
```

步骤 05 单击"默认"选项卡上的"修改"面板中的按钮 🗗 ，执行"分解"命令，将矩形分解为 4 条线段。

步骤 06 单击"默认"选项卡|"修改"面板上的"偏移"按钮 ⊆ ，执行"偏移"命令，将水平线按照固定的距离进行偏移，由下至上偏移间距均为 5000，命令行提示如下：

```
命令: _offset
当前设置: 删除源=否  图层=源  OFFSETGAPTYPE=0
指定偏移距离或 [通过(T)/删除(E)/图层(L)] <1520>: 5000
选择要偏移的对象, 或 [退出(E)/放弃(U)] <退出>:          //选择水平线
指定要偏移的那一侧上的点, 或 [退出(E)/多个(M)/放弃(U)] <退出>: //选择水平线上方一点
选择要偏移的对象, 或 [退出(E)/放弃(U)] <退出>:          //按 Enter 键
...
//采用同样的方法, 以上次偏移所得偏移线为新偏移对象向上偏移
选择要偏移的对象, 或 [退出(E)/放弃(U)] <退出>:          //按 Enter 键
```

步骤 07 单击"默认"选项卡|"修改"面板上的"偏移"按钮 ⊆ ，重复执行"偏移"命令，将垂直线按照固定的距离进行偏移，由右至左偏移间距均为 5000。

到此为止，辅助线基本绘制完成。但有时会发现，前面虽设置成了 Dashdot 线型，却并没有显示出来，而是显示 Continuous 线型。这是因为在开始设置图形单位和图形界限时采用的是足尺作图，其默认的比例为 1:100，这就相当于将所绘制的直线缩小了 100 倍（这里的实际绘图比例是 1:500），所以会发现所显示的线型与设置的不符。在这种情况下，用户可以选择所绘制的辅助线，然后右击，在弹出的快捷菜单中选择"特性"命令，弹出"特性"选项板，重新设置"线型比例"为 70，如图 5-4 所示。关闭"特性"选项板，即可完成线型比例的修改。

另外，在绘制图形时不小心选择了其他图层、线型、颜色等时，所绘制出的图形就与预

期的不符。此时可以通过该"特性"选项板对其进行修改，这样可以减少工作量，避免因一时出错而全部重新绘制。

绘制完成的辅助线如图 5-5 所示。

图 5-4　"特性"选项板

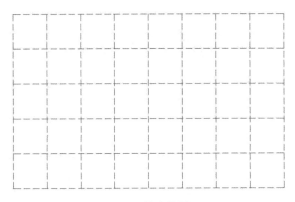

图 5-5　辅助线图

为使后面说明方便，将辅助线按照水平方向和垂直方向进行编号。水平方向辅助线由下至上依次编号为 H1~H6，垂直方向辅助线由左至右依次编号为 V1~V9。

5.3.3　创建道路

建筑总平面图设计应当是根据当地建设主管部门批准的地形进行设计施工，所以绘制建筑总平面图要输入基本的地形图。简单、规则的地形图可以直接运用 AutoCAD 2021 的绘图和编辑命令完成输入设计，对于地形较为复杂的地形图，需要借助于专门的数字化仪或扫描仪输入电脑，再运用 AutoCAD 2021 的相关工具进行勾画完成。

本例所选用的商业区的地形较为简单，因此可以直接利用 AutoCAD 2021 进行设计与绘制。

绘制道路可以确定原有建筑物、拟建建筑物以及其他构筑物的具体位置。现在将该商业区城市主干道、商业区内人行道用平行线的方式确定下来。

1. 创建商业区主干道

绘制商业区主干道的具体步骤如下：

步骤 01　单击"默认"选项卡|"图层"面板上的"图层特性"按钮 绐，在打开的"图层特性管理器"对话框中将"道路"图层设置为当前图层，并将当前图层的线型设置为 Continuous，线宽为 0.3mm。同时打开状态栏中的"对象捕捉"辅助工具，选择端点、交点和垂足等对象捕捉方式。

步骤 02　绘制主要干道的轮廓线。用户可以采用"直线"命令来绘制，也可以采用"多线"命令

来绘制。单击"默认"选项卡|"绘图"面板上的"直线"按钮／，绘制道路边线，命令
行提示如下：

```
命令：_line
指定第一点：                        //对象捕捉到辅助线 H5V1 交点
指定下一点或 [放弃(U)]：@41000,0    //输入边线长度
指定下一点或 [放弃(U)]：            //按 Enter 键
命令：_line 指定第一点：            //对象捕捉到辅助线 H6V9 交点
指定下一点或 [放弃(U)]：@0,26000    //输入边线长度
指定下一点或 [放弃(U)]：            //按 Enter 键
```

步骤03 单击"默认"选项卡|"修改"面板上的"偏移"按钮 ⊆，将所绘制的水平道路线向下偏
移 5000，将所绘制的竖直道路线向左偏移 5000。绘制完成后的道路交汇处效果如图 5-6
所示。

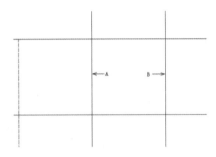

图 5-6　道路交汇处效果图

步骤04 单击"默认"选项卡|"修改"面板上的"修剪"按钮 ✂，对所绘制的道路交汇处进行
处理，命令行提示如下：

```
命令：_trim
当前设置：投影=UCS,边=无,模式=快速
选择要修剪的对象,或按住 Shift 键选择要延伸的对象或[剪切边(T)/窗交(C)/模式(O)/投影(P)/
删除(R)]：                        //O Enter,激活"模式"选项
输入修剪模式选项 [快速(Q)/标准(S)] <快速(Q)>：//S Enter,激活"标准"选项
选择要修剪的对象,或按住 Shift 键选择要延伸的对象或[剪切边(T)/栏选(F)/窗交(C)/模式(O)/
投影(P)/边(E)/删除(R)/放弃(U)]：   //E Enter,激活"边"选项
输入隐含边延伸模式 [延伸(E)/不延伸(N)] <不延伸>：//E Enter,设置边的延伸模式
选择要修剪的对象,或按住 Shift 键选择要延伸的对象或[剪切边(T)/栏选(F)/窗交(C)/模式(O)/
投影(P)/边(E)/删除(R)/放弃(U)]：   //T Enter,激活"剪切边"选项
当前设置：投影=UCS,边=延伸,模式=标准
选择剪切边…
选择对象或 <全部选择>：            //选择两条水平道路作为剪切边界
选择对象：                        //Enter,结束对象的选择
选择要修剪的对象,或按住 Shift 键选择要延伸的对象或[剪切边(T)/栏选(F)/窗交(C)/模式(O)/
投影(P)/边(E)/删除(R)]：          //选择图 5-6 中两水平线之间线段 A 部分
选择要修剪的对象,或按住 Shift 键选择要延伸的对象或[剪切边(T)/栏选(F)/窗交(C)/模式(O)/
投影(P)/边(E)/删除(R)]：          //选择图 5-6 中两水平线之间线段 B 部分
选择要修剪的对象,或按住 Shift 键选择要延伸的对象或[剪切边(T)/栏选(F)/窗交(C)/模式(O)/
投影(P)/边(E)/删除(R)/放弃(U)]：   //Enter,结束命令
…                                //重复执行"修剪"命令,采用相同的方法修剪水平直线
//修剪后的道路效果如图 5-7 所示
```

步骤 **05** 单击"默认"选项卡|"修改"面板上的"圆角"按钮，对所绘制的道路弯道处进行处理，命令行提示如下：

```
命令：_fillet
当前设置：模式 = 修剪，半径 = 0
选择第一个对象或 [放弃(U)/多段线(P)/半径(R)/修剪(T)/多个(M)]：r    //选择半径
指定圆角半径 <0>：1000                                      //输入半径1000
选择第一个对象或 [放弃(U)/多段线(P)/半径(R)/修剪(T)/多个(M)]：//选择图 5-7 中直线 A
选择第二个对象，或按住 Shift 键选择要应用角点的对象：        //选择图 5-7 中直线 B
…
//采用同样方法，将主干道路的其他拐角处进行圆角操作
弯道处理后的效果如图 5-8 所示
```

图 5-7　修剪后道路交汇处

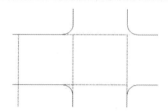

图 5-8　弯道处理后效果图

步骤 **06** 绘制干道的中心线。选择菜单"格式"|"线型"命令，选择 DASHDOT2 线型，然后单击"确定"按钮，加载此线型，并利用此线型来绘制道路的中心线。单击"默认"选项卡|"绘图"面板上的"直线"按钮，绘制干道的中心线，命令行提示如下：

```
命令：_line
指定第一点：                //对象捕捉到水平道路起始中点
指定下一点或 [放弃(U)]：      //对象捕捉到水平道路结束中点
指定下一点或 [放弃(U)]：      //按 Enter 键
命令：_line 指定第一点：      //对象捕捉到竖直道路起始中点
指定下一点或 [放弃(U)]：      //对象捕捉到竖直道路结束中点
指定下一点或 [放弃(U)]：      //按 Enter 键
```

步骤 **07** 选择两条道路的中心线，然后右击，在弹出的快捷菜单中选择"特性"命令，弹出"特性"选项板，在"线型比例"文本框中输入 200，如图 5-9 所示。绘制完成的主干道路如图 5-10 所示。

图 5-9　"特性"选项板

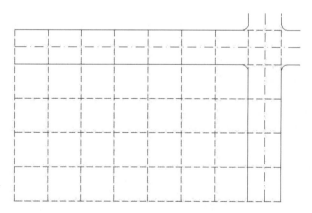

图 5-10　绘制完成的主干道

2. 创建商业区人行道

绘制商业区人行道的具体步骤如下:

步骤 01 单击"默认"选项卡|"图层"面板上的"图层特性"按钮 绝,在打开的"图层特性管理器"对话框中将"道路"图层设置为当前图层,并将当前图层的线型设置为 Continuous,线宽为 0.3mm。同时打开状态栏中的"对象捕捉"辅助工具,选择端点、交点、垂足等对象捕捉方式。

步骤 02 在命令行输入 MLSTYLE 后按 Enter 键,可以执行"多线样式"命令,在弹出的"多线样式"对话框中单击"新建"按钮,创建样式名为"人行道"的多线样式。单击"继续"按钮,弹出"新建多线样式:人行道"对话框,如图 5-11 所示。

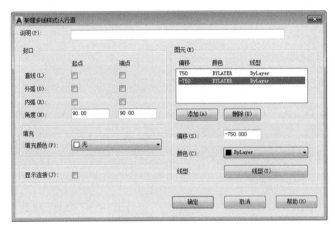

图 5-11 "新建多线样式:人行道"对话框

在"图元"选项组的列表框中设置该多线样式的上下偏移距离均为-750,颜色和线型选择 ByLayer,其他设置采用默认设置。单击"确定"按钮,返回"多线样式"对话框中,在"样式"列表框中选择"人行道"并单击"置为当前"按钮,将"人行道"设置为当前状态的多线样式。最后单击"确定"按钮,完成多线样式的设置。

步骤 03 在命令行中输入 ML 后按 Enter 键,采用所创建的"人行道"多线样式,绘制"人行道"边线,命令行提示如下:

```
命令:_mline
当前设置: 对正 = 上,比例 = 20.00,样式 = 人行道
指定起点或 [对正(J)/比例(S)/样式(ST)]: s          //选择比例
输入多线比例 <20.00>: 1                           //输入比例为1
当前设置: 对正 = 上,比例 = 1.00,样式 = 人行道
指定起点或 [对正(J)/比例(S)/样式(ST)]: j          //选择对正
输入对正类型 [上(T)/无(Z)/下(B)] <无>: z         //对正类型为无,表示居中对齐
当前设置: 对正 = 无,比例 = 1.00,样式 = 人行道
指定起点或 [对正(J)/比例(S)/样式(ST)]:           //对象捕捉到辅助线 H2V1 交点
指定下一点:                                      //对象捕捉到道路边线的水平垂足
指定下一点或 [放弃(U)]:                          //按 Enter 键
指定下一点或 [闭合(C)/放弃(U)]:
...
```

	//采用同样方法，继续绘制其他人行道
指定下一点或 [放弃(U)]:	//按 Enter 键

除上述命令行所提到的一处人行道外，其他人行道的起始点为：辅助线 H3H4 与 V1 相交线段中点起到道路边线的水平垂足止、辅助线 H1V2 交点起到道路边线的竖直垂足止、辅助线 H1V5 交点起到道路边线的竖直垂足止。

绘制完成后的人行道边线如图 5-12 所示。

步骤 **04** 单击"默认"选项卡|"修改"面板上的"圆角"按钮，设置圆角半径为 500，对前面所绘制的人行道进行修改。

步骤 **05** 经过以上几步操作后，绘制出了人行道草图，将多余的线条修剪后，绘制完成的商业区道路如图 5-13 所示。

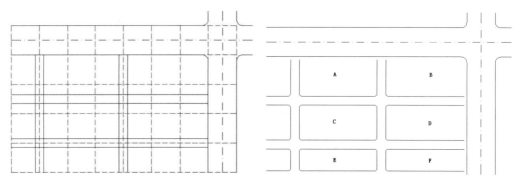

图 5-12　人行道边线草图　　　　　图 5-13　绘制完成的商业区道路

5.3.4　创建建筑物

在绘制建筑物总平面图的过程中，各种建筑物可以采用《建筑制图总图标准》给出的图例或者用代表建筑物形状的简单图形表示。

下面介绍该商业区总平面图中各种建筑物的绘制方法。

1. 塔楼

塔楼的具体绘制步骤如下：

步骤 **01** 单击"默认"选项卡|"图层"面板上的"图层特性"按钮，在打开的"图层特性管理器"对话框中将"建筑物"图层设置为当前图层，并将当前图层的线型设置为 Continuous，线宽为 0.3mm。同时打开状态栏中的"对象捕捉"辅助工具，选择端点、交点和垂足等对象捕捉方式。

步骤 **02** 在命令行输入 PTYPE 后按 Enter 键，执行"点样式"命令，弹出"点样式"对话框，如图 5-14 所示，选择点样式，单击"确定"按钮。

步骤 **03** 在命令行输入 POINT 后按 Enter 键，执行"单点"命令，在绘图区绘制一个点。

步骤 **04** 单击"默认"选项卡|"绘图"面板上的"直线"按钮，执行"直线"命令，绘制塔楼的一角，命令行提示如下：

```
命令：_line
```

```
指定第一点:                               //对象捕捉到点
指定下一点或 [放弃(U)]: @0,1500          //采用相对坐标方式输入各点坐标
指定下一点或 [放弃(U)]: @500,0
指定下一点或 [闭合(C)/放弃(U)]: @0,1000
指定下一点或 [闭合(C)/放弃(U)]: @700,0
指定下一点或 [闭合(C)/放弃(U)]: @0,-700
指定下一点或 [闭合(C)/放弃(U)]: @300,-300
指定下一点或 [闭合(C)/放弃(U)]:         //按 Enter 键
绘制完成后效果如图 5-15 所示
```

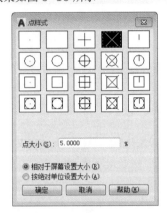

图 5-14 "点样式"对话框

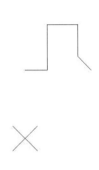

图 5-15 塔楼一角

步骤 05 单击"默认"选项卡|"修改"面板上的"镜像"按钮 ◭，执行"镜像"命令，镜像出塔楼的另一角，命令行提示如下:

```
命令: _mirror
选择对象: 找到 1 个
选择对象: 找到 1 个,总计 2 个
选择对象: 找到 1 个,总计 3 个
选择对象: 找到 1 个,总计 4 个
选择对象: 找到 1 个,总计 5 个          //选择图 5-15 中塔楼一角为镜像对象
选择对象:                             //按 Enter 键
指定镜像线的第一点: 指定镜像线的第二点:   //对象捕捉到点与端点
要删除源对象吗? [是(Y)/否(N)] <N>:      //按 Enter 键
镜像后效果如图 5-16 所示
```

步骤 06 单击"默认"选项卡|"修改"面板上的"环形阵列"按钮 ❖，执行"环形阵列"命令，选择步骤（5）操作后的结果（除去点）作为阵列对象，拾取如图 5-16 所示的点作为阵列中心点，设置项目数为 4，阵列角度为 360°，效果如图 5-17 所示。

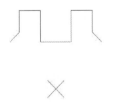

图 5-16 镜像效果

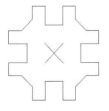

图 5-17 阵列效果

步骤 07 单击"默认"选项卡 | "绘图"面板上的"矩形"按钮 ⬜ ▾，执行"矩形"命令，绘制中心矩形，命令行提示如下：

```
命令: _rectang
指定第一个角点或 [倒角(C)/标高(E)/圆角(F)/厚度(T)/宽度(W)]:    //对象捕捉到步骤（3）所
绘制的点
指定另一个角点或 [面积(A)/尺寸(D)/旋转(R)]: @1000,1000         //指定矩形对角点
```

步骤 08 单击"默认"选项卡 | "修改"面板上的"移动"按钮 ✛，将绘制好的矩形移动到中心，命令行提示如下：

```
命令: _move
选择对象: 找到 1 个                                        //选择矩形
选择对象:                                                 //按 Enter 键
指定基点或 [位移(D)] <位移>:                              //捕捉任意点为基点
指定第二个点或 <使用第一个点作为位移>: @-500,-500         //输入移动坐标
移动后的效果如图 5-18 所示
```

步骤 09 选择步骤（3）所绘制的点，将其删除。单击"默认"选项卡 | "绘图"面板上的"图案填充"按钮 ▨，打开"图案填充创建"选项卡，然后在"图案"面板上选择"SOLID"图案，如图 5-19 所示。然后在"边界"面板上单击"选择对象"按钮 ▨，切换到绘图区选择 1000×1000 的矩形，按 Enter 键完成图案填充，填充结果如图 5-20 所示。

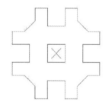
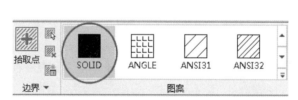
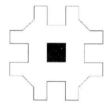

图 5-18　移动后效果　　　　图 5-19　设置填充图案　　　　图 5-20　填充完的塔楼

步骤 10 单击"默认"选项卡 | "修改"面板上的"移动"按钮 ✛，将绘制完成的塔楼以塔楼的中心位置为基点将其移动到相对于辅助线 H4V7 交点相对的坐标为（@800，1500）位置处。

2. 商场

商场的具体绘制步骤如下：

步骤 01 单击"默认"选项卡 | "图层"面板上的"图层特性"按钮 ▥，在打开的"图层特性管理器"对话框中将"建筑物"图层设置为当前图层，并将当前图层的线型设置为 Continuous，线宽为 0.3mm。同时打开状态栏中的"对象捕捉"辅助工具，选择端点、交点和垂足等对象捕捉方式。

步骤 02 单击"默认"选项卡 | "绘图"面板上的"直线"按钮 ╱，配合坐标输入功能绘制商场的左半轮廓线，在绘图区任意拾取一点为起点，其他点相对坐标分别为（@-1000，0）、（@0，-500）、（@-1500，0）、（@0，500）、（@-2000，0）、（@0，-500）、（@-500，0）、（@0，3500）、（@3700，0）、（@0，-1000）、（@500，0）、（@0，1000）、（@800，0），这里假定第一点为 A 点，最后一点为 B 点。

步骤 **03** 单击"默认"选项卡|"修改"面板上的"镜像"按钮 ⚠️，绘制出完整的商场轮廓线，命令行提示如下：

```
命令：_mirror
选择对象：指定对角点：找到 13 个        //选择步骤（2）绘制的图形
选择对象：                            //按 Enter 键
指定镜像线的第一点：                   //对象捕捉到步骤（2）中 A 点
指定镜像线的第二点：                   //对象捕捉到步骤（2）中 B 点
```

绘制完成的商场轮廓线如图 5-21 所示。

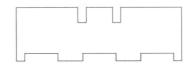

图 5-21 绘制完成的商场轮廓线

步骤 **04** 单击"默认"选项卡|"修改"面板上的"移动"按钮 ✛，将绘制完成的商场轮廓移到合适的位置，命令行提示如下：

```
命令：_move
选择对象：指定对角点：找到 27 个           //选择商场轮廓
选择对象：                               //按 Enter 键
指定基点或 [位移(D)] <位移>：            //对象捕捉到商场中心
指定第二个点或 <使用第一个点作为位移>：   //对象捕捉到规划区域的中心
```

步骤 **05** 单击"默认"选项卡|"绘图"面板上的"直线"按钮 ╱，连接步骤（2）中的 AB 两点。绘制完成后，选择"修改"|"移动"命令，将绘制完成的商场轮廓移到合适的位置，命令行提示如下：

```
命令：_move
选择对象：指定对角点：找到 27 个           //选择图 5-21 的商场
选择对象：                               //按 Enter 键
指定基点或 [位移(D)] <位移>：            //对象捕捉到直线 AB 的中点
指定第二个点或 <使用第一个点作为位移>：
//对象捕捉到 A 区域左右两竖直直线中点连线的中点
指定第二个点或 [退出(E)/放弃(U)] <退出>：  //按 Enter 键
```

步骤 **06** 单击"默认"选项卡|"修改"面板上的"复制"按钮 ⛋，将绘制完的商场轮廓复制到其他相应的规划区域内，具体规划区域如图 5-1 所示，命令行提示如下：

```
命令：_copy
选择对象：指定对角点：找到 27 个           //选择移动后的商场轮廓
选择对象：                               //按 Enter 键
当前设置：复制模式 = 多个
指定基点或 [位移(D)/模式(O)] <位移>：       //对象捕捉到直线 AB 的中点
指定第二个点或 [阵列(A)] <使用第一个点作为位移>：
//对象捕捉到 D 区域左侧直线中点到其右侧直线的垂足连线的中点
指定第二个点或 [阵列(A)/退出(E)/放弃(U)] <退出>：  //按 Enter 键
```

绘制完成后，删除多余的辅助线 AB 点连线。

按照上述同样的方法绘制另一种类型的小型商场，其具体尺寸如图 5-22 所示。

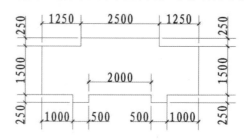

图 5-22　绘制完成的小型商场

采用类似的方法，对绘制好的小型商场执行"复制"命令，将其复制到相应的规划区域内，具体方法分别如下：

对于 E 区域内的小型商场，首先绘制定位辅助线：连接 E 区域上下两直线中点（称该直线为 CD），再分别绘制直线 CD 中点到 E 区域左右两直线的垂线（称两直线分别为 MN 和 PQ）。选择"复制"命令，将图 5-22 的小型商场以其竖直对称轴线的中点为基点，将其分别复制到直线 MN 和 PQ 的中点。

同样，对于 F 区域内的小型商场，首先绘制定位辅助线：连接 F 区域上下两直线中点（称该直线为 C'D'），再分别绘制直线 C'D'中点到 F 区域左右两直线的垂线（称两直线分别为 M'N'和 P'Q'）。选择"复制"命令，将图 5-22 的小型商场以其竖直对称轴线的中点为基点，将其分别复制到直线 M'N'和 P'Q'的中点。

3. 综合楼

综合楼的具体绘制步骤如下：

步骤 01　单击"默认"选项卡|"图层"面板上的"图层特性"按钮，在打开的"图层特性管理器"对话框中将"建筑物"图层设置为当前图层，并将当前图层的线型设置为 Continuous，线宽为 0.3mm。同时打开状态栏中的"对象捕捉"辅助工具，选择端点、交点和垂足等对象捕捉方式。

步骤 02　单击"默认"选项卡|"绘图"面板上的"矩形"按钮，绘制圆角矩形，命令行提示如下：

```
命令: _rectang
当前矩形模式:  圆角=0
指定第一个角点或 [倒角(C)/标高(E)/圆角(F)/厚度(T)/宽度(W)]: F//选择圆角
指定矩形的圆角半径 <0>: 1000                              //输入圆角半径
指定第一个角点或 [倒角(C)/标高(E)/圆角(F)/厚度(T)/宽度(W)]:
//指定绘图区域合适位置一点
指定另一个角点或 [面积(A)/尺寸(D)/旋转(R)]: @-5000,5000    //输入矩形对角点坐标
```

步骤 03　单击"默认"选项卡上的"修改"面板中的"分解"按钮，将已绘制的矩形进行分解。

步骤 04　单击"默认"选项卡|"绘图"面板上的"直线"按钮，如图 5-23 所示对其进行连接。

步骤 05　单击"默认"选项卡|"修改"面板上的"偏移"按钮，将矩形的水平中心线进行上下偏移，距离均为 100；将矩形的垂直中心线进行左右偏移，距离均为 100。

步骤 **06** 删除矩形中心的竖直线和水平线，然后单击"默认"选项卡|"修改"面板上的"修剪"

按钮 ，对其进行修剪。修剪结果如图 5-24 所示。

步骤 **07** 单击"默认"选项卡|"修改"面板上的"偏移"按钮 ，将矩形的左侧边进行偏移，偏

移距离为 350，连续偏移 4 次。

```
命令: _offset
当前设置: 删除源=否   图层=源   OFFSETGAPTYPE=0
指定偏移距离或 [通过(T)/删除(E)/图层(L)] <100>:  350
选择要偏移的对象，或 [退出(E)/放弃(U)] <退出>:                    //选择矩形左侧边
指定要偏移的那一侧上的点，或 [退出(E)/多个(M)/放弃(U)] <退出>://选择矩形左侧边右侧一点
…
//采用同样方法，将偏移得到的直线为新偏移对象，继续向右偏移，连续偏移 4 次
选择要偏移的对象，或 [退出(E)/放弃(U)] <退出>:                    //按 Enter 键
```

步骤 **08** 选择"修改"|"修剪"和"修改"|"延伸"命令，对上述操作结果进行修剪和延伸，效

果如图 5-25 所示。

步骤 **09** 选择"修改"|"阵列"|"环形阵列"命令，设置阵列中心点为圆角矩形的中心点，选择

除圆角矩形外的其他对象为阵列对象，阵列项目数为 4，360°阵列，绘制完成的综合楼

如图 5-26 所示。

 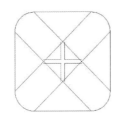  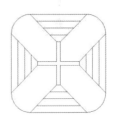

图 5-23 绘制连接直线   图 5-24 修剪结果   图 5-25 修剪和延伸效果   图 5-26 绘制完成的综合楼

步骤 **10** 单击"默认"选项卡|"修改"面板上的"移动"按钮 ，将上面绘制好的综合楼移动到

相对应的规划区域内。

将绘制完成的综合楼以综合楼的中心位置为基点将其移动到相对于辅助线 H4V6 交点的

相对坐标为（@0，1500）位置处。

到此为止，建筑物已基本绘制完毕。绘制完成的建筑物商业区总平面图如图 5-27 所示。

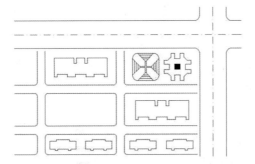

图 5-27 绘制完成的建筑物商业区总平面图

5.3.5　创建绿化

绿化是建筑总平面图的一个重要组成部分。本例商业小区的绿化主要有草坪、花坛等。

1. 创建草坪

对于草坪的绘制，将采用 AutoCAD 2021 中自带的图案填充方式来实现，下面以其中的一处草坪为例来讲解草坪的绘制方法。

绘制草坪的具体步骤如下：

步骤01　单击"默认"选项卡|"图层"面板上的"图层特性"按钮，在打开的"图层特性管理器"对话框中将"草坪层"设置为当前图层，并将当前图层的线型设置为 Continuous，线宽为默认。同时将状态栏中的"对象捕捉"打开，选择端点和中点对象捕捉方式。

步骤02　单击"默认"选项卡|"修改"面板上的"偏移"按钮，绘制草坪的轮廓线，并对其进行修剪完善。

将所绘制的主干道路的水平方向轮廓的下侧直线和主干道路的竖直方向轮廓的左侧直线分别向下和向左偏移距离 500。偏移完成后将多余的直线进行修剪。

步骤03　单击"默认"选项卡|"修改"面板上的"圆角"按钮，对草坪轮廓进行修改，圆角半径为 200。绘制完成的草坪轮廓如图 5-28 所示。

图 5-28　草坪轮廓

步骤04　对步骤（3）所绘制完成的草坪轮廓进行填充。单击"默认"选项卡|"绘图"面板上的"图案填充"按钮，在打开的"图案填充创建"选项卡中的"图案"面板上选择填充图案，在"特性"面板上设置填充比例为 20，填充"角度"为 0°，如图 5-29 所示。

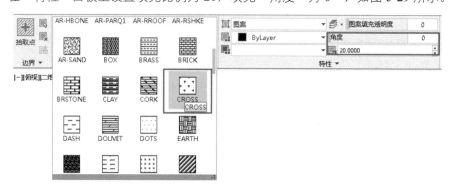

图 5-29　图案填充设置

步骤05　在"边界"面板上单击"拾取点"按钮，返回绘图区指定填充区域，图案填充后的结果如图 5-30 所示。

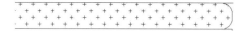

图 5-30　绘制完成的草坪

另外，在进行图案填充时，要求填充区域必须是一个闭合区域。例如，在上面绘制的填充草坪中，其区域不是一个闭合区域，则可以先绘制一些辅助线，使填充区域为闭合区域，待图案填充完毕后再将辅助线删除即可。

步骤 06 使用同样的方法继续填充其他草坪。填充完所有草坪后的商业区总平面图如图 5-31 所示。

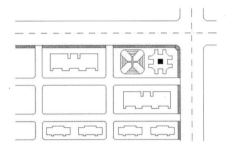

图 5-31　绘制完草坪的商业区总平面图

步骤 07 在一般情况下，填充完草坪就可以了，但是如果想更加好看一些，可以增加一些树木。因为树木的绘制比较复杂，所以可以绘制一些简单的图形来表示，但必须要在图例中给予说明。

当然，如果用户有一些树木的图例就最好不过了，如图 5-32 所示就是一个典型的树木图例。

这里将树木图例定义为图块，在功能区中单击"默认"选项卡|"块"面板上的"创建"按钮 🖼️，弹出"块定义"对话框，在"名称"文本框中输入块的名称为"树木"，选择树木的图例为块对象，基点为树木图例的中心，完成块的设置后，单击"确定"按钮完成创建块的操作。

完成创建块后，就可以把所创建的块插入到绘图区域的指定位置。单击"默认"选项卡|"块"面板上的按钮"插入块"按钮 🖼️，弹出"块"选项板，单击选择要插入块的名称"树木"，如图 5-33 所示。

图 5-32　树木图例

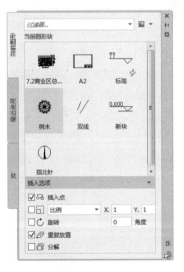

图 5-33　"插入"对话框

返回绘图区在命令行"指定插入点或 [基点(B)/比例(S)/X/Y/Z/旋转(R)]:"提示下指定插入点，插入树木。这里对于树木的具体位置不做限制，重复上述操作，可以多次插入树木。绘制完成树木的商业区总平面图如图 5-34 所示。

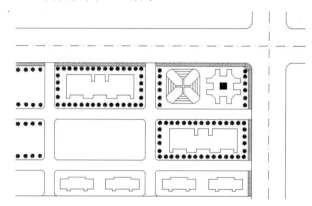

图 5-34　绘制完成树木的商业区总平面图

2. 创建花坛

在该商业区的中心区域有一个花坛，绘制花坛的具体步骤如下：

步骤 01 单击"默认"选项卡|"图层"面板上的"图层特性"按钮，在打开的"图层特性管理器"对话框中将"花坛层"设置为当前图层，并将当前图层的线型设置为 Continuous，线宽为默认。同时将状态栏中的"对象捕捉"打开，选择端点和中点对象捕捉方式。

步骤 02 单击"默认"选项卡|"绘图"面板上的"矩形"按钮，采用圆角矩形绘制花坛的外围轮廓，命令行提示如下：

```
命令：_rectang
当前矩形模式：圆角=1000
指定第一个角点或 [倒角(C)/标高(E)/圆角(F)/厚度(T)/宽度(W)]：
//对象捕捉到图 5-13 中区域 C 左下圆角圆心
指定另一个角点或 [面积(A)/尺寸(D)/旋转(R)]：　//对象捕捉到图 5-13 中区域 C 右上圆角圆心
```

步骤 03 单击"默认"选项卡|"修改"面板上的"偏移"按钮，将花坛的外围轮廓进行向内偏移，得到花坛的内轮廓线，偏移距离为 200。绘制完成的花坛轮廓如图 5-35 所示。

步骤 04 绘制花坛的横向人行道和竖向人行道。单击"默认"选项卡|"绘图"面板上的"直线"按钮，绘制花坛的横向中心线和竖向中心线；单击"默认"选项卡|"修改"面板上的"偏移"按钮，将横向中心线和竖向中心线分别向两侧偏移，偏移距离均为 750，得到横向人行道和竖向人行道的轮廓。绘制完花坛人行道后的草图如图 5-36 所示。

图 5-35　花坛轮廓　　　　　　　　图 5-36　花坛人行道草图

步骤 05 划分花坛区域。单击"默认"选项卡|"绘图"面板上的"圆心"按钮，执行"椭圆"命

令，绘制花坛的中心区域，命令行提示如下：

```
命令：_ellipse
指定椭圆的轴端点或 [圆弧(A)/中心点(C)]：_C
指定椭圆的中心点：                    //对象捕捉步骤（4）绘制的两条中心线的交点
指定轴的端点：@2300,0                 //指定长轴长
指定另一条半轴长度或 [旋转(R)]：@0,750  //指定短半轴长
```

步骤 06　单击"默认"选项卡|"修改"面板上的"偏移"按钮 ⊆，将上面所绘制的椭圆向椭圆外偏移 750，绘制椭圆花坛周边道路。划分花坛区域后的花坛草图如图 5-37 所示。

步骤 07　使用"修剪"命令，对花坛多余线条进行修改，然后单击"默认"选项卡|"绘图"面板上的"徒手画线"按钮 ✍，执行"修订云线"命令，绘制装饰示意线。绘制完成的花坛如图 5-38 所示。

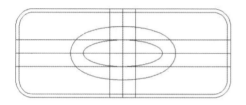

图 5-37　划分花坛区域草图

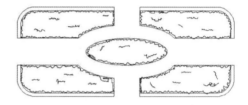

图 5-38　绘制完成的花坛

绘制完成花坛的商业区总平面图如图 5-39 所示。

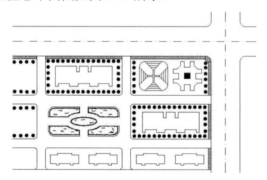

图 5-39　绘制完成花坛的商业区的总平面图

5.3.6　创建水系

该商业区靠近一河流，由于河流的轮廓曲率变化不是很大，可以用"多段线"命令来进行绘制。

绘制河流的具体步骤如下：

步骤 01　单击"默认"选项卡|"图层"面板上的"图层特性"按钮 绢，在打开的"图层特性管理器"对话框中将"水系层"设置为当前图层，并将当前图层的线型设置为 Continuous，线宽为默认。同时将状态栏中的"对象捕捉"打开，选择端点和中点对象捕捉方式。

步骤 02　由于河流轮廓数据不是很具体，因此大体绘制一下轮廓即可。单击"默认"选项卡|"绘图"面板上的"多段线"按钮 ⤵，绘制河流的轮廓线，命令行提示如下：

命令：_pline

指定起点:1500　　//对象捕捉到辅助线 V1 下延伸线，输入距离为 1500

当前线宽为 0

指定下一个点或 [圆弧(A)/半宽(H)/长度(L)/放弃(U)/宽度(W)]:1300

//对象捕捉到辅助线 H1 交于 V4V5 的中点的下垂直延伸线，输入距离 1300

指定下一点或 [圆弧(A)/闭合(C)/半宽(H)/长度(L)/放弃(U)/宽度(W)]:2000

//对象捕捉到辅助线 V8 下延伸线，输入距离为 2000

指定下一点或 [圆弧(A)/闭合(C)/半宽(H)/长度(L)/放弃(U)/宽度(W)]://按 Enter 键

步骤 03 在护坡线上绘制等分短线段。单击"默认"选项卡|"绘图"面板上的"直线"按钮 ╱，绘制两条长度不等的直线，并将它们定义为图块，如图 5-40 所示。

图 5-40　定义"双线"图块

步骤 04 单击"默认"选项卡|"修改"面板上的"偏移"按钮 ⊆，绘制河流的护坡轮廓线，并对护坡进行修饰。将步骤（2）所绘制的河流轮廓向上偏移 150，并以偏移结果为新偏移对象，向上偏移 1000。

步骤 05 单击"默认"选项卡|"绘图"面板上的"定数等分"按钮 ⚡，对护坡进行修饰，命令行提示如下：

命令：divide

选择要定数等分的对象：　　　　　　　　　　　　　　　　　//选择护坡上轮廓线

输入线段数目或 [块(B)]：b　　　　　　　　　　　　　　　　//选择块

输入要插入的块名：双线　　　　　　　　　　　　　　　　　//输入块名

是否对齐块和对象？[是(Y)/否(N)] <Y>:　　　　　　　　　//按 Enter 键

输入线段数目：30　　　　　　　　　　　　　　　　　　　　//输入等分数目

步骤 06 河流的水面可以用几条直线来表示。单击"默认"选项卡|"绘图"面板上的"直线"按钮 ╱，对河流进行修饰。

步骤 07 在河边插入树木。绘制完成水系的商业区总平面图如图 5-41 所示。

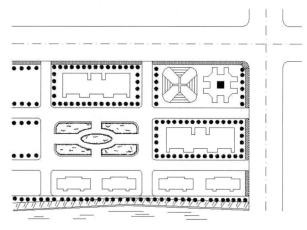

图 5-41　绘制完成水系的商业区总平面图

5.3.7　创建指北针和风玫瑰图

在绘制建筑物的总平面图时，经常需要绘制出风向频率玫瑰图形及指北针图形，用来表示该地区的常年风向频率和建筑物、构筑物等的方向。关于指北针的绘制在第 2 章已经讲解过，这里不再赘述，下面将详细讲解风玫瑰图的绘制方法。

风向玫瑰图标一般都是根据实际绘图的方位而定的，不同的风向有不同的绘制样式。指北针应按"国标"规定绘制，风向玫瑰图是在 16 个方位线上，用端点与中心的距离表示当地这一风向在一年中发生次数的多少。粗实线表示全年风向，虚线表示夏季风向，风向由各方位吹向中心，风向最长的为主导风向。

风向玫瑰图一般是由专门的部门绘制，处理方法与等高线相同，如果已经掌握了测量数据，自己绘制也比较简单。

绘制风向玫瑰图的具体步骤如下：

步骤01 展开"默认"选项卡|"图层"面板上的"图层"下拉列表，将"图层 0"层设置为当前层，并将当前图层的线型设置为 Continuous，线宽为默认。同时将状态栏中的"对象捕捉"打开，选择端点和中点对象捕捉方式。

步骤02 单击"默认"选项卡|"绘图"面板上的"直线"按钮，绘制一条水平直线。

步骤03 单击"默认"选项卡|"修改"面板上的"环形阵列"按钮，以水平线的一端点为中心点，阵列对象为上面所绘制的直线，设置项目总数为 16，填充角度为 360°，完成水平线的阵列操作，效果如图 5-42 所示。

步骤04 设置对象选择捕捉模式为端点和延伸捕捉，单击"默认"选项卡|"绘图"面板上的 "多段线"按钮，绘制周边直线。图中各直线对应的极半径（从正东方向逆时针旋转一周）为 1047、588、1489、1390、2244、1638、2016、1134、1642、482、516、308、1172、1622、2580、791，绘制完成的周边直线如图 5-43 所示。

图 5-42　绘制效果　　　　　　　　图 5-43　绘制完成的周边直线效果

步骤 05 使用快捷键 LT 执行"线型"命令，设置当前线型为 ACAD_IS003W100，按照上面的步骤重新绘制夏季风向图。图中各直线对应的极半径（从正东方向逆时针旋转一周）为 1266、854、1671、1206、2036、1578、1842、1056、1296、315、394、516、875、1871、3182、920，绘制效果如图 5-44 所示。

步骤 06 单击"默认"选项卡|"修改"面板上的"修剪"按钮✂，修剪多余的图线。绘制完成的风向玫瑰图如图 5-45 所示。

图 5-44　绘制夏季风向曲线效果　　　　图 5-45　绘制完成的风向玫瑰图

5.3.8　创建尺寸标注

尺寸标注是建筑施工图的一个重要组成部分，是现场施工的主要依据。尺寸标注是一个非常复杂的过程，在建筑总平面图中，尺寸标注相对比较简单，在第 4 章中已经讲解了 S100 和 S1-100 标注样式的创建方法，这里将为总平面图创建 S500 的标注样式。

单击"默认"选项卡|"注释"面板上的"标注样式"按钮，弹出"标注样式管理器"对话框，单击"新建"按钮，弹出"创建新标注样式"对话框，创建"新样式名"为 S500，"基础样式"为 S100，如图 5-46 所示。

单击"继续"按钮，弹出"新建标注样式：S500"对话框，单击"主单位"选项卡，由于该商业区的总平面绘制比例是 1:500，因此设置"比例因子"为 5，如图 5-47 所示。

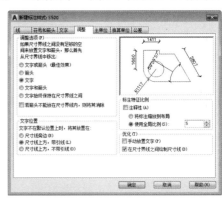

图 5-46　"创建新标注样式"对话框　　　图 5-47　设置"比例因子"参数

将 S500 设置为当前标注样式，然后单击"默认"选项卡|"注释"面板上的"线性"按钮，配合"对象捕捉"功能为商业区总平面图添加尺寸标注，效果如图 5-48 所示。

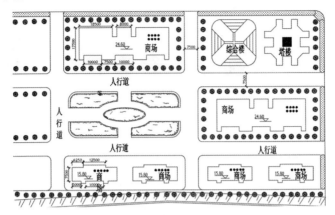

图 5-48　尺寸标注完成后的商业区总平面图

5.3.9　创建标高

标高是建筑物某一部分相对于基准面（标高的零点）的竖向高度，是施工时竖向定位的依据。标高按照基准面选取的不同分为相对标高和绝对标高。相对标高可以根据工程需要自行选定工程的基准面。在建筑工程中，通常以建筑物首层的主要地面作为标高的零点。绝对标高是以国家或地区统一规定的基准面作为零点的标高。我国规定以黄海平均海水面作为标高的零点。

在第 2 章的标准图形的绘制中，已经讲解过标高的创建方法，这里不再赘述，而是直接使用第 2 章创建的标高动态块。

单击"默认"选项卡|"块"面板上的按钮"插入块"按钮，弹出"块"选项板，选择如图 5-49 所示的"标高"图块，返回绘图区根据命令行的提示指定插入点，后输入标高值即可完成图块的插入。

完成标高的商业区总平面图如图 5-50 所示。

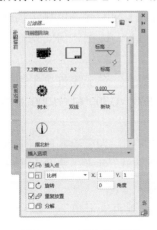

图 5-49　"块"选项板

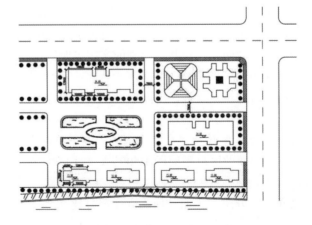

图 5-50　绘制完成标高的商业区总平面图

建筑总平面图也可以表示建筑的层数。根据有关建筑制图标准，建筑物的层数采用一个填充的黑圆圈来表示。黑圆圈外围轮廓的直径为 250。一个黑圆圈表示建筑物只有一层，两个黑圆圈表示建筑物有两层，三个黑圆圈表示建筑物有三层，依此类推，如图 5-51 所示。

|一层|二层|三层|四层|

图 5-51　楼层表示方法

绘制完成建筑物层数的商业区总平面图如图 5-52 所示。

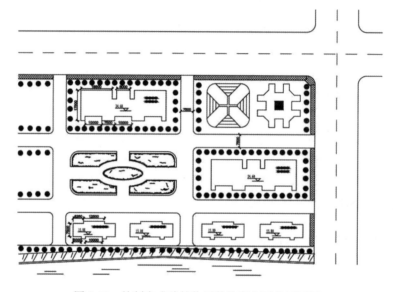

图 5-52　绘制完成建筑物层数的商业区总平面图

5.3.10　创建文字

在一些建筑施工图中，许多地方需要文字注释，以说明施工图的有关信息，因此文字注释是建筑施工图的重要组成部分。一般来说，文字注释包括图名、比例、房间功能的划分、门窗符号、楼梯说明，以及其他相关的文字说明等。

文字注释是为了便于施工的参考，而把一些信息写到图纸上。对于建筑总平面图来说，需要注释的地方并不是太多，下面使用已经创建的 G350、G500、G700 和 G1000 对文字进行创建。

单击"注释"选项卡|"文字"面板上的"单行文字"按钮 A，为所绘制的商业区的总平面图添加标题"商业区总平面图 1:500"，使用文字样式为 G1000，并在下方绘制宽为 100 的多段线。

按照同样的方法，添加其他文字注释，比如"人行道""城市主干道""综合楼""塔楼""商场"等，文字样式为 G700。

完成文字注释的商业区总平面图如图 5-53 所示。

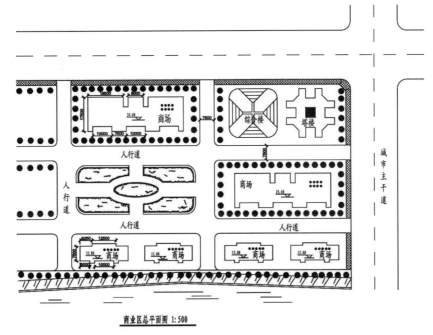

图 5-53 完成文字注释的商业区总平面

5.3.11 创建图例

在建筑总平面图中，为了将建筑总平面图的内容表示清楚，需要用到图例。图例就是采用建筑制图的符号来表示实际建筑物或机器的组成部分。根据有关建筑制图规范，制定了一些标准的图例，而对于这部分图例，在建筑行业中是通用的，无需再次说明。有的时候为了在建筑总平面图中表示方便，用户自行定义了一些图例，这部分图例是必须在图中给出说明的。

对于总平面图中的植物图例，主要是由一小段一小段的线段组成的，个别包含少量圆弧。由于图例仅仅是一种示意的画法，没有过多的变化形式，因此可以通过以下方法直接获取：

- 从已有的图形文件中复制图例。
- 如果已将图例定义为块文件，可以用插入图块的方法将图例直接插入到建筑总平面图中。
- 用扫描仪将国家标准中的有关图例扫入电脑，每一个图例存入一个文件，在 AutoCAD 2021 中执行"插入"|"光栅图像参照"命令，即可插入到建筑总平面图中。
- 使用 AutoCAD 2021 的绘图命令直接进行绘制。
- 单击"视图"选项卡|"选项板"面板上的"工具选项板"按钮▦，在此"工具选项板"中查找到该图例后，拖入到建筑总平面图中使用。

绘制完成图例的商业区总平面图如图 5-54 所示。

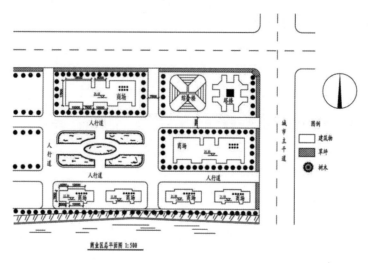

图 5-54　绘制完成图例的商业区总平面图

5.4　小　结

　　本章主要介绍了建筑总平面图的内容和绘制方法，结合某商业区总平面图的实例，详细介绍了如何使用 AutoCAD 2021 绘制一幅完整的建筑总平面图。通过对本章内容的学习，读者应当对建筑总平面图的设计过程和绘制方法有所了解，并能熟练运用前面章节所介绍的命令完成相应的操作。

5.5　上机练习

　　练习 1： 根据本章所讲的绘制建筑物总平面图的方法，结合下面的提示绘制如图 5-55 所示某建筑的总平面图。

　　提示：

　　（1）设置绘图环境并绘制辅助线。

　　（2）使用"直线"命令绘制小区主要道路。

　　（3）使用"矩形"命令和"直线"命令，并结合相应的"修改"命令绘制小区内的主要建筑物。

　　（4）使用"填充"等命令绘制绿化地带。

　　（5）使用"标注"命令等对建筑物、道路等进行相应的标注以及对楼层进行标高。

　　练习目的：

　　（1）熟练掌握绘制建筑总平面的步骤和方法。

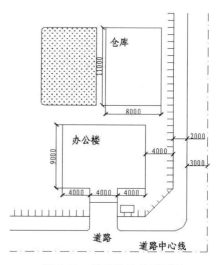

图 5-55　某建筑的总平面图

（2）熟练掌握绘制常见图例的步骤和方法。

（3）熟练掌握二维平面图形的绘制命令及修改命令。

练习 2：运用本章所讲的方法，绘制如图 5-56 所示某小区的总平面图。

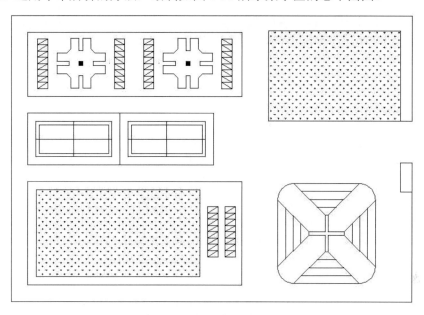

图 5-56　某小区总平面图

练习 3：运用本章所讲的方法，绘制如图 5-57 所示某学校的总平面图。

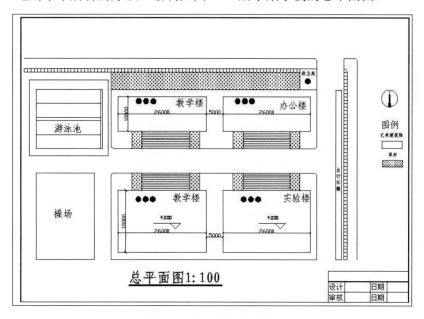

图 5-57　某学校的总平面图

第6章

建筑平面图的绘制

 导言

建筑平面图是建筑图纸中最基本的一种，它表示的内容是建筑内部各空间和结构的形状、尺寸和相互关系。其他建筑图都是在平面图的基础上产生的。多层建筑的平面图一般按不同的楼层分层绘制，如底层平面、标准层平面、顶层平面等。它们在内容上有差别，但又有很大的连续性。

本章主要讲解建筑平面图的绘制方法，通过对本章内容的学习，希望读者能够掌握建筑平面图的绘制方法，能够熟练地绘制各类建筑平面图。

6.1 建筑平面图基础

建筑平面图是用一个假想的水平剖切面沿门、窗洞的位置将房屋剖切后，对剖切面以下部分所绘制水平剖面图，简称平面图。平面图反映的是建筑物的平面形状，房间的布局、形状、大小、用途，以及墙体、门窗等构件的位置和大小。

建筑平面图是建筑施工图中最重要也是最基本的图纸之一，是施工放线、墙体砌筑和安装门窗的依据之一。一般来说，房屋有几层，就应绘出几个平面图，也就是常说的各层平面图，如底层平面图、二层平面图等。习惯上，如果上下各层的房间数量、大小、位置都一样的时候，则相同的楼层可用一个平面图表示，称为标准层平面图。平面图常用的比例是1:100～1:200。

屋顶平面图也是一种建筑平面图，它是在空中对建筑物顶面的水平正投影图。

6.1.1 建筑平面图绘制内容及规定

在不同的建筑设计阶段中对平面图的要求有很大的不同，就施工图阶段的平面图而言，它的图纸内容通常包括：

- 图名图签。
- 定位轴线和编号。
- 结构柱网和墙体。
- 门窗布置和型号。
- 楼梯、电梯、踏步、阳台等建筑构件。

- 厨房、卫生间等特殊空间的固定设施。
- 水、暖、电等设备构件。
- 标注平面图中应有的尺寸、标高和坡面的坡度方向。
- 剖面图剖切位置、方向和编号。
- 房间名称、详图索引和必要的文字说明。
- 屋面平面图一般内容有：女儿墙、檐沟、屋面坡度、分水线与落水口、变形缝、楼梯间、水箱间、天窗、上人孔、消防梯及其他构筑物、索引符号等。

这些内容根据具体需求取舍。当比例大于 1:50 时，平面图上的断面应绘出其材料图例和抹灰层的面层线；当比例为 1:100~1:200 时，抹灰面层线可以不绘出，而断面材料图例可用简化绘制方法。

绘制平面图时的注意事项：

- 平面图上的线型一般有三种：粗实线、中粗实线和细实线。只有墙体、柱子等断面轮廓线、剖切符号以及图名底线用粗实线绘制，门扇的开启线用中粗实线绘制，其余部分均用细实线绘制。若有在剖切位置以上的构件，可以用细虚线或中粗虚线绘制。
- 底层平面图中，图样周围要标注三道尺寸。第一道是反映建筑物总长或总宽的总体尺寸；第二道是反映轴线间距的轴线尺寸；第三道是反映门窗洞口的大小和位置细部尺寸。其他细部尺寸可以直接标注在图样内部或就近标注。底层平面图上应有反映房屋朝向的指北针。反映剖面图剖切位置的剖切符号必须绘在底层平面图上。
- 中间层或标准层，除了没有指北针和剖切符号外，其余绘制的内容与底层平面图类似。这些平面图只标注两道尺寸：轴间尺寸和总体尺寸，与底层平面图相同的细部尺寸可以不标注。
- 屋顶平面是反映屋顶组织排水状况的平面图，对于一些简单的房屋可以省略不绘。
- 在同一张图纸上绘制多于一层的平面图时，各层平面图宜按层数由低向高的顺序、从左至右或从下至上布置。

6.1.2 建筑平面图绘制步骤

一般来说，建筑平面图的绘制步骤如下：

步骤01 设置绘图环境，其中包括图域、单位、图层、图形库、绘图状态、尺寸标注和文字标注等，或者选用符合要求的样板图形。

步骤02 插入图框图块。

步骤03 根据尺寸绘制定位轴线网。

步骤04 绘制柱网和墙体线。

步骤05 绘制各种门窗构件。

步骤06 绘制楼梯、电梯、踏步、阳台、雨篷等建筑构件。

步骤07 绘制与结构、水暖电系统相关的建筑构件。

步骤08 标注各种尺寸、标高、编号、型号、索引号和文字说明。

步骤09 检查、核对图形和标注，填写图签。

步骤10 图纸存档或打印输出。

6.2 某办公楼平面图的绘制

通过前面的学习，已经知道绘制建筑平面图的方法和步骤，接下来继续进行建筑平面图的绘制。下面以某框架结构办公楼为例，具体进行底层平面图、标准层平面图、顶层平面图的绘制。

6.2.1 标准层平面图的绘制

通常来讲，绘制平面图的时候，如果是多层建筑，首先绘制标准层的平面图，然后在标准层平面图的基础上绘制底层平面图和屋顶平面图。

1. 创建图层

打开 A2 样板图，然后单击"默认"选项卡|"图层"面板上的"图层特性"按钮，创建绘制平面图需要的图层，完成的图层及特性如图 6-1 所示。

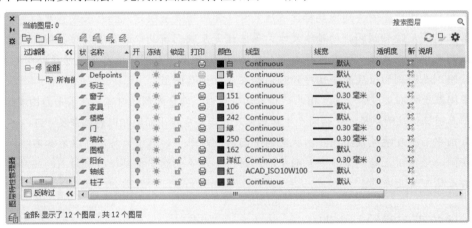

图 6-1 图层设置

2. 绘制轴线

在绘图的时候轴线用来准确定位。

具体步骤如下：

步骤 01 单击"视图"选项卡|"导航"面板上的"全部"按钮，或单击导航栏上的"全部缩放"按钮，将图形显示在绘图区。

步骤 02 展开"默认"选项卡|"图层"面板上的"图层"下拉列表，将图层切换到"轴线"图层。

步骤 03 单击"默认"选项卡|"绘图"面板上的"直线"按钮，绘制水平和竖直基准线，长度分别为 20000 和 25000。

步骤 04 单击"默认"选项卡|"修改"面板上的"复制"按钮，将水平线按照固定的距离进行复制，由下至上间距依次为 1500、1200、900、1500、1500、900、1200、1500。

步骤 05 单击"默认"选项卡|"修改"面板上的"复制"按钮，将竖直线按照固定的距离进行

复制，由左至右间距依次为 2000、1600、3600、3000、1600、2000、1600、2000。

步骤 06 选择所有直线，执行快捷菜单中的"特性"命令，弹出"特性"选项板，如图 6-2 所示，设置"线型比例"为 100，效果如图 6-3 所示。

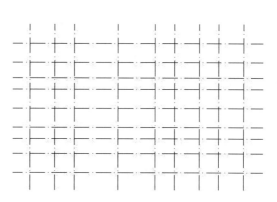

图 6-2　修改"线型比例"参数

图 6-3　轴线图

3. 绘制轴线编号

编号原则为水平方向从左到右按照 1、2、3……顺序进行编号；竖直方向主要轴线从下到上按照 A、B、C……顺序进行编号；辅助线可以编号为 1/A、2/A 等。

步骤 01 展开"默认"选项卡 | "图层"面板上的"图层"下拉列表，设置"轴线"图层为当前图层。

步骤 02 将第 2 章创建的竖向轴线编号和横向轴线编号图块插入到轴线的顶端，并编辑标注的文字，修改轴线的编号，使轴线的编号满足要求。轴线编号完毕后的效果如图 6-4 所示。

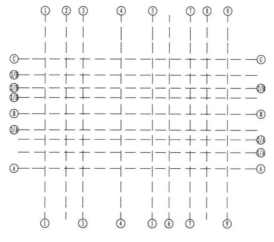

图 6-4　轴线编号

4. 绘制墙体

绘制墙体是建筑平面图中很重要的一环。绘制墙体的方法有两种：一种是采用"直线"命令绘制出墙体的一侧直线，然后采用"偏移"命令再绘制出另外一侧的直线；另一种是采用"多线"命令绘制墙体，然后编辑多线，整理墙体的交线，并在墙体上开出门窗洞口等。在本例中采用"多线"命令绘制墙体。

具体步骤如下：

步骤 01 展开"默认"选项卡|"图层"面板上的"图层"下拉列表，将"墙体"图层置为当前图层。在命令行输入 MLSTYLE 后按 Enter 键，执行"多线样式"命令，将多线样式命名为"w240"，分别设置两个元素的偏移为 120 和-120。

步骤 02 在命令行输入 MLSTYLE 后按 Enter 键，执行"多线"命令，绘制墙体，命令行提示如下：

```
命令：_mline
当前设置：对正 = 无，比例 = 20.00，样式 = w240
指定起点或 [对正(J)/比例(S)/样式(ST)]： s          //选择比例样式
输入多线比例 <20.00>： 1
当前设置：对正 = 无，比例 = 1.00，样式 =w240
指定起点或 [对正(J)/比例(S)/样式(ST)]：         //捕捉轴线C和轴线9的交点
指定下一点： //捕捉轴线9和轴线A的交点
指定下一点或 [放弃(U)]：                        //捕捉轴线A和轴线1的交点
指定下一点或 [闭合(C)/放弃(U)]：                //捕捉轴线C和轴线1的交点
指定下一点或 [闭合(C)/放弃(U)]：                //捕捉轴线C和轴线9的交点
指定下一点或 [闭合(C)/放弃(U)]：                //按Enter键，完成绘制，效果如图6-5所示
```

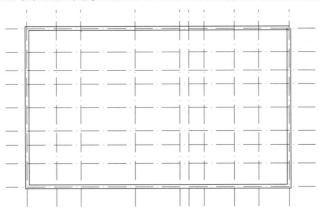

图 6-5 绘制墙线

步骤 03 继续执行"多线"命令，配合"对象捕捉"功能，设置与步骤（2）相同，绘制其他墙线，效果如图 6-6 所示。

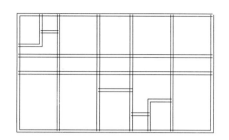

图 6-6　绘制所有墙线

步骤04 在命令行中输入 MLEDIT 后按 Enter 键，在打开的"多线编辑工具"对话框中使用"十字合并"工具 对轴线 3 和轴线 B 上的多线进行修改。命令行提示如下：

```
命令: _mledit
选择第一条多线:              //选中轴线 3 上的多线
选择第二条多线:              //选中轴线 B 上的多线
选择第一条多线 或 [放弃(U)]: //按 Enter 键，完成绘制，效果如图 6-7 所示
```

步骤05 按照步骤（4）的方法，分别使用"T 形合并"工具 、"角点结合"工具 和"十字合并"工具 对墙线进行修改，最终效果如图 6-8 所示。

图 6-7　使用"十字合并"工具修改多线

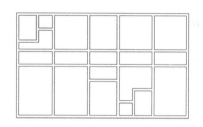

图 6-8　多线编辑效果

5. 绘制柱子

柱子的绘制方法比较简单，主要使用"矩形"命令和"图案填充"命令进行绘制，同时需要把柱子定义为图块。在平面图中插入柱子的时候，可以逐个插入，也可以使用"复制"命令，定位的基准就是轴线的交点。本例中结构为三层普通办公楼，所以柱截面尺寸不需要太大，取 240×240 即可。

具体操作步骤如下：

步骤01 展开"默认"选项卡|"图层"面板上的"图层"下拉列表，将"柱子"图层置为当前图层，然后执行"矩形"命令，绘制出一个柱子。命令行提示如下：

```
命令: _rectang
指定第一个角点或 [倒角(C)/标高(E)/圆角(F)/厚度(T)/宽度(W)]: //在绘图区任意拾取一点
指定另一个角点或 [面积(A)/尺寸(D)/旋转(R)]: @240,240    //输入另一角点的相对坐标
```

步骤02 单击"默认"选项卡|"绘图"面板上的"图案填充"按钮 ，打开"图案填充创建"选项卡，然后在"图案"面板上选择"SOLID"图案，如图 6-9 所示。然后在"边界"面板上单击"选择对象"按钮 ，返回绘图区根据命令行提示，选择所绘制的矩形，为其填充实体图案，填充效果如图 6-10 所示。

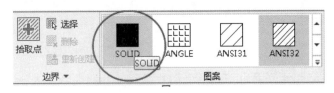

图 6-9　设置填充图案　　　　　　　　　　　图 6-10　柱子填充效果

步骤 03　单击"默认"选项卡|"块"面板上的"创建"按钮，弹出"块定义"对话框，拾取步骤（1）绘制矩形的对角线交点为基点，选择图 6-10 所示的图形，定义图块为"柱子"。

步骤 04　单击"默认"选项卡|"块"面板上的按钮"插入块"按钮，在打开的"块"选项板中选择所定义的"柱子"图块，配合交点捕捉功能，捕捉轴线的交点为插入点，插入"柱子"图块，如图 6-11 所示。

步骤 05　执行"修改"|"阵列"|"矩形阵列"命令，以步骤（4）插入的柱子为阵列对象，设置行数为 2，行距为-3600，列数为 3，列距为 3600，阵列效果如图 6-12 所示。

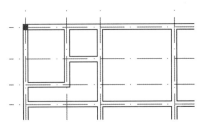

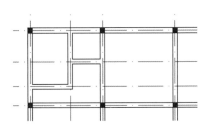

图 6-11　插入"柱子"图块效果　　　　　　　图 6-12　阵列效果

步骤 06　单击"默认"选项卡|"修改"面板上的"复制"按钮，以 3 个柱子模块为一组进行填充。展开"默认"选项卡|"图层"面板上的"图层"下拉列表，关闭"轴线"图层后，效果如图 6-13 所示。

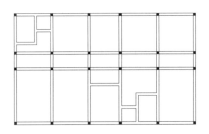

图 6-13　添加柱效果

6. 创建门窗洞

门窗洞的绘制是通过偏移轴线形成辅助线，使用"修剪"命令对墙线进行修剪。以轴线 3、轴线 4 之间，轴线 A 上的阳台门窗为例进行演示。

具体操作步骤如下：

步骤 01　单击"默认"选项卡|"修改"面板上的"偏移"按钮，分别将轴线 3、轴线 4 向内偏移 900，绘制门窗洞口轮廓，如图 6-14 所示。

步骤 02　单击"默认"选项卡|"修改"面板上的"修剪"按钮，以步骤（1）偏移形成的轴线

为剪切边，对墙线进行修剪，效果如图 6-15 所示。

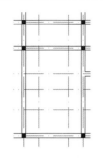
图 6-14　偏移轴线效果

图 6-15　根据偏移轴线修剪墙线

步骤 03 使用同样的方法，对其他轴线进行偏移，并使用偏移后形成的轴线对墙线进行修剪。

步骤 04 切换到"墙线"图层，使用"直线"命令对墙线进行修补，最终效果如图 6-16 所示。

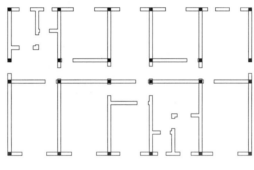
图 6-16　门窗洞口图

7. 创建门

在第 2 章中已经讲解过"900 门"图块的创建方法，在标准层平面图中大概需要 700、800、900 宽的 3 种门，这就需要再创建"700 门"和"800 门"图块，创建过程与"900 门"图块类似，这里不再赘述。

在实际插入门图块的过程中，由于门的安装方位不同，因此需要通过插入图块时旋转相应的角度，或者通过镜像、旋转等命令对图块做一定的调整。插入并调整后的效果如图 6-17 所示。

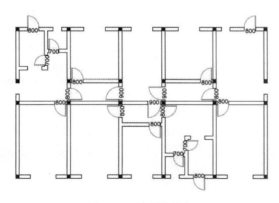
图 6-17　绘制其他门

8. 创建窗

在这个平面图中，由于窗户的尺寸类型比较多，所以需要定义窗户动态块，以便在创建窗户时，可以根据模数任意改变窗户的尺寸。这里的窗除了外形与第 2 章所讲解的不同外，其他的创建过程基本类似，下面就简略讲解一下创建过程：

步骤01 切换到"窗"图层，执行"矩形"命令，绘制 1500×240 的矩形，并执行"分解"命令将矩形分解，再单击"默认"选项卡|"修改"面板上的"偏移"按钮 ⊂，将矩形的上边和下边分别向下和向上偏移 80，效果如图 6-18 所示。

图 6-18　绘制窗平面图

步骤02 单击"默认"选项卡|"绘图"面板上的"直线"按钮 ／，为窗子绘制窗台，窗台向两侧延伸各 50，向外伸展 80，效果如图 6-19 所示。

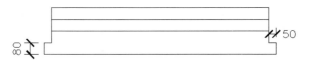

图 6-19　绘制窗台

步骤03 选择"绘图"|"块"|"创建"命令，拾取矩形的左下角点为基点，选择如图 6-19 所示的所有图形，定义"动态窗"图块。

步骤04 选中"在块编辑器中打开"复选框，单击"确定"按钮，进入动态块编辑器。

步骤05 在"块编写"选项板的"参数集"选项卡中选择"线性拉伸"参数集 线性拉伸 选项，然后分别捕捉窗台长边的两个端点。

步骤06 将光标移动到图标 上右击，在弹出的快捷菜单中选择"动作选择集"|"新建选择集"命令，命令行提示如下：

```
命令: _bactionset
指定拉伸框架的第一个角点或 [圈交(CP)]: _n
需要点或选项关键字
指定拉伸框架的第一个角点或 [圈交(CP)]:     //指定拉伸框架的右下角点
指定对角点:                              //如图 6-20 所示使用圈交方法指定拉伸框架
指定要拉伸的对象
选择对象:                                //指定拉伸框架的右下角点
指定对角点: 找到 9 个                     //如图 6-21 所示使用圈交方法选择拉伸对象
选择对象:                                //按 Enter 键，完成对象选择
```

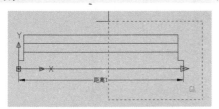
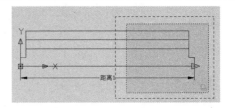

图 6-20　指定拉伸框架　　　　　图 6-21　指定拉伸对象

步骤 **07** 选择"距离"参数,在右键快捷菜单中选择"特性"命令,弹出"特性"选项板,在"值集"卷展栏中设置"距离类型"为"列表",如图 6-22 所示。

步骤 **08** 选中"距离值列表"后,单击后面的 按钮,弹出"添加距离值"对话框,在"要添加的距离"文本框中输入需要添加的距离,单击"添加"按钮,完成距离的添加,如图 6-23 所示。单击"确定"按钮,关闭"特性"选项板,动态窗效果如图 6-24 所示。

图 6-22　设置"距离类型"　　图 6-23　添加距离值　　　　图 6-24　添加完拉伸动作的窗

步骤 **09** 单击"保存块定义"按钮 ,保存定义完成的块。单击"关闭块编辑器"按钮 **关闭块编辑器(C)**,退出动态块编辑。

步骤 **10** 单击"默认"选项卡|"块"面板上的按钮"插入块"按钮 ,根据动态块的基点,将块体插入,如图 6-25 所示。

步骤 **11** 编辑刚才插入的动态窗图块。选择动态窗的端点夹点,将动态窗距离缩短,效果如图 6-26 所示。

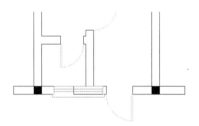
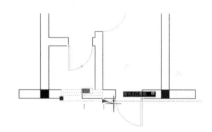

图 6-25　插入动态窗图块效果　　　　　　　图 6-26　编辑动态窗图块

步骤 **12** 绘制阳台处的门窗联合体,效果如图 6-27 所示。

步骤 **13** 插入其他窗洞口处的窗子,最终效果如图 6-28 所示。

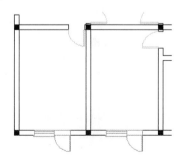
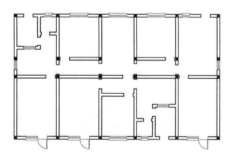

图 6-27　阳台处门窗联合体　　　　　　　图 6-28　绘制完毕所有的窗

9. 绘制阳台

阳台的绘制比较简单，按照给定的尺寸使用"直线"命令即可完成。下面以轴线 1、轴线 3 之间，轴线 C 处的阳台为例进行绘制。具体步骤如下：

步骤 01 单击"默认"选项卡|"绘图"面板上的"直线"按钮 ∕ ，并配合"偏移"命令，绘制阳台平面图，阳台长为 3600，宽为 1400，墙厚为 100，效果如图 6-29 所示。

步骤 02 单击"默认"选项卡| "修改"面板上的"修剪"按钮 ✂ ，对绘制的阳台进行修剪，完成阳台的绘制。

步骤 03 由于阳台数量比较少，所以不用保存为图块，而是直接利用"复制"命令，绘制其他的阳台，效果如图 6-30 所示。

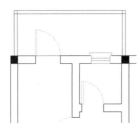

图 6-29　修剪前的阳台

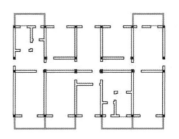

图 6-30　阳台效果图

10. 绘制楼梯

由于楼梯的绘制需要准确定位，而且需要在空间上掌握楼梯的位置。所以，楼梯的绘制是平面图绘制中比较复杂，也是比较重要的一部分。

具体步骤如下：

步骤 01 单击"默认"选项卡|"绘图"面板上的"直线"按钮 ∕ ，绘制踏步边界线，并执行"偏移"命令，偏移距离为台阶宽度 250，连续偏移 9 次。命令行提示如下：

```
命令：_line 指定第一点：    //图 6-31 所示为捕捉柱子中点 p1 点
指定下一点或 [放弃(U)]：    //捕捉 p2 点，绘制第一条踏步线
指定下一点或 [放弃(U)]：
效果如图 6-31 所示
```

步骤 02 继续单击"默认"选项卡|"绘图"面板上的"直线"按钮 ∕ ，绘制扶手。首先绘制一条踏步边界线的中垂线，作为定位线，然后执行"偏移"和"镜像"命令，绘制扶手线，效果如图 6-32 所示。

图 6-31　未修剪的踏步线

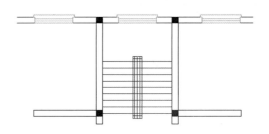

图 6-32　未修剪的扶手边界线

步骤 03 单击"默认"选项卡|"修改"面板上的"修剪"按钮，修剪踏步线与扶手边界线，注意与走廊和休息平台相连的踏步线的绘制方法。最后绘制楼梯起跑方向线和剖断线，完成楼梯的绘制，效果如图 6-33 所示。

11．绘制卫生间

各种家具的绘制相对比较简单，这里利用"矩形"和"椭圆"命令绘制卫生间洁具，读者如果感兴趣的话，可以自己尝试绘制其他家具。

卫生间的最终效果如图 6-34 所示。

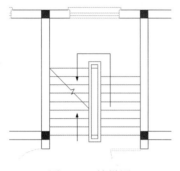

图 6-33　楼梯图

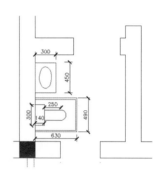

图 6-34　卫生间洁具

12．创建说明文字

在本例中主要是添加房间功能说明文字以及楼梯的方向线说明文字，对于比较简短的说明文字。

具体操作步骤如下：

步骤 01 展开"默认"选项卡|"图层"面板上的"图层"下拉列表，将"文字"图层置为当前图层。

步骤 02 房间功能说明采用文字样式 G500，楼梯方向线说明采用文字样式 G350，单击"注释"选项卡|"文字"面板上的"单行文字"按钮Ａ，添加完文字说明后，效果如图 6-35 所示。

13．添加尺寸标注

标准层平面图的制图比例为1:100，因此这里采用第4章创建的标注样式S1-100为平面图创建尺寸标注，具体操作步骤如下：

步骤 01 展开"默认"选项卡|"图层"面板上的"图层"下拉列表，将"标注"图层置为当前图层，展开"注释"在板上的"标注样式"下拉列表，将 S1-100 置为当前标注样式。

步骤 02 单击"默认"选项卡|"绘图"面板上的"构造线"按钮，绘制如图 6-36 所示的辅助线，对轴线进行修剪，修剪效果如图 6-37 所示。

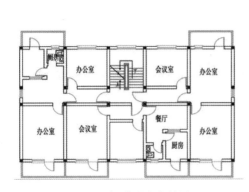

图 6-35　添加说明文字效果

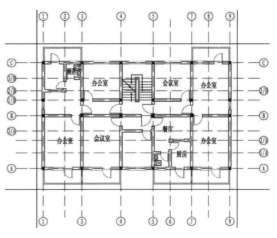

图 6-36　绘制辅助线

步骤 **03**　接下来综合使用"线性标注"和"连续标注"命令，配合"对象捕捉""极轴追踪"和"对象捕捉追踪"功能创建标注，效果如图 6-38 所示。

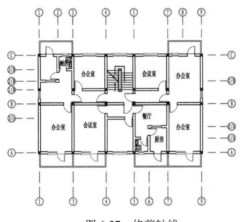

图 6-37　修剪轴线

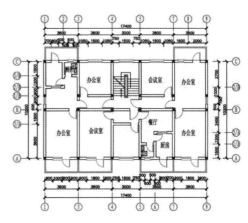

图 6-38　标注效果

14. 添加标高、图题

步骤 **01**　单击"默认"选项卡|"块"面板上的按钮"插入块"按钮，在二层楼板处插入"标高"图块，效果如图 6-39 所示。

步骤 **02**　单击"注释"选项卡|"文字"面板上的"多行文字"按钮 **A**，创建平面图图题，使用文字样式 G1000，最后在该文字下方绘制一条多段线，多段线线宽为 100，效果如图 6-40 所示。最终完成的标准层平面图如图 6-41 所示。

图 6-39　插入标高

标准层平面图　1:100

图 6-40　创建图题文字

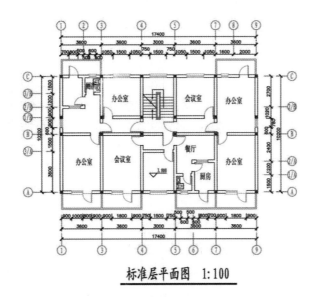

图 6-41　标准层平面图

6.2.2　绘制底层平面图

底层平面图与二层平面图在总体框架上以及轴线布置等方面的区别不大。只要在一些细节问题上，如窗户、大门、楼梯、房间功能等做一些调整和修改即可。

1. 复制二层平面图作为首层平面图

复制原来的标准层平面图，重命名为首层平面图。

2. 修改墙体和门窗洞口

在对墙线进行修改的同时，可以将在底层平面图中没有的内容删除，将影响图形操作的图形所在的图层关闭。

具体操作步骤如下：

步骤 01　单击"默认"选项卡|"修改"面板上的"删除"按钮，删除轴线 4、轴线 5 之间的部分墙体，并补充完整，删除楼梯和文字，效果如图 6-42 所示。

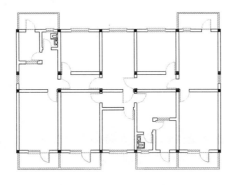

图 6-42　对墙线进行修改

步骤02 把轴线 4、轴线 5 之间宽 1500 的洞口修改为宽 2000 的洞口，修改前后效果分别如图 6-43 和图 6-44 所示。

3. 创建大门

首先绘制一个宽 1000 的小门，然后执行"镜像"命令，绘制出对称的一个小门，两个小门合并在一起即可，效果如图 6-45 所示。

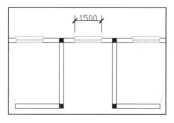
图 6-43 修改前洞口

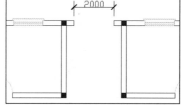
图 6-44 修改后洞口

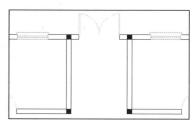
图 6-45 绘制大门

4. 绘制楼梯

首层的楼梯与二层的楼梯在空间表示上有所不同，但是楼梯的绘制方法与二层平面图的方法类似，具体操作步骤如下：

步骤01 展开"默认"选项卡|"图层"面板上的"图层"下拉列表，将"楼梯"图层置为当前图层。

步骤02 绘制踏步边界线和扶手，注意刚开始的几阶踏步为从门外平面上升到室内平面，效果如图 6-46 所示。

步骤03 最后单击"默认"选项卡|"绘图"面板上的"多段线"按钮，绘制楼梯方向线，效果如图 6-47 所示。

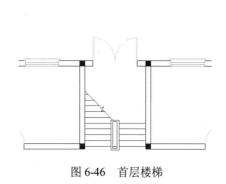
图 6-46 首层楼梯

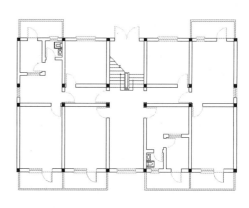
图 6-47 完成楼梯添加的图形

5. 绘制散水

散水是墙底部为了保护墙不受雨水侵蚀等而必不可少的一个结构部件，也是底层平面图所特有的图形，使用辅助线的偏移线绘制完成。

具体绘制步骤如下：

步骤 01 使用"构造线"或"直线"命令，沿着外墙绘制 4 条辅助线，并且将辅助线分别向外偏移 1500，效果如图 6-48 所示。

步骤 02 单击"默认"选项卡|"绘图"面板上的"直线"按钮 ✏️，绘制散水，在 4 个角部绘制 4 条斜线，表示出散水的坡度，效果如图 6-49 所示。

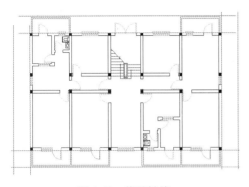

图 6-48　偏移轴线

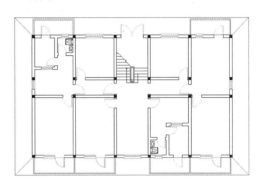

图 6-49　绘制散水效果

6. 绘制大厅茶几和长凳

平面图中的家具都是示意用的，所以没必要绘制得太精细。下面将在大厅内插入茶几和长凳。

具体操作步骤如下：

步骤 01 单击"默认"选项卡|"绘图"面板上的"矩形"按钮 ▭▾，绘制圆角矩形，圆角半径为 50，尺寸为 800×1200，然后单击"默认"选项卡|"修改"面板上的"偏移"按钮 ⊂，将矩形向内偏移 50，茶几效果如图 6-50 所示。

步骤 02 执行"矩形"和"直线"命令绘制长凳，不需要太精细，示意即可，效果如图 6-51 所示。

图 6-50　绘制茶几

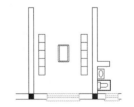

图 6-51　茶几和长凳

7. 添加功能说明文字和标高

功能说明文字的添加与二层平面图中文字的添加方法是一样的。标高大门入口处为 −0.7m，首层平面为 0.00m，效果如图 6-52 所示。

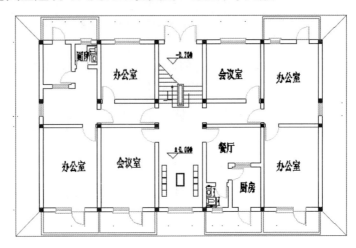

图 6-52　添加房间功能说明文字

8. 创建尺寸标注

　　尺寸标注的创建与二层平面图中的方法类似，只不过由于底层平面图添加了散水，所以标注值压到了图形，可以把轴线和标注一起选中并移动到合适的位置，效果如图 6-53 所示。

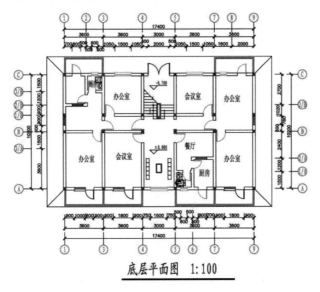

图 6-53　底层平面图尺寸标注

6.2.3　绘制顶层平面图

1. 复制二层平面图作为顶层平面图

　　复制原来的标准层平面图，重命名为顶层平面图。

2. 修改楼梯

　　该办公楼结构比较简单，三层（即顶层）布置与二层（即标准层）布置类似，只有楼梯的空间布置不同，如图 6-54 所示。所以顶层平面图只要在标准层平面图的基础上修改一下楼梯即可，最终效果如图 6-55 所示。

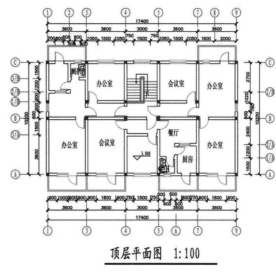

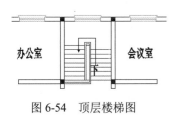

图 6-54　顶层楼梯图

图 6-55　顶层平面图

6.3　小　结

本章通过办公楼平面图绘制的具体过程，讲解了平面图绘制的基本步骤和基本命令，从中我们可以掌握利用 AutoCAD 软件绘制平面图的基本方法，并且学习建筑制图的相关标准。本章还具体讲解了如何在绘制施工图时，由标准层平面图转化为其他层平面图的方法，这样可以大大减少绘图的时间。

6.4　上机练习

练习 1：绘制如图 6-56 所示的平面图，绘图比例为 1:100。

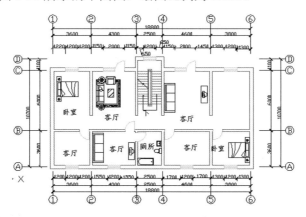

图 6-56　上机练习 1 效果图

练习 2：绘制如图 6-57 所示的平面图，绘图比例为 1:100。

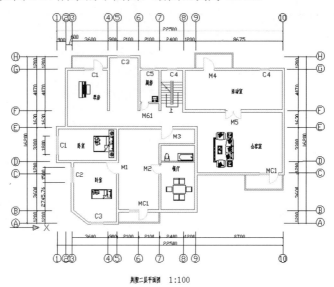

图 6-57　上机练习 2 效果图

练习 3：绘制如图 6-58 所示的平面图，绘图比例为 1:100。

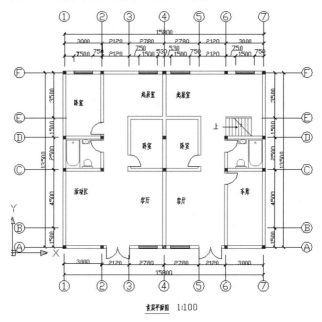

图 6-58　上机练习 3 效果图

第 7 章

建筑立面图的绘制

📥 **导言**

　　建筑立面图是建筑物在与建筑物立面平行的投影面上投影所得的正投影图，其展示了建筑物外貌和外墙面装饰材料，是建筑施工中控制高度和外墙装饰效果等技术的依据。建筑物东西南北每一个立面都要绘制出它的立面图，通常建筑立面图的命名应根据建筑物的朝向，如东立面图、西立面图、南立面图、北立面图等；也可以根据建筑物的主要入口来命名，如正立面图、背立面图和侧立面图等；还可以按轴线编号来命名，如①～⑨立面图。

7.1　建筑立面图基础

　　在介绍建筑立面图的绘制方法之前，首先了解建筑立面图的组成内容和绘制步骤，本节主要介绍建筑立面图的内容和绘制步骤，为掌握立面图的绘制方法打好基础。

7.1.1　建筑立面图内容

　　和建筑平面图一样，在不同的建筑设计阶段中对建筑立面图的要求也有很大的不同，就施工图阶段的立面图而言，它的图纸内容通常包括：

- 图名图签（施工图）。
- 两端的定位轴线和编号。
- 立面门窗的形式、位置和开启方式。
- 立面上室外楼梯、踏步、阳台、雨篷、水箱等建筑构件。
- 立面上墙面的建筑装饰、材料和墙面划分线。
- 立面屋顶、屋檐做法和材料。
- 室外水、暖、电设备构件和结构构件（施工图）。
- 立面上的尺寸标注和标高标注。
- 立面上的伸缩缝和沉降缝（施工图）。
- 详图索引和必要的文字说明（施工图）。

7.1.2　建筑立面图绘制步骤

　　根据建筑立面图中所包含的内容，借助建筑平面图来绘制建筑立面图。一般来说，建筑立面图的绘制步骤如下：

步骤 01 设置绘图环境，或者选用符合要求的样板图形。

步骤 02 插入图框图块。

步骤 03 转动平面图使需要绘制立面的墙面朝下，在下方绘制立面图。

步骤 04 如果已经有了剖面图，把剖面图复制在拟绘立面图一侧。

步骤 05 从平面上向下引出端墙线和全部墙角线。

步骤 06 从剖面图或剖面尺寸引出地坪线和门窗高度线，从平面图上引出门窗位置线，插入门窗图块。

步骤 07 绘制室外楼梯、踏步、阳台、雨篷、水箱等建筑构件。

步骤 08 绘制屋顶和檐口建筑构件。

步骤 09 绘制与结构、水暖电系统相关的建筑构件。

步骤 10 标注尺寸、标高、编号、型号、索引号和文字说明。

步骤 11 检查、核对图形和标注，填写图签。

步骤 12 图纸存档或打印输出。

7.2 某办公楼正立面图绘制

通过上一节的学习，已经知道绘制建筑立面图的基本方法和一般步骤，接下来将学习如何绘制建筑立面图。

在前面的几章中已经介绍了建筑制图的绘制方法以及一些常用图形的绘制方法。如图 7-1 所示为某办公楼的正立面图，通过分析上一章中该办公楼的底层平面图、标准层平面图以及屋顶平面图，确定了该办公楼正立面图的基本外貌特征以及主要的出入口的位置和窗户阳台的位置。下面将结合前面的学习，详细介绍如何利用 AutoCAD 2021 来绘制该办公楼的正立面图。

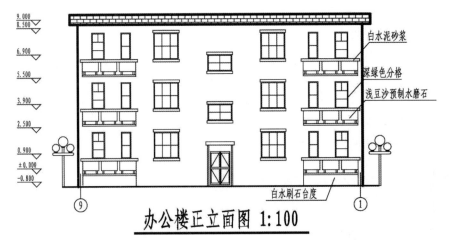

图 7-1 某办公楼的正立面图

7.2.1 建立绘图环境

绘制建筑图前要先设置好绘图环境。以 A2 样板图建立新文件，单击"默认"选项卡|
"图层"面板上的"图层特性"按钮 ，在打开的"图层特性管理器"对话框中依次创建
"辅助线""轮廓线""雨篷""门""窗户""标注""文字注释""阳台""立面装饰"
"图框"等图层，如图 7-2 所示。

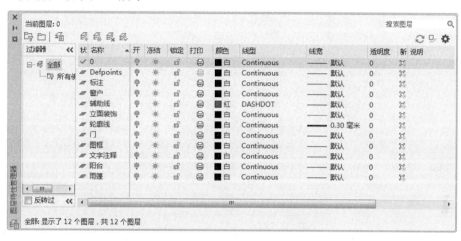

图 7-2 "图层特性管理器"选项板

7.2.2 创建立面辅助线

辅助线是用来在绘图的时候准确定位的，其绘制步骤如下：

步骤01 单击导航栏上的"全部缩放"按钮 ，将图形界限最大化显示在绘图区。

步骤02 单击状态栏中的"正交"按钮 ，打开"正交"功能。

步骤03 展开"默认"选项卡|"图层"面板上的"图层"下拉列表，将"辅助线"图层设置为当
前层，在"特性"面板上的"线型"下拉列表中将当前图层的线型设置为 Dashdot，在"线
宽"列表中设置线宽为默认。同时打开状态栏中的"对象捕捉"辅助工具，选择端点、
交点和垂足等对象捕捉方式。

步骤04 单击"默认"选项卡|"绘图"面板上的"直线"按钮 ，绘制水平和竖直基准线。命
令行提示如下：

```
命令: _line
指定第一点:                        //指定绘图区域左下角一点
指定下一点或 [放弃(U)]: @17640,0   //绘制水平直线
指定下一点或 [放弃(U)]: @0,10400   //绘制垂直直线
指定下一点或 [闭合(C)/放弃(U)]:    //按 Enter 键
```

步骤05 单击"默认"选项卡|"修改"面板上的"复制"按钮 ，以水平线为复制对象将水平线
按照固定的距离向上复制。命令行提示如下：

```
命令: _copy
```

```
选择对象: 找到 1 个                          //选择水平基准线
选择对象:                                    //按 Enter 键
当前设置: 复制模式 = 多个
指定基点或 [位移(D)/模式(O)] <位移>:                     //对象捕捉到水平线右端点
指定第二个点或 [阵列(A)] <使用第一个点作为位移>: 100  //输入第二条水平线到基点的距离
指定第二个点或 [阵列(A)/退出(E)/放弃(U)] <退出>:800
指定第二个点或 [阵列(A)/退出(E)/放弃(U)] <退出>:1700
指定第二个点或 [阵列(A)/退出(E)/放弃(U)] <退出>:3300
指定第二个点或 [阵列(A)/退出(E)/放弃(U)] <退出>:4700
指定第二个点或 [阵列(A)/退出(E)/放弃(U)] <退出>:6300
指定第二个点或 [阵列(A)/退出(E)/放弃(U)] <退出>:7700
指定第二个点或 [阵列(A)/退出(E)/放弃(U)] <退出>:9300
指定第二个点或 [阵列(A)/退出(E)/放弃(U)] <退出>:9800
指定第二个点或 [阵列(A)/退出(E)/放弃(U)] <退出>:10400
指定第二个点或 [阵列(A)/退出(E)/放弃(U)] <退出>:                //按 Enter 键
```

步骤 06 利用"复制"命令以竖直线为复制对象，设置步骤（4）绘制的垂直线的下端点为基点，将垂直线按照固定的距离向左复制，由右至左间距依次为 1280、680、1060、2500、3300、3300、2500、1060、680、1280。绘制完成的辅助线如图 7-3 所示。

图 7-3　辅助线效果

为使后面的说明方便，将辅助线按水平方向和竖直方向进行编号。水平方向辅助线由下至上为 H1~H11，竖直方向辅助线由左至右为 V1~V11。

7.2.3　创建立面图轮廓线

轮廓线是用来加强建筑立面图效果的。利用 AutoCAD 绘制轮廓线时通常有两种方法：一种是设置直线线宽，用"直线"命令来实现；另一种是用"多段线"命令来实现。在本例中将采用第一种方法来绘制建筑物的轮廓线，用第二种方法绘制地坪线。具体绘制步骤如下：

步骤 01 展开"默认"选项卡|"图层"面板上的"图层"下拉列表，将"轮廓线"图层设置为当前图层，在"特性"面板上的"线型"下拉列表中将当前图层的线型设置为 Continuous，在"线宽"列表中设置线宽为 0.3mm。同时打开状态栏中的"对象捕捉"辅助工具，选择端点、交点和垂足等对象捕捉方式。

步骤 02 单击"默认"选项卡|"绘图"面板上的"直线"按钮／，绘制主外墙轮廓线。命令行提示如下：

```
命令: _line
指定第一点:                              //对象捕捉到辅助线 H2V1 的交点
指定下一点或 [放弃(U)]:                   //对象捕捉到辅助线 H10V1 的交点
```

指定下一点或 [放弃(U)]: @-500,0
指定下一点或 [闭合(C)/放弃(U)]: @0,600
指定下一点或 [闭合(C)/放弃(U)]:   //对象捕捉到辅助线 H11V1 的交点
指定下一点或 [闭合(C)/放弃(U)]:   //对象捕捉到辅助线 H11V11 的交点
指定下一点或 [闭合(C)/放弃(U)]: @500,0
指定下一点或 [闭合(C)/放弃(U)]: @0,-600
指定下一点或 [闭合(C)/放弃(U)]:   //对象捕捉到辅助线 H10V11 的交点
指定下一点或 [闭合(C)/放弃(U)]:   //对象捕捉到辅助线 H2V11 的交点
指定下一点或 [闭合(C)/放弃(U)]:   //按 Enter 键

注意 有时可能会发现当在"图层特性管理器"对话框中设置了线宽，但在实际的绘图中并没有显示线宽，此时只需选择"格式"|"线宽"命令，在弹出的"线宽设置"对话框中选择"显示线宽"复选框即可，如图 7-4 所示。

另外，还可以直接单击状态栏中的"线宽"按钮，当其呈现按下状态时也可以显示线宽。

步骤 03 单击"默认"选项卡|"绘图"面板上的 "多段线"按钮，绘制地坪线。命令行提示如下：

命令: _pline
指定起点: //对象捕捉到辅助线 H1 向右延伸方向，输入距离 1000
当前线宽为 0
指定下一个点或 [圆弧(A)/半宽(H)/长度(L)/放弃(U)/宽度(W)]: W   //设置线宽
指定起点宽度 <0>: 50   //输入起点线宽为 50
指定端点宽度 <50>:   //按 Enter 键
指定下一个点或 [圆弧(A)/半宽(H)/长度(L)/放弃(U)/宽度(W)]:
//对象捕捉到辅助线 H1 向左延伸方向，输入距离 1000
指定下一点或 [圆弧(A)/闭合(C)/半宽(H)/长度(L)/放弃(U)/宽度(W)]: //按 Enter 键

绘制好的立面图轮廓线如图 7-5 所示。

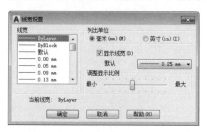

图 7-4 "线宽设置"对话框

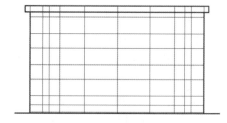

图 7-5 立面图轮廓线

7.2.4　创建门窗

1. 绘制窗户

在建筑立面图中，门窗均为重要的图形对象，窗户反映了建筑物的采光状况。在绘制窗户之前，应该观察该立面图上有多少种窗户。在制图过程中每种窗户只需绘制出一个，其余可以通过"复制"命令来实现。另外，对于窗户数量较多的建筑物而且窗户的样式又比较少时，由于窗户都是要符合国家有关标准的，可以将窗户图形创建成块，以块的形式来插入窗户，从而减少绘图的工作量。

在本例中共有 4 种窗户样式，如图 7-6 所示。从中不难发现，样式 1 和样式 2、样式 3 和样式 4 是同一种窗户的不同表达形式，因此只需绘制一种样式即可。

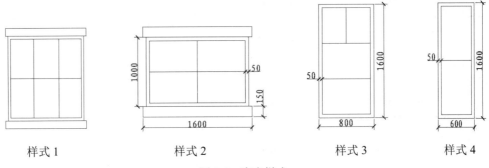

| 样式 1 | 样式 2 | 样式 3 | 样式 4 |

图 7-6　窗户样式

下面将以样式 1 窗户为例讲解窗户的具体绘制步骤，样式 2、样式 3、样式 4 的窗户尺寸具体如图 7-6 所示。

绘制样式 1 窗户的具体步骤如下：

步骤 01 展开"默认"选项卡|"图层"面板上的"图层"下拉列表，将"窗户"层设置为当前图层，在"特性"面板上的"线型"下拉列表中将当前图层的线型设置为 Continuous，在"线宽"列表中设置线宽为默认。同时将状态栏中的"对象捕捉"打开，选择端点和中点对象捕捉方式。

步骤 02 绘制窗台。单击"默认"选项卡|"绘图"面板上的"矩形"按钮 ▭▾ 绘制窗台。命令行提示如下：

```
命令：_rectang
指定第一个角点或 [倒角(C)/标高(E)/圆角(F)/厚度(T)/宽度(W)]：    //指定绘图区域合适一点
指定另一个角点或 [面积(A)/尺寸(D)/旋转(R)]：@1600,150
```

步骤 03 改变坐标原点。在命令提示行下，输入 UCS，选择新的坐标原点，同时打开对象捕捉中的中点捕捉。命令行提示如下：

```
命令：ucs
当前 UCS 名称：*世界*
指定 UCS 的原点或 [面(F)/命名(NA)/对象(OB)/上一个(P)/视图(V)/世界(W)/X/Y/Z/Z 轴
(ZA)] <世界>：o
指定新原点<0,0,0>：    //对象捕捉到矩形上条边的中点
```

执行完该命令后，效果如图 7-7 所示，若读者绘制的效果图与图 7-7 不同，则无法正常进行后面的绘制。

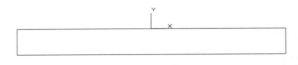

图 7-7　改变坐标原点

步骤 04 绘制窗户的内外轮廓线。单击"默认"选项卡|"绘图"面板上的"矩形"按钮□▾，绘制外窗户的轮廓线。命令行提示如下：

```
命令：_rectang
指定第一个角点或 [倒角(C)/标高(E)/圆角(F)/厚度(T)/宽度(W)]：-750,0
//输入窗户的左下端点坐标指定另一个角点或 [面积(A)/尺寸(D)/旋转(R)]：750,1600 //输入窗户的右上端点坐标
```

单击"默认"选项卡|"修改"面板上的"偏移"按钮 ⊂，绘制窗户的内轮廓线。命令行提示如下：

```
命令：_offset
当前设置：删除源=否  图层=源  OFFSETGAPTYPE=0
指定偏移距离或 [通过(T)/删除(E)/图层(L)] <3300>： 50          //输入偏移距离
选择要偏移的对象，或 [退出(E)/放弃(U)] <退出>：            //选择窗户外侧轮廓线
指定要偏移的那一侧上的点，或 [退出(E)/多个(M)/放弃(U)] <退出>：//选择窗户外侧轮廓线内
部一点选择要偏移的对象，或 [退出(E)/放弃(U)] <退出>：      //按 Enter 键
```

绘制完成后的窗户内外轮廓线如图 7-8 所示。

单击"默认"选项卡|"绘图"面板上的"直线"按钮／，配合端点捕捉功能绘制窗户的中线。命令行提示如下：

```
命令：_line 指定第一点：
指定下一点或 [放弃(U)]：          //对象捕捉到窗户内轮廓线左边中点
指定下一点或 [放弃(U)]：          //对象捕捉到窗户内轮廓线右边中点
```

单击"默认"选项卡上的"修改"面板中的"分解"按钮 ⬚，将窗户内轮廓线分解为 4 条线段，然后单击"默认"选项卡|"修改"面板上的"偏移"按钮 ⊂，绘制玻璃的轮廓线。命令行提示如下：

```
命令：_offset
当前设置：删除源=否  图层=源  OFFSETGAPTYPE=0
指定偏移距离或 [通过(T)/删除(E)/图层(L)] <50>： 450          //输入偏移距离
选择要偏移的对象，或 [退出(E)/放弃(U)] <退出>：            //选择窗户内轮廓线左边缘
指定要偏移的那一侧上的点，或 [退出(E)/多个(M)/放弃(U)] <退出>：
//选择窗户内轮廓线右侧一点
```

使用同样的方法，将窗户内轮廓右侧边向左偏移 450，效果如图 7-9 所示。

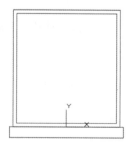

图 7-8　窗户内外轮廓线

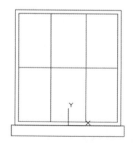

图 7-9　窗户分隔线

步骤 05 绘制窗户的上部窗台。单击"默认"选项卡|"修改"面板上的"镜像"按钮 ⚠，把下部

窗台镜像到上部即可。命令行提示如下：

```
命令: _mirror
选择对象：找到 1 个                                    //选择下部窗台
选择对象：                                            //按 Enter 键
指定镜像线的第一点：指定镜像线的第二点：              //选择窗户的中线
要删除源对象吗？[是(Y)/否(N)] <N>:                   //按 Enter 键
```

绘制完成的样式 1 的窗户如图 7-10 所示。

步骤 06 采用同样的方法绘制其他样式的窗户，这里就不再赘述。

步骤 07 单击"默认"选项卡|"修改"面板上的"复制"按钮，分别将绘制的各窗户复制到合适的位置。

```
命令: _copy
选择对象：找到 11 个                                              //选择样式 1 窗户
选择对象：                                                       //按 Enter 键
当前设置： 复制模式 = 多个
指定基点或 [位移(D)/模式(O)] <位移>:                            //对象捕捉到下窗台上边中点
指定第二个点或 [阵列(A)] <使用第一个点作为位移>: //对象捕捉到辅助线 H4V5 交点
指定第二个点或 [阵列(A)/退出(E)/放弃(U)] <退出>://对象捕捉到辅助线 H6V5 交点
指定第二个点或 [阵列(A)/退出(E)/放弃(U)] <退出>://对象捕捉到辅助线 H8V5 交点
指定第二个点或 [阵列(A)/退出(E)/放弃(U)] <退出>://对象捕捉到辅助线 H4V7 交点
指定第二个点或 [阵列(A)/退出(E)/放弃(U)] <退出>://对象捕捉到辅助线 H6V7 交点
指定第二个点或 [阵列(A)/退出(E)/放弃(U)] <退出>://对象捕捉到辅助线 H8V7 交点
指定第二个点或 [阵列(A)/退出(E)/放弃(U)] <退出>://按 Enter 键
```

类似的，样式 2 的窗户以上半玻璃中心为基点，将其复制到辅助线 H6V6、H6V8 的交点。

样式 3 的窗户以窗户轮廓下边中点为基点，将其复制到辅助线 H4V2、H6V2、H8V2、H4V10、H4V10、H8V10 的交点。

样式 4 的窗户以窗户轮廓下边中点为基点，将其复制到 H4V4、H6V4、H8V4、H4V8、H4V8、H8V8 的交点。

绘制完成的窗户图形如图 7-11 所示。

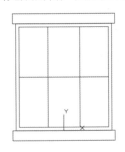

图 7-10　绘制一扇窗户

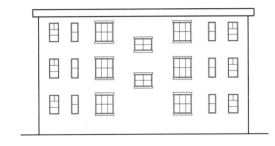

图 7-11　完成所有窗户的立面图

2. 绘制门

在建筑立面图中，门也是重要的对象，与绘制窗户类似，在绘制门之前，应该先观察该立面图上有多少种门。在制图过程中每种门只需绘制出一个，其余可以通过"复制"命令来

实现。

在本例中只有一个双扇门，只需绘制一种样式的门即可。

门的具体绘制步骤如下：

步骤 01 展开"默认"选项卡|"图层"面板上的"图层"下拉列表，将"门"层设置为当前图层，在"特性"面板上的"线型"下拉列表中将当前图层的线型设置为 Continuous，在"线宽"列表中设置线宽为默认。同时将状态栏中的"对象捕捉"打开，选择端点和中点对象捕捉方式。

步骤 02 绘制门洞的轮廓线。单击"默认"选项卡|"绘图"面板上的"矩形"按钮 □ ▼，绘制门洞轮廓线。命令行提示如下：

```
命令：_rectang
指定第一个角点或 [倒角(C)/标高(E)/圆角(F)/厚度(T)/宽度(W)]：    //指定绘图区域合适一点
指定另一个角点或 [面积(A)/尺寸(D)/旋转(R)]：@1200,2000    //采用相对坐标输入对角点
坐标
```

步骤 03 绘制门扇的轮廓线。在门洞轮廓线中加入矩形，用户可以在命令提示符下输入 UCS，选择新的坐标原点。命令行提示如下：

```
命令：ucs
当前 UCS 名称：*没有名称*
指定 UCS 的原点或 [面(F)/命名(NA)/对象(OB)/上一个(P)/视图(V)/世界(W)/X/Y/Z/Z 轴
(ZA)] <世界>：o
指定新原点 <0,0,0>：                //对象捕捉到矩形左下端点
```

完成 UCS 命令后的效果如图 7-12 所示。

绘制上下两扇门，它们的形状都是矩形，仍然采用"矩形"命令。单击"默认"选项卡|"绘图"面板上的"矩形"按钮 □ ▼，命令行提示如下：

```
命令：_rectang
指定第一个角点或 [倒角(C)/标高(E)/圆角(F)/厚度(T)/宽度(W)]：50,100
指定另一个角点或 [面积(A)/尺寸(D)/旋转(R)]：@500,850
命令：_rectang
指定第一个角点或 [倒角(C)/标高(E)/圆角(F)/厚度(T)/宽度(W)]：50,1050
指定另一个角点或 [面积(A)/尺寸(D)/旋转(R)]：@500,850
```

步骤 04 绘制门的装饰线，注意采用点的对象捕捉命令。命令行提示如下：

```
命令：_line 指定第一点：        //对象捕捉到门洞矩形上边中点
指定下一点或 [放弃(U)]：        //对象捕捉到门洞矩形左边中点
指定下一点或 [放弃(U)]：        //对象捕捉到门洞矩形下边中点
指定下一点或 [闭合(C)/放弃(U)]：  //按 Enter 键
```

步骤 05 单击"默认"选项卡|"绘图"面板上的"直线"按钮 ／，连接门洞矩形上边和下边的中点绘制门缝线。绘制完成后如图 7-13 所示。

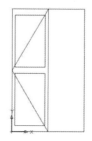

图 7-12　执行完 UCS 命令后效果　　　　　　　图 7-13　绘制完成一扇门

步骤 06　绘制完成一扇门后，单击"默认"选项卡|"修改"面板上的"镜像"按钮 ◢▲，创建另一扇门。命令行提示如下：

```
命令：_mirror
选择对象：找到 1 个
选择对象：找到 1 个，总计 2 个
选择对象：找到 1 个，总计 3 个
选择对象：找到 1 个，总计 4 个              //选中绘制的单扇门
选择对象：                                 //按 Enter 键
指定镜像线的第一点：                       //选择门缝线上端点
指定镜像线的第二点：                       //选择门缝线下端点
要删除源对象吗？[是(Y)/否(N)] <N>：        //按 Enter 键
```

绘制完成的门如图 7-14 所示。

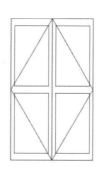

图 7-14　绘制完成的门

步骤 07　绘制完成门后，单击"默认"选项卡|"修改"面板上的"复制"按钮 ₈，将它们复制到合适的位置。命令行提示如下：

```
命令：_copy
选择对象：找到 10 个                                        //选择门
选择对象：                                                  //按 Enter 键
当前设置： 复制模式 = 多个
指定基点或 [位移(D)/模式(O)] <位移>：                      //对象捕捉到门洞下边中点
指定第二个点或 [阵列(A)] <使用第一个点作为位移>：          //对象捕捉到辅助线 H2V6 交点
指定第二个点或 [阵列(A)/退出(E)/放弃(U)] <退出>：          //按 Enter 键
```

门窗绘制完成后的图形如图 7-15 所示。

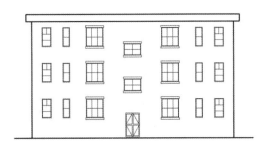

图 7-15　完成门窗绘制的立面图

在立面图中绘制门的方法与绘制窗户类似，但也可以用另外一种方法来绘制门。由于门都是符合国家标准的，所以可以提前绘制一定模数的门，然后按照前面所讲的方法保存成块，在需要的时候直接插入即可。

3．绘制阳台

在本例的立面图中，三层楼都有阳台，并且阳台的样式基本一样，分布也十分规整。可以先绘制一个阳台，然后通过"复制"命令和"镜像"命令把阳台复制到合适的位置。

阳台的具体绘制步骤如下：

步骤 01 展开"默认"选项卡|"图层"面板上的"图层"下拉列表，将"阳台"层设置为当前图层，在"特性"面板上的"线型"下拉列表中将当前图层的线型设置为 Continuous，在"线宽"列表中设置线宽为默认。同时将状态栏中的"对象捕捉"打开，选择端点和中点对象捕捉方式。

步骤 02 绘制阳台的底板。单击"默认"选项卡|"绘图"面板上的"矩形"按钮 ⬜▾，绘制阳台底板。命令行提示如下：

```
命令：_rectang
指定第一个角点或 [倒角(C)/标高(E)/圆角(F)/厚度(T)/宽度(W)]：　//指定绘图区域合适一点
指定另一个角点或 [面积(A)/尺寸(D)/旋转(R)]：@3360,100　　　　//采用相对坐标输入对角点
坐标
```

步骤 03 首先改变坐标原点，用户可以在命令提示符下输入 UCS，选择新的坐标原点。命令行提示如下：

```
命令：ucs
当前 UCS 名称：*没有名称*
指定 UCS 的原点或 [面(F)/命名(NA)/对象(OB)/上一个(P)/视图(V)/世界(W)/X/Y/Z/Z 轴
(ZA)] <世界>：o
指定新原点<0,0,0>：　//对象捕捉到矩形左下端点
```

执行完该命令后效果如图 7-16 所示。

图 7-16　重新定义 UCS 原点

步骤 04 绘制阳台的上侧护板。单击"默认"选项卡|"绘图"面板上的"矩形"按钮 ⬜▾，绘制

阳台的上侧护板。命令行提示如下：

```
命令：_rectang
指定第一个角点或 [倒角(C)/标高(E)/圆角(F)/厚度(T)/宽度(W)]：-120,880
指定另一个角点或 [面积(A)/尺寸(D)/旋转(R)]：@3600,150
```

步骤 **05** 单击"默认"选项卡|"绘图"面板上的"直线"按钮 ，绘制阳台上下护板之间的连接。命令行提示如下：

```
命令：_line
指定第一点：                //对象捕捉到底板左上端点
指定下一点或 [放弃(U)]：     //对象捕捉到上侧护板的垂足
指定下一点或 [放弃(U)]：     //按 Enter 键
```

步骤 **06** 重复执行"直线"命令，利用步骤（5）的方法绘制另外一侧的直线，绘制完连接后，效果如图 7-17 所示。

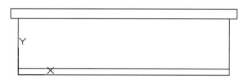

图 7-17　绘制完护板连接

步骤 **07** 绘制阳台的装饰部分。由于阳台的装饰部分是一样的，所以可以利用"复制"命令进行绘制。

单击"默认"选项卡|"绘图"面板上的"矩形"按钮 ，绘制装饰的矩形部分。命令行提示如下：

```
命令：_rectang
指定第一个角点或 [倒角(C)/标高(E)/圆角(F)/厚度(T)/宽度(W)]：
//对象捕捉到护板连接线的上端点
指定另一个角点或 [面积(A)/尺寸(D)/旋转(R)]：@1020,-580 //采用相对坐标输入对角点坐标
```

单击"默认"选项卡|"绘图"面板上的"直线"按钮 ，绘制装饰的直线部分。命令行提示如下：

```
命令：_line
指定第一点:100,100        //输入第一点坐标
指定下一点或 [放弃(U)]：    //对象捕捉到上一步矩形的垂足
指定下一点或 [放弃(U)]：    //按 Enter 键
```

绘制完一部分阳台装饰后，效果如图 7-18 所示。

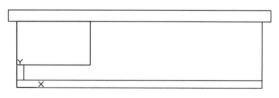

图 7-18　绘制完一部分阳台装饰

单击"默认"选项卡|"修改"面板上的"复制"按钮 ，将装饰的矩形部分复制到合适的位置。命令行提示如下：

```
命令：_copy
选择对象：找到 1 个                                        //选择矩形部分
选择对象：                                                //按 Enter 键
当前设置：  复制模式 = 多个
指定基点或 [位移(D)/模式(O)] <位移>：                      //对象捕捉到矩形的左下端点
指定第二个点或 [阵列(A)] <使用第一个点作为位移>:@1170,0     //输入第二个矩形左下端点与基
点的距离
指定第二个点或 [阵列(A)/退出(E)/放弃(U)] <退出>：@2340,0
指定第二个点或 [阵列(A)/退出(E)/放弃(U)] <退出>：//按 Enter 键
```

执行完该命令后，效果如图 7-19 所示。

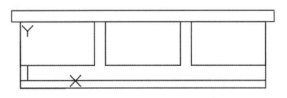

图 7-19 绘制完成阳台装饰的矩形部分

同矩形部分类似，将装饰的直线部分以下端点为基点向右复制，两直线间隔距离由左到右依次为 80、660、80、350、80、660、80、350、80、660、80。

绘制完成的阳台如图 7-20 所示。

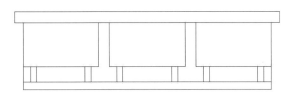

图 7-20 阳台

步骤 08 单击"默认"选项卡|"修改"面板上的"复制"按钮 ，将阳台复制到合适的位置。命令行提示如下：

```
命令：_copy
选择对象：找到 19 个                                       //选择阳台
选择对象：                                                //按 Enter 键
当前设置：  复制模式 = 多个
指定基点或 [位移(D)/模式(O)] <位移>：                      //对象捕捉到阳台上侧护板的上边中
点
指定第二个点或 [阵列(A)] <使用第一个点作为位移>：          //对象捕捉到辅助线 H4V3 交点
指定第二个点或 [阵列(A)/退出(E)/放弃(U)] <退出>：          //对象捕捉到辅助线 H6V3 交点
指定第二个点或 [阵列(A)/退出(E)/放弃(U)] <退出>：          //对象捕捉到辅助线 H8V3 交点
指定第二个点或 [阵列(A)/退出(E)/放弃(U)] <退出>：          //对象捕捉到辅助线 H4V9 交点
指定第二个点或 [阵列(A)/退出(E)/放弃(U)] <退出>：          //对象捕捉到辅助线 H6V9 交点
```

指定第二个点或 [阵列(A)/退出(E)/放弃(U)] <退出>：　　　//对象捕捉到辅助线 H8V9 交点
指定第二个点或 [阵列(A)/退出(E)/放弃(U)] <退出>：　　　//按 Enter 键

绘制完成阳台的立面图如图 7-21 所示。

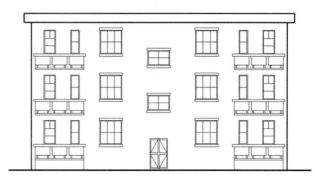

图 7-21　绘制完成阳台的立面图

7.2.5　创建雨篷

雨篷的绘制比较简单，一般使用"矩形"命令并配合"对象捕捉""捕捉自"等功能进行绘制。在本例中只有一处雨篷，绘制步骤如下：

步骤01 展开"默认"选项卡|"图层"面板上的"图层"下拉列表，将"雨篷"层设置为当前层，在"特性"面板上的"线型"下拉列表中将当前图层的线型设置为 Continuous，在"线宽"列表中设置线宽为默认。同时将状态栏中的"对象捕捉"打开，选择端点和中点对象捕捉方式。

步骤02 单击"默认"选项卡|"绘图"面板上的"矩形"按钮 ▱▾，绘制门上的雨篷。命令行提示如下：

命令: _rectang
指定第一个角点或 [倒角(C)/标高(E)/圆角(F)/厚度(T)/宽度(W)]: //指定绘图区域合适一点
指定另一个角点或 [面积(A)/尺寸(D)/旋转(R)]: @1760,200

步骤03 首先改变坐标原点，用户可以在命令提示符下输入 UCS，选择新的坐标原点。命令行提示如下：

命令: ucs
当前 UCS 名称: *没有名称*
指定 UCS 的原点或 [面(F)/命名(NA)/对象(OB)/上一个(P)/视图(V)/世界(W)/X/Y/Z/Z 轴(ZA)] <世界>: o
指定新原点<0,0,0>: //对象捕捉到矩形左下端点

步骤04 单击"默认"选项卡|"绘图"面板上的"直线"按钮 ╱，绘制雨篷支架。命令行提示如下：

命令: _line 指定第一点: 100,0　　　　　　　//输入支架起点坐标
指定下一点或 [放弃(U)]:@0,-2500　　　　　　//输入第二点坐标

指定下一点或 [放弃(U)]: //按 Enter 键

步骤 05 单击"默认"选项卡|"修改"面板上的"偏移"按钮 ⊆，将步骤（4）绘制的直线向右偏移 80，绘制完成左边支架的效果如图 7-22 所示。

步骤 06 单击"默认"选项卡|"修改"面板上的"镜像"按钮 ⚠，绘制另一侧支架。命令行提示如下：

```
命令: _mirror
选择对象: 找到 1 个
选择对象: 找到 1 个，总计 2 个          //选择左侧支架
选择对象:                              //按 Enter 键
指定镜像线的第一点:                     //对象捕捉到雨篷矩形下边中点
指定镜像线的第二点:                     //对象捕捉到雨篷矩形上边中点
要删除源对象吗? [是(Y)/否(N)] <N>:      //按 Enter 键
```

步骤 07 单击"默认"选项卡|"修改"面板上的"移动"按钮 ✛，将绘制好的雨篷以左右支架底端连线中点为基点将其移动到辅助线 H2V5 的交点。

绘制完成雨篷的立面图如图 7-23 所示。

图 7-22 绘制完成左边支架

图 7-23 绘制完成雨篷的立面图

7.2.6 创建立面装饰

立面装饰绘制也比较简单，一般采用系统提供的块。可以使用"插入块"命令、"工具选项板"命令或"设计中心"命令等，在本例中绘制两处路灯，具体绘制步骤如下：

步骤 01 展开"默认"选项卡|"图层"面板上的"图层"下拉列表，将"立面装饰层"设置为当前层，在"特性"面板上的"线型"下拉列表中将当前图层的线型设置为 Continuous，在"线宽"列表中设置线宽为默认。

步骤 02 在功能区单击"视图"选项卡|"选项板"面板上的"设计中心"按钮 ▦，执行"设计中心命令"，打开"设计中心"选项板。

步骤 03 在"文件夹列表"中选择路径为"AutoCAD 2021\sample\DesignCenter\Landscapint.dwg\块"，右击"灯—室外（立面）"，如图 7-24 所示。

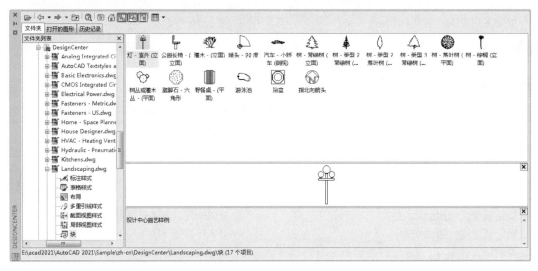

图 7-24　灯-室外（立面）

步骤 **04**　在弹出的快捷菜单中选择"插入块"命令，弹出"插入"对话框，具体参数设置如图 7-25 所示，单击"确定"按钮，在绘图区捕捉室外地坪线左端点，插入图块。

图 7-25　"插入"对话框

步骤 **05**　利用同样的方法在办公室的另一侧插入路灯。绘制完成立面装饰的立面图，结果如图 7-26 所示。

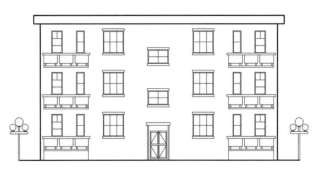

图 7-26　绘制完成立面装饰的立面图

7.2.7 创建立面填充

在本例中，由于办公楼比较简单，墙面的装饰较少，主要是在建筑物的上面粘贴了一些瓷砖。具体的绘制步骤如下：

步骤 01 展开"默认"选项卡|"图层"面板上的"图层"下拉列表，将"立面装饰"层设置为当前层，在"特性"面板上的"线型"下拉列表中将当前图层的线型设置为 Continuous，在"线宽"列表中设置线宽为默认。同时将状态栏中的"对象捕捉"打开，选择端点和中点对象捕捉方式。

步骤 02 在功能区单击"默认"选项卡|"绘图"面板上的"图案填充"按钮，打开"图案填充创建"选项卡，在"图案"面板上选择如图 7-27 所示的图案，其他参数为默认设置，对立面屋檐进行填充，填充效果如图 7-28 所示。

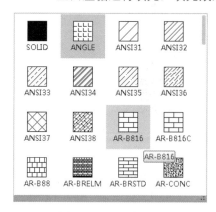

图 7-27 "图案"面板

图 7-28 绘制完成立面填充的立面图

7.2.8 创建立面标高

展开"默认"选项卡|"图层"面板上的"图层"下拉列表，打开"辅助线"图层，使用第 2 章创建的标高图块为立面图创建标高。完成立面标高的局部立面图如图 7-29 所示。

图 7-29 绘制完成立面标高的立面图

7.2.9 创建文字

建筑立面图应标出图名和比例，还应该标注出材质做法、详图索引等必要的文字注释。例如在本例中要标注"白水泥砂浆""浅豆沙预制水磨石""白水刷石台度""深绿色分格"等。这里使用 G500 创建引线说明，创建效果如图 7-30 所示。

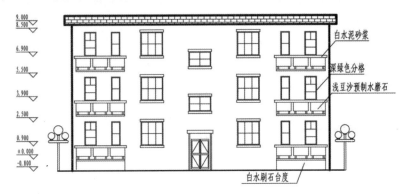

图 7-30　创建文字

7.2.10　创建图题和轴线编号

具体操作步骤如下：

步骤 01 打开辅助线功能，将 V1 向右偏移 140，将 V11 向左偏移 140，过偏移生成的两条直线绘制直线，每条直线在地坪线以上为 750，在地坪线以下也为 750，关闭"辅助线"图层。

步骤 02 单击"默认"选项卡|"块"面板上的按钮"插入块"按钮，插入"竖向轴线编号"图块，插入点分别为两条直线的下端点，左侧编号为 9，右侧编号为 1。

步骤 03 单击"注释"选项卡|"文字"面板上的"多行文字"按钮A，创建图题，文字样式为 G1000，在正下方使用"多段线"命令绘制一条线，线宽为 100，效果如图 7-31 所示。

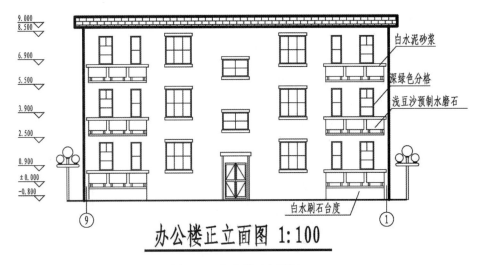

图 7-31　办公楼正立面图

7.3　小　结

本章主要介绍了建筑立面图的内容和绘制步骤，结合某办公楼正立面图实例，向读者具体介绍了如何使用 AutoCAD 2021 绘制一幅完整的建筑立面图。通过本章的学习，读者应当对建筑立面图的设计过程和绘制方法有所了解，并能熟练运用前面章节所介绍的命令完成相应的操作。建筑立面图是建筑设计过程中一个基本组成部分，读者要注意建筑立面图必须和建筑平面图、建筑剖面图相互对应结合地阅读，这在设计建筑时是非常重要的。

7.4　上机练习

练习 1：根据本章所讲的绘制立面图的方法，结合下面的提示步骤绘制如图 7-33 所示的某建筑物立面图。

提示：

（1）设置绘图环境并绘制辅助线。

（2）使用"直线"命令绘制建筑物的外形轮廓线。

（3）使用"矩形"和"复制"命令绘制窗户。

（4）使用"矩形"绘图命令和"偏移""修剪"等命令绘制门，最终完成建筑立面图的绘制，如图 7-32 所示。

图 7-32　某住宅建筑物立面图

练习目的：

（1）熟练掌握绘制建筑物立面图的步骤和方法。

（2）熟练掌握二维平面图形的绘制命令及修改命令。

练习 2：运用本章所讲方法，绘制如图 7-33 所示的某三层别墅立面图。

图 7-33　三层别墅立面图

练习3：运用本章所讲方法，绘制如图 7-34 所示的某建筑物立面图。

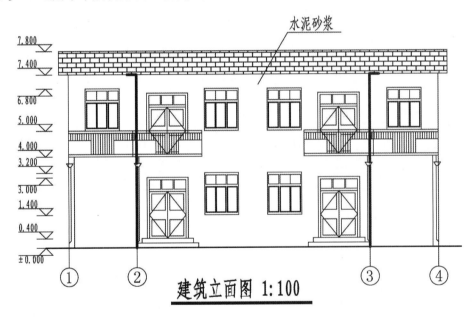

图 7-34　某建筑物立面图

第8章

建筑剖面图的绘制

 导言

假设用一个铅垂剖切平面，沿建筑物的垂直方向切开，移去靠近观察者的一部分，其余部分的正投影图就称为建筑剖面图，简称剖面图。切断部分用粗线表示，可见部分用细线表示。根据剖切方向的不同可分为横剖面图及纵剖面图。

8.1 建筑剖面图基础

在介绍建筑剖面图的绘制方法之前，首先了解一些建筑剖面图的基础内容，即建筑剖面图的组成内容和绘制步骤，为掌握立面图的绘制方法打好基础。

8.1.1 建筑剖面图内容

建筑剖面图是用来表示建筑物内部垂直方向的结构形式、分层情况、内部构造及各部位高度的图样，例如屋顶的形式、屋顶的坡度、檐口形式、楼板的搁置方式、楼梯的形式等。

剖面图的剖切位置，应选择在内部构造和结构比较复杂与典型的部位，并应通过门窗洞的位置。剖面图的图名应与平面图上标注的剖切位置的编号一致，如Ⅰ-Ⅰ剖面图、Ⅱ-Ⅱ剖面图等。如果用一个剖切平面不能满足要求时，允许将剖切平面转折后再绘制剖面图，以将其在一张剖面图上表现出更多的内容，但只允许转一次并用剖切符号在平面图上标明。习惯上，剖面图中可不绘出基础，截面上材料图例和图中的线型选择均与平面图相同。剖面图一般从室外地坪向上一直绘到屋顶。通常对于一栋建筑物而言，一个剖面图是不够的，往往需要在几个有代表性的位置都绘制剖面图，才可以完整地反映楼层剖面的全貌。

建筑剖面图主要表达以下内容：

- 剖面图的比例。剖面图的比例与平面图、立面图一致，为了图示清楚，也可用较大比例画出。
- 剖切位置和剖视方向。从图名和轴线编号与平面图上的剖切位置和轴线编号相对应，可知剖面图的剖切位置和剖视方向。
- 表示被剖切到的房屋各部位，如各楼层地面、内外墙、屋顶、楼梯、阳台等的构造。
- 表示建筑物主要承重构件的位置及相互关系，如各层的梁、板、柱及墙体的连接关系等。
- 房屋的内外部尺寸和标高。图上应标注房屋外部、内部的尺寸和标高，外部尺寸一般应注出室外地坪、勒脚、窗台、门窗顶、檐口等处的标高和尺寸，应与立面图一致。若房屋两侧对称时，可只在一边标注；内部尺寸一般应标出底层地面、各层楼面与楼梯平台面的标高；室内其余部分，如门窗洞、搁板、设备等，注出其位置和大小的尺寸，楼梯一般另有详图。剖面图中的高度尺寸有三道：第一道尺寸靠近外墙，从室外地面开始分段标出窗台、门、窗洞口等尺寸；第二道尺寸注明房屋各层层高；第三道尺寸为房屋建筑物的总高度。另外，剖面图中的标高是相对尺寸，而大小尺寸则是绝对尺寸。

- 坡度表示。房屋倾斜的地方，如屋面、散水、排水沟与出入口的坡道等，需用坡度来表明倾斜的程度。对于较小的坡度用百分比 "n%" 加箭头表示，n%表示屋面坡度的高宽比，箭头表示流水方向。较大坡度用直角三角形表示，直角三角形的斜边应与屋面坡度平行，直角边上的数字表示坡度的高宽比。

- 材料说明。房屋的楼梯、地面、屋面等是用多层材料构成，一般应在剖面图中加以说明。一般方法是用一引出线指向说明的部位，并按其构造的层次顺序，逐层加以文字说明。对于需要另用详图说明的部位或构件，则在剖面图中可用标志符号加以引出索引，以便互相查阅、核对。

8.1.2　建筑剖面图绘制步骤

一般来说，剖面图绘制中需要使用的技术，大概是平面图和立面图的结合，其绘制步骤和建筑立面图的绘制步骤有很多相同之处，具体绘制步骤如下：

步骤 01　设置绘图环境，或者选用符合要求的样板图形。

步骤 02　插入图框图块。

步骤 03　转动平面图使需要绘制剖面的墙面朝下，在上方绘制剖面图。

步骤 04　如果已经有了立面图，把立面图复制在拟绘剖面图一侧。

步骤 05　从平面上向上引出轴线和辅助线。

步骤 06　从立面图或立面尺寸引出地坪线、层高线和门窗高度线，从平面图上引出门窗位置线，插入门窗图块。

步骤 07　绘制剖面楼梯、踏步、阳台、雨篷、水箱等建筑构件。

步骤 08　绘制剖面屋顶和檐口建筑构件。

步骤 09　绘制与结构、水暖电系统相关的建筑构件。

步骤 10　标注尺寸、标高、编号、型号、索引号和文字说明。

步骤 11　检查、核对图形和标注，填写图签。

步骤 12　图纸存档或打印输出。

8.2　某办公楼剖面图绘制

通过上一节的学习，已经知道建筑剖面图的组成内容以及绘制建筑剖面图的基本方法和一般步骤，接下来将介绍如何利用 AutoCAD 2021 来绘制建筑剖面图。

在前面的几章中已经介绍了建筑制图的绘制方法以及一些常用的图形的绘制方法。如图

8-1 所示为某办公楼的剖面图，通过分析前面两章中的该办公楼的底层平面图、标准层平面图以及屋顶平面图和该办公楼的正立面图，确定了该办公楼剖面图建筑物地面到屋顶的结构形式的构造内容，以表现建筑物垂直方向承重构件（柱）和水平方向承重构件（梁、板）均为钢筋砼构成形式。下面将结合前面学习的内容详细讲解如何利用 AutoCAD 2021 来绘制某办公楼的剖面图。

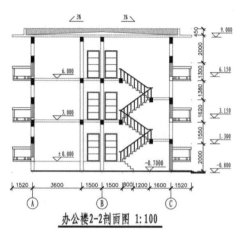

图 8-1　某办公楼的剖面图

8.2.1　建立绘图环境

在 A2 样板图的基础上创建建筑剖面图，在功能区单击"默认"选项卡|"图层"面板上的"图层特性"按钮，打开"图层特性管理器"对话框，在该选项板中创建如图 8-2 所示的图层。

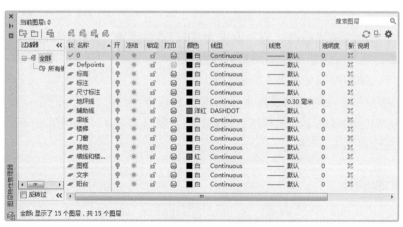

图 8-2　"图层特性管理器"选项板

8.2.2　创建辅助线

辅助线是用来在绘图的时候准确定位的，其绘制步骤如下：

步骤 **01** 单击导航栏上的"全部缩放"按钮 ，将图形界限最大化显示在绘图区。

步骤 **02** 单击状态栏中的"正交"按钮 ，打开"正交"功能。

步骤 **03** 展开"默认"选项卡|"图层"面板上的"图层"下拉列表，将"辅助线"图层设置为当前图层，在"特性"面板上的"线型"下拉列表中将当前图层的线型设置为 Dashdot，在"线宽"列表中设置线宽为默认。

步骤 **04** 单击"默认"选项卡|"绘图"面板上的"直线"按钮 ，绘制水平和竖直基准线。命令行提示如下：

```
命令：_line 指定第一点：                    //指定绘图区域左下角一点
指定下一点或 [放弃(U)]：@13240,0           //指定水平基准线长度
指定下一点或 [放弃(U)]：@0,10400           //指定竖直基准线长度
指定下一点或 [闭合(C)/放弃(U)]：            //按 Enter 键
```

步骤 **05** 单击"默认"选项卡|"修改"面板上的"偏移"按钮 ，将水平基准线按照固定的距离进行偏移，由下至上偏移间距依次为 100、700、1300、170、230、1150、300、1000、320、1380、300、1380、2000、450。命令行提示如下：

```
命令：_offset
当前设置：删除源=否 图层=源 OFFSETGAPTYPE=0
指定偏移距离或 [通过(T)/删除(E)/图层(L)] <1520>：100      //输入偏移距离
选择要偏移的对象，或 [退出(E)/放弃(U)] <退出>：            //选择水平线
指定要偏移的那一侧上的点，或 [退出(E)/多个(M)/放弃(U)] <退出>：//选择水平线上方一点
选择要偏移的对象，或 [退出(E)/放弃(U)] <退出>：            //按 Enter 键
...
                //按照同样的方式绘制完成其他水平线
```

步骤 **06** 单击"默认"选项卡|"修改"面板上的"偏移"按钮 ，将垂直基准线按照固定的距离进行偏移，由右至左偏移间距依次为 1520、1600、2000、1500、1500、3600、1520。

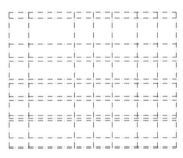

将全部所绘辅助线的"线型比例"设置为 30，具体设置请参见 5.2 节绘制某商业区总平面图的相关内容。

最终绘制完成的辅助线如图 8-3 所示。

为使后面说明方便，将辅助线按水平方向和竖直方向进行编号。水平方向辅助线由下至上依次为 H1~H15，竖直方向辅助线由左至右依次为 V1~V8。

图 8-3　辅助线图

8.2.3 创建地坪线

对于建筑物来说，地坪线就是地面的水平线，地坪以下并没有建筑物结构，在建筑物剖面图上分别绘制出室内外地坪线就可以了。

在本例中，将继续采用 7.2 节某办公楼正立面图绘制中所介绍的两种方法演示如何绘制地坪线。

步骤 **01** 展开"默认"选项卡|"图层"面板上的"图层"下拉列表，将"地坪线"图层设置为当

前图层，并将当前图层的线型设置为 Continuous，线宽为 0.3mm。同时打开状态栏中的
"对象捕捉"，选择端点、交点和垂足等对象捕捉方式。

步骤 02 单击"默认"选项卡|"绘图"面板上的"直线"按钮 ／，绘制室外地坪线。命令行提示
如下：

```
命令：_line 指定第一点：                  //对象捕捉辅助线 H1 右侧延伸线，输入距离为 1000
指定下一点或 [放弃(U)]：                  //对象捕捉到辅助线 H1V8 交点
指定下一点或 [放弃(U)]：                  //对象捕捉到辅助线 H2V8 交点
指定下一点或 [闭合(C)/放弃(U)]：          //对象捕捉到辅助线 H2V7 交点
指定下一点或 [闭合(C)/放弃(U)]：          //按 Enter 键
```

步骤 03 单击"默认"选项卡|"绘图"面板上的 "多段线"按钮 ，绘制室内地坪线。命令行
提示如下：

```
命令：_pline
指定起点：                  //捕捉到室外地坪线与室内地坪线交点端点
当前线宽为 0
指定下一个点或 [圆弧(A)/半宽(H)/长度(L)/放弃(U)/宽度(W)]：w //选择设置宽度
指定起点宽度 <0>：50                                      //输入起点线宽 50
指定端点宽度 <50>：                                       //按 Enter 键
指定下一个点或 [圆弧(A)/半宽(H)/长度(L)/放弃(U)/宽度(W)]：  //捕捉到辅助线 H2V2 交点
指定下一点或 [圆弧(A)/闭合(C)/半宽(H)/长度(L)/放弃(U)/宽度(W)]：
//对象捕捉到辅助线 H2V7 交点
指定下一点或 [圆弧(A)/闭合(C)/半宽(H)/长度(L)/放弃(U)/宽度(W)]：  //按 Enter 键
```

步骤 04 单击"默认"选项卡|"绘图"面板上的"矩形"按钮 ，绘制室外地坪线上的台阶。
命令行提示如下：

```
命令：_rectang
指定第一个角点或 [倒角(C)/标高(E)/圆角(F)/厚度(T)/宽度(W)]：//捕捉辅助线 H2V8 交点
指定另一个角点或 [面积(A)/尺寸(D)/旋转(R)]：@150,-50       //输入对角点坐标
命令：_rectang
指定第一个角点或 [倒角(C)/标高(E)/圆角(F)/厚度(T)/宽度(W)]：//捕捉上一矩形的左下端点
指定另一个角点或 [面积(A)/尺寸(D)/旋转(R)]：@300,50        //输入对角点坐标
```

绘制好的地坪线效果如图 8-4 所示。

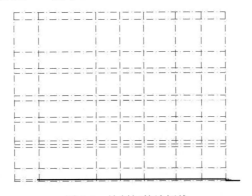

图 8-4 绘制好的地坪线

8.2.4　创建墙线和楼板线

1. 创建墙线

墙体是建筑剖面图上左右两侧的墙体结构。墙线是建筑剖面图的重要组成部分，其位于辅助线的两侧，可以用平行线来绘制。在剖面图中，由于不需要考虑墙体的具体材料，所以不用考虑填充的问题。在 AutoCAD 中可以用两种方法来绘制墙线：一种是通过"直线"命令绘制出墙体的一侧直线，再利用"偏移"命令或者"复制"命令绘制出另外一条直线；另一种就是通过"多线"命令来绘制墙体，然后在多线相交处通过 MLEDIT 命令整理墙体的交线，最后在墙体中添加门窗洞。

本例采用第二种方法即"多线"命令来绘制墙线。根据前面该办公室的平面图可知，此办公室的墙线为 240mm。绘制墙线的具体步骤如下。

步骤 01　展开"默认"选项卡|"图层"面板上的"图层"下拉列表，将"墙线和楼板线"层设置为当前图层，并将当前图层的线型设置为 Continuous，线宽为默认。同时将状态栏中的"对象捕捉"打开，选择端点和交点对象捕捉方式。

步骤 02　编辑多线样式。在命令行输入 MLSTYLE 后按 Enter 键，执行"多线样式"命令，弹出"多线样式"对话框，创建样式名为"240"的多线样式，元素偏移设置为上下偏移均为 120，其他设置采用默认。

设置完后单击"确定"按钮，返回"多样线样式"对话框，选择"240"多样线样式，单击"置为当前"按钮，将该多样线样式设置为当前的多样线样式。

步骤 03　在命令行中输入 MLINE 后按 Enter 键，执行"多线"命令，采用所创建的"240"多线样式来绘制"240"墙线。命令行提示如下：

```
命令: mline
当前设置: 对正 = 上, 比例 = 20.00, 样式 = 240
指定起点或 [对正(J)/比例(S)/样式(ST)]: s        //选择比例
输入多线比例 <20.00>: 1                          //输入比例为1
当前设置: 对正 = 上, 比例 = 1.00, 样式 = 240
指定起点或 [对正(J)/比例(S)/样式(ST)]: j        //选择对正方式
输入对正类型 [上(T)/无(Z)/下(B)] <上>: z        //对正方式为无, 表示居中对齐
当前设置: 对正 = 无, 比例 = 1.00, 样式 = 240
指定起点或 [对正(J)/比例(S)/样式(ST)]:          //对象捕捉到辅助线 H2V2 交点
指定下一点:                                      //对象捕捉到辅助线 H14V2 交点
指定下一点或 [放弃(U)]:                          //按 Enter 键
...

                                                 //按照同样方法, 绘制其他墙线
```

除上述命令行中所提到的一处墙线外，另外几处的墙线的起始点为：辅助线 H2V3 交点起至辅助线 H14V3 交点止、辅助线 H2V4 交点起至辅助线 H14V4 交点止、辅助线 H2V7 交点起至辅助线 H14V7 交点止。

经过以上几步操作后，绘制出了墙线的草图，如图 8-5 所示。多余的线条将待楼板线绘制完成后一起修剪。

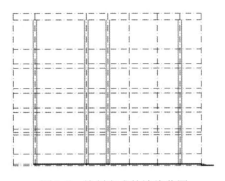

图 8-5　绘制完成的墙线草图

2. 创建楼板线

楼板就是各层的地板和楼梯之间的平台,是多层建筑物中沿水平方向分隔上下空间的结构部件,它除了承受并传递垂直荷载和水平荷载外,还具有一定程度的隔音、防水、防火等功能。同时,建筑物中的各种水平设备管线,也将安装在楼板内,因此楼板由面层、结构层、顶棚层组成,具有一定的厚度。

由于楼板的分布具有一定的规律性,可以采用"复制"命令或"偏移"命令来绘制。楼板线同样也可以采用如创建墙线一样的"多线"命令和"直线"命令来绘制。

在本例中,采用"直线"命令绘制出一条直线,然后通过"偏移"命令来绘制楼板线。根据前面的平面图可知,该办公室的楼板线为150mm。绘制墙线的具体步骤如下:

步骤01 展开"默认"选项卡|"图层"面板上的"图层"下拉列表,将"墙线和楼板线"层设置为当前图层,并将当前图层的线型设置为 Continuous,线宽为默认。同时将状态栏中的"对象捕捉"打开,选择端点和交点对象捕捉方式。

步骤02 单击"默认"选项卡|"绘图"面板上的"直线"按钮 ╱,绘制出楼板底侧直线。命令行提示如下:

```
命令: _line 指定第一点:          //对象捕捉到辅助线 H5 与辅助线 V8 所在墙线交点
指定下一点或 [放弃(U)]: @-1480,0  //输入楼板长
指定下一点或 [放弃(U)]:          //按 Enter 键（楼板 A）
命令: _line 指定第一点:          //对象捕捉到辅助线 H7 与辅助线 V4 所在墙线交点
指定下一点或 [放弃(U)]: @1380,0   //输入楼板长
指定下一点或 [放弃(U)]:          //按 Enter 键（楼板 B）
命令: _line 指定第一点:          //对象捕捉到辅助线 H7 与辅助线 V2 所在墙线交点
指定下一点或 [放弃(U)]:          //对象捕捉到辅助线 H7 与辅助线 V3 所在墙线交点
指定下一点或 [放弃(U)]:          //按 Enter 键（楼板 C）
命令: _line 指定第一点:          //对象捕捉到辅助线 H7 与辅助线 V3 所在墙线交点
指定下一点或 [放弃(U)]:          //对象捕捉到辅助线 H7 与辅助线 V4 所在墙线交点
指定下一点或 [放弃(U)]:          //按 Enter 键（楼板 D）
```

步骤03 单击"默认"选项卡|"修改"面板上的"偏移"按钮 ⊑,绘制出楼板上侧直线。命令行提示如下:

```
命令:offset
当前设置: 删除源=否　图层=源　OFFSETGAPTYPE=0
指定偏移距离或 [通过(T)/删除(E)/图层(L)] <0>:150
```

选择要偏移的对象，或 [退出(E)/放弃(U)] <退出>:	//选择楼板 A 底侧线
指定要偏移的那一侧上的点，或 [退出(E)/多个(M)/放弃(U)] <退出>:	//选择楼板上侧一点
选择要偏移的对象，或 [退出(E)/放弃(U)] <退出>:	//选择楼板 A 底侧线
指定要偏移的那一侧上的点，或 [退出(E)/多个(M)/放弃(U)] <退出>:	//选择楼板上侧一点
…	
//采用相同的方法绘制楼板上侧直线	
选择要偏移的对象，或 [退出(E)/放弃(U)] <退出>:	//按 Enter 键

步骤 **04** 单击"默认"选项卡|"修改"面板上的"复制"按钮 ⬚，将绘制好的楼板复制到相应位置。命令行提示如下：

命令：_copy	
选择对象：找到 1 个	
选择对象：找到 1 个，总计 2 个	//选择楼板 A
选择对象：	//按 Enter 键
当前设置：复制模式 = 多个	
指定基点或 [位移(D)/模式(O)] <位移>:	//对象捕捉到楼板 A 下侧直线右端点
指定第二个点或 [阵列(A)] <使用第一个点作为位移>:	
//对象捕捉到辅助线 H10 与辅助线 V7 所在墙线的交点	
指定第二个点或 [阵列(A)/退出(E)/放弃(U)] <退出>:	//按 Enter 键

采用同楼板 A 相同的方法，以楼板 B 下侧直线左端点为基点，将其复制到辅助线 H11 与辅助线 V4 所在墙线的左交点。

以楼板 C 下侧直线左端点为基点，将其复制到辅助线 H11 与辅助线 V2 所在墙线的右交点。

以将楼板 D 下侧直线左端点为基点，将其复制到辅助线 H11 与辅助线 V3 所在墙线的右交点。

绘制完楼板线的剖面图如图 8-6 所示。

隐藏辅助线后的剖面图如图 8-7 所示。

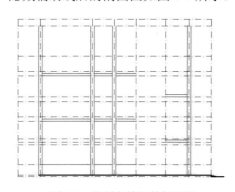

图 8-6 绘制完楼板的剖面图

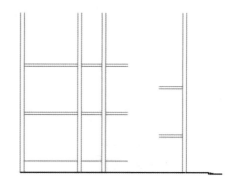

图 8-7 完成墙体和楼板的剖面图

3. 创建屋顶

为了便于排水，屋顶都是有一定坡度的。在本例中，屋顶的端点厚度为 150mm，采用"直线"命令和"修剪"等命令来进行绘制，具体绘制步骤如下：

步骤 **01** 展开"默认"选项卡|"图层"面板上的"图层"下拉列表，将"墙线和楼板线"层设置

为当前图层，并将当前图层的线型设置为 Continuous，线宽为默认。同时将状态栏中的"对象捕捉"打开，选择端点和交点对象捕捉方式。

步骤 02 单击"默认"选项卡|"绘图"面板上的"直线"按钮 ／，绘制一个屋顶。命令行提示如下：

```
命令：_line 指定第一点：          //对象捕捉到辅助线 H14V1 交点
指定下一点或 [放弃(U)]：          //对象捕捉到辅助线 H14V8 交点
指定下一点或 [放弃(U)]：          //按 Enter 键
```

步骤 03 单击"默认"选项卡|"修改"面板上的"偏移"按钮 ⊜，将步骤（2）所绘制的直线向下偏移距离为 150。

步骤 04 单击"默认"选项卡|"绘图"面板上的"直线"按钮 ／，绘制屋顶上的压顶。命令行提示如下：

```
命令：_line 指定第一点：                 //对象捕捉到屋顶左下端点
指定下一点或 [放弃(U)]：@-1380,0         //输入各端点距离
指定下一点或 [放弃(U)]：@0,150
指定下一点或 [闭合(C)/放弃(U)]：@1380,0
指定下一点或 [闭合(C)/放弃(U)]：         //按 Enter 键
命令：_line 指定第一点：                 //对象捕捉到屋顶右下端点
指定下一点或 [放弃(U)]：@1380,0          //输入各端点距离
指定下一点或 [放弃(U)]：@0,150
指定下一点或 [闭合(C)/放弃(U)]：@-1380,0
指定下一点或 [闭合(C)/放弃(U)]：         //按 Enter 键
```

绘制完成的屋顶办公室剖面草图如图 8-8 所示。

步骤 05 绘制完成后，单击"默认"选项卡|"修改"面板上的"修剪"按钮 ✂，对"墙线""屋顶""压顶线"进行修剪，修剪后剖面图如图 8-9 所示。

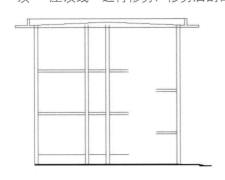

图 8-8　绘制完成的屋顶剖面图草图

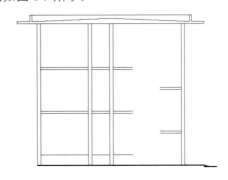

图 8-9　修剪后的剖面图

8.2.5　创建梁

为了提高建筑物整体刚度的稳定性，通常在房屋等建筑物的层交接处设计梁，与柱连接，以增强建筑物的抗震能力。房屋等建筑物大部分的荷载都是承重在柱与梁上，形成一个牢固的框架。在剖面图中，梁用实心块表示。

在建筑物中，梁一般设置在楼板的下面，或者设置在门、窗的顶部、楼梯的下面。其具

体样式及其具体尺寸如图 8-10 所示。在本例中，梁主要有门窗的过梁、楼梯处的楼梯梁以及其他的承重梁。

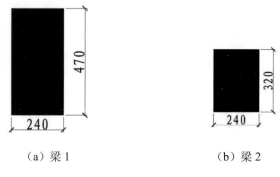

（a）梁 1　　　　　　　　　　（b）梁 2

图 8-10　梁

梁的具体绘制步骤如下：

步骤 01　展开"默认"选项卡|"图层"面板上的"图层"下拉列表，将"梁"层设置为当前图层，并将当前图层的线型设置为 Continuous，线宽为默认。同时将状态栏中的"对象捕捉"打开，选择端点和中点对象捕捉方式。

步骤 02　单击"默认"选项卡|"绘图"面板上的"矩形"按钮 ▱▾，绘制梁 1。命令行提示如下：

```
命令：_rectang
指定第一个角点或 [倒角(C)/标高(E)/圆角(F)/厚度(T)/宽度(W)]：    //指定绘图区域合适一点
指定另一个角点或 [面积(A)/尺寸(D)/旋转(R)]：@240,470           //输入矩形对角点坐标
采用相同方法绘制梁 2，具体尺寸请参见图 8-10（b）中的梁 2
```

步骤 03　在功能区单击"默认"选项卡|"绘图"面板上的"图案填充"按钮 ▨，对上面所绘制的梁进行图案填充，填充图案为"SOLID"，填充比例为 1，填充角度为 0°。

步骤 04　分别将所绘制的两个梁设置成图块，并命名为"梁 1"和"梁 2"。"梁 1"和"梁 2"图块的基点均为对应矩形的左下端点。

步骤 05　在需要的位置插入梁。单击"默认"选项卡|"块"面板上的按钮"插入块"按钮 ▱，在打开的"块"选项板中选择"梁 1"，将块"梁 1"插入到辅助线 H4 与辅助线 V2 所在墙线相交处。

采用同样的方法，将块"梁 1"依次插入到：辅助线 H8 与辅助线 V2 所在墙线相交处、辅助线 H9 与辅助线 V2 所在墙线相交处、辅助线 H11H12 中点与辅助线 V2 所在墙线相交处、辅助线 H13 与辅助线 V2 所在墙线相交处、辅助线 H14 与辅助线 V2 所在墙线相交处、辅助线 H9 与辅助线 V7 所在墙线相交处、辅助线 H13 与辅助线 V7 所在墙线相交处、辅助线 H14 与辅助线 V7 所在墙线相交处。

类似的，选择单击"默认"选项卡|"块"面板上的按钮"插入块"按钮 ▱，在打开的"块"选项板中选择"梁 2"，单击"确定"按钮，将"梁 2"插入到辅助线 H7H8 中点与辅助线 V3 所在墙线相交处。

采用同样的方法，将块"梁 2"依次插入到：辅助线 H11H12 中点与辅助线 V3 所在墙线相交处、辅助线 H14 中点与辅助线 V3 所在墙线相交处、辅助线 H7H8 中点与辅助线 V3 所在

墙线相交处、辅助线 H11H12 中点与辅助线 V4 所在墙线相交处、辅助线 H14 中点与辅助线 V4 所在墙线相交处、辅助线 H11 所在楼板与辅助线 V5 相交处、辅助线 H7 所在楼板与辅助线 V5 相交处、辅助线 H10 所在楼板与辅助线 V6 相交处、辅助线 H6 中点与辅助线 V7 所在墙线相交处。

绘制完成梁的剖面图，如图 8-11 所示。

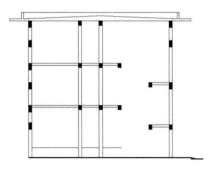

图 8-11　绘制完成梁的剖面图

8.2.6　创建门窗

在介绍建筑平面图和建筑立面图的绘制过程中，都接触过门窗的绘制。在建筑剖面图中，门窗主要分为两类：一类是被剖切到的门窗，它们的绘制方法和建筑平面图中的门窗绘制方法相同；另一类是没有被剖切到的门窗，它们的绘制方法和建筑立面图中的门窗的绘制方法类似。因此，在本章建筑剖面图中门窗的绘制可以借鉴前面几章的绘制方法。

1. 创建门

在该办公室的剖切图中，从剖切位置可以发现，本图中存在两种门：一种是被剖切到的门；一种是未被剖切到的门。下面依次介绍这两种门的绘制方法和步骤。

首先介绍被剖切到的门的绘制，如图 8-12 所示。

绘制被剖切到的门的具体步骤如下：

步骤 01　首先按照图 8-12 所示的尺寸绘制剖切门，将绘制好的剖切门建立为图块，并命名为"剖切门"。"剖切门"图块的基点为所绘制剖切门外轮廓的左下端点。

步骤 02　单击"默认"选项卡|"块"面板上的按钮"插入块"按钮，在打开的"块"选项板中选择"剖切门"图块，并将其插入到适当的位置。将"剖切门"以外轮廓底边中点为插入点，将其插入到辅助线 H2V7 的交点处，完成剖切门的插入。

被剖切到的门的剖面图如图 8-13 所示。

绘制未被剖切到的门的绘制步骤如下：

步骤 01　在该办公室的剖面图中，未被剖切到的门的具体尺寸如图 8-14 所示。

图 8-12　被剖切到的门

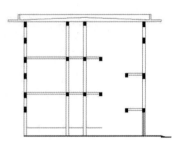

图 8-13　被剖切到的门的剖面图

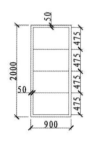

图 8-14　未被剖切门的尺寸

步骤 02 绘制完成门后，单击"默认"选项卡|"修改"面板上的"复制"按钮，将它们复制到合适的位置。命令行提示如下：

```
命令: _copy
选择对象: 指定对角点: 找到 1 个              //选择未被剖切的门
选择对象:                                     //按 Enter 键
当前设置: 复制模式 = 多个
指定基点或 [位移(D)/模式(O)] <位移>:         //对象捕捉到未被剖切门的左下端点
指定第二个点或 [阵列(A)] <使用第一个点作为位移>:
//对象捕捉到一层楼板与辅助线 V4 所在墙线交点的右交点的延伸线，输入距离 80 作为门的基点
指定第二个点或 [阵列(A)/退出(E)/放弃(U)] <退出>:
//对象捕捉到二层楼板与辅助线 V4 所在墙线交点的右交点的延伸线，输入距离 80 作为门的基点
指定第二个点或 [阵列(A)/退出(E)/放弃(U)] <退出>:
//对象捕捉到二层楼板与辅助线 V4 所在墙线交点的右交点的延伸线，输入距离 80 作为门的基点
指定第二个点或 [阵列(A)/退出(E)/放弃(U)] <退出>: //按 Enter 键
```

步骤 03 由于办公室被剖切的位置关系，未被剖切的门刚好与墙线成对称关系。因此，在绘制完一侧的未被剖切的门后，可选择"绘图"|"镜像"命令，直接得到另一侧的未被剖切的门。命令行提示如下：

```
命令: _mirror
选择对象: 找到 8 个，总计 8 个               //选择未被剖切到的门
选择对象:                                     //按 Enter 键
指定镜像线的第一点:                          //对象捕捉到辅助线 V4 所在墙线的上端点
指定镜像线的第二点:                          //对象捕捉到辅助线 V4 所在墙线的下端点
要删除源对象吗? [是(Y)/否(N)] <N>:          //按 Enter 键
```

在绘制完成未被剖切到的门后，同样可以按照被剖切到的门的处理方法，将未被剖切到的门保存成图块，单击"默认"选项卡|"块"面板上的按钮"插入块"按钮，打开"块"选项板，将未被剖切到的门插入到合适的位置。

绘制完成所有门的剖面图，如图 8-15 所示。

2. 创建窗

与剖面图中绘制的门类似，剖面图中的窗也分为两类：一类是被剖切到的窗户；另一类是未被剖切到的窗户，如图 8-16 和图 8-17 所示。

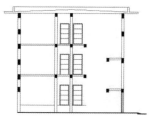

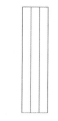

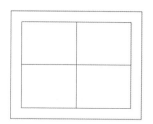

图 8-15 完成所有门的剖面图   图 8-16 被剖切到的窗户   图 8-17 未被剖切到的窗户

在该办公室的剖面图中，通过分析前面两章的办公室的平面图和办公室的立面图，不难发现只存在一种类型的窗户，所以只需绘制一种样式的窗户即可，即只需绘制被剖切到的窗户。

步骤 01 展开"默认"选项卡|"图层"面板上的"图层"下拉列表，将"门窗"层设置为当前图层，并将当前图层的线型设置为 Continuous，线宽为默认。同时将状态栏中的"对象捕捉"打开，选择端点和中点对象捕捉方式。

步骤 02 采用与绘制剖切门类似的方法绘制被剖切的窗户。被剖切到的窗户的具体尺寸如图 8-18 所示。

步骤 03 绘制窗台。单击"默认"选项卡|"绘图"面板上的"直线"按钮 ，绘制窗台，命令行提示如下：

```
命令：_line 指定第一点：                //对象捕捉到窗户外轮廓线的左下端点
指定下一点或 [放弃(U)]：@0,300          //依次输入各端点坐标
指定下一点或 [放弃(U)]：@240,0
指定下一点或 [放弃(U)]：@0,150
指定下一点或 [闭合(C)/放弃(U)]：@80,0
指定下一点或 [闭合(C)/放弃(U)]：@0,150
指定下一点或 [闭合(C)/放弃(U)]：@-320,0
指定下一点或 [闭合(C)/放弃(U)]：c       //闭合
```

步骤 04 单击"默认"选项卡|"修改"面板上的"镜像"按钮 ，绘制另一方向的窗户，效果如图 8-19 所示。

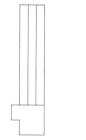

图 8-18 被剖切窗户尺寸   图 8-19 绘制好的左、右窗户和窗台

步骤 05 将绘制好的窗户和窗台建立为一个图块，并分别命名为"左窗"和"右窗"。"左窗"对象捕捉到窗台的右上端点为基点，"右窗"对象捕捉到窗台的左上端点为基点。

步骤 06 单击"默认"选项卡|"块"面板上的按钮"插入块"按钮 ，在打开的"块"选项板中选择"右窗"，将右窗插入到辅助线 H7V7 交点。

按照同样的方法将块"右窗"插入到辅助线 H11V7 交点。

类似右窗的插入方法，单击"默认"选项卡|"块"面板上的按钮"插入块"按钮，在打开的"块"选项板中选择"左窗"，将块"左窗"依次插入到辅助线 H3V2 交点、辅助线 H7V2 交点、辅助线 H11V2 交点，最终完成窗户的绘制。

在剖面图中，还可以用另外一种方法来绘制门窗，即在图形中绘制出一种门窗的一个样板，然后使用"复制"命令将门窗复制到合适的位置。对于这两种方法，读者可以根据自己的习惯来选用。

完成门窗绘制的剖面图如图 8-20 所示。

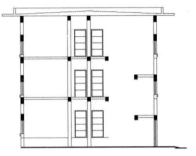

图 8-20　完成门窗绘制的剖面图

3. 创建阳台

阳台是建筑物的室外活动空间，一般由楼层、墙体和护栏组成。绘制时可以采用"多线"命令或"直线"命令。本例中将以后者来讲述阳台剖面图的绘制。

阳台的具体绘制步骤如下：

步骤 01 展开"默认"选项卡|"图层"面板上的"图层"下拉列表，将"阳台"层设置为当前图层，并将当前图层的线型设置为 Continuous，线宽为默认。同时将状态栏中的"对象捕捉"打开，选择端点和中点对象捕捉方式。

步骤 02 单击"默认"选项卡|"绘图"面板上的"矩形"按钮，绘制阳台的底板。命令行提示如下：

```
命令: _rectang
指定第一个角点或 [倒角(C)/标高(E)/圆角(F)/厚度(T)/宽度(W)]:         //选择绘图区域合适
一点
指定另一个角点或 [面积(A)/尺寸(D)/旋转(R)]: @1330,100         //输入对角点坐标
```

步骤 03 首先改变坐标原点，可以在命令提示符下输入 UCS，选择新的坐标原点，同时打开对象捕捉中的端点捕捉。命令行提示如下：

```
命令: ucs
当前 UCS 名称: *没有名称*
指定 UCS 的原点或 [面(F)/命名(NA)/对象(OB)/上一个(P)/视图(V)/世界(W)/X/Y/Z/Z 轴
(ZA)] <世界>: o
指定新原点 <0,0,0>:         //对象捕捉到矩形左下端点
```

执行完 UCS 命令后，效果如图 8-21 所示。

图 8-21　重新定义坐标原点

步骤 04 单击"默认"选项卡|"绘图"面板上的"矩形"按钮，绘制阳台的上侧护板。命令行提示如下：

```
命令: _rectang
指定第一个角点或 [倒角(C)/标高(E)/圆角(F)/厚度(T)/宽度(W)]: 0,880
```

//输入左下对角点坐标

指定另一个角点或 [面积(A)/尺寸(D)/旋转(R)]: @1380,150　　//输入右上对角点坐标

步骤 05 绘制阳台上下护板之间的连接。命令行提示如下：

命令: _line 指定第一点:　　　　　　　//对象捕捉到底板左上端点
指定下一点或 [放弃(U)]:　　　　　　　//对象捕捉到上侧护板的垂足
指定下一点或 [放弃(U)]:　　　　　　　//按 Enter 键
命令:line 指定第一点:　　　　　　　　//对象捕捉到底板右上端点
指定下一点或 [放弃(U)]:　　　　　　　//对象捕捉到上侧护板的垂足
指定下一点或 [放弃(U)]:　　　　　　　//按 Enter 键

绘制完护板连接后的效果如图 8-22 所示。

步骤 06 将步骤（2）绘制的矩形分解，将上边向上偏移 200。

步骤 07 按照图 8-23 所示的尺寸绘制栏板之间的修饰竖直线。

图 8-22　绘制阳台护板连接

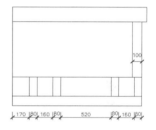

图 8-23　阳台

步骤 08 绘制阳台上下护板之间的修饰部分。

步骤 09 单击"默认"选项卡|"修改"面板上的"复制"按钮，将所绘制完成的阳台复制到合适的位置。命令行提示如下：

命令: _copy
选择对象: 指定对角点: 找到 15 个　　　　　//选择阳台
选择对象:　　　　　　　　　　　　　　　//按 Enter 键
当前设置:　复制模式 = 多个
指定基点或 [位移(D)/模式(O)] <位移>:　　　//对象捕捉阳台的左下端点
指定第二个点或 [阵列(A)] <使用第一个点作为位移>: //对象捕捉到辅助线 H3V7 交点
指定第二个点或 [阵列(A)/退出(E)/放弃(U)] <退出> //对象捕捉到辅助线 H7V7 交点
指定第二个点或 [阵列(A)/退出(E)/放弃(U)] <退出>:　//对象捕捉到辅助线 H11V7 交点
指定第二个点或 [阵列(A)/退出(E)/放弃(U)] <退出>:　//按 Enter 键

步骤 10 单击"默认"选项卡|"修改"面板上的"镜像"按钮，将图 8-23 所绘制完成的阳台沿竖直轴线进行镜像操作，绘制方向朝左的阳台。

步骤 11 采用同样的方法，将镜像后的阳台复制到合适的位置，具体位置如下：辅助线 H3V2 交点、辅助线 H7V2 交点以及辅助线 H11V2 交点。

绘制完成的阳台剖面图如图 8-24 所示。

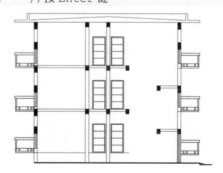

图 8-24　绘制完成的阳台剖面图

8.2.7　创建楼梯

楼梯是各层间的垂直交通联系部分，是楼层人流必须经过的通道。楼梯主要由楼梯梯段、楼梯平台、栏杆三部分组成。楼梯梯段是设有踏步供人上下行走的通道段落，分为踏面和踢面；楼梯平台是连接两梯段之间的水平部分，有正平台和半平台之分；栏杆扶手是布置在楼梯梯段和平台边缘保障行人安全的围护构件。

在国标中规定，住宅楼楼梯深度不低于 4.2m，宽度不低于 2.1m。楼梯踏步宽度一般不低于 250mm，高度不大于 200mm，休息平台、楼层平台宽度不低于 1.2m，并且一楼楼梯的休息平台高度都要在入口门高上面。

楼梯的绘制是剖面图中最常见的，也是绘制最为复杂的一部分。在本例中，办公室有三层，可以先绘制出一层的楼梯，然后通过"复制"命令将绘制好的楼梯复制到另外两层即可。

在该办公室的一层楼梯中，楼梯的具体踏步数及相关尺寸如图 8-25 所示。

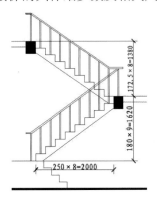

图 8-25　楼梯尺寸

楼梯具体的绘制步骤如下：

步骤 01　展开"默认"选项卡|"图层"面板上的"图层"下拉列表，将"楼梯"层设置为当前层，并将当前图层的线型设置为 Continuous，线宽为默认。同时将状态栏中的"对象捕捉"打开，选择端点和中点对象捕捉方式。

步骤 02　绘制台阶。台阶是由一系列的折线构成的，可以通过"直线"命令，采用相对坐标绘制出一层台阶。命令行提示如下：

```
命令： _line 指定第一点：             //捕捉到楼梯起点辅助线 H3V5 交点
指定下一点或 [放弃(U)]：@200,0        //依次输入各台阶宽度和高度
指定下一点或 [放弃(U)]：@0,-175
指定下一点或 [闭合(C)/放弃(U)]：@200,0
指定下一点或 [闭合(C)/放弃(U)]：@0,-175
指定下一点或 [闭合(C)/放弃(U)]：@200,0
指定下一点或 [闭合(C)/放弃(U)]：@0,-175
指定下一点或 [闭合(C)/放弃(U)]：@200,0
指定下一点或 [闭合(C)/放弃(U)]：@0,-175
指定下一点或 [闭合(C)/放弃(U)]：          //按 Enter 键
```

采用同一层楼梯类似的方法，按照图 8-25 所给出的楼梯尺寸来绘制第一层楼梯和第二层楼梯。

绘制完台阶后的效果如图 8-26 所示。

另外，绘制楼梯时还可以先绘制台阶辅助线，然后通过"对象捕捉"命令来进行绘制。

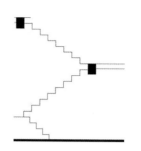

图 8-26 绘制完台阶效果图

步骤 03 创建多线样式"栏杆"，宽度为 30，上下偏移均为 15，颜色、线型均为 ByLayer。单击"确定"按钮，完成"栏杆"样式的创建，并将该样式置为当前。

采用"多线"命令，绘制出一个栏杆，然后采用"复制"命令进行复制即可。命令行提示如下：

```
命令:_mline
当前设置: 对正 = 无，比例 = 1.00，样式 = 栏杆
指定起点或 [对正(J)/比例(S)/样式(ST)]:          //对象捕捉到楼梯踏步中点
指定下一点: @0,700                              //输入栏杆高度
指定下一点或 [放弃(U)]:                         //按 Enter 键
```

单击"默认"选项卡|"修改"面板上的"复制"按钮 ，将上面所绘制的栏杆复制到其他楼梯踏步上。命令行提示如下：

```
命令: _copy
选择对象: 找到 1 个                             //选择栏杆
选择对象:                                      //按 Enter 键
当前设置: 复制模式 = 多个
指定基点或 [位移(D)/模式(O)] <位移>:            //选择栏杆底边中点
指定第二个点或 [阵列(A)] <使用第一个点作为位移>:
指定第二个点或 [阵列(A)/退出(E)/放弃(U)] <退出>:
指定第二个点或 [阵列(A)/退出(E)/放弃(U)] <退出>:
…
      //采用同样方法依次选择栏杆横向台阶的中点直至绘制完成所有台阶的栏杆
指定第二个点或 [阵列(A)/退出(E)/放弃(U)] <退出>:   //按 Enter 键
```

绘制完栏杆后的图形如图 8-27 所示。

步骤 04 绘制"扶手"。扶手的绘制也采用"多线"命令。命令行提示如下：

```
命令:_mline
当前设置: 对正 = 无，比例 = 1.00，样式 = 栏杆
指定起点或 [对正(J)/比例(S)/样式(ST)]:          //对象捕捉到一层栏杆，图 8-27 中 A 点
指定下一点:                                    //对象捕捉到终点，图 8-27 中 B 点
指定下一点或 [闭合(C)/放弃(U)]:                 //按 Enter 键
命令:_mline
当前设置: 对正 = 无，比例 = 1.00，样式 = 栏杆
指定起点或 [对正(J)/比例(S)/样式(ST)]:          //对象捕捉到二层栏杆，图 8-27 中 C 点
指定下一点:                                    //对象捕捉到终点，图 8-27 中 D 点
指定下一点或 [闭合(C)/放弃(U)]:                 //按 Enter 键
```

选择"修改"|"炸开"命令，炸开扶手和栏杆多线；使用"修剪"命令和"延伸"命令处理扶手与栏杆的相交处，最后使用"直线"命令补全扶手端线。

步骤 05 处理楼梯的细节。

在两端楼梯的下部要添加一条轮廓线，这条线的斜率要和台阶的走势一样。使用"对象捕捉"命令绘制连接台阶的一条直线，然后采用"偏移"命令绘制楼梯的轮廓线。同时要注意楼梯和休息平台、楼梯台和栏杆、栏杆和栏杆的相互连接，进行相应的修剪和添加。绘制完成的一层楼梯如图 8-28 所示。

步骤 06 单击"默认"选项卡|"修改"面板上的"复制"按钮 ，将楼梯复制到其他楼层。命令行提示如下：

```
命令：_copy
选择对象：指定对角点：找到 92 个（1 个重复），总计 92 个
//选择绘制完成的一层楼梯
选择对象：                              //按 Enter 键
当前设置：复制模式 = 多个
指定基点或 [位移(D)/模式(O)] <位移>：          //对象捕捉到辅助线 H3V5 交点
指定第二个点或 [阵列(A)] <使用第一个点作为位移>：//捕捉到辅助线 H7 所在楼板上侧直线右端点
指定第二个点或 [阵列(A)/退出(E)/放弃(U)] <退出>：  //按 Enter 键
```

绘制完成的楼梯剖面图如图 8-29 所示。

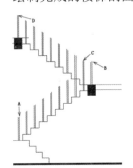 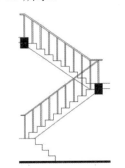 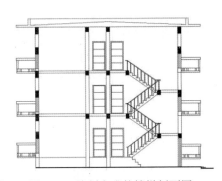

图 8-27 绘制完栏杆后的图形　图 8-28 绘制完成的一层楼梯　图 8-29 绘制完成的楼梯剖面图

注意　楼梯的绘制是剖面图中最复杂的部分，因此在绘制的过程中要充分利用以前的工作成果，特别是楼梯标准台阶和栏杆的绘制，要多次利用 AutoCAD 2021 提供的"复制""偏移""镜像"命令，这对提高制图效率和准确性是非常有用的。

8.2.8　创建楼顶剖面

为了绿化环境，并且避免夏天办公楼内温度过高，本建筑物在楼顶上放有 450mm 厚的土壤，用来种草或灌木。

具体的绘制步骤如下：

步骤 01 展开"默认"选项卡|"图层"面板上的"图层"下拉列表，将"墙线和楼板线"层设置为当前图层，并将当前图层的线型设置为 Continuous，线宽为默认。同时将状态栏中的

"对象捕捉"打开，选择端点和中点对象捕捉方式。

步骤 02 在功能区单击"默认"选项卡|"绘图"面板上的"图案填充"按钮，打开"图案填充创建"选项卡，在"图案"功能区面板上选择填充图案为 CROSS，在"特性"面板上设置填充比例为 10，角度为 0°，如图 8-30 所示。

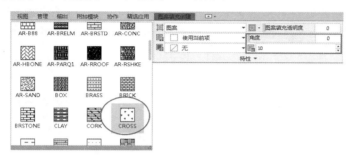

图 8-30 "图案填充和渐变色"对话框

绘制完成的楼顶剖面图如图 8-31 所示。

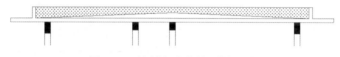

图 8-31 绘制完成的楼顶剖面图

到此为止，建筑物的剖面图基本绘制完毕，为了使整幅图形的内容和大小一目了然，需要在已绘制的图形中添加尺寸标注和文字注释。

在剖面图中，应该标出被剖切到的部分的必要尺寸，包括竖直方向剖切部位的尺寸和标高。外墙需要标注门窗洞的高度尺寸、层高以及室内外的高度差和建筑物的总标高等。还需要对一些特殊的结构进行说明，比如所用的材料、坡度等。

8.2.9 创建尺寸标注

综合使用"线性"和"连续"命令，使用 A2 样板图中已经创建的 S1-100 标注样式为剖面图创建尺寸标注，效果如图 8-32 所示。

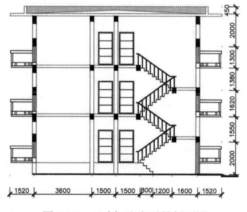

图 8-32 尺寸标注完后的剖面图

8.2.10　创建标高和轴线编号

标高是建筑物某一部分相对于基准面（标高的零点）的竖向高度，是施工时竖向定位的依据。这里采用第 2 章已经创建的标高图块为剖面图创建标高，使用"竖向轴线编号"图块创建轴线编号，创建效果如图 8-33 所示。

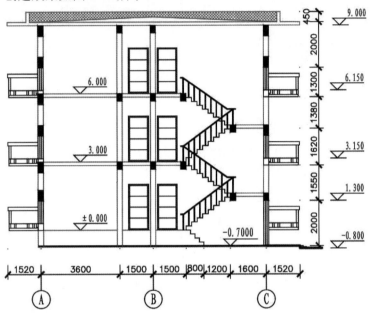

图 8-33　绘制完成标高的剖面图

8.2.11　创建标题和坡度符号

建筑剖面图应标出图名和比例，还需要对一些特殊的结构进行说明，比如所用的材料、坡度等。具体步骤如下：

步骤 01 使用"直线"命令创建坡度符号，尺寸如图 8-34 所示；使用文字样式 G350 创建坡度说明，创建效果如图 8-35 所示。另一个坡度说明，使用"镜像"命令即可绘制出来。

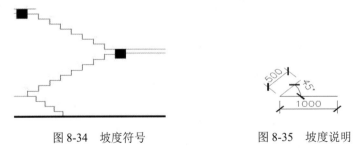

图 8-34　坡度符号　　　　　　　　图 8-35　坡度说明

步骤 02 使用文字样式 G700 创建标题；使用"多段线"命令创建下画线，线宽为 100，效果如图 8-36 所示。

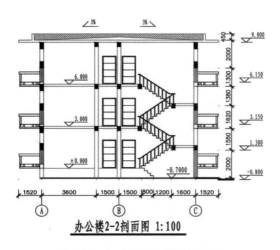

图 8-36　完成文字注释的剖面图

8.3　小　结

本章主要介绍了建筑剖面图的内容和绘制步骤，结合某办公楼剖面图实例，向读者具体介绍了如何使用 AutoCAD 2021 绘制一幅完整的建筑剖面图。通过对本章内容的学习，读者应当对建筑剖面图的设计过程和绘制方法有所了解，并能熟练运用前面章节所介绍的命令完成相应的操作。建筑剖面是建筑设计过程中一个基本组成部分，读者要注意建筑剖面必须和建筑平面图、建筑立面图相互对应结合的阅读，这在建筑设计时是非常重要的。

8.4　上机练习

练习 1：根据本章所讲的绘制剖面图的方法，结合下面的提示绘制如图 8-37 所示的某建筑物剖面图。

提示：

（1）设置绘图环境并绘制辅助线。

（2）使用"直线"命令绘制建筑物的墙线。

（3）使用"直线"命令绘制建筑物的楼板线。

（4）使用"矩形"和"复制"命令，并结合相应的"修改"命令绘制剖切到的门窗和未被剖切到的门窗。

（5）使用"多线""偏移""修剪"等命令绘制楼梯，并通过"复制"命令完成其他楼层楼梯的绘制。

练习目的：

（1）熟练掌握绘制建筑物剖面图的步骤和方法。

（2）熟练掌握绘制楼梯的步骤和方法。

（3）熟练掌握二维平面图形的绘制命令及修改命令。

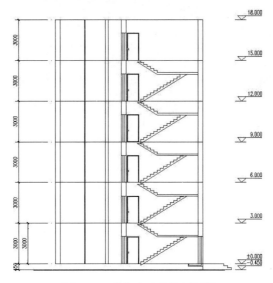

图 8-37　某住宅建筑物剖面图

练习 2：运用本章所讲的方法，绘制如图 8-38 所示的某三层别墅剖面图。

图 8-38　某三层别墅剖面图

练习 3：运用本章所讲的方法，绘制如图 8-39 所示的某建筑物剖面图。

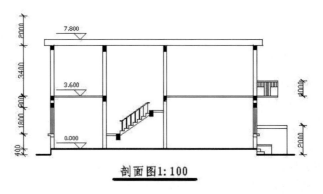

图 8-39　某建筑物剖面图

第9章

建筑详图的绘制

导言

建筑平面图、立面图和剖面图虽然已把房屋主体表现出来了，也把房屋基本的尺寸和位置关系表现出来了，但是由于比例比较小，没有办法把所有的内容都详细地表达清楚，对于建筑物的一些关键部位，则需要通过绘制详图来表达建筑更详尽的构造，如楼梯平面图、楼梯剖面图、外墙身详图、洗手间详图等。

通过学习本章常见的集中详图的绘制，希望读者可以熟练掌握从无到有以及以平面图、立面图或剖面图为基础进行详图绘制的方法，并能够熟练使用各种绘图技术。

9.1　建筑详图基础

建筑详图种类较多，首先介绍一下建筑详图的组成内容和绘制步骤。

9.1.1　建筑详图内容

建筑详图一般有两种，分别是节点大样图和楼梯详图。

1. 节点大样图

节点大样图，又称为节点详图，通常是用来反映房屋的细部构造、配件形式、大小和材料组成，一般采用较大的绘制比例，如1:20、1:10、1:5、1:2、1:1等。节点详图的特点有图示详尽、表达清楚、尺寸标注齐全。详图的图示方法视细部的构造复杂程度而定。有时只需要一个剖面详图就能够表达清楚，有时还需要附加另外的平面详图或立面详图。详图的数量选择与房屋的复杂程度和平、立、剖面图的内容及比例有关。

2. 楼梯详图

楼梯详图的绘制是建筑详图绘制的重点。楼梯是由楼梯段（包括踏步和斜梁）、平台、和栏杆扶手等组成。楼梯详图主要表达楼梯的类型、结构形式、各部位的尺寸及装修尺寸，是楼梯放样施工的主要依据。

楼梯详图一般包括平面图、剖面图及踏步、栏杆详图等，通常都绘制在同一张图纸中单独出图。平面和剖面的比例要一致，以便对照阅读。踏步和栏杆扶手的详图的比例应该大一些，以便详细表达该部分的构造情况。楼梯详图包含建筑详图和结构详图，分别绘制在建筑施工图和结构施工图中。对一些比较简单的楼梯，可以考虑将楼梯的建筑详图和结构详图绘制在同一张图纸上。

楼梯平面图和房屋平面图一样，要绘制出底层平面图、中间层平面图（标准层平面图）和顶层平面图。楼梯平面图的剖切位置在该层往上走的第一梯段的休息平台下的任意位置。各层被剖切的梯段按照制图标准要求，用一条 45°的折断线表示。并用上下行线表示楼梯的行走方向。

楼梯平面图中，要注明楼梯间的开间和进深尺寸外、楼地面的标高、休息平台的标高和尺寸以及各细部的详细尺寸。通常将梯段长度和踏面数、踏面宽度尺寸合并写在一起，如采用 11×260=2860，表示该梯段有 11 个踏步面，每个踏步面宽度为 260mm，梯段总长为2860mm。

楼梯平面图的图层也可以使用"建筑-墙体""建筑-轴线""建筑-尺寸标注""建筑-其他"4 个图层。一般的，"建筑-墙体"采用粗实线，建议线宽为0.7mm，"建筑-其他"采用细实线，线宽为0.35mm，其他和建筑平面图绘制中的设置类似。具体绘制中，可以选择"绘图"|"点"|"定数等分"命令来划分踏面，然后使用"直线"命令和"偏移"命令来实现。

楼梯剖面图是用假象的铅垂面将各层通过某一梯段和门窗洞切开向未被切到的梯段投影。剖面图能够完整清晰地表达各梯段、平台、栏板的构造及相互间的空间关系。一般来说，楼梯间的屋面无特别之处，就无需绘制出来。在多层或高层房屋中，若中间各层楼梯的构造相同，则楼梯剖面图只需要绘制出底层、中间层和顶层剖面图，中间用 45°折断线分开。楼梯剖面图还应表达出房屋的层数、楼梯梯段数、踏步级数以及楼梯类型和结构形式。剖面图中应注明地面、平台面、楼面等的标高和梯段、栏板的高度尺寸。

楼梯剖面图的图层设置与建筑剖面图的设置类似。值得注意的是，当绘图比例大于等于1:50 时，按照规定要绘制出材料图例。楼梯剖面图中除了断面轮廓线用粗实线外，其余的图形均用细实线绘制。

9.1.2 建筑详图绘制步骤

建筑详图的绘制步骤如下：

步骤01 设置绘图环境，或者选用符合要求的样板图形。

步骤02 插入图框图块。

步骤03 复制平面图或剖面图中的详图部分图形，并根据需要将图形放大。

步骤04 删除图形中不需要的图线。

步骤05 添加详图中需要的图形。

步骤06 添加详图中需要的文字说明。

步骤07 添加尺寸标注。

步骤08 添加标高。

步骤09 添加轴线编号。

步骤10 添加图名。

步骤11 检查、核对图形和标注，填写图签。

步骤12 图纸存档或打印输出。

9.1.3　建筑详图绘制方法

在绘制建筑详图中，一般普遍采用的有两种方法：直接绘制法和平立剖面图绘制法。两种方法的具体介绍如下。

1. 直接绘制法

直接绘制法，顾名思义就是根据已知建筑物所绘制详图部位的具体尺寸绘制的方法。这种方法与第 5 章建筑总平面图的绘制、第 6 章建筑平面图的绘制、第 7 章建筑立面图的绘制、第 8 章建筑剖面图的绘制等章节中所采用的方法一致，按部就班地进行建筑详图的绘制。

直接绘制法要求所绘制的建筑物的尺寸比较详细，包括各个部位的详细尺寸或者能够根据其他尺寸推算出来。

一般情况下，在绘制比较简单的建筑详图或者无法从平立剖面图中提取出所绘制详图的相关信息时，采用直接绘制法。

在本章中，楼梯剖面详图、扶手详图、窗台详图以及女儿墙详图采用该种方法，具体可参见后面相关内容。

采用直接绘制法绘制建筑详图的步骤如下：

步骤 01　设置绘图环境。

步骤 02　绘制辅助线。

步骤 03　绘制建筑详图的轮廓线，形成建筑详图的草图。

步骤 04　绘制建筑详图的具体细节部分。

步骤 05　调整详图的绘图比例，一般为 1:10、1:20 或 1:50。

步骤 06　若为平面详图，则需要进行室内布置，比如卫生间详图中就必须将各种卫生设施布置好。

步骤 07　填充材质和图案。各种详图中的剖切部分都应该填充材料符号。

步骤 08　标注文本和尺寸。要求标注的比较详细，以卫生间为例，卫生间洁具定位一般以其水管定位线为基准，其他设备仪器沿其边缘线定位，标注时需要标注出设备定位尺寸和房间的周边净尺寸。同时还应标出室内标高、排水方向、坡度等。文本标注用于详细说明各个部件的做法。

步骤 09　添加图框和标题栏。

2. 平立剖面图绘制法

在采用平立剖面图法绘制建筑详图时，一般要求能够从该建筑物的平面图、立面图或剖面图中提取出所要绘制的建筑详图的信息，并在所提取出来的建筑详图的相关信息的基础上进行修改、添加，绘制完成最终的建筑详图。

由于平立剖面图绘制法要求建筑物的平面图、立面图或剖面图中含有所要绘制的建筑详图的相关信息，因此其受到一定的限制。一旦采用了该方法，由于提取出与所绘制的建筑详图相关的信息与实际的建筑详图相差不大，只需在所提取的信息的基础上进行一定的修改便可完成建筑详图的绘制，因此采用平立剖面图绘制法可以大大节省时间，提高绘制效率。一般来说，只要建筑物的平面图、立面图或剖面图含有所要绘制的建筑详图信息时，即可采用平立剖面图绘制法。

在本章中，楼梯平面详图、卫生间详图采用的就是该种方法，具体可参见后面相关内容。

采用平立剖面图绘制法绘制建筑详图的步骤如下：

步骤 01 设置绘图环境。

步骤 02 直接从相应图形中提取与所绘详图有关的内容。

步骤 03 对所提取的内容进行修改，形成详图的草图。

步骤 04 根据详图的绘制要求，对草图中不符合规范的部分进行修改。

步骤 05 调整详图的绘图比例，一般为 1:10、1:20 或 1:50。

步骤 06 若为平面详图，则需要进行室内布置。

步骤 07 填充材质和图案。各种详图中的剖切部分都应该填充材料符号。

步骤 08 标注文本和尺寸。文本标注用于详细说明各个部件的做法。

步骤 09 添加图框和标题栏。

详图的种类、数量与工程的规模、结构的形状以及造型的复杂程度等密切相关。常用的详图有楼梯详图、门窗详图、卫生间详图、墙体详图、厨房详图等。本章所选取的实例为第6 章~第 8 章中所绘制的某办公楼的相关部位的详图。下面将依次绘制楼梯详图、窗台详图、卫生间详图和女儿墙详图。

9.2 楼梯详图绘制

9.2.1 楼梯详图的内容及要求

楼梯是多层房屋建筑上下交通的主要设施，为了达到这种实用的目的，楼梯应该坚固耐用，而且还要满足行走方便、人流疏散畅通和搬运家具物品方便等要求。梯段是联系两个不同标高平台的斜置构件。梯段上有踏步，踏步上的水平面称为脚踏面，竖直面称为脚踢面。休息平台是供人们暂时休息调整和用于楼梯转换方向。

楼梯的相关信息主要包括以下几个方面：

1. 楼梯的结构

目前楼梯多采用预制和现浇钢筋混凝土材料。

2. 楼梯的组成

楼梯是由楼梯段（包括踏步或斜梁）、栏杆（或栏板）、平台（包括平台板和梁）以及扶手等组成。

3. 楼梯详图的作用

楼梯的构造一般比较复杂，仅在整体建筑物中通过平面图、立面图和剖面图等来表示是远远不够，而且无法满足建筑施工的要求。因此，楼梯结构需要另外绘制详图来表示。楼梯详图主要用来表示楼梯的类型、结构、形式、各部位的尺寸及装修做法，它是楼梯设计、施

工的主要依据。

4. 楼梯详图的特点

- 楼梯详图一般应包括楼梯平面详图、楼梯剖面详图以及扶手、栏杆、踏步等具体部位详图，并且这些详图应尽可能地绘制在同一张图纸上，以便于各详图之间的连贯，比较异同及相互参考等。
- 楼梯平面详图、楼梯剖面详图的比例要一致，这样便于用户对照阅读。扶手、栏杆以及踏步等具体部位的详图比例要适当大一些，这样才能更清楚地表达该部分的构造情况。
- 楼梯详图一般分为建筑详图和结构详图，二者需单独绘制，并分别编入"建筑"和"结施"中，但对一些构造和装修较简单的现浇钢筋混凝土楼梯，其建筑和结构详图可以合并绘制，编入"建筑"或"结施"都可以。在本章中，仅仅介绍了建筑详图的绘制。
- 建筑详图线型的选用与一般平面图、剖面图相同。

9.2.2 楼梯平面详图

楼梯平面详图主要表示楼梯平面的详细布置情况，如楼梯间的尺寸大小、墙厚、楼梯段的长度和宽度、楼梯上行或下行的方向、踏板数和踏板宽度、楼梯平台、楼梯位置等。一般每一层楼都要绘制一个楼梯剖面图，三层以上的楼层，若中间各层的楼梯位置及其段数、踏步数和大小都相同，通常只绘制出底层楼梯、标准层（中间层）楼梯和顶层楼梯 3 个平面图即可。

下面将根据第 6 章建筑平面图的绘制来绘制该办公楼中楼梯的平面详图。在第 6 章中曾绘制过楼梯的大体轮廓，所以下面以此为基础采用平立剖面图法来绘制楼梯的平面详图。

首先绘制楼梯的标准层平面详图。

1. 设置绘图环境

在 A2 样板图的基础上新建图形，单击"默认"选项卡|"图层"面板上的"图层特性"按钮 ，弹出"图层特性管理器"选项板，在该选项板中创建如图 9-1 所示的图层。

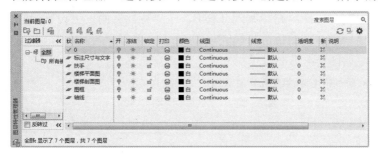

图 9-1 "图层特性管理器"选项板

2. 提取楼梯轮廓

提取楼梯轮廓的具体步骤如下：

步骤 01 单击"快速访问"工具栏上的"打开"按钮 ，打开第 6 章绘制的办公楼的底层平面图，选择与楼梯有关的部分，将其复制。

步骤 02 在楼梯详图的绘制环境中，展开"默认"选项卡|"图层"面板上的"图层"下拉列表，将"楼梯平面图"设置为当前图层，将步骤（1）中复制的有关楼梯部分粘贴到当前绘图环境中。

步骤 03 单击"默认"选项卡|"修改"面板上的"缩放"按钮□，将所复制的图形以复制部分的中心为基点，按缩放比例为 2 进行缩放，平面图将按照 1:50 的比例绘制。

步骤 04 粘贴后，使用折断线对墙线进行修剪。修剪后的楼梯轮廓如图 9-2 所示。

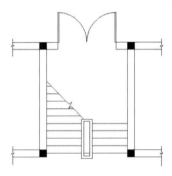

图 9-2　底层楼梯轮廓图

3. 填充墙体

墙体应填充特定的图案。具体填充步骤如下：

步骤 01 单击"默认"选项卡|"图层"面板上的"图层特性"按钮绲，在打开的"图层特性管理器"对话框中将"楼梯平面图"图层设置为当前层，并将当前图层的线型设置为 Continuous，线宽为默认。同时打开状态栏中的"对象捕捉"辅助工具，选择端点、垂足等对象捕捉方式。

步骤 02 填充墙体剖切材料。

在功能区单击"默认"选项卡|"绘图"面板上的"图案填充"按钮▨，在功能区单击"默认"选项卡|"绘图"面板上的"图案填充"按钮▨，打开"图案填充创建"选项卡，在"图案"功能区面板上选择填充图案为 LINE，在"特性"面板上设置填充比例为 30，角度为 40°，如图 9-3 所示。为墙体进行填充。

墙体填充效果如图 9-4 所示。

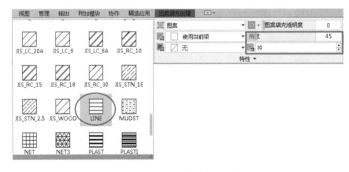

图 9-3　图案填充设置

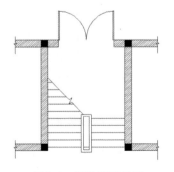

图 9-4　墙体填充效果

4. 修改楼梯踏步

在本例中，楼梯的踏步宽度为 250mm，共有 14 步，以楼梯平台为界，前有 4 步，后有 10 步。在第 6 章中该办公楼的底层平面图中已经给出了各部分的尺寸和位置，所以在此不需要修改踏步。

需要注意的是，在绘制一些较为复杂的楼梯平面详图中，在建筑物的平面图中并未具体给出各部分尺寸和位置，而是只绘制了大体略图，这时就需要按照具体尺寸和位置重新绘制。

完成楼梯踏步后的楼梯如图 9-5 所示。

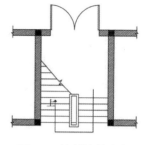

图 9-5　绘制楼梯踏步

5. 绘制平台梁

平台梁是不可见的，所以需要用虚线绘制。新建一个图层，命名为"平台梁"。绘制平台梁的具体步骤如下：

步骤 01 单击"默认"选项卡|"图层"面板上的"图层特性"按钮，在打开的"图层特性管理器"对话框中将"平台梁"图层设置为当前层，并将当前图层的线型设置为 ACAD_IS003W100，线宽为默认。同时打开状态栏中的"对象捕捉"辅助工具，选择端点、垂足等对象捕捉方式。

步骤 02 单击"默认"选项卡|"绘图"面板上的"直线"按钮，以最上面的倒数第二级台阶与墙体的交点为起始点，绘制一条水平线，终点为起始点到另一侧墙体的垂足。

步骤 03 平台梁的宽度为 240mm。单击"默认"选项卡|"修改"面板上的"偏移"按钮将步骤（1）中所绘制的直线向上偏移 240mm。

步骤 04 单击"默认"选项卡|"修改"面板上的"修剪"按钮，修剪多余的线条。

绘制完成的平台梁的楼梯平面图如图 9-6 所示。

> **注意**　有时会发现图层所设置的虚线并没有显示出来，而是一条直线。这是因为线型比例太小，虚线间隔太小。此时可以选择所绘制的两条直线，右击并在弹出的快捷菜单中选择"特性"命令，在弹出的"特性"选项板中将"线型比例"修改为 30，如图 9-7 所示。

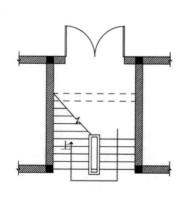

图 9-6　绘制楼梯的平台梁

图 9-7　"特性"选项板

6. 轴线及标号

轴线是确定位置的重要参考，所以在每一幅图中，都要对轴线进行编号，并且在一套图纸中轴线的编号要统一，便于各图之间的相互查阅。

绘制轴线及标号的具体步骤如下：

步骤01 单击"默认"选项卡|"图层"面板上的"图层特性"按钮，在打开的"图层特性管理器"对话框中，将"轴线"图层设置为当前层，并将当前图层的线型设置为 Continuous，线宽为默认。同时打开状态栏中的"对象捕捉"辅助工具，选择端点、中点、垂足等对象捕捉方式。

步骤02 通过底层平面图确定楼梯平面详图中各轴线的编号。在本例中，墙体所涉及的编号有 4 和 5、C 和 1/B 共 4 处。

步骤03 单击"默认"选项卡|"绘图"面板上的"圆"按钮，在轴线末端绘制半径为 200mm 的圆。

步骤04 单击"注释"选项卡|"文字"面板上的"单行文字"按钮A，在绘制的圆中输入轴线编号，文字以圆心为中心点，选择中心对齐方式。

绘制的轴线及标号如图 9-8 所示。

7. 标注尺寸及文字

综合使用"线性"和"连续"命令，使用标注样式 S1-50 为楼梯平面详图添加尺寸标注，尺寸标注效果如图 9-9 所示。

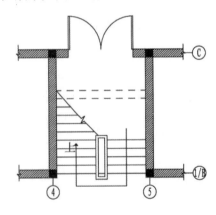

图 9-8　绘制完成的轴线及标号

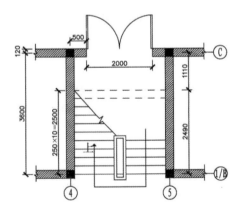

图 9-9　标注尺寸及文字

8. 绘制剖切线和标题

为了绘制楼梯的剖面详图，在楼梯的平面详图中需要绘制出剖切线的位置，使用"多段线"命令绘制剖切线，剖切线线宽为50，每段长为200，编号使用文字样式G350编写。图中在楼梯的正中间进行剖切，编号为 I-I。

同时添加标题，标题使用"多行文字"命令进行添加，文字样式为 G700，标题线使用"多段线"命令绘制，线宽为 100，通过以上的步骤，就可以完成楼梯平面详图的绘制，最后得到的底层楼梯的平面详图如图 9-10 所示。

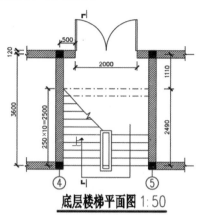

图 9-10　绘制完成的底层楼梯平面详图

9. 由底层楼梯平面图绘制其标准层楼梯平面图

标准层平面详图与底层平面详图最大的区别就在于：底层平面详图中只有一个被剖切的梯段，或者有一个不对称的被剖切的梯段，为标有"上"字的长箭头；标准层平面详图中，既绘制出被剖切到的梯段（其上标有"上"字的长箭头），还要绘制出该层往下走的完成梯段（其上标有"下"字的长箭头）、楼梯平台以及平台往下走的梯段。两部分梯段之间以 45°的折断线分开。

由楼梯的底层平面详图绘制其标准层楼梯平面详图的具体步骤如下：

步骤01　将绘制好的"底层楼梯平面详图"全部选中，单击"默认"选项卡|"修改"面板上的"复制"按钮，将其复制到绘图区中合适的区域。

步骤02　展开"默认"选项卡|"图层"面板上的"图层"下拉列表，关闭不需要的图层，并删除不需要的线条。在本例中，需暂时关闭"轴线""标注尺寸及文字"等图层。

步骤03　按照办公楼平面图中的具体尺寸修改部分部位。在本例中，需要修改窗户，底层楼梯的门处在标准层为窗户，具体尺寸请参考第 6 章标准层的平面图。

步骤04　补充绘制楼梯踏步。

首先单击"默认"选项卡|"修改"面板上的"偏移"按钮，将上行的楼梯补充完整；绘制完成后单击"默认"选项卡|"绘图"面板上的"矩形"按钮，在上行踏步的上方绘制栏板；最后利用"偏移"命令将其向内偏移 80mm 即可。

绘制完成的踏步和栏板的平面图如图 9-11 所示。

步骤05　绘制下行的楼梯踏步。下行的楼梯踏步有 10 步，单击"默认"选项卡|"修改"面板上的"镜像"按钮，将上行的踏步复制上去，并修剪多余的线条。

绘制完成，将上行箭头镜像为下行箭头，也可以将上行的箭头复制后旋转 180°得到下行的箭头，并绘制引线书写文字说明"下 10"。

绘制完成的下行楼梯及文字说明的楼梯剖面详图如图 9-12 所示。

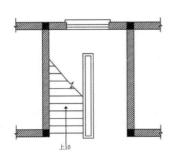

图 9-11　绘制踏步和栏板

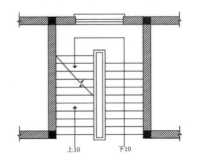

图 9-12　绘制下行楼梯及文字说明

步骤 06　展开"默认"选项卡|"图层"面板上的"图层"下拉列表，打开"标注尺寸与文字"和"轴线"图层，并在该图层下修改部分尺寸标注与文字。尺寸标注和文字的样式与底层楼梯平面详图的样式相同，最终完成标准层楼梯平面详图的绘制。

绘制完成的标准层楼梯平面详图如图 9-13 所示。

10. 由标准层楼梯平面详图绘制其顶层楼梯平面详图

在本例中，所绘制的办公楼是一个三层建筑物，第三层就是其顶层。顶层楼梯的平面详图与标准层楼梯的平面详图的区别主要在于：标准层平面详图中绘有两个完整的梯段，其标有"上"字的长箭头和标有"下"字的长箭头；而在顶层楼梯平面详图中虽绘有两个完整的梯段，但在楼梯口处只有一个标有"下"字的长箭头。

绘制顶层楼梯平面详图的具体步骤如下：

步骤 01　将绘制好的"标准层楼梯平面详图"全部选中，单击"默认"选项卡|"修改"面板上的"复制"按钮 ，将其复制到绘图区合适的区域。

步骤 02　展开"默认"选项卡|"图层"面板上的"图层"下拉列表，关闭不需要的图层，并删除不需要的线条。在本例中，需暂时关闭"轴线""标注尺寸及文字"等图层。

步骤 03　按照平面图中的具体尺寸修改部分部位。在本例中，顶层与标准层的尺寸规格一致，不需要修改。

步骤 04　按照平面图中的具体尺寸修改部分部位。在本例中，需要修改栏杆，具体尺寸请参考第 6章顶层的平面图。

步骤 05　综合使用"删除""移动"命令，修改楼梯踏步。由于顶层只标有"下"字的长箭头，因此需要改变一些踏步数，具体请参考第 6 章顶层的平面图。

步骤 06　展开"图层"面板上的"图层"下拉列表，将"标注尺寸与文字"图层打开，并在该图层下修改部分尺寸标注与文字。尺寸标注与文字的样式与底层楼梯平面详图的样式相同，最终完成顶层楼梯平面详图的绘制。

绘制完成的顶层楼梯平面详图如图 9-14 所示。

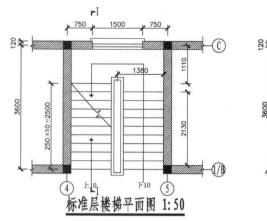

图9-13　标准层楼梯平面详图

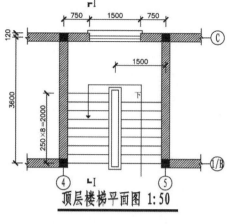

图9-14　顶层楼梯平面详图

9.2.3　楼梯剖面详图

假设用一铅垂线，通过各层的一个梯段和门窗洞，将楼梯剖开，向另一未剖到的方向投影，所绘制的剖面图，即为楼梯的剖面图。楼梯的剖面详图应能够完整地、清晰地表示出楼梯各梯段、平台、栏板等的构造，以及它们的相互关系情况。每层楼梯只有两个梯段，称为双跑式楼梯。在多层房屋建筑物中，若中间各层的楼梯构造相同，在剖面图可只绘出底层、标准层和顶层剖面详图，中间用折断线分开。

从楼梯的平面详图中知道了剖切的位置和投影方向，下面将绘制楼梯的剖面详图。具体的绘制过程如下。

1. 设置绘图环境

该办公楼的楼梯剖面详图可以采用楼梯平面详图的绘制方法，从第8章建筑剖面图绘制中提取办公楼剖面图中的楼梯部分，然后经过一定修改后便得到该办公楼的楼梯剖面详图。

但是在更多情况下，楼梯的剖面详图一般与以前绘制的其他图形没有太大的相关性，所以不能从别的图形中直接提取，或者由其他图形修改而得。因此，楼梯的剖面详图需要逐步绘制。在绘制该办公楼的剖面详图时，采用一般情况下的绘制方法，假定无法直接提取楼梯剖面信息，则利用直接绘制法进行绘制。

根据楼梯详图的要求，楼梯平面详图、楼梯剖面详图等都应在一张图纸上。所以在本例中，楼梯剖面详图的绘图环境与楼梯平面详图的绘图环境相同，即在楼梯平面详图上绘制楼梯剖面详图。

在楼梯平面详图图层的基础上添加"辅助线""楼梯""墙体""扶手"等新图层。

2. 绘制辅助线和轴线

楼梯的剖面图涉及两面墙体，故需要绘制纵向的轴线。在水平方向，为了以后绘制楼板和地面的方便，需要绘制辅助线帮助定位。

步骤01　单击"默认"选项卡|"图层"面板上的"图层特性"按钮，在打开的"图层特性管理

器"对话框中将"轴线"图层设置为当前层，并将当前图层的线型设置为 Dashdot，线宽
为默认。同时打开状态栏中的"对象捕捉"辅助工具，选择端点、交点和垂足等对象捕
捉方式。

步骤02 单击"默认"选项卡|"绘图"面板上的"直线"按钮 ╱ ，绘制轴线。命令行提示如下：

```
命令：_line 指定第一点：                        //选择绘图区域合适一点
指定下一点或 [放弃(U)]: @0,10300             //输入轴线高度
指定下一点或 [放弃(U)]:                        //按 Enter 键
```

步骤03 单击"默认"选项卡|"修改"面板上的"偏移"按钮 ⊆ ，将所绘制的轴线向右偏移距离
3600。

步骤04 单击"默认"选项卡|"图层"面板上的"图层特性"按钮 绾，在打开的"图层特性管理
器"对话框中将"辅助线"图层设置为当前层，并将当前图层的线型设置为 Continuous，
线宽为默认。同时打开状态栏中的"对象捕捉"辅助工具，选择端点、交点和垂足等对
象捕捉方式。

步骤05 单击"默认"选项卡|"绘图"面板上的"直线"按钮 ╱ ，绘制水平辅助线。命令行提示
如下：

```
命令：_line 指定第一点：                        //对象捕捉到一轴线下端点
指定下一点或 [放弃(U)]:                        //对象捕捉到另一轴线下端点
指定下一点或 [放弃(U)]:                        //按 Enter 键
```

步骤06 单击"默认"选项卡|"修改"面板上的"偏移"按钮 ⊆ ，绘制其他辅助线。命令行提示
如下：

```
命令：_offset
当前设置：删除源=否   图层=源   OFFSETGAPTYPE=0
指定偏移距离或 [通过(T)/删除(E)/图层(L)] <1380>: 100                //输入偏移距离
选择要偏移的对象，或 [退出(E)/放弃(U)] <退出>:                    //选择上面所绘直线
指定要偏移的那一侧上的点，或 [退出(E)/多个(M)/放弃(U)] <退出>:    //选择其上侧一点
选择要偏移的对象，或 [退出(E)/放弃(U)] <退出>:                    //按 Enter 键
...
                //继续对偏移得到的直线进行向上偏移，偏移距离依次为 700、1470、
1380、1620、1380、3650
选择要偏移的对象，或 [退出(E)/放弃(U)] <退出>:                    //按 Enter 键
```

绘制完成的轴线和辅助线如图 9-15 所示。

为使后面的说明更加方便，将轴线和辅助线按水平方向和竖直方
向进行编号。水平方向辅助线由下至上为 H1~H8，竖直方向轴线由左
至右为 V1~V2。

3. 绘制墙体、楼板和地板

下面在绘制的轴线和辅助线的基础上采用"多线"命令绘制墙体、 图 9-15   轴线和辅助线
楼板和地板。由该楼梯所在的办公楼的剖面图可以得到，楼板和地板的厚度为 150mm，墙体

的厚度为 240mm。

具体绘制步骤如下：

步骤 01 单击"默认"选项卡|"图层"面板上的"图层特性"按钮 ⬚，在打开的"图层特性管理器"对话框中将"墙体"图层设置为当前层，并将当前图层的线型设置为 Continuous，线宽为默认。同时打开状态栏中的"对象捕捉"辅助工具，选择端点、交点和垂足等对象捕捉方式。

步骤 02 在命令行输入 MLSTYLE 后按 Enter 键，执行"多线样式"命令，创建多线样式"240"，宽度为 240，上下偏移均为 120，颜色、线型均为 ByLayer。单击"确定"按钮，完成"240"多线样式的创建，并将该样式置为当前，单击"确定"按钮后绘制栏杆。

步骤 03 按照同样的方法，创建楼板和地板的多线样式"150"，上下偏移均为 75，颜色、线型均为 ByLayer，其他设置采用默认。

步骤 04 重复执行"多线样式"命令，将"240"多线样式置为当前多线样式。

步骤 05 在命令行中输入 MLINE 后按 Enter 键，执行绘制"多线"命令，绘制"240"墙体。命令行提示如下：

```
命令: _mline
当前设置: 对正 = 上, 比例 = 20.00, 样式 = 240
指定起点或 [对正(J)/比例(S)/样式(ST)]: s          //选择比例方式
输入多线比例 <20.00>: 1
当前设置: 对正 = 上, 比例 = 1.00, 样式 = 240
指定起点或 [对正(J)/比例(S)/样式(ST)]: j          //选择对正方式
输入对正类型 [上(T)/无(Z)/下(B)] <上>: z          //对正类型无, 表示居中对齐
当前设置: 对正 = 无, 比例 = 1.00, 样式 = 240
指定起点或 [对正(J)/比例(S)/样式(ST)]:             //对象捕捉到轴线 V2 下端点
指定下一点:                                      //对象捕捉到轴线 V2 上端点
指定下一点或 [放弃(U)]:                           //按 Enter 键
```

步骤 06 在命令行输入 MLSTYLE 后按 Enter 键，执行"多线样式"命令，将"150"多线样式置为当前多线样式。

步骤 07 在命令行中输入 MLINE 后按 Enter 键，绘制"150"楼板和地板，命令行提示如下：

```
命令: _mline
当前设置: 对正 = 下, 比例 = 1.00, 样式 = 150
指定起点或 [对正(J)/比例(S)/样式(ST)]: j          //选择对正
输入对正类型 [上(T)/无(Z)/下(B)] <下>: t          //对正类型上
当前设置: 对正 = 上, 比例 = 1.00, 样式 = 150
指定起点或 [对正(J)/比例(S)/样式(ST)]:             //对象捕捉到辅助线 H7V1 交点
指定下一点: @-400,0                              //楼板长度为 400
指定下一点或 [放弃(U)]:                           //按 Enter 键
```

步骤 08 采用同样的方法，综合使用"多线样式"和"多线"命令，绘制其他位置处的楼板：

第一处楼板以辅助线 H6V2 交点为起点，终点为起点的相对坐标（@-1480，0）。
第二处楼板为辅助线 H5V1 交点为起点，终点为起点的相对坐标（@-400，0）。
第三处楼板为辅助线 H4V2 交点为起点，终点为起点的相对坐标（@-1480，0）。

步骤 **09** 在楼板、墙体的折断处绘制折断线。

绘制完成的墙体、楼板和地板如图 9-16 所示。为了便于观察，关闭"辅助线"图层。

4. 绘制被剖切的楼梯

根据前面楼梯平面详图的剖切位置可以看出，楼梯的一个梯段被剖切而另一个梯段则未被剖切，所以将楼梯分为两部分来单独绘制，即分为被剖切的楼梯和未被剖切的楼梯。

该办公楼的楼梯尺寸如图 9-17 所示。

图 9-16　墙体、地板和楼板

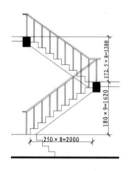

图 9-17　楼梯尺寸

绘制被剖切的楼梯的具体步骤如下：

步骤 **01** 单击"默认"选项卡|"图层"面板上的"图层特性"按钮 ，在打开的"图层特性管理器"对话框中将"楼梯"图层设置为当前层，并将当前图层的线型设置为 Continuous，线宽为默认。同时打开状态栏中的"对象捕捉"辅助工具，选择端点、交点和垂足等对象捕捉方式。

步骤 **02** 绘制楼梯踏步。

根据第 8 章绘制建筑物的剖面图中的相关内容，可以知道踏步的宽度为 250mm，高度为 180mm。

单击"默认"选项卡|"绘图"面板上的"直线"按钮 ，配合坐标输入功能绘制楼梯踏步。命令行提示如下：

```
命令： _line 指定第一点：                    //对象捕捉到辅助线 H3V1 交点
指定下一点或 [放弃(U)]: @0,180             //依次输入各点坐标
指定下一点或 [放弃(U)]: @250,0
指定下一点或 [闭合(C)/放弃(U)]: @0,180
指定下一点或 [闭合(C)/放弃(U)]: @250,0
…
      //重复上述操作，直至绘制完所有楼梯，具体尺寸如图 9-17 所示
指定下一点或 [闭合(C)/放弃(U)]:              //按 Enter 键
```

步骤 **03** 单击"默认"选项卡|"绘图"面板上的"直线"按钮 ，配合交点捕捉功能绘制楼梯的斜梁。命令行提示如下：

```
命令： _line 指定第一点：                    //对象捕捉到第一二踏步交点
指定下一点或 [放弃(U)]:                     //对象捕捉到最后两级踏步交点
指定下一点或 [放弃(U)]:                     //按 Enter 键
```

另外,由于楼梯的斜梁是平行于楼梯走向的,绘制时候可以先将楼梯的上下端点连接起来,再将其向右移动绘制出斜梁。命令行提示如下:

```
命令: _move
选择对象: 找到 1 个                                    //选择上面绘制直线
选择对象:                                             //按 Enter 键
指定基点或 [位移(D)] <位移>:                           //对象捕捉到上面直线上端点
指定第二个点或 <使用第一个点作为位移>: @200,0           //输入移动距离
```

步骤 04 绘制楼梯与墙体连接的圈梁。在本例中,圈梁为一矩形,其高度为 320mm,宽度为 240mm。

步骤 05 单击"默认"选项卡|"修改"面板上的"修剪"按钮，对上面所绘图形进行修剪,并删除多余的线条。

经过上述步骤,绘制出来的楼梯轮廓如图 9-18 所示。

步骤 06 填充材料。在功能区单击"默认"选项卡|"绘图"面板上的"图案填充"按钮，打开"图案填充创建"选项卡,在"图案"功能区面板上选择填充图案为 LINE,在"特性"面板上设置填充比例为 50,角度为 135°,为楼梯填充剖面材料。

采用同样的方法对楼梯轮廓继续填充,填充图案为 AR-CONC,填充比例为 1,填充角度为 0°。

填充完后的楼梯如图 9-19 所示。

在该办公楼中不难发现,被剖切到的楼梯是一样的。因此,为了方便绘制其他楼层的楼梯,将其保存为图块,基点为楼梯第一踏步垂直面的下端点,命名为"剖切楼梯"。

5. 绘制未被剖切的楼梯

单击"默认"选项卡|"绘图"面板上的"直线"按钮，采用与被剖切的楼梯类似的方法绘制未被剖切的楼梯,命令行提示如下:

```
命令: _line 指定第一点:                               //对象捕捉到剖切楼梯的终点
指定下一点或 [放弃(U)]: @-250,0                       //依次输入各端点坐标
指定下一点或 [放弃(U)]: @0,172.5
指定下一点或 [闭合(C)/放弃(U)]: @-250,0
指定下一点或 [闭合(C)/放弃(U)]: @0,172.5
...
            //重复上述操作,直至绘制完所有楼梯,具体尺寸如图 9-17 所示
指定下一点或 [闭合(C)/放弃(U)]:                       //按 Enter 键
```

绘制完成的未被剖切的楼梯轮廓如图 9-20 所示。

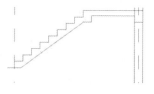 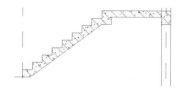 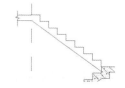

图 9-18　楼梯轮廓　　　　图 9-19　填充后楼梯　　　　图 9-20　未被剖切楼梯轮廓

与被剖切的楼梯一样,为了方便绘制其他楼层的楼梯,将其保存为图块,基点为楼梯第

一踏步的垂直面的下端点，命名为"未被剖切楼梯"。

6. 插入楼梯

单击"默认"选项卡|"块"面板上的按钮"插入块"按钮，在打开的"块"选项板中选择 "剖切楼梯"，对象捕捉到二层楼梯起点（即未被剖切楼梯终点），将其插入到办公楼的二层。

按照同样的方法，插入"未被剖切楼梯"图块。对象捕捉到辅助线H5所在楼板的上侧直线的左端点为未被剖切楼梯的起点，将其插入到办公楼的二层和三层之间。

单击"默认"选项卡|"绘图"面板上的"直线"按钮，配合坐标输入功能绘制底层楼梯，命令行提示如下：

```
命令：_line 指定第一点：              //对象捕捉到辅助线 H3V1 交点
指定下一点或 [放弃(U)]: @200,0        //依次输入各点坐标
指定下一点或 [放弃(U)]: @0,-175
指定下一点或 [闭合(C)/放弃(U)]: @200,0
指定下一点或 [闭合(C)/放弃(U)]: @0,-175
指定下一点或 [闭合(C)/放弃(U)]: @200,0
指定下一点或 [闭合(C)/放弃(U)]: @0,-175
指定下一点或 [闭合(C)/放弃(U)]: @200,0
指定下一点或 [闭合(C)/放弃(U)]: @0,-175
指定下一点或 [闭合(C)/放弃(U)]:       //按 Enter 键
```

最终绘制完的楼梯整体如图 9-21 所示。

7. 绘制扶手

楼梯插入之后，主体部分已经基本完成，现在来为楼梯加上扶手。扶手一般都要求单独绘制详图，所以在楼梯的剖面图中可以只绘制扶手的略图。扶手与楼梯平行，高度为 685mm。

绘制扶手的具体步骤如下：

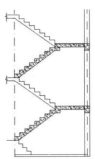

图 9-21　绘制完成的楼梯整体

步骤 01 展开"默认"选项卡|"图层"面板上的"图层"下拉列表，将"扶手"图层设置为当前层，在"特性"面板上的"线型"下拉列表中将当前图层的线型设置为 Continuous，在"线宽"列表中设置线宽为默认。同时打开状态栏中的"对象捕捉"辅助工具，选择端点、交点和垂足等对象捕捉方式。

步骤 02 在命令行输入 MLSTYLE 后按 Enter 键，执行"多线样式"命令，在打开的"多线样式"对话框中创建"栏杆"多线样式。

根据第 8 章建筑剖面图绘制中的某办公室剖面图的相关部分，可以知道栏杆宽为 30，所以创建的"栏杆"多线样式的上下偏移距离分别为 15，其他设置采用默认。设置完成后，单击"确定"按钮，返回"多线样式"对话框，选择"栏杆"多线样式，单击"置为当前"按钮，将"栏杆"多线样式设置为当前多线样式。

步骤 03 在命令行中输入 MLINE 后按 Enter 键，执行"多线"命令，绘制栏杆。由于在该楼梯剖面详图中，只需要绘制出一部分栏杆和扶手表示即可。

```
命令：_mline
当前设置：对正 = 上，比例 = 20.00，样式 = 扶手
指定起点或 [对正(J)/比例(S)/样式(ST)]：s          //设置比例
输入多线比例 <20.00>：1                            //输入比例为1
当前设置：对正 = 上，比例 = 1.00，样式 = 扶手
指定起点或 [对正(J)/比例(S)/样式(ST)]：j          //设置对正方式
输入对正类型 [上(T)/无(Z)/下(B)] <上>：z          //对正类型为无，表示居中对齐
当前设置：对正 = 无，比例 = 1.00，样式 = 扶手
指定起点或 [对正(J)/比例(S)/样式(ST)]：
//对象捕捉到辅助线 H3V1 交点的左延伸线，输入距离 120
指定下一点：@0,685                                //指定栏杆高度
指定下一点或 [放弃(U)]：                          //按 Enter 键
```

单击"默认"选项卡|"修改"面板上的"复制"按钮 ，绘制其他楼梯踏步的栏杆。命令行提示如下：

```
命令：_copy
选择对象：找到 1 个                              //选择上面绘制栏杆
选择对象：                                      //按 Enter 键
当前设置：复制模式 = 多个
指定基点或 [位移(D)/模式(O)] <位移>：           //对象捕捉到上面绘制栏杆的下中点
指定第二个点或 [阵列(A)] <使用第一个点作为位移>： //对象捕捉到第二台阶中点
…
              //采用同样方法，绘制其他地方栏杆，具体位置参见图 9-19
指定第二个点或 [阵列(A)/退出(E)/放弃(U)] <退出>： //按 Enter 键
```

绘制完成栏杆后的楼梯剖面详图如图 9-22 所示。

步骤 04 采用类似绘制栏杆的方法，绘制扶手。命令行提示如下：

```
命令：_mline
当前设置：对正 = 无，比例 = 1.00，样式 = 扶手
指定起点或 [对正(J)/比例(S)/样式(ST)]：
//对象捕捉到一层楼梯起始处栏杆的右上端点
指定下一点：                      //对象捕捉到一二层楼梯休息平台处栏杆的左上端点
指定下一点或 [放弃(U)]：          //对象捕捉到二层楼梯起始处栏杆的右上端点
指定下一点或 [闭合(C)/放弃(U)]：  //对象捕捉到二三层楼梯休息平台处栏杆的左上端点
指定下一点或 [闭合(C)/放弃(U)]：  //对象捕捉到三层楼梯起始处栏杆的右上端点
指定下一点或 [闭合(C)/放弃(U)]：  //按 Enter 键
```

绘制完成的扶手草图如图 9-23 所示。

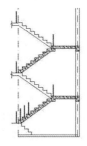

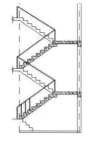

图 9-22　绘制完栏杆的楼梯剖面详图　　　　　图 9-23　绘制完扶手草图

步骤 05 单击"默认"选项卡|"绘图"面板上的"直线"按钮 ╱，绘制楼梯扶手首尾的水平部分。命令行提示如下：

```
命令：_line 指定第一点：            //对象捕捉到一层楼梯起始处栏杆右上端点
指定下一点或 [放弃(U)]：@-135,0      //输入各点坐标
指定下一点或 [放弃(U)]：@0,15
指定下一点或 [闭合(C)/放弃(U)]：     //对象捕捉到水平方向与扶手交点
指定下一点或 [闭合(C)/放弃(U)]：     //按Enter键
...
                                  //采用同样方法，绘制其他楼层以及休息平台的扶手终端部分
指定下一点或 [闭合(C)/放弃(U)]：     //按Enter键
```

初步绘制完成的扶手草图的局部如图 9-24 所示。

步骤 06 单击"默认"选项卡|"修改"面板上的"修剪"按钮 ✂ 和"修改"|"延伸"命令，对扶手草图进行处理。修剪完成后的扶手如图 9-25 所示。

图 9-24 绘制完成的扶手草图局部图

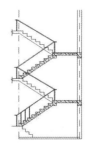

图 9-25 绘制完扶手

步骤 07 绘制完成后，单击"默认"选项卡|"修改"面板上的"缩放"按钮 ⬚，将绘制完成的图形放大两倍。

8. 轴线及标号

该办公楼的楼梯剖面详图的轴线可以从上面小节绘制的楼梯平面详图中看出，从左到右依次为轴线 C 和轴线 1/B。

绘制轴线及标号的具体步骤如下：

步骤 01 单击"默认"选项卡|"图层"面板上的"图层特性"按钮 ⬚，在打开的"图层特性管理器"对话框中将"轴线"图层设置为当前层，并将当前图层的线型设置为 Continuous，线宽为默认。同时打开状态栏中的"对象捕捉"辅助工具，选择端点、中点、垂足等对象捕捉方式。

步骤 02 插入"竖向轴线编号"图块，分别设置轴线编号为 C 和 1/B。绘制完成轴线编号的楼梯剖面详图如图 9-26 所示。

9. 标注尺寸及标高

使用 S1-50 标注样式对楼梯剖面详图进行标注，并插入"标高"图块添加标高，效果如图 9-27 所示。

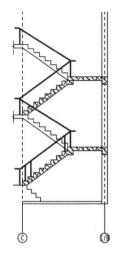

图 9-26　绘制完轴线及标号

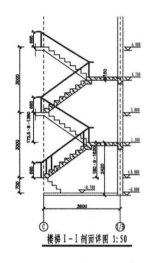

图 9-27　楼梯剖面详图

9.2.4　扶手详图

扶手位于栏杆上面的部位，其大小和形式以及所采用的材料要满足一般手握适度弯曲的情况。扶手详图的具体绘制步骤如下：

步骤01　单击"默认"选项卡|"图层"面板上的"图层特性"按钮 ，在打开的"图层特性管理器"对话框中将"扶手"图层设置为当前层，并将当前图层的线型设置为 Continuous，线宽为默认。同时打开状态栏中的"对象捕捉"辅助工具，选择端点、交点和垂足等对象捕捉方式。

步骤02　单击"默认"选项卡|"绘图"面板上的"圆"按钮 ，绘制扶手最上方的圆环，其中外环的半径为 2100，内环的圆心与外环的圆心一致，并且内环的半径为 1600。

步骤03　单击"默认"选项卡|"绘图"面板上的"直线"按钮 ，绘制圆环下方的圆管中心轴线，圆环长为 12500。命令行提示如下：

```
命令: _line
指定第一点:                      //对象捕捉到外环的下侧竖直象限点
指定下一点或 [放弃(U)]:@0,-12500  //输入圆管长
指定下一点或 [放弃(U)]:           //按 Enter 键
```

步骤04　单击"默认"选项卡|"修改"面板上的"偏移"按钮 ，将步骤 3 所绘制的圆管中心轴线根据圆管的直径 14000 将其分别向左、右偏移距离 7000，绘制圆管，其效果如图 9-28 所示。

步骤05　单击"默认"选项卡|"绘图"面板上的"样条曲线拟合"按钮 ，执行"样条曲线拟合"命令，对圆环下方的圆管进行折断操作。命令行提示如下：

图 9-28　绘制圆管

```
命令: _spline
前设置: 方式=拟合   节点=弦
指定第一个点或 [方式(M)/节点(K)/对象(O)]: _M        //对象捕捉到圆管左侧直线中点
```

输入样条曲线创建方式 [拟合(F)/控制点(CV)] <拟合>: _FIT
当前设置: 方式=拟合　节点=弦
指定第一个点或 [方式(M)/节点(K)/对象(O)]:
输入下一个点或 [起点切向(T)/公差(L)]:　　　　　　　//输入@400,400 后按 Enter 键输入
下点坐标
输入下一个点或 [端点相切(T)/公差(L)/放弃(U)]:　　　//@500,-500 Enter，输入下点坐标
输入下一个点或 [端点相切(T)/公差(L)/放弃(U)/闭合(C)]:　//l Enter
指定拟合公差<0.0000>:　　　　　　　　　　　　　　//按 Enter 键
输入下一个点或 [端点相切(T)/公差(L)/放弃(U)/闭合(C)]:　//按 Enter 键
…
//采用同样的方法，绘制前面所绘样条曲线起点到相对起点坐标（@700,100）的样条曲线

步骤 06 单击"默认"选项卡|"修改"面板上的"镜像"按钮 ⚠，将步骤（4）所绘制的样条曲线以圆管左右两侧中点为镜像点，将其镜像到下侧。

步骤 07 单击"默认"选项卡|"修改"面板上的"旋转"按钮 ↻，将镜像所得的样条曲线以其左侧端点为基点沿逆时针方向旋转 180°。

步骤 08 单击"默认"选项卡|"修改"面板上的"移动"按钮 ✛，将旋转后的样条曲线以右侧端点为基点将其移动到圆管右侧直线中点正下方距离 500 处。

步骤 09 单击"默认"选项卡|"修改"面板上的"复制"按钮 ⧉，将上面"镜像""移动"所绘制的样条曲线，以样条曲线的左侧端点为基点，将其复制到圆管的下侧。

执行完上述命令后，效果如图 9-29 所示。

步骤 10 单击"默认"选项卡|"修改"面板上的"修剪"按钮 ✂，修剪两样条曲线之间交于圆管两侧直线的部分，并删除不必要的直线，其效果如图 9-30 所示。

步骤 11 单击"默认"选项卡|"绘图"面板上的"矩形"按钮 ▭，绘制扶手端面。扶手端面的矩形大小为 4000×500。

步骤 12 单击"默认"选项卡|"修改"面板上的"移动"按钮 ✛，将所绘制的扶手端面以矩形下边中心为基点，将其移动到距圆管下侧端点距离 500 处圆管的截面的中点。执行完上述命令后，效果如图 9-31 所示。

步骤 13 单击"默认"选项卡|"修改"面板上的"修剪"按钮 ✂，删除多余的线条，完成最终的圆环折断线的形式，如图 9-32 所示。

　　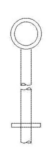　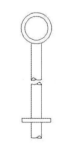

图 9-29　折断圆管　　图 9-30　修改圆管　　图 9-31　绘制扶手端面　　图 9-32　绘制完成的扶手轮廓

步骤 14 填充圆环。在功能区单击"默认"选项卡|"绘图"面板上的"图案填充"按钮 ▨，打开"图案填充创建"选项卡，在"图案"功能区面板上选择填充图案为 STEEL，在"特性"面板上设置填充比例为 10，角度为 0°，为圆环进行填充。

步骤⑮ 标注尺寸，并添加必要的文字说明。

在绘制扶手详图时采用的比例为 1:10，因此需要在已经创建的 S1-100 标注样式的基础上创建 S1-10，其他设置与 S1-100 相同。需要设置"符号和箭头"选项卡下的箭头形式，设置效果如图 9-33 所示；设置"主单位"选项卡下的"比例因子"为 0.1，如图 9-34 所示。

不能采用绘制楼梯平面图和楼梯剖面图时所采用的文字样式和标注样式，需要重新新建并设置文字样式和标注样式。

图 9-33　设置箭头形式

图 9-34　设置 S1-10 比例因子

绘制完成的扶手详图如图 9-35 所示。

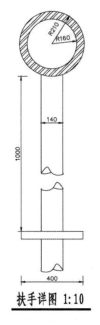

图 9-35　扶手详图

到此为止，楼梯详图基本绘制完毕，详图整体效果如图 9-36 所示。

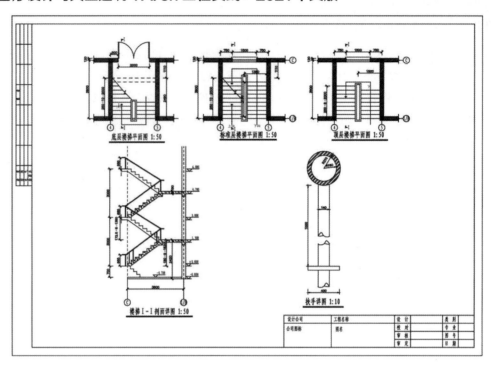

图 9-36　绘制完成的楼梯详图

9.3　窗台详图绘制

窗台详图主要表达的是窗与窗台的具体安装方式、位置等情况。在本例中，窗台无法从前面章节中的平面图、立面图或剖面图中来提取相关信息。因此，窗台详图的绘制采用直接绘制方法。

9.3.1　设置绘图环境

在 A2 样板图的基础上创建新的文件，单击"默认"选项卡 | "图层"面板上的"图层特性"按钮 ，弹出"图层特性管理器"对话框，在该选项板中创建如图 9-37 所示的图层。

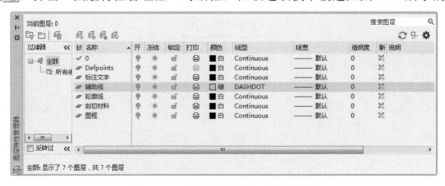

图 9-37　"图层特性管理器"选项板

9.3.2　绘制辅助线

辅助线是用来在绘图的时候准确定位的，其绘制步骤如下：

步骤 01　单击绘图区右侧导航栏上的"全部缩放"按钮 🔍，将图形界限最大化显示在绘图区。

步骤 02　单击状态栏中的"正交"按钮，打开"正交"状态。

步骤 03　单击"默认"选项卡|"图层"面板上的"图层特性"按钮 🗂，在打开的"图层特性管理器"对话框中将"辅助线"图层设置为当前层，并将当前图层的线型设置为 Dashdot，线宽为默认。同时打开状态栏中的"对象捕捉"辅助工具，选择端点、交点和垂足等对象捕捉方式。

步骤 04　单击"默认"选项卡|"绘图"面板上的"直线"按钮 ╱，绘制一段垂线作为中心线。命令行提示如下：

```
命令：_line 指定第一点：          //指定绘图区域合适一点
指定下一点或 [放弃(U)]：<正交 开>  //打开正交状态，垂直向下选取一点
指定下一点或 [放弃(U)]：          //按 Enter 键
```

步骤 05　根据前面第 8 章办公楼的剖面图，确定外墙的墙体宽度为 2400mm。单击"默认"选项卡|"修改"面板上的"偏移"按钮 ⊑，绘制墙线。由于这里绘制的比例为 1:10，所以绘制的中心线为偏移对象，偏移距离为 1200，分别向中心线左右两侧各偏移一次。

步骤 06　根据前面第 8 章办公楼的剖面图，确定窗户的高度为 10000mm。

步骤 07　单击"默认"选项卡|"绘图"面板上的"直线"按钮 ╱，绘制窗户下轮廓。命令行提示如下：

```
命令：_line 指定第一点：          //指定绘图区域一点
指定下一点或 [放弃(U)]：          //指定绘图区域水平方向一点
指定下一点或 [放弃(U)]：          //按 Enter 键
```

步骤 08　单击"默认"选项卡|"修改"面板上的"偏移"按钮 ⊑，绘制窗户的下轮廓。选取窗户的下轮廓为偏移对象，向上偏移距离为 1000。绘制完成的定位辅助线如图 9-38 所示。

为使后面说明更加方便，将辅助线按照水平方向和垂直方向进行编号。水平方向辅助线由下至上依次编号为 H1~H2，垂直方向辅助线由左至右依次编号为 V1~V3。

图 9-38　定位辅助线

9.3.3　绘制轮廓线

轮廓线是用来加强绘制建筑物的效果的。绘制轮廓线的具体步骤如下：

步骤 01　单击"默认"选项卡|"图层"面板上的"图层特性"按钮 🗂，在打开的"图层特性管理器"对话框中将"轮廓线"图层设置为当前层，并将当前图层的线型设置为 Continuous，线宽为默认。同时打开状态栏中的"对象捕捉"辅助工具，选择端点、交点和垂足等对象捕捉方式。

步骤 02 根据第 8 章办公室剖面图，确定窗台凸出墙面为 80mm，窗台厚为 150mm。

步骤 03 击 "默认" 选项卡 | "绘图" 面板上的 "多段线" 按钮，绘制窗台的上下框墙体剖面
的轮廓线。命令行提示如下：

```
命令：_pline
指定起点：                                    //对象捕捉到辅助线 V1 下端点
当前线宽为 0
指定下一个点或 [圆弧(A)/半宽(H)/长度(L)/放弃(U)/宽度(W)]：W    //选择宽度
指定起点宽度 <0>：100                          //输入宽度为 100
指定端点宽度 <10>：                            //按 Enter 键
指定下一个点或 [圆弧(A)/半宽(H)/长度(L)/放弃(U)/宽度(W)]：//捕捉辅助线 H1V1 交点
指定下一点或 [圆弧(A)/闭合(C)/半宽(H)/长度(L)/放弃(U)/宽度(W)]：//捕捉辅助线 H1V3 交点
指定下一点或 [圆弧(A)/闭合(C)/半宽(H)/长度(L)/放弃(U)/宽度(W)]：@800,0
//输入窗台凸出长度
指定下一点或 [圆弧(A)/闭合(C)/半宽(H)/长度(L)/放弃(U)/宽度(W)]：@0,-1500
//输入窗台厚度
指定下一点或 [圆弧(A)/闭合(C)/半宽(H)/长度(L)/放弃(U)/宽度(W)]：
//对象捕捉到上点到辅助线 V3 的垂足
指定下一点或 [圆弧(A)/闭合(C)/半宽(H)/长度(L)/放弃(U)/宽度(W)]：
//对象捕捉到辅助线 V3 的下端点
指定下一点或 [圆弧(A)/闭合(C)/半宽(H)/长度(L)/放弃(U)/宽度(W)]：   //按 Enter 键
```

步骤 04 详图所要表现的内容主要是某个部位的详细布置及安装方式等，所以本例窗台下墙体只
需绘制一部分即可，以下的部分和窗台上墙体的部分不用全部表现出来。采用同样的方
法绘制窗台上框墙体剖面轮廓线。绘制完成的墙体轮廓线如图 9-39 所示。

步骤 05 单击 "默认" 选项卡 | "修改" 面板上的 "偏移" 按钮，将步骤（2）所绘制的外墙轮
廓向外偏移 250，作为墙面粉刷灰层。

步骤 06 单击 "默认" 选项卡上的 "修改" 面板中的 "分解" 按钮，将两偏移得到的多段线分
解，使其丢失线宽信息，效果如图 9-40 所示。

图 9-39　绘制墙体轮廓线　　　　　图 9-40　绘制外墙面轮廓线

步骤 07 绘制窗体。单击 "默认" 选项卡 | "绘图" 面板上的 "矩形" 按钮，绘制窗体外轮廓
线。命令行提示如下：

```
命令：_rectang
指定第一个角点或 [倒角(C)/标高(E)/圆角(F)/厚度(T)/宽度(W)]：//捕捉到辅助线 H2V1 交点
指定另一个角点或 [面积(A)/尺寸(D)/旋转(R)]：                //捕捉到辅助线 H1V3 交点
```

步骤 08 单击 "默认" 选项卡上的 "修改" 面板中的 "分解" 按钮，将绘制的矩形分解为四条
线段。

步骤 **09** 单击"默认"选项卡|"修改"面板上的"偏移"按钮 ⊆，绘制剖面窗体。偏移对象为上一步所分解的矩形的右侧轮廓线，偏移距离为 800，并以偏移结果为新偏移对象，偏移距离仍为 800，效果如图 9-41 所示。

步骤 **10** 单击"默认"选项卡|"修改"面板上的"修剪"按钮 ✂，对绘制的窗户剖切线进行修剪，效果如图 9-42 所示。

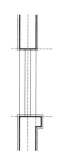
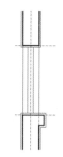

图 9-41　绘制窗户剖切线　　　　图 9-42　修剪窗户剖切线

9.3.4　填充剖切材料

在本例中，窗台详图中剖切面主要是墙体与窗体，窗体可以不用图案表现，墙体为钢筋混凝土墙体，墙面为粉灰面，所以墙体与墙面的图案表现不尽相同。墙体剖面用图案"AR-CONC+ANSI31"填充，墙面用图案"AR-SAND"填充。

单击"默认"选项卡|"图层"面板上的"图层特性"按钮 ，在打开的"图层特性管理器"对话框中将"剖切材料"图层设置为当前层，并将当前图层的线型设置为 Continuous，线宽为默认。单击"默认"选项卡|"绘图"面板上的"图案填充"按钮 ，在功能区面板中设置 AR-CONC 填充比例为 10，ANSI31 填充比例为 100，AR-SAND 填充比例为 2.5，填充完毕后的效果如图 9-43 所示。

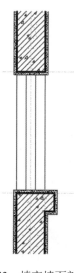

图 9-43　填充墙面剖切材料

9.3.5　标注尺寸和文字

在 S1-100 的基础上创建标注样式 S1-10，创建方法在 9.2.4 节已经讲过，这里不再赘述。使用 S1-10 为详图添加标注。同时使用文字样式 G700 添加图题，图题下画线使用"多段线"命令进行绘制，线宽为 100，绘制完成的效果如图 9-44 所示。

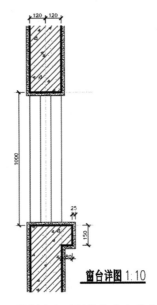

图 9-44　绘制完尺寸标注和文字的窗台详图

9.4　卫生间详图绘制

卫生间详图的绘制方法采用平立剖面图绘制法，从平面图中直接提取卫生间部分，对其进行修改得到卫生间详图。

9.4.1　设置绘图环境

在 A2 样板图基础上创建新图形，单击"默认"选项卡|"图层"面板上的"图层特性"按钮，打开"图层特性管理器"对话框，创建如图 9-45 所示的图层。

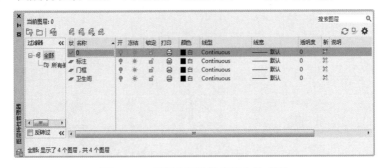

图 9-45　"图层特性管理器"选项板

9.4.2　提取卫生间轮廓

提取卫生间轮廓的具体步骤如下：

步骤01 单击"快速访问"工具栏上的"打开"按钮 📂，打开第 6 章绘制的办公室的标准层平面图，选择与卫生间有关的部分，将其复制。

步骤02 展开"默认"选项卡|"图层"面板上的"图层"下拉列表，将"卫生间"设置为当前图层，将步骤 1 中复制的有关卫生间的部分粘贴到当前绘图环境中。

步骤03 单击"默认"选项卡|"修改"面板上的"缩放"按钮 🔲，将所复制的图形以复制部分的中心为基点，由于要绘制 1:20 的图形，按缩放比例为 5 进行缩放。

缩放后，使用折断线对墙体进行修剪，得到的卫生间轮廓如图 9-46 所示。

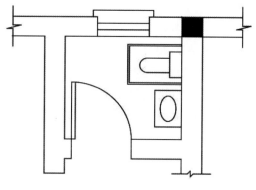

图 9-46　卫生间轮廓图

9.4.3　填充卫生间

墙体应填充特定的图案，具体填充步骤如下：

步骤01 单击"默认"选项卡|"图层"面板上的"图层特性"按钮 🗇，在打开的"图层特性管理器"对话框中将"楼梯平面图"图层设置为当前层（粘贴图形带进的图层），并将当前图层的线型设置为 Continuous，线宽为默认。

步骤02 单击"默认"选项卡|"绘图"面板上的"图案填充"按钮 🔲，打开"图案填充创建"选项卡，在"图案"功能区面板上选择填充图案为 LINE，在"特性"面板上设置填充比例为 75，角度为 45°，为卫生间墙体进行填充，填充效果如图 9-47 所示。

9.4.4　标注尺寸及文字

在标注样式 S1-100 的基础上创建 S1-20，设置"主单位"选项卡下的"比例因子"为 0.2，为详图创建尺寸标注。同时使用文字样式 G700 创建图标题，并使用"多段线"命令创建宽为 100 的下画线，效果如图 9-48 所示。

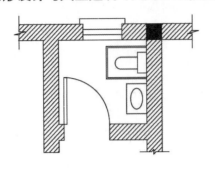

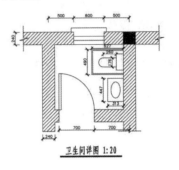

图 9-47　填充墙体　　　　　　　　图 9-48　标注尺寸及文字

9.5　小　结

本章主要介绍了建筑详图的内容和绘制步骤，结合某办公楼某些部位的建筑详图的实例，向读者具体介绍了如何使用 AutoCAD 2021 绘制一栋建筑物的具体部位的详图。通过本章的学习，读者应当对建筑详图的设计过程和绘制方法有所了解，并能熟练运用前面章节所介绍的命令完成相应的操作。建筑详图是建筑设计过程中一个基本组成部分，读者要注意建筑详图必须和建筑平面图、建筑立面图、建筑剖面图相互对应结合的阅读，这在建筑设计时是非常重要的。

9.6　上机练习

练习 1：根据本章所讲述的绘制建筑详图的一般方法，结合前面章节的内容，绘制如图 9-49 所示的窗台详图。

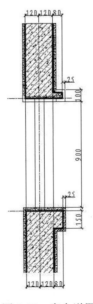

图 9-49　窗台详图

练习 2：根据本章所讲述的绘制建筑详图的一般方法，结合前面章节的内容，绘制如图 9-50 所示的楼梯平面详图。

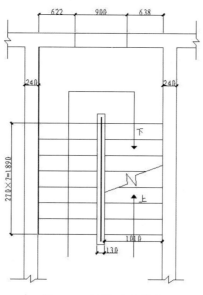

图 9-50　楼梯平面详图

练习 3：根据本章所讲述的绘制建筑详图的一般方法，结合前面章节的内容，绘制如图 9-51 所示的楼梯剖面详图。

练习 4：根据本章所讲述的绘制建筑详图的一般方法，结合前面章节的内容，绘制如图 9-52 所示的女儿墙详图。

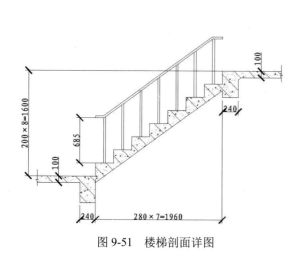

图 9-51　楼梯剖面详图

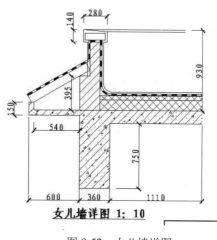

女儿墙详图 1：10

图 9-52　女儿墙详图

第 10 章

建筑三维图形的绘制

📥 导言

在早期的 AutoCAD 版本中，提供的三维功能不是很强大，经过这几年版本的发展和完善之后，添加了 3ds Max 中的基本功能，使得 AutoCAD 在三维制图和渲染方面有了得天独厚的优势。在建筑制图中，通常需要绘制各种建筑图形的三维效果来配合平面图形，以提高整个建筑图纸的表现力。

本章通过对基本的三维家具、三维房间及小区三维效果图的创建，详细介绍了将绘制的二维图形转换为三维实体模型的方法，以及相对于借助二维图形建模更为高级的三维实体建模的方法，使读者了解基本的三维建模和编辑工具。本章注重技术和方法的结合使用，并且基本涵盖了使用 AutoCAD 进行三维建筑制图的所有技术。

10.1　三维建模概述

在三维空间中观察实体，能感觉到它的真实形状和构造，有助于形成设计概念，有利于设计决策，同时也有助于设计人员之间的交流。采用计算机绘制三维图形的技术称之为三维几何建模。根据建模方法及其在计算机中存储方式的不同，三维几何建模分为以下三种类型：

1. 线框模型

线框模型是用直线和曲线表示对象边界的对象表示法。线框模型没有表面，是由描述轮廓的点、直线和曲线构成的。组成轮廓的每一个点和每一条直线都是单独绘制出来的，因此线框模型是最费时的。线框模型不能进行消隐和渲染处理。

2. 表面模型

表面模型不仅具有边界，而且具有表面，因此它比线框模型更为复杂。表面模型的表面是由多个平面的多边形组成的，对于曲面来说，表面模型是由表面多边形网格组成的近似曲面。很显然，多边形网格越密，曲面的光滑程度越高，并且可以直接编辑构成表面模型的多边形网格。由于表面模型具有面的特征，因此可以对其进行计算面积、着色、消隐、渲染、求两表面交线等操作。

3. 实体模型

实体模型具有实体的特征，如体积、重心、惯性矩等。在 AutoCAD 中，不仅可以建立基本的三维实体，而且可以对三维实体进行布尔运算，以得到复杂的三维实体。另外，还可以

通过二维实体产生三维实体。实体模型是这三种模型中最容易建立的一种模型。

10.2　三维视图操作

视图操作是 AutoCAD 三维制图的基础，视图决定了图形在绘图区的视觉形状和其他特征，利用视图操作，可以通过各种手段来观察图形对象。

在使用 AutoCAD 三维功能时，需要将工作空间切换到"三维基础"或"三维建模"工作空间。具体操作就是单击展开"快速访问"工具栏的"工作空间"下拉列表，选择相应的三维工作空间即可。

10.2.1　重画、重生成

在 AutoCAD 中，"重画""重生成"和"全部重生成"命令可以控制视口的刷新以重画和重生成图形，从而优化图形。

- 选择"视图"|"重画"命令，可以刷新显示所有视口。
- 选择"视图"|"重生成"命令，或者在命令行中输入 REGEN，可以从当前视口重生成整个图形，在当前视口中重生成整个图形并重新计算所有对象的屏幕坐标，还重新创建图形数据库索引，从而优化显示和对象选择的性能。
- 选择"视图"|"全部重生成"命令，或者在命令行中输入 REGENALL，可以重生成图形并刷新所有视口，在所有视口中重生成整个图形并重新计算所有对象的屏幕坐标，还重新创建图形数据库索引，从而优化显示和对象选择的性能。

10.2.2　动态观察

AutoCAD 提供了"受约束的动态观察""自由动态观察"和"连续动态观察"三种动态观察方式。在绘图区右侧的"导航栏"中单击相应的按钮或者选择"视图"|"动态观察"命令的子命令，可以执行其中的一种动态观察方式。下面分别介绍这三种动态观察方式：

1. 受约束的动态观察

使用受约束的动态观察方式观察三维对象时，视图的目标位置不动，观察点围绕目标移动，观察点可以沿着 XY 平面或 Z 轴约束移动。

2. 自由动态观察

使用自由动态观察方式观察三维对象时，观察点不参照平面，可以在任意方向上进行动态观察。在沿 XY 平面和 Z 轴进行动态观察时，观察点不受约束。

3. 连续动态观察

使用连续动态观察方式观察三维对象时，在连续动态观察移动的方向上单击并拖动光标，然后释放鼠标，对象将在指定的方向上沿着轨道连续旋转。旋转的速度由光标移动的速度决定。

10.2.3　三维视图

快速设置视图的方法是选择预定义的三维视图，可根据名称或说明选择预定义的标准正交视图和等轴测视图。系统提供的预置三维视图包括俯视、仰视、主视、左视、右视和后视。此外，还可以从等轴测选项中设置视图西南等轴测、东南等轴测、东北等轴测和西北等轴测。

单击绘图区左上角"视图控件"或选择"视图"|"三维视图"命令，在弹出的下拉菜单中选择合适的命令进行视图切换。如图 10-1 所示为几种视图切换的效果。

西南等轴测　　　　　　　　俯视　　　　　　　　　　后视

图 10-1　视图切换效果

用户也可以选择"视图"|"三维视图"|"视点预设"命令，打开"视点预设"对话框进行视点设置创建自定义视图。还可以通过设置与 X 轴，以及 XY 平面的角度来设置视点。

10.2.4　视觉样式

视觉样式是一组设置，用来控制视口中边和着色的显示，一旦应用了视觉样式或更改了其设置，就可以在视口中查看效果。在绘图区左上角单击"视觉样式控件"，在展开的视觉样式菜单中选择相应的命令，即可执行不同的视觉样式，如图 10-2 所示。另外，在"三维基础"或"三维建模"工作空间内展开"可视化"选项卡|"视觉样式"下拉列表，也可选择不同的视觉样式。

在"视觉样式控件"菜单或"视觉样式"下拉列表中选择"视觉样式管理器"命令，可弹出"视觉样式管理器"选项板，如图 10-3 所示，可以对不同的视觉样式进行具体的参数设计。

图 10-2　视觉样式子菜单　　　　　　　图 10-3　"视觉样式管理器"选项板

"视觉样式管理器"选项板将显示图形中可用的视觉样式的样例图像，选定的视觉样式用黄色边框表示，其设置显示在样例图像下方的面板中，显示"面板"时，可以直接更改某些常用设置。

视觉样式提供了 10 种默认视觉样式，下面介绍常用的 5 种。

- 二维线框：显示用直线和曲线表示边界的对象，光栅和 OLE 对象、线型和线宽均可见。
- 线框：显示用三维直线和曲线表示边界的对象。
- 消隐：显示用三维线框表示的对象并隐藏表示后向面的直线。
- 真实：着色多边形平面间的对象，并使对象的边平滑化，将显示已附着到对象的材质。
- 概念：着色多边形平面间的对象，并使对象的边平滑化，着色使用古氏面样式，一种冷色和暖色之间的过渡而不是从深色到浅色的过渡。

图 10-4 显示了 5 种视觉样式的显示效果。

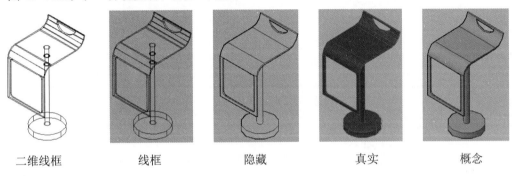

| 二维线框 | 线框 | 隐藏 | 真实 | 概念 |

图 10-4　视觉样式显示效果

10.3　用户坐标系和动态UCS

AutoCAD 提供了两种坐标系供用户使用：一个是被称为世界坐标系（WCS）的固定坐标系，一个是被称为用户坐标系（UCS）的可移动坐标系。默认情况下，这两个坐标系在新图形中是重合的。

通常在二维视图中，WCS 的 X 轴水平，Y 轴垂直。WCS 的原点为 X 轴和 Y 轴的交点（0，0）。图形文件中的所有对象均由其 WCS 坐标定义。但是，使用可移动的 UCS 创建和编辑对象通常更方便。

10.3.1　坐标系概述

AutoCAD 2021 在启动之后，系统默认使用的是三维笛卡儿坐标系。在三维笛卡儿坐标系中，三个坐标轴的位置关系如图 10-5 所示。

在三维笛卡儿坐标系中，坐标值（7，8，9）表示一个 X 坐标为 7，Y 坐标为 8，Z 坐标为 9 的点。在任何情况下，都可以通过输入一个点的 X、Y、Z 坐标值来确定该点的位置。如果在输入点时输入了"6，7"并按下 Enter 键，表示输入了一个位于当前 XY 平面上的点，系统会自动给该点加上 Z 轴坐标 0。

相对坐标在三维笛卡儿坐标系中仍然有效，例如相对于点（7，8，9），坐标值为（@1，0，0）的点绝对坐标为（8，8，9）。由于在创建三维对象的过程中，经常需要进行调整视图的操作，导致判断三个坐标轴的方向并不是很简单。在笛卡儿坐标系中，在已知 X 轴、Y 轴方向的情况下，一般使用右手定则确定 Z 轴的方向，如图 10-6 所示。要确定 X 轴、Y 轴和 Z 轴的正方向，可以将右手背对着屏幕放置，拇指指向 X 轴的正方向，伸出食指和中指，且食指指向 Y 轴的正方向，中指所指的方向就是 Z 轴的正方向。要确定某个坐标轴的正旋转方向，用右手的大拇指指向该轴的正方向并弯曲其他 4 个手指，右手 4 指所指的方向是该坐标轴的正旋转方向。

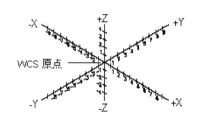

图 10-5 三维笛卡儿系中 X 轴、Y 轴和 Z 轴的位置关系

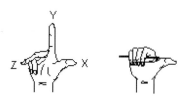

图 10-6 右手定则的图示

10.3.2 建立用户坐标系

AutoCAD 提供了 9 种方法供用户创建新的 UCS，这 9 种方法适用于不同的场合，都非常有用，希望读者能够熟练掌握。

通过 UCS 命令定义用户坐标系，在命令行中输入 UCS 命令，命令行提示如下：

```
命令:_ucs
当前 UCS 名称：*俯视*
指定 UCS 的原点或 [面(F)/命名(NA)/对象(OB)/上一个(P)/视图(V)/世界(W)/X/Y/Z/Z 轴
(ZA)] <世界>：
```

命令行提示用户选择合适的方式建立用户坐标系，各选项含义如表 10-1 所示。

表 10-1 创建 UCS 方式说明表

键盘输入	后续命令行提示	说　明
无	指定 X 轴上的点或<接受>： 指定 XY 平面上的点或<接受>：	使用一点、两点或三点定义一个新的 UCS。如果指定一个点，则原点移动而 X、Y 和 Z 轴的方向不改变；若指定第二点，UCS 将绕先前指定的原点旋转，X 轴正半轴通过该点；若指定第三点，UCS 将绕 X 轴旋转，XY 平面的 Y 轴正半轴包含该点
F	选择实体对象的面： 输入选项[下一个(N)/X轴反向(X)/Y 轴反向(Y)] <接受>：X	UCS 与选定面对齐。在要选择的面边界内或面的边上单击，被选中的面将亮显，X 轴将与找到的第一个面上的最近的边对齐
NA	输入选项 [恢复(R)/保存(S)/删除(D)/?]：S 输入保存当前 UCS 的名称或 [?]：	按名称保存并恢复通常使用的 UCS 方向

（续表）

键盘输入	后续命令行提示	说　明
OB	选择对齐 UCS 的对象：	新建 UCS 的拉伸方向（Z 轴正方向）与选定对象的拉伸方向相同
P	无后续提示	恢复上一个 UCS
V	无后续提示	以垂直于观察方向（平行于屏幕）的平面为 XY 平面，建立新的坐标系，UCS 原点保持不变
W	无后续提示	将当前用户坐标系设置为世界坐标系
X/Y/Z	指定绕 X 轴的旋转角度 <90>： 指定绕 Y 轴的旋转角度 <90>： 指定绕 Z 轴的旋转角度 <90>：	绕指定轴旋转当前 UCS
ZA	指定新原点或[对象(O)] <0,0,0>： 在正 Z 轴范围上指定点 <-1184.8939,0.0000,-1688.7989>：	用指定的 Z 轴正半轴定义 UCS

10.3.3　动态 UCS

使用动态 UCS 功能，可以在创建对象时使 UCS 的 XY 平面自动与实体模型上的平面临时对齐。单击状态栏的"DUCS"按钮 ⟱，即可启动动态 UCS 功能。使用绘图命令时，可以通过在面的一条边上移动指针对齐 UCS，而无需使用 UCS 命令，结束该命令后，UCS 将恢复到其上一个位置和方向。

10.4　创建网格

在 AutoCAD 中，可以创建多边形网格形式，网格密度控制镶嵌面的数目，它由包含 M×N 个顶点的矩阵定义，类似于由行和列组成的栅格。M 和 N 分别指定给定顶点的列和行的位置。

图 10-7　"网格"子菜单

选择"绘图" | "建模" | "网格"命令，在弹出如图 10-7所示的网格子菜单中选择对应的命令创建各种类型的网格。还可以单击"网格"选项卡 | "图元"面板上的工具按钮，进行执行相应的网格建模工具。

常见的三维网格曲面的创建方法有以下五种。

（1）选择"绘图" | "建模" | "网格" | "三维面"命令，或者在命令行中输入 3DFACE命令，可以创建具有三边或四边的平面网格。

```
命令：_3dface
指定第一点或[不可见(I)]：//输入坐标或者拾取一点确定网格第一点
指定第二点或[不可见(I)]://输入坐标或者拾取一点确定网格第二点
指定第三点或[不可见(I)]<退出>://输入坐标或者拾取一点确定网格
第三点
指定第四点或[不可见(I)]<创建三侧面>://按 Enter 键创建三边网格
或者输入或者拾取第四点
指定第三点或[不可见(I)] <退出>：
//按 Enter 键退出，以或最后创建的边为始边，输入或拾取网格第三点
指定第四点或[不可见(I)]<创建三侧面>://按 Enter 键创建三边网格
或者输入或者拾取第四点
```

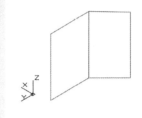

（2）单击"网格"选项卡|"网格"面板中的"旋转曲面"按钮，或者在命令行中输入 REVSURF 命令，可以通过将路径曲线或轮廓（直线、圆、圆弧、椭圆、椭圆弧、闭合多段线、多边形、闭合样条曲线或圆环）绕指定的轴旋转创建一个近似于旋转曲面的多边形网格。

```
命令：_revsurf
当前线框密度：SURFTAB1=6  SURFTAB2=6
选择要旋转的对象：    //光标在绘图区拾取需要进行旋转的对象
选择定义旋转轴的对象：//光标在绘图区拾取旋转轴
指定起点角度<0>：    //输入旋转的起始角度
指定夹角（+=逆时针,-=顺时针）<360>：//输入旋转包含的角度
```

（3）单击"网格"选项卡|"网格"面板中的"平移曲面"按钮，或者在命令行中输入 TABSURF 命令，可以创建多边形网格，该网格表示通过指定的方向和距离（称为方向矢量）拉伸直线或曲线（称为路径曲线）定义的常规平移曲面。

```
命令：_tabsurf
当前线框密度：SURFTAB1=20
选择用作轮廓曲线的对象：//在绘图区拾取需要拉伸的曲线
选择用作方向矢量的对象：//在绘图区拾取作为方向矢量的曲线
```

（4）单击"网格"选项卡|"网格"面板中的"直纹曲面"按钮，或者在命令行输入中 RULESURF 命令，可以在两条直线或曲线之间创建一个表示直纹曲面的多边形网格。

```
命令：_rulesurf
当前线框密度：SURFTAB1=20
选择第一条定义曲线：//在绘图区拾取网格第一条曲线边
选择第二条定义曲线：//在绘图区拾取网格第二条曲线边
```

（5）单击"网格"选项卡|"网格"面板中的"边界曲面"按钮，或者在命令行输入中 EDGESURF 命令，可以创建一个边界网格。这类多边形网格近似于一个由四条邻接边定义的孔斯曲面片网格。孔斯曲面片网格是一个在四条邻接边（这些边可以是普通的空间曲线）之间插入的的双三次曲面。

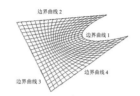

命令：_edgesurf
当前线框密度：SURFTAB1=20　SURFTAB2=20
选择用作曲面边界的对象 1：//在绘图区拾取第一条边界
选择用作曲面边界的对象 2：//在绘图区拾取第二条边界
选择用作曲面边界的对象 3：//在绘图区拾取第三条边界
选择用作曲面边界的对象 4：//在绘图区拾取第四条边界

选择"绘图"|"建模"|"网格"|"图元"命令中的子命令，或者单击"网格"选项卡|"网格"面板中的"网格长方体"按钮▊，在展开的按钮菜单中选择各种基本网格体的创建工具。可以沿常见几何体（包括长方体、圆锥体、球体、圆环体、楔体和棱锥体）的外表面创建三维多边形网格。具体绘制方法与常见几何体的绘制类似。常见几何体的绘制将在后面的章节给予介绍。

10.5　创建基本实体

实体对象表示整个对象的体积，在各类三维建模中，实体的信息最完整、歧义最少，复杂实体形比线框和网格更容易构造和编辑。

单击"常用"选项卡|"建模"面板上的按钮，如图 10-8 所示，或单击"实体"选项卡|"图元"面板上的按钮，如图 10-9 所示，可以创建各类基本实体，如长方体、圆锥体、圆柱体、球体、圆环体、楔体等。

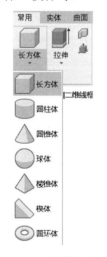

图 10-8　"建模"面板

图 10-9　"图元"面板

10.5.1　多段体

通过在命令行中输入 POLYSOLID 命令，或者单击"实体"选项卡|"图元"面板上的"多段体"按钮▊，都可执行"多段体"命令，可以将现有直线、二维多线段、圆弧或圆转换为具有矩形轮廓的实体，也可以像绘制多线段一样绘制实体。执行"多段体"命令后，命令行提示如下：

```
命令：_Polysolid                                                      //执行多段体命令
高度 = 4，宽度 = 0，对正 = 居中
指定起点或 [对象(O)/高度(H)/宽度(W)/对正(J)] <对象>：H    //输入 h，设置多段体高度
指定高度 <4.0000>：100                                             //输入高度数值 100
高度 = 100，宽度 = 0，对正 = 居中
指定起点或 [对象(O)/高度(H)/宽度(W)/对正(J)] <对象>：W    //输入 w，设置多段体宽度
指定宽度 <0.2500>：8                                               //输入宽度数值 8
高度 = 100，宽度 = 8，对正 = 居中
指定起点或 [对象(O)/高度(H)/宽度(W)/对正(J)] <对象>：O    //输入 o，采用指定对象生成多段
体
选择对象：//选择图 10-10（左）所示的多段线，生成如图 10-10（右）所示的多段体
```

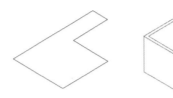

图 10-10　由对象生成多段体

在命令行中，提供了"对象""高度""宽度"和"对正"4 个选项供选择，各选项含义如下：

- "对象"选项：用于指定要转换为实体的对象。
- "高度"选项：用于指定实体的高度。
- "宽度"选项：用于指定实体的宽度。
- "对正"选项：用于设置使用命令定义轮廓时，将实体的宽度和高度设置为左对正、右对正者居中，对正方式由轮廓的第一条线段的起始方向决定。

10.5.2　长方体

通过在命令行中输入 BOX 命令，或者单击"常用"选项卡|"建模"面板上的"长方体"按钮，或者单击"实体"选项卡|"图元"面板上的"长方体"按钮，都可以执行"长方体"命令。系统提供了以下三种方法来创建长方体。

（1）角点和角点

执行"长方体"命令后，命令行提示如下：

```
命令：_box
指定第一个角点或 [中心(C)]：                    //指定长方体的第一个角点
指定其他角点或 [立方体(C)/长度(L)]：           //指定长方体的中心对称角点
```

（2）角点、角点和高度

执行"长方体"命令后，命令行提示如下：

```
命令：_box
指定第一个角点或 [中心(C)]：                    //指定长方体的第一个角点
指定其他角点或 [立方体(C)/长度(L)]：           //指定长方体在 XY 平面的对角角点
指定高度或 [两点(2P)]：                        //输入长方体高度
```

（3）角点和长度

执行"长方体"命令后，命令行提示如下：

命令：_box
指定第一个角点或 [中心(C)]：
指定其他角点或 [立方体(C)/长度(L)]：l
指定长度：
指定宽度：
指定高度或 [两点(2P)] <10.0000>：

如图 10-11 所示显示了使用以上三种方法绘制长方体的效果。

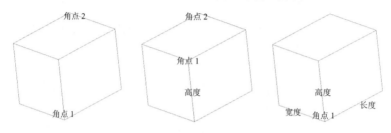

图 10-11   通过角点法绘制长方体

除了使用角点法绘制长方体外，还可以通过中心点法进行绘制，即首先指定长方体的中心点，然后按照与首先指定角点的类似方法绘制长方体。

10.5.3   楔体

通过在命令行中输入 WEDGE 命令，或者单击"常用"选项卡|"建模"面板上的"楔体"按钮，或者单击"实体"选项卡|"图元"面板上的"楔体"按钮，都可以执行"楔体"命令。

楔体可以看成是长方体沿斜角面剖切后形成的图形，因此它的命令行提示与长方体几乎一致。用户可参考长方体参数的设置，学习楔体参数的设置。

10.5.4   圆锥体

通过在命令行中输入 CONE 命令，或者单击"常用"选项卡|"建模"面板上的"圆锥体"按钮，或者单击"实体"选项卡|"图元"面板上的"圆锥体"按钮，都可以执行"圆锥体"命令。执行"圆锥体"命令后，命令行提示如下：

命令：_cone
指定底面的中心点或 [三点(3P)/两点(2P)/ 切点、切点、半径(T)/椭圆(E)]：
//在绘图区拾取或通过坐标设定底面中心点或者绘制圆的方式绘制底面圆或者椭圆
指定底面半径或 [直径(D)]：   //设置圆锥体底面的半径或者直径
指定高度或 [两点(2P)/轴端点(A)/顶面半径(T)]：40   //设置圆锥体的高度

10.5.5   球体

通过在命令行中输入 SPHERE 命令，或者单击"常用"选项卡|"建模"面板上的"球体"

按钮◯，或者单击"实体"选项卡|"图元"面板上的"球体"按钮◯，都可以执行"球体"命令。执行"球体"命令后，命令行提示如下：

```
命令: _sphere
指定中心点或 [三点(3P)/两点(2P)/ 切点、切点、半径(T)]:      //在绘图区拾取或通过坐标设定
球心
指定半径或 [直径(D)]:                               //设定球体半径或者直径
```

10.5.6　圆柱体

通过在命令行中输入 CYLINDER 命令，或者单击"常用"选项卡|"建模"面板上的"圆柱体"按钮◻，或者单击"实体"选项卡|"图元"面板上的"圆柱体"按钮◻，都可以执行"圆柱体"命令。执行"圆柱体"命令后，命令行提示如下：

```
命令: _cylinder
指定底面的中心点或 [三点(3P)/两点(2P)/ 切点、切点、半径(T)/椭圆(E)]:
//在绘图区拾取或通过坐标设置底面中心点或者用二维绘图中的创建圆方法绘制底面圆或椭圆
指定底面半径或 [直径(D)] <83.6220>:                   //设置圆柱体底面的半径或者直
径
指定高度或 [两点(2P)/轴端点(A)] <53.6092>:100       //设置圆柱体的高度
```

10.5.7　圆环体

通过在命令行中输入 TORUS 命令，或者单击"常用"选项卡|"建模"面板上的"圆环体"按钮◎，或者单击"实体"选项卡|"图元"面板上的"圆环体"按钮◎，都可以执行"圆环体"命令。执行"圆环体"命令后，命令行提示如下：

```
命令: _torus
指定中心点或 [三点(3P)/两点(2P)/ 切点、切点、半径(T)]:
//在绘图区拾取或通过坐标设定圆环体中心，或者使用绘制圆方法绘制圆环所在圆
指定半径或 [直径(D)] <78.1206>:                       //设定圆环体半径或者直径
指定圆管半径或 [两点(2P)/直径(D)]:20                  //设定圆管半径或者直径
```

10.5.8　棱锥体

通过在命令行中输入 PYRAMID 命令，或者单击"常用"选项卡|"建模"面板上的"棱锥体"按钮△，或者单击"实体"选项卡|"图元"面板上的"棱锥体"按钮△，都可以执行"棱锥体"命令。执行"棱锥体"命令后，命令行提示如下：

```
命令: _pyramid
4 个侧面  外切//指定底面的中心点或 [边(E)/侧面(S)]: S    //输入 S，设置棱锥体的侧面数
输入侧面数 <4>: 8                                    //输入侧面的数量
指定底面的中心点或 [边(E)/侧面(S)]:                   //指定棱锥体的底面中心
指定底面半径或 [内接(I)] <103.5448>:                 //输入底面外接圆半径数值
指定高度或 [两点(2P)/轴端点(A)/顶面半径(T)] <118.1093>:
//指定棱锥体高度或者输入顶面外接圆半径
```

10.6　创建复杂实体

在 AutoCAD 中，除了可以直接创建基本实体之外，还可以通过二维图形对象，通过一定的操作创建三维实体。

10.6.1　拉伸

使用 EXTRUDE 命令可以将一些二维对象拉伸成三维实体。拉伸过程中不但可以指定高度，还可以使对象截面沿着拉伸方向变化。

EXTRUDE 命令可以拉伸闭合的对象，如多段线、多边形、矩形、圆、椭圆、闭合的样条曲线、圆环和面域。但不能拉伸三维对象、包含在块中的对象、有交叉或横断部分的多段线，或非闭合多段线。EXTRUDE 命令可以沿路径拉伸对象，也可以指定高度值和斜角。

通过在命令行中输入 EXTRUDE 命令，或者单击"常用"选项卡|"建模"面板上的"拉伸"按钮，或者单击"实体"选项卡|"实体"面板上的"拉伸"按钮，都可以执行"拉伸"命令。

单击"建模"面板上的"拉伸"按钮，命令行提示如下：

```
命令: _extrude
当前线框密度: ISOLINES=4，闭合轮廓创建模式 = 实体
选择要拉伸的对象或 [模式(MO)]: _MO 闭合轮廓创建模式 [实体(SO)/曲面(SU)] <实体>: _SO
选择要拉伸的对象或 [模式(MO)]: 找到 1 个        //拾取需要拉伸的封闭二维曲线
选择要拉伸的对象或 [模式(MO)]:                //按 Enter 键，完成对象选择
指定拉伸的高度或 [方向(D)/路径(P)/倾斜角(T)/表达式(E)] <147.5893>:// 输入拉伸高度
```

在命令行中，"拉伸高度"选项如果输入正值，将沿对象所在坐标系的 Z 轴正方向拉伸对象，如果输入负值，将沿 Z 轴负方向拉伸对象，对象不必平行于同一平面。 如果所有对象处于同一平面上，将沿该平面的法线方向拉伸对象。"方向"选项表示通过指定的两点指定拉伸的长度和方向；"路径"选项表示选择基于指定曲线对象的拉伸路径对对象进行拉伸；"倾斜角"选项中，输入正角度表示从基准对象逐渐变细地拉伸，而输入负角度则表示从基准对象逐渐变粗地拉伸。

将封闭多段线拉伸 800 的效果如图 10-12 所示。

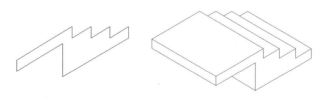

图 10-12　拉伸图形

10.6.2　旋转

REVOLVE 命令可以通过将一个闭合对象围绕当前 UCS 的 X 轴或 Y 轴旋转一定角度来创

建实体，也可以围绕直线、多段线或两个指定的点旋转对象。用于旋转生成实体的闭合对象可以是圆、椭圆、二维多义线及面域。

通过在命令行中输入 REVOLVE 命令，或者单击"常用"选项卡|"建模"面板上的"旋转"按钮，或者单击"实体"选项卡|"实体"面板上的"旋转"按钮，都可以执行"旋转"命令。

单击"建模"面板上的"旋转"按钮，命令行提示如下：

```
命令: _revolve
当前线框密度: ISOLINES=4，闭合轮廓创建模式 = 实体
选择要旋转的对象或 [模式(MO)]: _MO 闭合轮廓创建模式 [实体(SO)/曲面(SU)] <实体>: _SO
选择要旋转的对象或 [模式(MO)]: 找到 1 个              //选择旋转对象
选择要旋转的对象或 [模式(MO)]:                        //按 Enter 键，完成选择
指定轴起点或根据以下选项之一定义轴 [对象(O)/X/Y/Z] <对象>:o //输入 o，以对象为轴
选择对象:                                             //选择旋转轴
指定旋转角度或 [起点角度(ST)/反转(R)/表达式(EX)] <360>: //按 Enter 键，默认旋转角度为
360°
```

命令行中的"轴起点"选项表示指定旋转轴的第一点和第二点；"对象"选项表示选择现有的对象定义了旋转轴；"X/Y/Z"选项表示使用当前 UCS 的正向 X、Y 或 Z 轴作为轴的正方向。

10.6.3 扫掠

SWEEP 命令可以通过沿开放或闭合的二维或三维路径扫掠开放或闭合的平面曲线（轮廓）来创建新实体或曲面。

SWEEP 命令用于沿指定路径以指定轮廓的形状（扫掠对象）绘制实体或曲面，可以扫掠多个对象，但是这些对象必须位于同一平面中。如果沿一条路径扫掠闭合的曲线，则生成实体。如果沿一条路径扫掠开放的曲线，则生成曲面。

通过在命令行中输入 SWEEP 命令，或者单击"常用"选项卡|"建模"面板上的"扫掠"按钮，或者单击"实体"选项卡|"实体"面板上的"扫掠"按钮，都可以执行"扫掠"命令。

单击"建模"面板上的"扫掠"按钮，命令行提示如下：

```
命令: _sweep
当前线框密度: ISOLINES=4，闭合轮廓创建模式 = 实体
选择要扫掠的对象或 [模式(MO)]: _MO 闭合轮廓创建模式 [实体(SO)/曲面(SU)] <实体>: _SO
选择要扫掠的对象或 [模式(MO)]: 找到 1 个              //选择要扫掠的对象
选择要扫掠的对象或 [模式(MO)]:                        //按 Enter 键，完成扫掠对象选择
选择扫掠路径或 [对齐(A)/基点(B)/比例(S)/扭曲(T)]:      //选择扫掠路径
```

在命令行提示中，"对齐"选项指定是否对齐轮廓以使其作为扫掠路径切向的法向，默认情况下，轮廓是对齐的；"基点"选项指定要扫掠对象的基点，如果指定的点不在选定对象所在的平面上，则该点将被投影到该平面上；"比例"选项指定比例因子以进行扫掠操作，从扫掠路径的开始到结束，比例因子将统一应用到扫掠的对象；"扭曲"选项设置正被扫掠

的对象的扭曲角度，扭曲角度指定沿扫掠路径全部长度的旋转量。

10.6.4　放样

LOFT 命令可以通过对包含两条或两条以上横截面曲线的一组曲线进行放样（绘制实体或曲面）来创建三维实体或曲面。

LOFT 命令在横截面之间的空间内绘制实体或曲面，横截面定义了结果实体或曲面的轮廓（形状）。横截面（通常为曲线或直线）可以是开放的（例如圆弧），也可以是闭合的（例如圆）。如果对一组闭合的横截面曲线进行放样，则生成实体。如果对一组开放的横截面曲线进行放样，则生成曲面。

通过在命令行中输入 LOFT 命令，或者单击"常用"选项卡|"建模"面板上的"放样"按钮 ，或者单击"实体"选项卡|"实体"面板上的"放样"按钮 ，都可以执行"放样"命令。

单击"建模"面板上的"放样"按钮 ，命令行提示如下：

```
命令：_loft
当前线框密度：ISOLINES=4，闭合轮廓创建模式 = 实体
按放样次序选择横截面或 [点(PO)/合并多条边(J)/模式(MO)]：_MO 闭合轮廓创建模式 [实体
(SO)/曲面(SU)] <实体>：_SO
按放样次序选择横截面或 [点(PO)/合并多条边(J)/模式(MO)]：找到 1 个//拾取横界面1
按放样次序选择横截面或 [点(PO)/合并多条边(J)/模式(MO)]：找到 1 个，总计 2 个
按放样次序选择横截面或 [点(PO)/合并多条边(J)/模式(MO)]：找到 1 个，总计 3 个
按放样次序选择横截面或 [点(PO)/合并多条边(J)/模式(MO)]：//按 Enter 键，完成截面拾取，
选中了 3 个横截面
输入选项 [导向(G)/路径(P)/仅横截面(C)/设置(S)] <仅横截面>：P//输入 P，按路径放样
选择路径轮廓：//拾取多段线路径，按 Enter 键生成放样实体
```

命令行中，"导向"选项指定控制放样实体或曲面形状的导向曲线，导向曲线是直线或曲线，可通过将其他线框信息添加至对象来进一步定义实体或曲面的形状；"路径"选项指定放样实体或曲面的单一路径；"仅横截面"选项将显示"放样设置"对话框。

以图 10-13 所示的 5 个圆截面为放样截面，直线为路径，放样效果如图 10-14 所示。

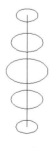

图 10-13　放样截面和路径

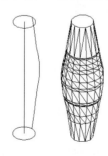

图 10-14　放样效果

10.7 布尔运算

布尔运算是指通过两个或多个单个实体或面域创建复合实体或者面域。系统提供了并集、差集和交集三个命令。

（1）并集

并集运算将建立一个合成实心体与合成域。合成实心体通过计算两个或更多现有的实心体的总体积来建立，合成域通过计算两个或更多现有域的总面积来建立。单击"常用"选项卡|"实体编辑"面板上的"并集"按钮🔲，或者单击"实体"选项卡|"布尔值"面板上的"并集"按钮🔲，都可以执行"并集"命令。

单击"布尔值"面板上的"并集"按钮🔲，命令行提示如下：

```
命令：_union
选择对象：指定对角点：找到 2 个     //选择需要合并的图形对象
选择对象：                         //按 Enter 键，完成选择
```

（2）差集

差集运算所建立的实心体与域将基于一个域集或二维物体的面积与另一个集合体的差来确定，实心体由一个实心体集的体积与另一个实心体集的体积的差来确定。单击"常用"选项卡|"实体编辑"面板上的"差集"按钮🔲，或者单击"实体"选项卡|"布尔值"面板上的"差集"按钮🔲，都可以执行"差集"命令。

单击"布尔值"面板上的"差集"按钮🔲，命令行提示如下：

```
命令：_subtract
选择要从中减去的实体或面域…
选择对象：找到 1 个           //选择要从中减去的实体或者面域
选择对象：                   //按 Enter 键，完成选择
选择要减去的实体或面域…
选择对象：找到 1 个           //选择要减去的实体或者面域
选择对象：                   //按 Enter 键，完成选择
```

（3）交集

交集运算可以从两个或多个相交的实心体中建立一个合成实心体及域，所建立的域将基于两个或多个相互覆盖的域计算出来，实心体将由两个或者多个相交实心体的共同值计算产生，即使用相交的部分建立一个新的实心体或域。单击"常用"选项卡|"实体编辑"面板上的"交集"按钮🔲，或者单击"实体"选项卡|"布尔值"面板上的"交集"按钮🔲，都可以执行"交集"命令。

单击"实体"选项卡|"布尔值"面板上的"交集"按钮🔲，命令行提示如下：

```
命令：_intersect
选择对象：指定对角点：找到 2 个     //选择需要执行交集运算的实体或者面域
选择对象：                         //按 Enter 键，完成选择
```

如图 10-15 所示为将圆柱体和长方体执行布尔运算的效果。

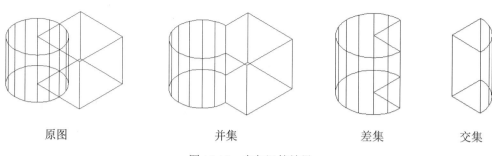

| 原图 | 并集 | 差集 | 交集 |

图 10-15　布尔运算结果

10.8　三维操作

与二维图形一样，对于三维实体来讲，有专门的工具对图形进行各种操作。通过这些工具，可以对三维实体进行移动、旋转、对齐、镜像、阵列等。

10.8.1　三维移动

三维移动命令功能是在三维视图中显示移动夹点工具，并沿指定方向将对象移动指定距离。单击"常用"选项卡|"修改"面板上的"三维移动"按钮 ，或者在命令行中输入3DMOVE命令，命令行提示如下：

```
命令：_3dmove
选择对象：找到 1 个                    //选择要移动的三维实体
选择对象：                            //按 Enter 键，完成选择
指定基点或 [位移(D)] <位移>：         //指定移动实体的基点
指定第二个点或 <使用第一个点作为位移>： //输入移动距离
正在重生成模型
```

图 10-16 演示了使用三维移动命令移动三维实体的过程。

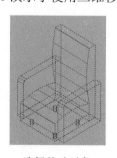
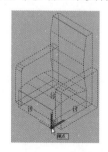
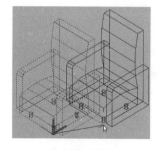

| 选择移动对象 | 指定移动实体基点 | 设定移动位移 |

图 10-16　三维实体移动过程

10.8.2　三维旋转

三维旋转用于将实体沿指定的轴旋转。根据两点指定旋转轴，或者通过指定对象指定 X

轴、Y 轴或 Z 轴，或者指定当前视图的 Z 方向为旋转轴。

单击"常用"选项卡|"修改"面板上的"三维旋转"按钮⊕，或者在命令行中输入 3DROTATE 命令，命令行提示如下：

```
命令：_3drotate
UCS 当前的正角方向：ANGDIR=逆时针  ANGBASE=0
选择对象：指定对角点：找到 2 个          //选择需要旋转的对象
选择对象：                              //按 Enter 键，完成选择
指定基点：                              //捕捉旋转基点
拾取旋转轴：                            //拾取旋转轴
指定角的起点：90                        //输入旋转角度，按 Enter 键
正在重生成模型
```

图 10-17 演示了三维实体进行三维旋转的过程。

 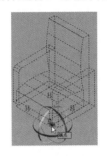 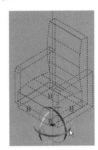 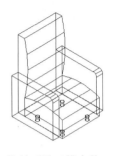

选择旋转的对象　　　　　　指定基点　　　　　　确定旋转轴　　　　　旋转后的三维实体

图 10-17　三维旋转过程

10.8.3　三维镜像

使用 MIRROR3D 命令可以沿指定的镜像平面创建对象的镜像。镜像平面可以是以下平面对象所在的平面：通过指定点且与当前 UCS 的 XY 平面、YZ 平面或 XZ 平面平行的平面或由选定 3 点定义的平面。

单击"常用"选项卡|"修改"面板上的"三维镜像"按钮⒃，或者在命令行中输入 MIRROR3D 命令，命令行提示如下：

```
命令：_mirror3d
选择对象：找到 1 个
选择对象：
指定镜像平面 (三点) 的第一个点或
[对象(O)/最近的(L)/Z轴(Z)/视图(V)/XY平面(XY)/YZ平面(YZ)/ZX平面(ZX)/三点(3)]<三点>：
在镜像平面上指定第二点：在镜像平面上指定第三点：
是否删除源对象？[是(Y)/否(N)] <否>：
```

在命令行提示中，有 8 种确定镜像面的方法，各选项含义如下。

- 对象：该选项使用选定平面对象的平面作为镜像平面，如果输入 Y，将被镜像的对象放到图形中并删除原始对象。如果输入 N 或按 Enter 键，将被镜像的对象放到图形中并保留原始对象。

- 最近的：该选项相对于最后定义的镜像平面对选定的对象进行镜像处理。
- Z轴：该选项根据平面上的一个点和平面法线上的一个点定义镜像平面。
- 视图：该选项将镜像平面与当前视口中通过指定点的视图平面对齐。
- XY/YZ/ZX：这三个选项将镜像平面与一个通过指定点的标准平面（XY、YZ或ZX）对齐。
- 三点：该选项通过三个点定义镜像平面，如果通过指定点来选择此选项，将不显示"在镜像平面上指定第一点"的提示。

10.8.4 三维阵列

三维阵列可以在三维空间中创建对象的矩形阵列或环形阵列，命令为 3DARRAY。与二维阵列不同，除了需要指定陈列的列数和行数之外，还要指定阵列的层数。

选择菜单"修改"|"三维操作"|"三维阵列"命令，或者在命令行中输入 3DARRAY，可执行"三维阵列"命令。三维阵列与二维阵列一样，有矩形和环形阵列两种，下面分别介绍：

（1）矩形阵列

在行（X轴）、列（Y轴）和层（Z轴）矩形阵列中复制对象，一个阵列必须具有至少两个行、列或层。矩形阵列的命令行提示如下：

```
命令: _3darray
正在初始化... 已加载 3DARRAY
选择对象: 找到 1 个                    //选择阵列对象
选择对象:                              //按 Enter 键，完成选择
输入阵列类型 [矩形(R)/环形(P)] <矩形>:R   //输入 R，表示矩形阵列
输入行数 (---) <1>:                    //输入阵列的行数
输入列数 (|||) <1>:                    //输入阵列的列数
输入层数 (...) <1>:                    //输入阵列的层数
指定行间距 (---):                      //输入阵列的行间距
指定列间距 (|||):                      //输入阵列的列间距
指定层间距 (...):                      //输入阵列的层间距
```

在命令行中，输入正值将沿 X、Y、Z 轴的正向生成阵列，输入负值将沿 X、Y、Z 轴的负向生成阵列。如图 10-18 所示为行数为 5，列数为 3，层数为 2，行距为 20，列距为 20，层间距为 40 的矩形阵列效果。

（2）环形阵列

环形阵列可以绕旋转轴复制对象。环形阵列的命令行提示如下：

```
命令: _3darray
选择对象: 找到 1 个                          //选择阵列对象
选择对象:                                    //按 Enter 键，完成选择
输入阵列类型 [矩形(R)/环形(P)] <矩形>:p       //输入 p，表示环形阵列
输入阵列中的项目数目: 6                       //输入阵列数目
指定要填充的角度 (+=逆时针, -=顺时针) <360>:  //输入填充角度
旋转阵列对象? [是(Y)/否(N)] <Y>:             //确定是否旋转阵列对象
指定阵列的中心点:                            //指定旋转轴的第一个点
指定旋转轴上的第二点:                        //指定旋转轴的第二个点
```

在命令行中，指定的角度用于确定对象距旋转轴的距离，正数值表示沿逆时针方向旋转，负数值表示沿顺时针方向旋转。图 10-19 演示了阵列项目为 6 的环形阵列效果。

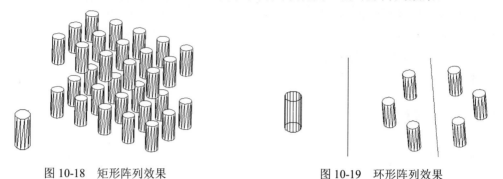

图 10-18　矩形阵列效果　　　　　　　　　　图 10-19　环形阵列效果

10.8.5　剖切

使用剖切命令，可以用平面或曲面剖切实体，通过多种方式定义剪切平面，包括指定点或者选择曲面或平面对象。使用该命令剖切实体时，可以保留剖切实体的一半或全部，剖切实体保留原实体的图层和颜色特性。

单击“常用”选项卡|“实体编辑”面板上的“剖切”按钮　，或者单击“实体”选项卡|“实体编辑”面板上的“剖切”按钮　，或者在命令行中输入 SLICE，都可以执行“剖切”命令。

单击“实体编辑”面板上的“剖切”按钮　，命令行提示如下：

```
命令: _slice
选择要剖切的对象: 找到 1 个                        //选择剖切对象
选择要剖切的对象:                                  //按 Enter 键，完成对象选择
指定 切面 的起点或 [平面对象(O)/曲面(S)/Z 轴(Z)/视图(V)/XY/YZ/ZX/三点(3)] <三点>:
//选择剖切面指定方法
指定平面上的第二个点:                              //指定剖切面上的点
在所需的侧面上指定点或 [保留两个侧面(B)] <保留两个侧面>:  //指定保留侧面上的点
```

在剖切面的指定选项中，命令行提示了 8 个选项，各选项含义如下：

- 平面对象：该选项将剪切面与圆、椭圆、圆弧、椭圆弧、二维样条曲线或二维多段线对齐。
- 曲面：该选项将剪切平面与曲面对齐。
- Z 轴：该选项通过平面上指定一点和在平面的 Z 轴（法向）上指定另一点来定义剪切平面。
- 视图：该选项将剪切平面与当前视口的视图平面对齐，指定一点定义剪切平面的位置。
- XY：该选项将剪切平面与当前用户坐标系（UCS）的 XY 平面对齐，指定一点定义剪切平面的位置。
- YZ：该选项将剪切平面与当前 UCS 的 YZ 平面对齐，指定一点定义剪切平面的位置。
- ZX：该选项将剪切平面与当前 UCS 的 ZX 平面对齐，指定一点定义剪切平面的位置。
- 三点：该选项用三点定义剪切平面。

10.8.6 三维圆角

使用圆角命令可以对三维实体的边进行圆角，但必须分别选择这些边。执行"圆角"命令后，命令行提示如下：

```
命令：_fillet
当前设置：模式 = 修剪，半径 = 0
选择第一个对象或 [放弃(U)/多段线(P)/半径(R)/修剪(T)/多个(M)]://选择需要圆角的对象
输入圆角半径或 [表达式(E)]：3                              //输入圆角半径
选择边或 [链(C)/环(L)/半径(R)]：                           //选择需要圆角的边
已拾取到边
选择边或 [链(C)/环(L)/半径(R)]：                           //按 Enter 键，完成圆角
已选定 1 个边用于圆角
```

另外，单击"实体"选项卡|"实体编辑"面板上的"圆角边"按钮，或者在命令行中输入 FILLETEDGE，都可以执行"圆角边"命令。命令行提示如下：

```
命令：_FILLETEDGE
半径 = 1.0000
选择边或 [链(C)/环(L)/半径(R)]：             //选择需要圆角的棱边
选择边或 [链(C)/环(L)/半径(R)]：             //R Enter
输入圆角半径或 [表达式(E)] <1.0000>：         //3 Enter
选择边或 [链(C)/环(L)/半径(R)]：             //按 Enter 键
已选定 1 个边用于圆角。
按 Enter 键，接受圆角或 [半径(R)]：           //按 Enter 键
```

10.8.7 三维倒角

使用倒角命令，可以对基准面上的边进行倒角操作。执行倒角命令，命令行提示如下：

```
命令：_chamfer
（"修剪"模式）当前倒角距离 1 = 0，距离 2 = 0
选择第一条直线或 [放弃(U)/多段线(P)/距离(D)/角度(A)/修剪(T)/方式(E)/多个(M)]：
//指定倒角对象
基面选择…
输入曲面选择选项 [下一个(N)/当前(OK)] <当前(OK)>：    //输入曲面的选项
指定基面倒角距离或 [表达式(E)]：3//输入倒角距离
指定其他曲面倒角距离或 [表达式(E)] <3>：              //输入倒角距离
选择边或 [环(L)]：选择边或 [环(L)]：                  //选择倒角边
```

另外，单击"实体"选项卡|"实体编辑"面板上的"倒角边"按钮，或者在命令行中输入 CHAMFEREDGE，都可以执行"倒角边"命令。命令行提示如下：

```
命令：_CHAMFEREDGE 距离 1 = 1.0000，距离 2 = 1.0000
选择一条边或 [环(L)/距离(D)]：                //选择边
选择同一个面上的其他边或 [环(L)/距离(D)]：      //D Enter
指定距离 1 或 [表达式(E)] <1.0000>：          //3 Enter
指定距离 2 或 [表达式(E)] <1.0000>：          //3 Enter
选择同一个面上的其他边或 [环(L)/距离(D)]：      //按 Enter 键
按 Enter 键，接受倒角或 [距离(D)]：            //按 Enter 键，结束命令
```

10.9 三维实体编辑

对已经绘制完成的三维实体，可以对其边、面以及实体本身进行各种编辑操作。在"实体编辑"面板中可以对实体边、面和体进行各种操作，"常用"选项卡中的"实体编辑"面板如图 10-20（左）所示，"实体"选项卡中的"实体编辑"面板如图 10-20（右）所示。

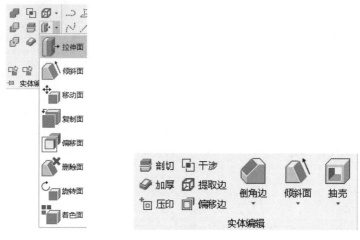

图 10-20 "实体编辑"面板

10.9.1 编辑面

对于已经存在的三维实体的面，可以通过拉伸、移动、旋转、偏移、倾斜、删除或复制实体对象对其进行编辑，或者改变面的颜色，下面对几个常用功能进行讲解。

（1）拉伸

可以沿一条路径拉伸平面，或者通过指定一个高度值和倾斜角来对平面进行拉伸，该命令与第 9 章介绍的"拉伸"命令类似，各参数含义不再赘述。在"三维建模"工作空间中单击"实体"或"常用"选项卡|"实体编辑"面板上的"拉伸面"按钮 ，或者在命令行输入SOLIDEDIT 命令后选择"面"选项|"拉伸"二级选项，都可以执行"拉伸面"命令。

单击"实体编辑"面板上的"拉伸面"按钮 ，命令行提示如下：

```
命令：_solidedit
实体编辑自动检查： SOLIDCHECK=1
输入实体编辑选项 [面(F)/边(E)/体(B)/放弃(U)/退出(X)] <退出>：_face
输入面编辑选项
[拉伸(E)/移动(M)/旋转(R)/偏移(O)/倾斜(T)/删除(D)/复制(C)/颜色(L)/材质(A)/放弃(U)/
退出(X)] <退出>：_extrude
选择面或 [放弃(U)/删除(R)]：找到一个面。      //选择需要拉伸的面
选择面或 [放弃(U)/删除(R)/全部(ALL)]：       //按 Enter 键，完成面选择
指定拉伸高度或 [路径(P)]：10                 //输入拉伸高度
指定拉伸的倾斜角度 <0>：10                   //输入拉伸角度
```

图 10-21 演示了使用拉伸面拉伸长方体上表面的效果。

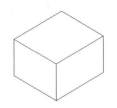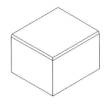

图 10-21　拉伸面的效果

（2）移动

通过移动面来编辑三维实体对象，AutoCAD 只移动选定的面而不改变其方向。在"三维建模"工作空间中单击"常用"选项卡|"实体编辑"面板上的"移动面"按钮，或者在命令行输入 SOLIDEDIT 命令后选择"面"选项|"移动"二级选项，都可以执行"移动面"命令。

单击"实体编辑"面板上的"移动面"按钮，命令行提示如下：

```
命令: _solidedit
实体编辑自动检查: SOLIDCHECK=1
输入实体编辑选项 [面(F)/边(E)/体(B)/放弃(U)/退出(X)] <退出>: _face
输入面编辑选项
[拉伸(E)/移动(M)/旋转(R)/偏移(O)/倾斜(T)/删除(D)/复制(C)/颜色(L)/材质(A)/放弃(U)/
退出(X)] <退出>: _move
选择面或 [放弃(U)/删除(R)]: 找到一个面。        //选择需要移动的面
选择面或 [放弃(U)/删除(R)/全部(ALL)]:           //按 Enter 键，完成选择
指定基点或位移:                                //拾取或者输入基点坐标
指定位移的第二点:                              //输入位移的第二点，按 Enter 键，完成面移动
已开始实体校验
已完成实体校验
```

图 10-22 演示了移动长方体侧面的效果。

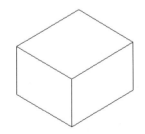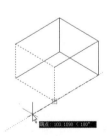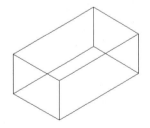

图 10-22　移动面效果

（3）旋转

通过选择一个基点和相对（或绝对）旋转角度，可以旋转选定实体上的面或特征集合。所有三维面都可绕指定的轴旋转，当前的 UCS 和 ANGDIR 系统变量的设置决定了旋转的方向。

可以通过指定两点，一个对象、X 轴、Y 轴、Z 轴或相对于当前视图视线的 Z 轴方向来确定旋转轴。

在"三维建模"工作空间中单击"常用"选项卡|"实体编辑"面板上的"旋转面"按钮

，或者在命令行输入 SOLIDEDIT 命令后选择"面"选项|"旋转"二级选项，都可以执行"旋转面"命令。图 10-23 演示了绕图示轴旋转长方体侧面 30°的效果。

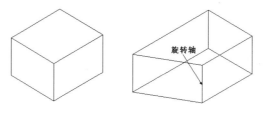

图 10-23　旋转面效果

（4）偏移

在一个三维实体上，可以按指定的距离均匀地偏移面。通过将现有的面从原始位置向内或向外偏移指定的距离就可以创建新的面（在面的法线方向上偏移，或向曲面或面的正侧偏移）。例如，偏移实体对象上较大的孔或较小的孔，指定正值将增大实体的尺寸或体积，指定负值将减少实体的尺寸或体积。

在"三维建模"工作空间中单击"常用"选项卡|"实体编辑"面板上的"偏移面"按钮，或者在命令行输入 SOLIDEDIT 命令后选择"面"选项|"偏移"二级选项，都可以执行"偏移面"命令，该命令与二维制图中的偏移命令类似，对命令行不再赘述。

图 10-24 演示了偏移圆锥体锥体面的效果。

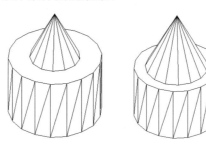

图 10-24　偏移面效果

（5）倾斜

沿矢量方向以绘图角度倾斜面、以正角度倾斜选定的面将向内倾斜面、以负角度倾斜选定的面将向外倾斜面。

在"三维建模"工作空间中单击"常用"选项卡|"实体编辑"面板上的"倾斜面"按钮，或者在命令行输入 SOLIDEDIT 命令后选择"面"选项|"倾斜"二级选项，都可以执行"倾斜面"命令。命令行提示如下：

```
命令: _solidedit
实体编辑自动检查: SOLIDCHECK=1
输入实体编辑选项 [面(F)/边(E)/体(B)/放弃(U)/退出(X)] <退出>: _face
输入面编辑选项
[拉伸(E)/移动(M)/旋转(R)/偏移(O)/倾斜(T)/删除(D)/复制(C)/颜色(L)/材质(A)/放弃(U)/
退出(X)] <退出>: _taper
选择面或 [放弃(U)/删除(R)]: 找到一个面        //选择需要倾斜的面
选择面或 [放弃(U)/删除(R)/全部(ALL)]:        //按 Enter 键，完成选择
```

指定基点：	//拾取基点
指定沿倾斜轴的另一个点：	//拾取倾斜轴的另外一个点
指定倾斜角度：30	//输入倾斜角度
已开始实体校验	
已完成实体校验	

图 10-25 演示了沿图示基点和另一个点倾斜长方体侧面 30°的效果。

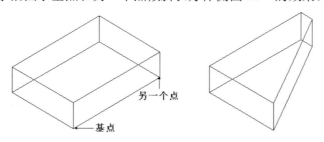

另一个点

基点

图 10-25　倾斜面效果

（6）删除

在 AutoCAD 三维操作中，可以从三维实体对象上删除面、倒角或圆角。只有当所选的面删除后不影响实体的存在时，才能删除所选的面。

在"三维建模"工作空间中单击"常用"选项卡|"实体编辑"面板上的"删除面"按钮，或者在命令行输入 SOLIDEDIT 命令后选择"面"选项|"删除"二级选项，都可以执行"删除面"命令。

（7）复制

用户可以复制三维实体对象上的面，AutoCAD 将选定的面复制为面域或体。如果指定了两个点，AutoCAD 将使用第一点为基点，并相对于基点放置一个副本。如果只指定一个点，然后按 Enter 键，AutoCAD 将使用原始选择点作为基点，下一点作为位移点。

在"三维建模"工作空间中单击"常用"选项卡|"实体编辑"面板上的"复制面"按钮，或者在命令行输入 SOLIDEDIT 命令后选择"面"选项|"复制"二级选项，都可以执行"复制面"命令。

10.9.2　编辑体

使用分割、抽壳、清除、检查等命令，可以直接对三维实体本身进行修改，下面重点讲解分割和抽壳命令。

（1）分割

利用分割实体的功能，可以将组合实体分割成零件，或者组合三维实体对象不能共享公共的面积或体积。在将三维实体分割后，独立的实体保留其图层和原始颜色，所有嵌套的三维实体对象都将被分割成最简单的结构。

在"三维建模"工作空间中单击"常用"选项卡|"实体编辑"面板上的"分割"按钮，或者在命令行输入 SOLIDEDIT 命令后选择"体"选项|"分割实体"二级选项，都可以执行"分割"命令。

（2）抽壳

三维实体对象中可以在指定的厚度创建壳体或中空的墙体。AutoCAD 通过将现有的面向原位置的内部或外部偏移来创建新的面。偏移时，AutoCAD 将连续相切的面看作单一的面。

在"三维建模"工作空间中单击"常用"选项卡|"实体编辑"面板上的"抽壳"按钮 ，或者在命令行输入 SOLIDEDIT 命令后选择"体"选项|"抽壳"二级选项，都可以执行"抽壳"命令。

10.10 相 机

通过在模型空间中放置相机和根据需要调整相机设置来定义三维视图。在"三维建模"工作空间中单击"可视化"选项卡|"相机"面板上的"创建相机"按钮 ，或在命令行输入 CAMERA，都可以执行"创建相机"命令。命令行提示如下：

```
命令：_camera
当前相机设置：高度=0 镜头长度=50 毫米
指定相机位置：                //指定相机的位置
指定目标位置：                //指定目标的位置
输入选项 [?/名称(N)/位置(LO)/高度(H)/目标(T)/镜头(LE)/剪裁(C)/视图(V)/退出(X)]
<退出>：                      //输入相机选项
```

一般情况下，通过在两个平面视图中控制相机和目标位置，对相机进行调整，以便达到最好的观察效果。在放置好相机之后，将显示"相机预览"对话框，该对话框可以显示相机视图的预览，在"预览"框中显示使用 CAMERA 命令定义的相机视图的预览；"视觉样式"下拉列表框中指定应用于预览的视觉样式，系统提供了概念、三维线框、三维隐藏和真实 4 种视觉样式；"编辑相机时显示该窗口"复选框设置指定编辑相机时，是否显示"相机预览"对话框。

在如图 10-26 所示的三维室内效果图中放置相机；切换到俯视图，调整相机的位置如图 10-27 所示；切换到左视图，调整相机的位置如图 10-28 所示；此时相机预览效果如图 10-29 所示。

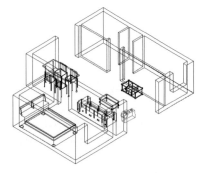

图 10-26 三维室内效果

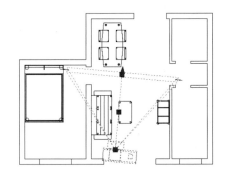

图 10-27 俯视图调整相机位置

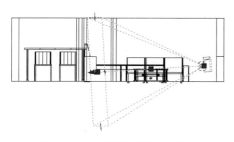

图 10-28　左视图调整相机位置

图 10-29　相机预览

10.11　漫游与飞行

所谓漫游，是指交互式更改三维图形的视图，使用户就像在模型中漫游一样。选择"视图"|"漫游和飞行"|"漫游"命令，绘图区窗口弹出是否切换到透视图窗口，单击"是"按钮，切换到透视图窗口，弹出如图 10-30 所示的"定位器"选项板。默认情况下，"定位器"选项板将打开并以俯视图形式显示用户在图形中的位置。

当启用 3DWALK 命令时，"定位器"选项板会显示模型的俯视图，位置指示器显示模型关系中用户的位置，而目标指示器显示用户正在其中漫游或飞行的模型，在开始漫游模式或飞行模式之前或在模型中移动时，用户可以在"定位器"选项板中编辑位置设置。

选择"视图"|"漫游和飞行"|"漫游和飞行设置"命令，弹出如图 10-31 所示的"漫游和飞行设置"对话框，在该对话框中可以对漫游和飞行的相关参数进行设置，这里不再赘述。

图 10-30　"定位器"选项板

图 10-31　"漫游和飞行设置"对话框

选择"视图"|"漫游和飞行"|"飞行"命令，同样也可弹出"定位器"选项板，使用方

法与漫游命令一致，在绘图区可以拖动十字光标进行飞行操作。

10.12　运动路径动画

使用运动路径动画可以向技术客户和非技术客户形象地演示模型，可以录制和回放导航过程，以动态传达设计意图。

选择"视图"|"运动路径动画"命令，或者在命令行输入 CAMERA，都可以执行"运动路径动画"命令，弹出如图 10-32 所示的"运动路径动画"对话框，在该对话框中可以指定运动路径动画的设置并创建动画文件。

图 10-32　"运动路径动画"对话框

在"运动路径动画"对话框中，"相机"选项组用于将相机链接至图形中的静态点或运动路径，创建运动路径时，将自动创建相机。"目标"选项组用于将目标链接至点或路径，如果将相机链接至点，则必须将目标链接至路径；如果将相机链接至路径，可以将目标链接至点或路径。"动画设置"选项组用于设置帧率、帧数、持续时间、视觉样式、格式和分辨率，控制动画文件的输出。

10.13　光　源

在渲染过程中光线是十分重要的部分，在场景中布置合适的光源，可以影响到实体各个部分的明暗效果。

10.13.1　点光源

点光源从其所在位置向四周发射光线，点光源不以一个对象为目标，使用点光源可以达到基本的照明效果。在"三维建模"工作空间内单击"可视化"选项卡|"光源"面板上的"点"按钮，或者在命令行中输入 POINTLIGHT 命令来创建点光源。

如果将 LIGHTINGUNITS 系统变量设置为 0，则将显示以下提示：

```
命令: _pointlight
指定源位置 <0,0,0>://在绘图区拾取光源的位置
输入要更改的选项 [名称(N)/强度(I)/状态(S)/阴影(W)/衰减(A)/颜色(C)/退出(X)] <退出>:
```

如果将 LIGHTINGUNITS 系统变量设置为 1 或 2，则将显示以下提示：

```
命令: _pointlight
指定源位置 <0,0,0>://在绘图区拾取光源的位置
输入要更改的选项 [名称(N)/强度因子(I)/状态(S)/光度(P)/阴影(W)/衰减(A)/过滤颜色(C)/
退出(X)] <退出>:
```

10.13.2　聚光灯

聚光灯（例如闪光灯、剧场中的跟踪聚光灯或前灯）分布投射一个聚焦光束。聚光灯发射定向锥形光，用户可以控制光源的方向和圆锥体的尺寸。像点光源一样，聚光灯也可以手动设置为强度随距离衰减。但是，聚光灯的强度始终还是根据相对于聚光灯的目标矢量的角度衰减。

在"三维建模"工作空间内单击"可视化"选项卡|"光源"面板上的"聚光灯"按钮，或者命令行中输入 SPOTLIGHT 命令来创建聚光灯。

与点光源相同，随着 LIGHTINGUNITS 参数的改变，命令行改变，当 LIGHTINGUNITS 系统变量设置为 0，则将显示以下提示：

```
命令: _spotlight
指定源位置 <0,0,0>:         //指定聚光灯位置
指定目标位置 <0,0,-10>:      //指定目标位置
输入要更改的选项 [名称(N)/强度(I)/状态(S)/聚光角(H)/照射角(F)/阴影(W)/衰减(A)/颜色
(C)/退出(X)] <退出>:
```

10.13.3　平行光

平行光仅向一个方向发射统一的平行光光线，可以用平行光统一照亮对象或背景。在视口中的任意位置指定 FROM 点和 TO 点，以定义光线的方向。使用不同的光线轮廓可以表示每个聚光灯和点光源，但是在图形中，不会用轮廓表示平行光和阳光，因为它们没有离散的位置并且也不会影响到整个场景。

平行光的强度并不随着距离的增加而衰减；对于每个照射的面，平行光的亮度都与其在光源处相同。可以用平行光统一照亮对象或背景。

在"三维建模"工作空间内单击"可视化"选项卡|"光源"面板上的"平行光"按钮，或者选择"视图"|"渲染"|"光源"|"新建平行光"命令，命令行提示如下：

```
命令: _distantlight
指定光源来向 <0,0,0> 或 [矢量(V)]://在绘图区指定光源的起点
指定光源去向 <1,1,1>:              //在绘图区指定光源的终点，确定光源方向
输入要更改的选项 [名称(N)/强度(I)/状态(S)/阴影(W)/颜色(C)/退出(X)] <退出>:
```

10.14 贴 图

选择"视图"|"渲染"|"贴图"命令，弹出如图 10-33 所示的贴图菜单，用于在附着带纹理的材质后，调整对象或面上纹理贴图的方向。另外，也可以在命令行输入 MATERIALMAP 命令。

材质被映射后，可以调整材质以适应对象的形状，从而将合适的材质贴图类型应用到对象中，可以使其更加适合对象。

图 10-33　贴图菜单

- 平面贴图：将图像映射到对象上，就像将其从幻灯片投影器投影到二维曲面上一样，图像不会失真，但是会被缩放以适应对象，该贴图最常用于面。
- 长方体贴图：将图像映射到类似长方体的实体上，该图像将在对象的每个面上重复使用。
- 柱面贴图：将图像映射到圆柱形对象上；水平边将一起弯曲，但顶边和底边不会弯曲。图像的高度将沿圆柱体的轴进行缩放。
- 球面贴图：在水平和垂直两个方向上同时使图像弯曲。纹理贴图的顶边在球体的"北极"压缩为一个点；同样，底边在"南极"压缩为一个点。

10.15 渲 染

单击"可视化"选项卡|"渲染"面板上的"渲染到尺寸"按钮，可以弹出如图 10-34 所示的"渲染"对话框。通常情况下，用户可以渲染整个视图、渲染修剪的部分视图，也可以选择渲染预设以及取消正在进行的渲染任务。

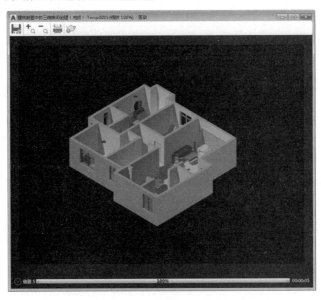

图 10-34　"渲染"对话框

10.16　三维图形的制图规范

　　三维图形是在二维图形的基础上，通过一定的修改后便可得到三维图。而三维图通过一定特殊方向的投影，便可转换为二维图形。不难发现，投影在绘制三维图形时的重要性，下面就介绍在绘制三维图中主要应用的两种投影方法。

10.16.1　三维图形的投影

　　由空间几何元素定位和度量的原理和方法可知，当几何元素对投影面处于特殊位置时，它们的投影可以直接反映出某些真实情况。当几何元素对投影面处于一般位置时，虽然也能反映出某些情况，但与处于特殊位置时所反映的真实情况相比，所含信息量较少。因此，一般情况下，都会采用处于特殊情况的投影。

　　在三维绘图中，根据视点所处位置的不同，主要有以下几种投影：俯视、仰视、左视、右视、主视、后视、轴测投影、透视投影和标高投影。前面 6 种投影比较简单，是由物体向 V 面或 H 面或 W 面投影形成的，该类投影为一平面效果；后面 3 种比较复杂，轴测投影与透视投影将在后面的章节中给出简单的介绍，由于标高投影在三维绘图中使用的比较少，因此这里就不再介绍。

10.16.2　轴测投影

　　按照正投影原理所绘制出来的物体的三面正投影图，可以完全确定物体的形状。但是，由于获得每一个投影所采用的投影方向都与物体的长、宽、高三个向度中的一个相一致，每个投影只能反映物体长、宽、高三个向度中的两个，因而缺乏立体感。对于这种图，读懂比较困难。如果能使物体的一个投影同时反映出物体的长度、宽度和高度，那么这样的投影就比较富有立体感。

　　轴测图是单面投影图，为了使轴测图只需一个投影面，物体必须对于投影面处于倾斜位置，这样物体的长、宽、高三个方向的尺寸在投影图上均有所反映，可以得到一个具有立体感的图形，称为轴测图。正如在 AutoCAD 2021 中"视图"|"三维视图"命令中的"西南等轴测""东南等轴测""西北等轴测""东北等轴测"等轴测投影。

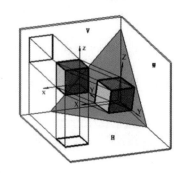

图 10-35　轴测投影形成原理

　　轴测投影的形成原理如图 10-35 所示。

　　在由 V、H、W 组成的三面投影体系中，将立方体的各面放置成投影面的平行面，取一个一般位置平面 P 作投影面（P 平面与 V、H、W 三个投影面的夹角相等），则立方体的各面对 P 平面均处于倾斜位置，将物体向 P 面投影则得到具有立体感的轴测图。

　　根据投影线与投影面的关系来划分，若投射线与投影面 P 垂直，则得到正等轴测图；若投射线与 P 面倾斜一定的角度，则可得到斜二等轴测图。

10.16.3　透视投影

透视投影是用中心投影法将形体投射到投影面上，从而获得的一种较为接近视觉效果的单面投影图。它具有消失感、距离感、相同大小的形体呈现出有规律的变化等一系列的透视特性，能逼真地反映形体的空间形象。透视投影也称为透视图，简称透视。在建筑设计过程中，透视图常用来表达设计对象的外貌，帮助设计构思，研究和比较建筑物的空间造型和立面处理，是建筑设计中重要的辅助图样。

透视投影符合人们心理习惯，即离视点近的物体大，离视点远的物体小，远到极点即为消失，成为灭点。它的视景体类似于一个顶部和底部都被切除掉的棱锥，也就是棱台。这个投影通常用于动画、视觉仿真以及其他许多具有真实性反映的方面。透视投影的形成原理可以用图 10-36 来表示。

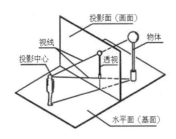

图 10-36　透视投影形成原理

10.17　三维效果图的绘制

在前面的小节中，已经学习了建筑三维效果图绘制的基本知识以及简单的三维建模工具，下面就根据三维图形的制图规范综合运用 AutoCAD 2021 中的三维制图的命令及其操作方法，绘制建筑三维效果图。通过对本节的学习，希望读者能够从中掌握建筑三维效果图的绘制方法并且能够灵活运用三维建模工具，掌握建筑巡游动画的创建等。

下面将从三维家具、建筑物三维效果图、小区三维效果图及建筑巡游动画 4 个方面由简到繁、由易到难对常见的三维效果图的绘制进行讲解。

10.17.1　三维家具的绘制

三维家具一般为一个独立的实体，按照三维家具的难易程度其绘制方法也有些许差别，但总体思路与方法是一致的。

在本小节内容中，将会绘制两个比较常见的三维家具：茶几和转椅。之所以选择这两种家具是因为茶几和转椅是日常生活中比较常见的家具，并且这两种家具难易程度适当，能充分利用三维制图中常见的各种命令，具有一定的代表性。

下面将依次学习如图 10-37 所示的三维茶几和三维转椅的绘制。

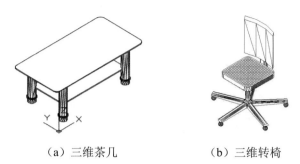

（a）三维茶几　　　　　　　（b）三维转椅

图 10-37　三维茶几和三维转椅

1. 三维茶几

茶几在日常生活中比较常见，在每个人的头脑中都有一个整体印象，下面就来具体学习三维茶几的绘制方法。

第一部分：绘制茶几腿

一般的茶几腿为圆柱体，并且在茶几腿与茶几的下层玻璃板之间有一定的交接处。

茶几腿的具体绘制步骤如下：

步骤01 新建文件并将工作空间切换到"三维建模"空间。然后单击"默认"选项卡|"绘图"面板上的"圆"按钮 ⊘，绘制茶几腿的底座。其中外圆半径为 60，内圆半径与外圆半径圆心相同，半径为 50。

步骤02 单击绘图区左上角"视图控件"|"西南等轴测"命令，将绘图环境设置为西南等轴测视图，结果如图 10-38 所示。

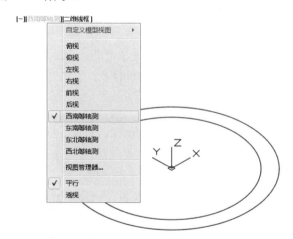

图 10-38　绘制茶几底座

步骤03 单击"默认"选项卡|"修改"面板上的"移动"按钮 ✥，将外圆向上移动 60。命令行提示如下：

```
命令: _move
选择对象: 找到 1 个                    //选择外圆
选择对象:                             //按 Enter 键
指定基点或 [位移(D)] <位移>: 0,0,0     //输入基点坐标为原点
```

指定第二个点或 <使用第一个点作为位移>: @0,0,60　　　　　//输入位移坐标

执行完"移动"命令后的效果如图 10-39 所示。

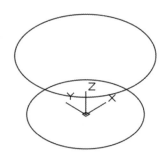

图 10-39　移动效果图

步骤 04　单击"常用"选项卡|"建模"面板上的"拉伸"按钮，将内圆、外圆分别向上拉伸，
其中内圆拉伸距离为 500，外圆拉伸距离为 20。命令行提示如下：

```
命令：_extrude
当前线框密度：ISOLINES=8，闭合轮廓创建模式 = 实体
选择要拉伸的对象或 [模式(MO)]：_MO 闭合轮廓创建模式 [实体(SO)/曲面(SU)] <实体>：_SO
选择要拉伸的对象或 [模式(MO)]：找到 1 个                    //选择内圆
选择要拉伸的对象或 [模式(MO)]：找到 1 个                    //按 Enter 键
指定拉伸的高度或 [方向(D)/路径(P)/倾斜角(T)/表达式(E)] <150.7805>:  //500 输入拉伸
高度
...
                                                    //采用同样方法拉伸外圆
```

拉伸效果如图 10-40 所示。

　有时可能会发现绘制的圆柱体看起来不是很圆滑，原因是因为系统默认的线框密度为
注 意　4，可将其改大一些，这样看起来就会圆滑许多。

具体操作步骤如下：
在命令提示行输入系统变量ISOLINES 后按Enter键，设置线框密度为20。命令行提示如下：

```
命令：isolines
输入 ISOLINES 的新值 <4>：20
```

步骤 05　在命令行输入 REGEN，执行"重生成"命令，将模型重新生成，此时的效果如图 10-41
所示。

步骤 06　单击"常用"选项卡|"实体编辑"面板上的"并集"按钮，或者单击"实体"选项卡
|"布尔值"面板上的"并集"按钮，将内外圆柱进行并集操作，使之成为一体。命令
行提示如下：

```
命令：_union
选择对象：找到 1 个               //选择内圆柱
选择对象：找到 1 个，总计 2 个     //选择外圆柱
选择对象：                       //按 Enter 键
```

执行并集命令后效果如图 10-42 所示。

步骤 **07**　单击"常用"选项卡|"修改"面板上的"圆角"按钮，将外圆柱进行圆角处理，使其棱角变得光滑。命令行提示如下：

```
命令: _fillet
当前设置: 模式 = 修剪，半径 = 0
选择第一个对象或 [放弃(U)/多段线(P)/半径(R)/修剪(T)/多个(M)]: R    //设置半径
输入圆角半径或 [表达式(E)]: 10                                  //输入半径
选择边或 [链(C)/环(L)/半径(R)]:                                //选择外圆柱上边
选择边或 [链(C)/环(L)/半径(R)]:                                //选择外圆柱下边
选择边或 [链(C)/环(L)/半径(R)]:                                //按 Enter 键
已选定 2 个边用于圆角
```

执行完圆角命令后效果如图 10-43 所示。

 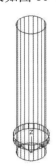 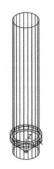 

图 10-40　拉伸效果　　　图 10-41　重生成效果　　　图 10-42　并集效果　　　图 10-43　圆角效果

步骤 **08**　在命令行中输入 3DARRAY，执行"三维阵列"命令，绘制其他三条茶几腿。命令行提示如下：

```
命令: _3darray
选择对象: 找到 1 个                      //选择茶几腿
选择对象:                               //按 Enter 键
输入阵列类型 [矩形(R)/环形(P)] <矩形>:R   //按 Enter 键
输入行数 (---) <1>: 2                   //输入行数
输入列数 (|||) <1>: 2                   //输入列数
输入层数 (...) <1>:                     //输入层数
指定行间距 (---): 500                   //输入行间距
指定列间距 (|||): 1000                  //输入列间距
```

执行完三维阵列命令后效果如图 10-44 所示。

到此为止，茶几腿绘制完成。

第二部分：绘制茶几下层玻璃板

步骤 **01**　在命令行中输入 UCS 命令，重新设置原点坐标。命令行提示如下：

```
命令:_ucs
当前 UCS 名称: *没有名称*
指定 UCS 的原点或 [面(F)/命名(NA)/对象(OB)/上一个(P)/视图(V)/世界(W)/X/Y/Z/Z 轴
(ZA)] <世界>: o                        //重新设置原点
```

指定新原点 <0,0,0>: 0,0,200   //输入新原点坐标

执行完 UCS 命令后效果如图 10-45 所示。

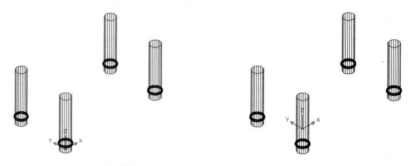

图 10-44 三维阵列效果   图 10-45 UCS 效果

步骤 02 单击"默认"选项卡|"绘图"面板上的"矩形"按钮 □ ▾，绘制下层玻璃板轮廓。命令行
提示如下：

命令：_rectang
指定第一个角点或 [倒角(C)/标高(E)/圆角(F)/厚度(T)/宽度(W)]：0,0   //输入第一对角点
指定另一个角点或 [面积(A)/尺寸(D)/旋转(R)]：1000,500   //输入第二对角点

执行完矩形命令后效果如图 10-46 所示。

步骤 03 单击"常用"选项卡|"建模"面板上的"拉伸"按钮 ▉，将步骤（2）创建的矩形向上
拉伸 10，效果如图 10-47 所示。

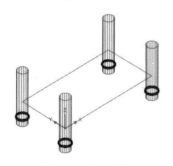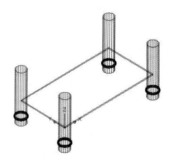

图 10-46 矩形效果   图 10-47 拉伸命令效果

步骤 04 单击"常用"选项卡|"实体编辑"面板上的"差集"按钮 ⬚，从四条茶几腿中减去下层
玻璃板部分。命令行提示如下：

命令：_subtract
选择要从中减去的实体或面域…
选择对象：找到 1 个
选择对象：找到 1 个，总计 2 个
选择对象：找到 1 个，总计 3 个
选择对象：找到 1 个，总计 4 个   //选择 4 条茶几腿
选择对象：   //按 Enter 键
选择要减去的实体或面域…
选择对象：找到 1 个   //选择下层玻璃板
选择对象：   //按 Enter 键

执行完差集命令后效果如图 10-48 所示。

步骤 05 单击"常用"选项卡|"建模"面板上的"长方体"按钮，绘制茶几的下层玻璃板。命令行提示如下：

```
命令：_box
指定第一个角点或 [中心(C)]：0,0,0                //输入第一角点坐标
指定其他角点或 [立方体(C)/长度(L)]：1000,500,10   //输入第二角点坐标
```

执行完长方体命令后效果如图 10-49 所示。

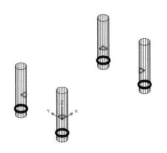
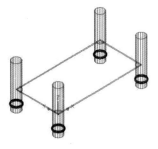

图 10-48　差集效果　　　　　　图 10-49　长方体效果

到此为止，下层玻璃板绘制完毕。

第三部分：绘制茶几上层玻璃板

绘制上层玻璃板的方法和绘制下层玻璃板的方法类似。

步骤 01 在命令行中输入 UCS 命令，重新设置原点坐标。命令行提示如下：

```
命令：_ucs
当前 UCS 名称：*没有名称*
指定 UCS 的原点或 [面(F)/命名(NA)/对象(OB)/上一个(P)/视图(V)/世界(W)/X/Y/Z/Z 轴
(ZA)] <世界>：o                                //重新设置原点
指定新原点 <0,0,0>：0,0,400                     //输入新原点坐标
```

执行完 UCS 命令后效果如图 10-50 所示。

步骤 02 单击"默认"选项卡|"绘图"面板上的"矩形"按钮，绘制圆角矩形。命令行提示如下：

```
命令：_rectang
指定第一个角点或 [倒角(C)/标高(E)/圆角(F)/厚度(T)/宽度(W)]：f          //选择圆角
指定矩形的圆角半径 <0>：50                                        //输入圆角半径
指定第一个角点或 [倒角(C)/标高(E)/圆角(F)/厚度(T)/宽度(W)]：-300,-200//输入第一角点
指定另一个角点或 [面积(A)/尺寸(D)/旋转(R)]：1300,700               //输入第二角点
```

执行矩形命令后效果如图 10-51 所示。

步骤 03 单击"常用"选项卡|"建模"面板上的"拉伸"按钮，将圆角矩形向上拉伸 10，效果如图 10-52 所示。到此为止，茶几基本绘制完毕。

第四部分：茶几的视图、材质处理

步骤01 在命令行输入 HIDE 命令，执行"消隐"命令，将茶几草图进行消隐处理，效果如图 10-53 所示。

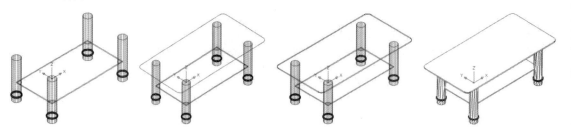

图 10-50　UCS 效果　　图 10-51　圆角矩形效果　　图 10-52　茶几草图　　图 10-53　消隐效果

步骤02 对茶几进行材质处理。

本例中所绘制的茶几主要有两种材质：玻璃和木材。玻璃材质主要是茶几的上下两块玻璃板；木材材质的主要是茶几的四条茶几腿。因此，针对茶几的实际情况，需要创建两种材质。

单击"视图"选项卡|"选项板"面板上的"材质浏览器"按钮，弹出"材质浏览器"选项板，如图10-54所示，单击"在文档中创建新材质"按钮，在弹出的下拉列表中选择"新建常规材质"选项，创建新材质，弹出"材质编辑器"选项板，在"名称"文本框中修改材质名称为"玻璃"，并按照如图 10-55 所示进行材质参数的设置。

图 10-54　"材质浏览器"选项板

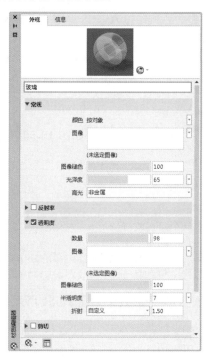

图 10-55　"材质编辑器"选项板

在"常规"卷展栏下，单击 未选择图像 链接，弹出如图 10-56 所示的"材质编辑器打开文件"对话框,打开 Mats 文件夹并选择图片文件,单击"打开"按钮,完成材质图像的设置。

图 10-56　"材质编辑器打开文件"对话框

　　按照同样的方法创建"表面处理.地板材料.瓷砖.菱形.红色"和"表面处理.地板材料.大理石.白色"材质,参数设置如图 10-57 和图 10-58 所示。

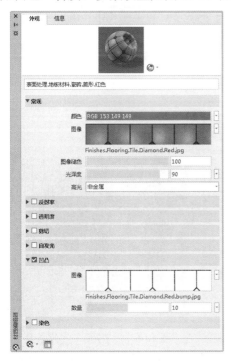

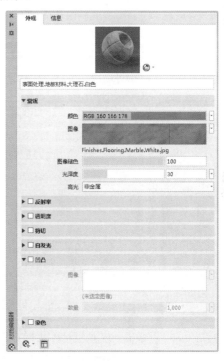

图 10-57　"表面处理.地板材料.瓷砖.菱形.红色"
　　　　　材质参数

图 10-58　"表面处理.地板材料.大理石.白色"
　　　　　材质参数

　　其中"表面处理.地板材料.瓷砖.菱形.红色"材质的"常规"和"凹凸"卷展栏中的图像如图 10-59 所示。

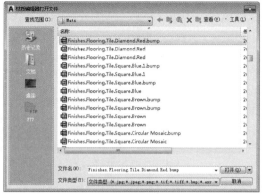

图 10-59　"表面处理.地板材料.瓷砖.菱形.红色"材质图像

其中"表面处理.地板材料.大理石.白色"材质的"常规"卷展栏中的图像如图 10-60 所示。

在绘图区中选择茶几的上层和下层玻璃，在"材质浏览器"选项板中选择"玻璃"材质，在右键快捷菜单中选择"指定给当前选择"命令，把玻璃材质应用到茶几的上层和下层玻璃上。

同样的方法，把"表面处理.地板材料.大理石.白色"材质应用到茶几腿上，把"表面处理.地板材料.瓷砖.菱形.红色"材质应用到地面上。

单击"可视化"选项卡|"渲染"面板上的"渲染到尺寸"按钮，对所绘制的茶几进行渲染。渲染完毕后的最终效果如图 10-61 所示。

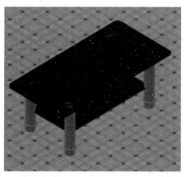

图 10-60　"表面处理.地板材料.大理石.白色"材质图像　　　图 10-61　渲染后的三维茶几

步骤 03　单击绘图区左上角"视图控件"|"俯视"命令，将绘图环境设置为俯视绘图环境。

步骤 04　在"三维建模"工作空间内单击"可视化"选项卡|"光源"面板上的"点"按钮，创建新的点光源。命令行提示如下：

```
命令：_pointlight
指定源位置 <0,0,0>:                //在图 10-62 中所示位置创建点光源
输入要更改的选项 [名称(N)/强度因子(I)/状态(S)/光度(P)/阴影(W)/衰减(A)/过滤颜色(C)/
```

退出(X)] <退出>：X　　　　　　　//按 Enter 键

绘制的点光源如图 10-62 所示。

步骤 05　单击绘图区左上角"视图控件"|"主视"命令，将绘图环境由俯视绘图环境切换到主视
绘图环境。

步骤 06　选择夹点编辑命令，选择点光源标记，移动点光源到转椅的左上方，具体的位置不作严
格限定，如图 10-63 所示。

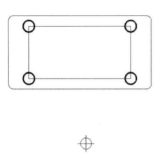

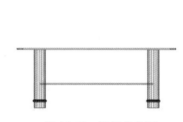

图 10-62　添加点光源　　　　　　图 10-63　编辑点光源

步骤 07　选择点光源并右击，在弹出的快捷菜单中选择"特性"命令，弹出"特性"选项板，如
图 10-64 所示，设置"颜色"和"强度因子"参数。

步骤 08　单击"可视化"选项卡|"渲染"面板上的"渲染到尺寸"按钮，对茶几进行渲染，添
加灯光后的渲染效果如图 10-65 所示。

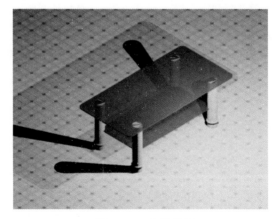

图 10-64　设置点光源特性　　　　　　图 10-65　渲染效果

2. 三维转椅

转椅同茶几一样，是日常工作、生活中比较常见的家具。下面将具体介绍三维转椅的绘
制。

具体绘制步骤如下：

第一部分：绘制椅腿和滚轮

步骤01 在命令行中输入系统变量 ISOLINES 后按 Enter 键，设置线框密度为 20。命令行提示如下：

```
命令：isolines
输入 ISOLINES 的新值 <4>：20
```

步骤02 单击绘图区左上角"视图控件"|"西南等轴测"命令，将绘图环境设置为西南等轴测视图。

步骤03 单击"常用"选项卡|"建模"面板上的"球体"按钮◯，绘制一个球体作为转椅的滚轮，球心为坐标原点（0，0，0），球体半径为 5。

执行完球体命令后的效果如图 10-66 所示。

步骤04 单击"常用"选项卡|"建模"面板上的"圆柱体"按钮◯，绘制一个圆柱体作为滚轮与椅腿的连接部位。圆柱体的底面圆圆心为坐标原点（0，0，0），底面圆半径为 2，圆柱体高度为 7，效果如图 10-67 所示。

步骤05 单击"常用"选项卡|"实体编辑"面板上的"并集"按钮◀，或者单击"实体"选项卡|"布尔值"面板上的"并集"按钮◀，将上面所绘制的球体和圆柱体进行合并，效果如图 10-68 所示。

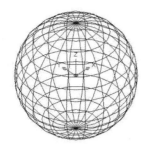  

图 10-66 绘制滚轮　　　　　　图 10-67 绘制圆柱体　　　　　　图 10-68 并集效果

步骤06 在命令行中输入 UCS 命令，将三维坐标系沿 X 轴旋转 90°并指定新原点。命令行提示如下：

```
命令：ucs
当前 UCS 名称：*世界*
指定 UCS 的原点或 [面(F)/命名(NA)/对象(OB)/上一个(P)/视图(V)/世界(W)/X/Y/Z/Z 轴
(ZA)] <世界>：x                   //输入 x 命令
指定绕 X 轴的旋转角度 <90>：        //按 Enter 键
命令：ucs
当前 UCS 名称：*没有名称*
指定 UCS 的原点或 [面(F)/命名(NA)/对象(OB)/上一个(P)/视图(V)/世界(W)/X/Y/Z/Z 轴
(ZA)] <世界>：o                   //选择新原点
指定新原点 <0,0,0>：               //指定区域合适一点
```

步骤07 单击"默认"选项卡|"绘图"面板上的"多段线"按钮◟⊃，绘制转椅椅腿的外围轮廓线。命令行提示如下：

```
命令：_pline
指定起点:0,0,0                                              //输入起点坐标为原点
当前线宽为 0
指定下一个点或 [圆弧(A)/半宽(H)/长度(L)/放弃(U)/宽度(W)]：@80,0  //依次输入各点坐标
指定下一点或 [圆弧(A)/闭合(C)/半宽(H)/长度(L)/放弃(U)/宽度(W)]：@0,10
指定下一点或 [圆弧(A)/闭合(C)/半宽(H)/长度(L)/放弃(U)/宽度(W)]：@-80,-5
指定下一点或 [圆弧(A)/闭合(C)/半宽(H)/长度(L)/放弃(U)/宽度(W)]：c        //闭合
```

步骤 08 单击"常用"选项卡|"建模"面板上的"拉伸"按钮，将上面所绘制的多段线拉伸形成椅腿的轮廓。命令行提示如下：

```
命令：_extrude
当前线框密度： ISOLINES=9，闭合轮廓创建模式 = 实体
选择要拉伸的对象或 [模式(MO)]：_MO 闭合轮廓创建模式 [实体(SO)/曲面(SU)] <实体>：_SO
选择要拉伸的对象或 [模式(MO)]：找到 1 个                          //选择上面所绘制多
段线
选择要拉伸的对象或 [模式(MO)]：                                  //按 Enter 键
指定拉伸的高度或 [方向(D)/路径(P)/倾斜角(T)/表达式(E)] <7>:10     //输入拉伸距离
```

执行完拉伸命令后效果如图 10-69 所示。

步骤 09 单击"常用"选项卡|"修改"面板上的"圆角"按钮，对所绘制的椅腿的轮廓进行倒圆角操作，使其变得圆滑。命令行提示如下：

```
命令：_fillet
当前设置：模式 = 修剪，半径 = 0
选择第一个对象或 [放弃(U)/多段线(P)/半径(R)/修剪(T)/多个(M)]：R    //选择半径
输入圆角半径或 [表达式(E)]：4                                     //输入半径
选择边或 [链(C)/半径(R)]：                                       //选择椅腿左侧矩形上边
选择边或 [链(C)/半径(R)]：                                       //选择椅腿右侧矩形上边
选择边或 [链(C)/半径(R)]：                                       //按 Enter 键
已选定两个边用于圆角
```

执行完圆角命令后效果如图 10-70 所示。

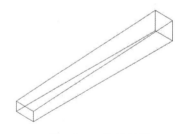

图 10-69　拉伸效果

图 10-70　圆角效果

步骤 10 单击"默认"选项卡|"修改"面板上的"移动"按钮，将前面所绘制的滚轮和连接移动到椅腿下合适的位置。命令行提示如下：

```
命令：_move
选择对象：找到 1 个                          //选择滚轮和连接
选择对象：                                  //按 Enter 键
指定基点或 [位移(D)] <位移>：                //对象捕捉到连接顶面圆圆心
指定第二个点或 <使用第一个点作为位移>：3,0,-5  //输入坐标
```

执行完移动命令后效果如图 10-71 所示。

步骤 ⑪　在命令行中输入 UCS 命令，指定新原点。命令行提示如下：

```
命令：ucs
当前 UCS 名称：*世界*
指定 UCS 的原点或 [面(F)/命名(NA)/对象(OB)/上一个(P)/视图(V)/世界(W)/X/Y/Z/Z 轴
(ZA)] <世界>：o                        //选择新原点
指定新原点 <0,0,0>：                    //对象捕捉到椅腿上表面下边中点
```

执行完 UCS 命令后效果如图 10-72 所示。

图 10-71　椅腿效果　　　　　　　　　　　图 10-72　指定新原点

步骤 ⑫　单击"常用"选项卡|"建模"面板上的"球体"按钮◯，绘制一个球体作为椅腿之间相互连接的球结。命令行提示如下：

```
命令：_sphere
指定中心点或 [三点(3P)/两点(2P)/切点、切点、半径(T)]：0,5,0  //输入球心坐标
指定半径或 [直径(D)] <2>：10                              //指定半径
```

执行完"球体"命令后效果如图 10-73 所示。

步骤 ⑬　在命令行中输入 UCS 命令，将坐标系沿 X 轴旋转-90°。

步骤 ⑭　选择"修改"|"三维操作"|"三维阵列"命令，绘制其他椅腿。命令行提示如下：

```
命令：_3darray
正在初始化… 已加载 3DARRAY
选择对象：找到 1 个
选择对象：找到 1 个，总计 2 个               //选择滚轮和椅腿
选择对象：                                   //按 Enter 键
输入阵列类型 [矩形(R)/环形(P)] <矩形>：p     //选择环形
输入阵列中的项目数目：5                      //输入个数
指定要填充的角度 (+=逆时针，-=顺时针) <360>：  //按 Enter 键
旋转阵列对象? [是(Y)/否(N)] <Y>：Y          //按 Enter 键
指定阵列的中心点：0,0,0                      //指定圆心为原点
指定旋转轴上的第二点：@0,0,50
```

执行完"三维阵列"命令后的效果如图 10-74 所示。

步骤 ⑮　单击"常用"选项卡|"实体编辑"面板上的"并集"按钮⬢，或者单击"实体"选项卡|"布尔值"面板上的"并集"按钮⬢，将上面三维阵列所得到的图形进行合并，效果如图 10-75 所示。

图 10-73　绘制球结　　　　　图 10-74　三维阵列效果　　　　图 10-75　并集效果

第二部分：绘制支撑和椅垫

步骤 01 单击"常用"选项卡|"建模"面板上的"圆柱体"按钮⬭，绘制一圆柱体作为转椅的支撑，支撑圆柱体的底面圆圆心为（0，0，0），底面圆半径为 5，圆柱体高度为 70。

执行完圆柱体命令后的效果如图 10-76 所示。

步骤 02 单击"常用"选项卡|"实体编辑"面板上的"并集"按钮▣，或者单击"实体"选项卡|"布尔值"面板上的"并集"按钮▣，对前面所绘制的转椅的椅腿和支撑进行合并，效果如图 10-77 所示。

图 10-76　绘制转椅支撑　　　　　　　　图 10-77　并集效果

步骤 03 在命令行中输入 UCS 命令，重新定义原点坐标，新原点坐标为转椅支撑的顶面圆圆心，效果如图 10-78 所示。

步骤 04 单击"常用"选项卡|"建模"面板上的"长方体"按钮▱，绘制转椅的椅垫轮廓。命令行提示如下：

```
命令：_box
指定第一个角点或 [中心(C)]：-40,-40,0
指定其他角点或 [立方体(C)/长度(L)]：40,40,10
```

执行完"长方体"命令后的效果如图 10-79 所示。

图 10-78　重新定义原点坐标　　　　　图 10-79　绘制椅垫轮廓

步骤 **05** 单击"常用"选项卡|"修改"面板上的"圆角"按钮，对绘制好的椅垫轮廓进行修改。
命令行提示如下：

```
命令: _fillet
当前设置: 模式 = 修剪, 半径 = 3
选择第一个对象或 [放弃(U)/多段线(P)/半径(R)/修剪(T)/多个(M)]: R        //选择半径
输入圆角半径或 [表达式(E)]: 10                                    //输入半径
选择边或 [链(C)/半径(R)]:                          //选择长方体高一条线
选择边或 [链(C)/半径(R)]:                          //选择高第二条线
选择边或 [链(C)/半径(R)]:                          //选择高第三条线
选择边或 [链(C)/半径(R)]:                          //选择高第四条线
选择边或 [链(C)/半径(R)]:                          //按 Enter 键
已选定 4 个边用于圆角
```

执行完圆角命令后的效果如图 10-80 所示。

步骤 **06** 在命令行中输入 MESH 命令，为转椅椅垫添加网格。命令行提示如下：

```
命令: ai_mesh
指定网格的第一角点: >>            //打开对象捕捉的中点捕捉
指定网格的第一角点:               //对象捕捉到椅垫顶面圆角形左下圆弧中点
指定网格的第二角点:               //对象捕捉到椅垫顶面圆角矩形右下圆弧中点
指定网格的第三角点:               //对象捕捉到椅垫顶面圆角矩形右上圆弧中点
指定网格的第四角点:               //对象捕捉到椅垫顶面圆角矩形右下圆弧中点
输入 M 方向上的网格数量: 20        //输入网格数
输入 N 方向上的网格数量: 20
```

采用同样的方法，对椅垫的两侧面进行网格填充，侧面填充网格数量为短边 10，长边 20。

执行完该命令后，效果如图 10-81 所示。

图 10-80　圆角效果

图 10-81　绘制网格

步骤 **07** 在命令行输入 HIDE 命令，执行"消隐"命令，效果如图 10-82 所示。

第三部分：绘制连接靠背

步骤 **01** 单击绘图区左上角"视图控件"|"主视"命令，改变视图方向，并将重新定义坐标原点为支撑面顶面圆圆心，如图 10-83 所示。

图 10-82　消隐效果

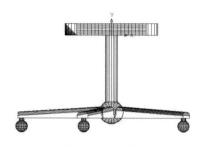

图 10-83　主视图

步骤 02 单击"默认"选项卡|"绘图"面板上的 "多段线"按钮，绘制连接架的轨迹。命令行提示如下：

```
命令：_pline
指定起点：0,-10                                              //输入起点坐标
当前线宽为 0
指定下一个点或 [圆弧(A)/半宽(H)/长度(L)/放弃(U)/宽度(W)]：@40,0 //输入下一点坐标
指定下一点或 [圆弧(A)/闭合(C)/半宽(H)/长度(L)/放弃(U)/宽度(W)]：a      //选择圆弧
指定圆弧的端点或
[角度(A)/圆心(CE)/闭合(CL)/方向(D)/半宽(H)/直线(L)/半径(R)/第二个点(S)/放弃(U)/宽
度(W)]：R                                                   //选择半径
指定圆弧的半径：10                                          //输入半径
指定圆弧的端点或 [角度(A)]：a                               //选择角度
指定包含角：90                                              //输入角度大小
指定圆弧弦的方向 <0>：45                                    //输入弦的方向
指定圆弧的端点或
[角度(A)/圆心(CE)/闭合(CL)/方向(D)/半宽(H)/直线(L)/半径(R)/第二个点(S)/放弃(U)/宽
度(W)]：l                                                   //选择直线
指定下一点或 [圆弧(A)/闭合(C)/半宽(H)/长度(L)/放弃(U)/宽度(W)]：@0,70//输入终点坐标
指定下一点或 [圆弧(A)/闭合(C)/半宽(H)/长度(L)/放弃(U)/宽度(W)]： //按 Enter 键
```

绘制完连接架轨迹后效果如图 10-84 所示。

步骤 03 单击绘图区左上角"视图控件"|"俯视"命令，改变视图方向，并将重新定义坐标原点为连接架轨迹由端点，如图 10-85 所示。

步骤 04 单击"默认"选项卡|"绘图"面板上的"矩形"按钮，绘制圆角矩形作为连接架的截面。命令行提示如下：

```
命令：_rectang
指定第一个角点或 [倒角(C)/标高(E)/圆角(F)/厚度(T)/宽度(W)]：F              //选择圆角矩形
指定矩形的圆角半径 <0>：4                                              //输入圆角半径
指定第一个角点或 [倒角(C)/标高(E)/圆角(F)/厚度(T)/宽度(W)]：-10,-8      //输入角点坐标
指定另一个角点或 [面积(A)/尺寸(D)/旋转(R)]：0,8
```

执行完矩形命令后效果如图 10-86 所示。

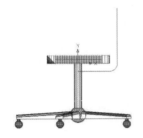

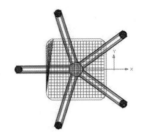

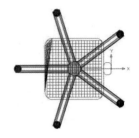

图 10-84　绘制连接架轨迹　　　　图 10-85　俯视视图　　　　图 10-86　绘制连接架截面

步骤 05　单击"常用"选项卡|"建模"面板上的"拉伸"按钮，将所绘制的圆角矩形沿连接架
　　　　　　轨迹线进行拉伸，效果如图 10-87 所示。

步骤 06　在命令行中输入 UCS 命令，重新定义坐标原点为连接架顶面圆角矩形左边中点，如图
　　　　　　10-88 所示。

图 10-87　绘制连接架　　　　　　　　图 10-88　重新定义原点坐标

步骤 07　单击"默认"选项卡|"绘图"面板上的"多段线"按钮，绘制靠背轮廓线。命令行
　　　　　　提示如下：

```
命令: _pline
指定起点:8,-40,35                                          //输入起点坐标
当前线宽为 0
指定下一个点或 [圆弧(A)/半宽(H)/长度(L)/放弃(U)/宽度(W)]: a      //选择圆弧
指定圆弧的端点或
[角度(A)/圆心(CE)/方向(D)/半宽(H)/直线(L)/半径(R)/第二个点(S)/放弃(U)/宽度(W)]: S
指定圆弧上的第二个点: @40,8                                  //输入坐标
指定圆弧的端点: @40,-8
指定圆弧的端点或
[角度(A)/圆心(CE)/闭合(CL)/方向(D)/半宽(H)/直线(L)/半径(R)/第二个点(S)/放弃(U)/宽
度(W)]: l                                                  //选择直线
指定下一点或 [圆弧(A)/闭合(C)/半宽(H)/长度(L)/放弃(U)/宽度(W)]: @8,-10
指定下一点或 [圆弧(A)/闭合(C)/半宽(H)/长度(L)/放弃(U)/宽度(W)]: A      //选择圆弧
指定圆弧的端点或
[角度(A)/圆心(CE)/闭合(CL)/方向(D)/半宽(H)/直线(L)/半径(R)/第二个点(S)/放弃(U)/宽
度(W)]: S                                                  //选择第二个点
指定圆弧上的第二个点: @-40,8
```

指定圆弧的端点：@-40,-8

指定圆弧的端点或

[角度(A)/圆心(CE)/闭合(CL)/方向(D)/半宽(H)/直线(L)/半径(R)/第二个点(S)/放弃(U)/宽
度(W)]：l   //选择直线

指定下一点或 [圆弧(A)/闭合(C)/半宽(H)/长度(L)/放弃(U)/宽度(W)]：C   //闭合

执行完该命令后效果如图 10-89 所示。

步骤 08 单击"常用"选项卡|"建模"面板上的"拉伸"按钮，将上面所绘制的靠背轮廓进行
拉伸，拉伸方向为-Z 方向，拉伸距离为 80。

执行完"拉伸"命令后效果如图 10-90 所示。

在命令行输入 HIDE 命令，执行"消隐"命令，可观察到三维转椅消隐后的情况，效果
如图 10-91 所示。

图 10-89　绘制靠背轮廓   图 10-90　绘制靠背   图 10-91　消隐效效果

10.17.2　建筑制图中三维房间的创建

在绘制房间效果图时，通常是在已经绘制完成的平面图的基础上来进行的，在 X 和 Y 方
向的尺寸，都可以通过平面图来确定，绘制房间三维效果图的主要工作就是绘制墙体、楼面
板、屋面板以及门和窗，所以三维房间的绘制对于技术的使用比较单一，墙体、楼面板和屋
面都可以使用拉伸法来绘制，门和窗的绘制也比其他三维家具的绘制更简单。自 AutoCAD
2007 推出后，增加了多段体功能，利用多段体功能可以绘制墙体。本节为读者讲解两种绘制
三维房间效果图的方法。

1. 拉伸法创建墙体

在图 10-92 所示的基础上主要通过拉伸法创建三维房间效果图。对于建筑物来说，读者
掌握了某一层房屋的三维模型创建方法，其他层的房屋创建方法是类似的。

使用拉伸方法绘制三维房间的具体步骤如下：

步骤 01 展开"常用"选项卡|"图层"面板上的"图层"下拉列表，将"门""窗""梁"层隐藏，
再次激活"墙体"层，并将该层置为当前层，如图 10-93 所示。

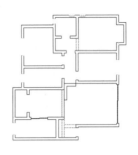
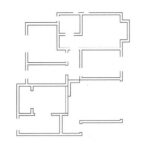

图 10-92　三维房间效果图　　　　图 10-93　隐藏门、窗等图层

步骤 02 单击"默认"选项卡|"修改"面板上的"合并"按钮 ，合并被截断的墙线，合并效果如图 10-94 所示。

步骤 03 单击"常用"选项卡|"绘图"面板上的 "多段线"按钮 ，首先沿墙的外轮廓线绘制封闭的多段线，然后沿墙体的内部轮廓绘制内部空间的多段线，如图 10-95 所示。

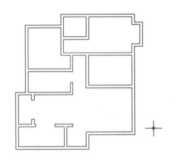
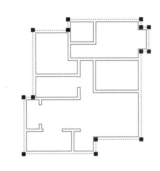
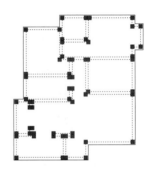

　　　　　　　　　　　　　　　　　　　（a）沿外轮廓绘制多段线　（b）绘制内部空间多段线

图 10-94　合并墙线　　　　　　　　　图 10-95　绘制多段线

步骤 04 单击"常用"选项卡|"绘图"面板上的 "面域"按钮 ，将绘制的封闭多段线转变成面域。命令行提示如下：

```
命令：_region
选择对象：找到 1 个，总计 6 个   //选择步骤 3 中绘制的封闭多段线
选择对象：                      //输入 Enter 键，结束选择
已提取 3 个环
已创建 3 个面域
```

步骤 05 单击"常用"选项卡|"建模"面板上的"拉伸"按钮 ，选择刚创建的面域进行拉伸。命令行提示如下：

```
命令：_extrude
当前线框密度：ISOLINES=9，闭合轮廓创建模式 = 实体
选择要拉伸的对象或 [模式(MO)]：_MO 闭合轮廓创建模式 [实体(SO)/曲面(SU)] <实体>：_SO
选择要拉伸的对象或 [模式(MO)]： //选中所有由封闭多段线转变成的面域
选择要拉伸的对象或 [模式(MO)]： //按 Enter 键，完成对象选择
指定拉伸的高度或 [方向(D)/路径(P)/倾斜角(T)/表达式(E)] <2800>：2800
//输入拉伸高度并按 Enter 键完成三维结构的创建
```

单击绘图区左上角"视觉样式控件"|"概念"视觉样式观察视图，效果如图10-96所示。

步骤 06 单击"常用"选项卡|"实体编辑"面板上的"差集"按钮，或者单击"实体"选项卡
|"布尔值"面板上的"差集"按钮，命令行提示如下：

```
命令：_subtract
选择对象：找到 1 个
//选中西南等轴测图上由墙体外轮廓多段线创建的模型，在命令行里出现"找到一个"，按 Enter 键
选择对象：//选择要减去的实体或面域，选中西南轴测图上由各个内部空间多段线创建的模型
选择对象：找到 5 个//按 Enter 键
```

修剪后的三维结构如图10-97所示。

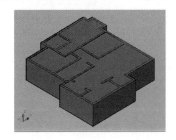

图10-96　创建的三维模型

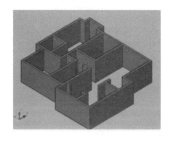

图10-97　修剪后的三维结构

步骤 07 单击"常用"选项卡|"绘图"面板上的"多段线"按钮，绕平面图的外轮廓绘制轮廓线，如图10-98所示，然后将多段线转换成面域。

步骤 08 单击"常用"选项卡|"建模"面板上的"拉伸"按钮，选择刚创建的面域进行拉伸，创建墙体。命令行提示如下：

```
当前线框密度：ISOLINES=9，闭合轮廓创建模式 = 实体
选择要拉伸的对象或 [模式(MO)]：_MO 闭合轮廓创建模式 [实体(SO)/曲面(SU)] <实体>：_SO
选择要拉伸的对象或 [模式(MO)]：找到 1 个                //选择步骤7创建的面域
选择要拉伸的对象或 [模式(MO)]：                         //按 Enter 键，结束选择
指定拉伸的高度或 [方向(D)/路径(P)/倾斜角(T)/表达式(E)] <2800>：100    //输入拉伸高度
```

到此，用拉伸法创建墙体已经全部完成，如图10-99所示。

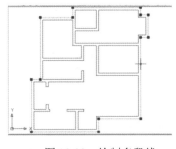

图10-98　绘制多段线

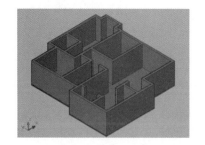

图10-99　墙体创建完成

2. 多段体法创建墙体

多段体功能的推出为用户绘制墙体创造了方便，它的功能与平面制图中的多线功能类似，读者通过本小节的学习可以掌握多段体的使用方法。图10-100是已经处理好的平面轮廓图，

本小节绘制的三维房间效果图在该轮廓图基础上创建。

具体操作步骤如下：

步骤 01 展开"常用"选项卡|"图层"面板上的"图层"下拉列表，切换到"墙体"图层，然后单击"实体"选项卡|"图元"面板上的"多段体"按钮，命令行提示如下：

```
命令：_Polysolid
指定起点或 [对象(O)/高度(H)/宽度(W)/对正(J)] <对象>：W      //输入 W，设置多段体宽度
指定宽度 <0>：240                                        //输入宽度为 240
指定起点或 [对象(O)/高度(H)/宽度(W)/对正(J)] <对象>：H      //输入 H，设置多段体高度
指定高度 <4>：2800                                       //输入多段体高度
指定起点或 [对象(O)/高度(H)/宽度(W)/对正(J)] <对象>：J      //输入 J，设置多段体对正方式
输入对正方式 [左对正(L)/居中(C)/右对正(R)] <居中>：1        //输入 1，表示左对正
指定起点或 [对象(O)/高度(H)/宽度(W)/对正(J)] <对象>://指定如图 10-101 所示捕捉起点
指定下一个点或 [圆弧(A)/放弃(U)]：                          //指定如图 10-102 所示捕捉第二点
指定下一个点或 [圆弧(A)/放弃(U)]://按 Enter 键，完成绘制，效果如图 10-102 所示
```

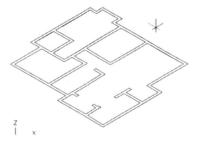

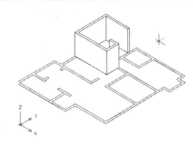

图 10-100　平面轮廓图　　　　图 10-101　创建墙体　　　　图 10-102　墙体创建结果

步骤 02 继续执行"多段体"命令，创建其他墙体，效果如图 10-103 所示。

步骤 03 关于地板的创建，与使用拉伸法创建三维空间模型的方法是一致的，这里不再赘述。

3. 布尔运算创建门和窗

在这一节中，将继续上一节中的操作，在制作好的墙体上，首先利用布尔运算创建门洞和窗洞。

步骤 01 展开"常用"选项卡|"图层"面板上的"图层"下拉列表，将"门""窗""梁"层激活，并隐藏"墙体"层。

步骤 02 单击"常用"选项卡|"建模"面板上的"长方体"按钮，命令行提示如下：

```
命令：_box
指定第一个角点或 [中心(C)]：                    //捕捉平面图中门的插入点
指定其他角点或 [立方体(C)/长度(L)]：l           //选择长度
指定长度：900                                  //输入长方体长度，按 Enter 键，结束选择
指定宽度：240                                  //输入长方体宽度，按 Enter 键，结束选择
指定高度[两点(2P)]2000：                        //输入长方体高度，按 Enter 键，结束选择
创建出如图 10-104 所示的长方体
```

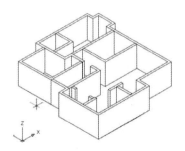

图 10-103 创建其余墙体

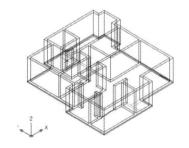

图 10-104 创建长方体

步骤03 使用同样的方法，在剩下的门的位置创建长方体，除部分门上下通透，其他门的高度都是 2000。

步骤04 切换到东北等轴测图，单击"常用"选项卡|"实体编辑"面板上的"差集"按钮 ，修剪墙体上的门，如图 10-105 所示。

步骤05 使用同样的方法，创建窗洞，窗离地为 900，窗高为 1500，创建的窗洞效果如图 10-106 所示。

步骤06 至于房间中家具和具体的门和窗的绘制方法，与 10.17.1 节讲解的三维家具的绘制方法类似，仅仅是所采用的三维技术不同而已，或者可以从三维家具库中调用已经创建好的图块插入到图形中，最终创建完成的房间效果图如图 10-107 所示。

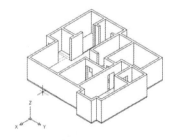

图 10-105 修剪门

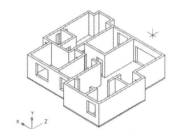

图 10-106 修剪窗户

图 10-107 插入家具效果

10.17.3 小区（总平面）三维效果图的绘制

小区总平面图规划是建筑工程设计中比较重要的环节，包含多种功能的建筑群体。针对不同的功能小区，其包含的建筑群体也有所不同。生活小区包含住宅区、学校、绿地、社区活动中心、购物中心等建筑群体；商业小区主要包括写字楼、百货商场、娱乐中心等建筑群体。

在前面两小节的学习中，已经讲述了三维效果图绘制的基本方法。在本小节的小区（总平面图）三维效果图的绘制中，将重点介绍小区三维鸟瞰图的快捷绘制方法，主要包括小区的地面、道路、建筑物、景观等各种三维模型外观形体结构的快捷创建方法。

下面以具体实例来讲述小区的绘制方法。

1. 设置绘图环境

绘制建筑图前要先设置好绘图环境，绘图环境包括图形单位、绘图边界及图层等内容。

步骤01 设置图形单位和绘图边界。

本例中采用 A3 图幅并足尺作图，所以设置的图形单位为"小数"，精度为 0，设置的图形绘图范围是：长为 42000mm，宽为 29700mm，其他参数采用默认值，工作空间为"三维建模"。

步骤02 创建图层。

在功能区单击"常用"选项卡|"图层"面板上的"图层特性"按钮 ，打开"图层特性管理器"对话框。在该选项板中创建如图 10-108 所示的图层。

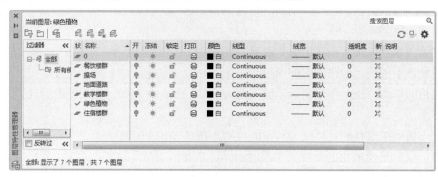

图 10-108 "图层特性管理器"选项板

2. 绘制地面和道路

步骤01 单击"常用"选项卡|"图层"面板上的"图层特性"按钮 ，在打开的"图层特性管理器"对话框中将"地面道路"层设置为当前图层，并将当前图层的线型设置为 Continuous，线宽为默认。同时将状态栏中的"对象捕捉"打开，选择端点和交点对象捕捉方式。

步骤02 按小区的占地面积大小和道路布局绘制其外轮廓线和主道路线。

步骤03 单击"常用"选项卡|"绘图"面板上的"直线"按钮 ，绘制小区外轮廓线，命令行提示如下：

```
命令：_line 指定第一点：              //选择绘图区域内合适一点
指定下一点或 [放弃(U)]：@45000,0      //绘制小区水平基线
指定下一点或 [放弃(U)]：@0,35000      //绘制小区竖直基线
指定下一点或 [闭合(C)/放弃(U)]：      //按 Enter 键
```

步骤04 单击"常用"选项卡|"修改"面板上的"偏移"按钮 ，绘制主道路的轮廓线。

将水平基线为偏移对象并以偏移结果为新偏移对象，依次向上偏移，偏移距离依次为 1000、1000、31000、1000 和 1000。

将竖直基线为偏移对象并以偏移结果为新偏移对象，依次向左偏移，偏移距离依次为 1000、1000、40000、2000 和 1000。

绘制完成的通路轮廓效果如图 10-109 所示。

步骤05 单击"常用"选项卡|"绘图"面板上的"直线"按钮 ，绘制小区内的辅助道路轮廓线。辅助道路的具体尺寸如图 10-110 所示。

图 10-109　道路轮廓

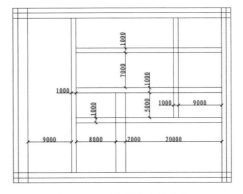

图 10-110　辅助道路轮廓线

步骤 06 单击"常用"选项卡|"修改"面板上的"修剪"按钮❄️，修改主道路线和辅助道路轮廓线，效果如图 10-111 所示。

步骤 07 单击"常用"选项卡|"修改"面板上的"圆角"按钮，对道路交叉路口进行圆角操作，其中道路宽为 2000 的道路交叉口的圆角为 1000，其余为 500。命令行提示如下：

```
命令：_fillet
当前设置：模式 = 修剪，半径 = 0
选择第一个对象或 [放弃(U)/多段线(P)/半径(R)/修剪(T)/多个(M)]：R    //选择半径
指定圆角半径 <1000>：1000                                //设置半径
选择第一个对象或[放弃(U)/多段线(P)/半径(R)/修剪(T)/多个(M)]：    //选择主道路交叉口
一直线
选择第二个对象，或按住 Shift 键选择要应用角点的对象：         //选择主道路交叉口与上一直线
相交直线
…
                //采用同样的方法，继续完成其他路口的圆角操作
```

圆角操作后的效果如图 10-112 所示。

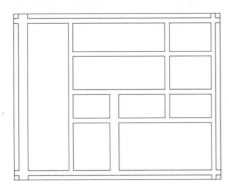

图 10-111　修剪道路

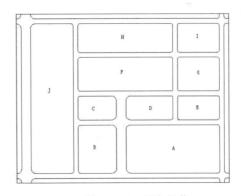

图 10-112　圆角操作

为了以后说明方便，按照图中所示区域进行编号，编号为 A~J。

步骤 08 单击"常用"选项卡|"修改"面板上的 "编辑多段线"按钮，将道路轮廓线转换为多段线，便于后面形成三维道路。命令行提示如下：

```
命令：_pedit 选择多段线或 [多条(M)]：M            //选择多条
```

```
选择对象：指定对角点：找到 8 个                    //选择上图中的一个规划区域
选择对象：                                         //按 Enter 键
是否将直线和圆弧转换为多段线？[是(Y)/否(N)]? <Y> //按 Enter 键
输入选项 [闭合(C)/打开(O)/合并(J)/宽度(W)/拟合(F)/样条曲线(S)/非曲线化(D)/线型生成
(L)/放弃(U)]: J                                    //合并
合并类型 = 延伸
输入模糊距离或 [合并类型(J)] <0.000>:              //按 Enter 键
多段线已增加 7 条线段
...
          //采用同样的方法，将其他线段和圆弧转换为多段线
```

步骤 **09** 单击绘图区左上角"视图控件"|"西南等轴测"命令，将二维视图环境转换为三维绘图
环境，并将 ISOLINES 参数设置为 50。

步骤 **10** 单击"常用"选项卡|"建模"面板上的"拉伸"按钮，将道路和地面进行拉伸，创建
三维道路和地面。命令行提示如下：

```
命令: _extrude
当前线框密度: ISOLINES=9，闭合轮廓创建模式 = 实体
选择要拉伸的对象或 [模式(MO)]: _MO 闭合轮廓创建模式 [实体(SO)/曲面(SU)] <实体>: _SO
选择要拉伸的对象或 [模式(MO)]:找到 1 个                        //选择地面轮廓
选择要拉伸的对象或 [模式(MO)]:                                //按 Enter 键
指定拉伸的高度或 [方向(D)/路径(P)/倾斜角(T)/表达式(E)] <-200>:100  //沿-Z 轴方向拉伸
1000
```

步骤 **11** 采用同样的方法，将道路轮廓沿-Z 轴方向拉伸，拉伸距离为 100，效果如图 10-113 所示。

3. 绘制建筑群

（1）绘制住宿楼群

步骤 **01** 单击"常用"选项卡|"图层"面板上的"图层特性"按钮，在打开的"图层特性管理
器"对话框中将"住宿楼群"层设置为当前图层，并将当前图层的线型设置为 Continuous，
线宽为默认。同时将状态栏中的"对象捕捉"打开，选择端点、交点和圆心等对象捕捉
方式。

步骤 **02** 单击"常用"选项卡|"绘图"面板上的 "多段线"按钮，绘制住宿楼群的俯瞰轮廓
图，如图 10-114 所示。

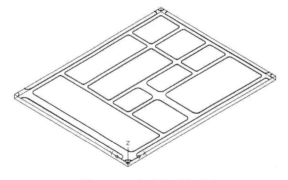

图 10-113　拉伸地面与道路

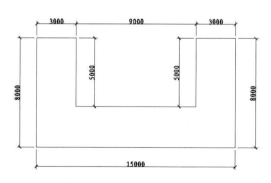

图 10-114　住宿群轮廓

步骤 03 单击"常用"选项卡|"修改"面板上的"移动"按钮✛，以住宿楼群的中心为基点将其移动到规划区域 A 内的中心。

步骤 04 单击"常用"选项卡|"建模"面板上的"拉伸"按钮▯，将住宿楼群轮廓沿 Z 轴方向拉伸，拉伸距离为 3000。

步骤 05 单击"常用"选项卡|"绘图"面板上的"矩形"按钮▭ ▾，绘制住宿楼群上的窗户，窗户大小为 1500×2500，一层窗户距离地面为 1000，窗户间距为 500。

在绘制窗户时，可充分利用"三维镜像""三维阵列"等命令，这样可以节省绘制时间，提高效率。

步骤 06 单击"插入"选项卡|"块定义"面板上的"创建块"按钮▱，将所绘制的住宿楼群的底层轮廓拉伸实体和窗户创建为"住宿楼群"图块，选择基点为该住宿群轮廓实体的下底面的左下端点。

步骤 07 在命令行输入 3DARRAY，执行"三维阵列"命令，绘制高层的住宿楼群。命令行提示如下：

```
命令: _3darray
选择对象: 找到 1 个                    //选择底层住宿楼
选择对象:                             //按 Enter 键
输入阵列类型 [矩形(R)/环形(P)] <矩形>:R   //选择矩形阵列
输入行数 (---) <1>: 1                //设置参数
输入列数 (|||) <1>: 1
输入层数 (...) <1>: 5
指定层间距 (...): 3200
```

三维阵列后的效果如图 10-115 所示。

步骤 08 在命令行输入 HIDE 命令，执行"消隐"命令，隐藏不需要的线条，所得住宿楼群的效果如图 10-116 所示。

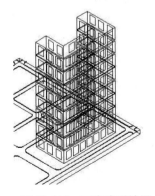

图 10-115　三维阵列效果

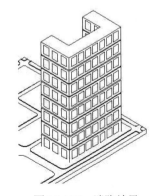

图 10-116　消隐效果

步骤 09 单击"常用"选项卡|"修改"面板上的"复制"按钮❀，将住宿楼群的底层以其中心为基点，将其复制到规划区域 J 下半部分的中心；并单击"常用"选项卡|"修改"面板上的"缩放"按钮🗔，以其中心为基点按缩放比例为 0.9 进行缩放。

步骤 10 在命令行中输入 3DARRAY，执行"三维阵列"命令，将规划区域 J 部分的住宿楼群阵列为 4 层，行数为 1，列数为 1，层间距为 3200；然后在命令行输入 HIDE 命令，执行"消隐"命令，观察效果，如图 10-117 所示。

步骤 11 选择"修改"|"三维操作"|"三维镜像"命令，将创建的 J 区域的住宿楼群镜像到规划区域 J 的上一侧，效果如图 10-118 所示。

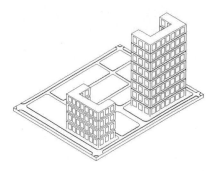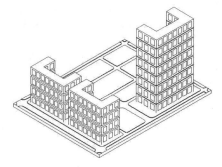

图 10-117　三维阵列效果　　　　　　　　　图 10-118　三维镜像

（2）绘制教学楼群

步骤 01 单击"常用"选项卡|"图层"面板上的"图层特性"按钮 ，在打开的"图层特性管理器"对话框中将"住宿楼群"层设置为当前图层，并将当前图层的线型设置为 Continuous，线宽为默认。同时将状态栏中的"对象捕捉"打开，选择端点、交点和圆心等对象捕捉方式。

步骤 02 采用与绘制住宿楼群类似的方法绘制教学楼群。教学楼群的俯瞰轮廓如图 10-119 所示。

步骤 03 单击"常用"选项卡|"修改"面板上的"移动"按钮 ，将教学楼群的俯瞰轮廓以其中心为基点，将其移动到规划区域 H 的左半部分的中心。必要时，可以先绘制部分辅助线，待绘制完成后再将其删除。

步骤 04 单击"常用"选项卡|"建模"面板上的"拉伸"按钮 ，将步骤（3）所绘制完成的教学楼群的俯瞰轮廓图沿 Z 轴方向拉伸，拉伸距离为 5000。

步骤 05 在命令行中输入 3DARRAY，执行"三维阵列"命令，将规划区域 J 部分的住宿楼群阵列为 6 层，行数为 1，列数为 1，层间距为 5200。

步骤 06 单击"常用"选项卡|"修改"面板上的"三维镜像"按钮 ，将步骤（5）所得的教学楼群镜像到规划区域 H 的右半部分，然后在命令行输入 HIDE 命令，执行"消隐"命令，观察效果，如图 10-120 所示。

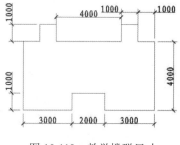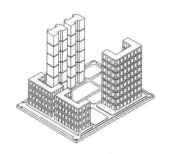

图 10-119　教学楼群尺寸　　　　　　　图 10-120　绘制教学楼群

步骤 07 采用同样的方法，将教学楼群的俯瞰轮廓图绘制到规划区域 D 和规划区域 G 内。在规划区域 D 内将轮廓以轮廓中心为基点按 0.8 比例缩放，该两规划区域内的教学楼群的层数均为 2 层。单击绘图区左上角"视图控件"|"东北等轴测"命令，便于直接观察到底层的教学楼群；单击"可视化"选项卡|"渲染"面板上的"渲染到尺寸"按钮🖼️，观察效果，如图 10-121 所示。

（3）绘制餐饮楼群

步骤 01 单击"常用"选项卡|"图层"面板上的"图层特性"按钮🔲，在打开的"图层特性管理器"对话框中将"餐饮楼群"层设置为当前图层，并将当前图层的线型设置为 Continuous，线宽为默认。同时将状态栏中的"对象捕捉"打开，选择端点、交点和圆心等对象捕捉方式。

步骤 02 采用与绘制住宿楼群类似的方法绘制餐饮楼群。餐饮楼群的俯瞰轮廓如图 10-122 所示。

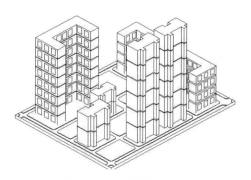

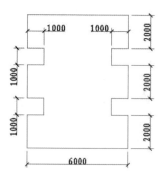

图 10-121　教学楼群效果　　　　图 10-122　餐饮楼群俯瞰轮廓尺寸

步骤 03 单击"常用"选项卡|"修改"面板上的"复制"按钮🔳，将餐饮楼群的俯瞰轮廓图以其中心为基点，将其复制到规划区域 B 内的中心处。

步骤 04 采用同样的方法，将餐饮楼群的俯瞰轮廓图以其中心为基点，将其复制到规划区域 I 内的中心。单击"常用"选项卡|"修改"面板上的"旋转"按钮🔄，将复制结果以其中心为基点，按逆时针旋转 90°。单击"常用"选项卡|"修改"面板上的"缩放"按钮🔳，将旋转后的结果以其中心为基点，按缩放比例为 0.8 进行缩放。

　　同样，将规划区域 I 内的餐饮楼群以其中心为基点，将其复制到规划区域 E 内的中心，然后单击"常用"选项卡|"修改"面板上的"缩放"按钮🔳，将复制结果以其中心为基点，按缩放比例为 0.8 进行缩放，效果如图 10-123 所示。

步骤 05 单击"常用"选项卡|"建模"面板上的"拉伸"按钮🔳，将规划区域 B 内餐饮楼群轮廓沿 Z 轴方向拉伸，拉伸距离为 4000。

步骤 06 采用同绘制住宿楼群高层类似的方法，绘制餐饮楼群的高层楼层。其中，规划区域 I 餐饮楼群为 3 层，规划区域 E 餐饮楼群为 2 层，规划区域 B 餐饮楼群为 1 层。规划区域 I 内的楼层的层高为 4200，规划区域 E 内的楼层的层高为 3200。

步骤 07 单击绘图区左上角"视图控件"|"东南等轴测"命令，将三维视图环境设置为东南等轴测图。

在命令行输入 HIDE 命令，执行"消隐"命令，对所绘制建筑物进行消隐操作，效果如图 10-124 所示。

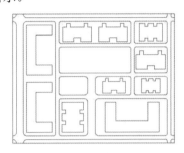

图 10-123　餐饮楼群布置图

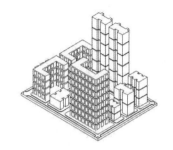

图 10-124　绘制完成餐饮楼群

（4）绘制车库

步骤 01 单击"常用"选项卡|"图层"面板上的"图层特性"按钮，在打开的"图层特性管理器"对话框中将"0"层设置为当前图层，并将当前图层的线型设置为 Continuous，线宽为默认。同时将状态栏中的"对象捕捉"打开，选择端点、交点和圆心等对象捕捉方式。

步骤 02 车库的俯瞰轮廓为一矩形。单击"常用"选项卡|"绘图"面板上的"矩形"按钮 进行绘制，矩形的尺寸为 6000×3000。

步骤 03 绘制完成后，单击"常用"选项卡|"修改"面板上的"移动"按钮，将所绘制的矩形以其中心为基点，将其复制到规划区域 C 内的中心。

步骤 04 单击"常用"选项卡|"建模"面板上的"拉伸"按钮，将车库俯瞰轮廓沿 Z 轴方向拉伸，拉伸距离为 4000。

步骤 05 单击绘图区右侧"导航栏"|"自由动态观察"按钮，将所绘小区旋转观察，直至能看见车库后在命令行输入 HIDE 命令，执行"消隐"命令，效果如图 10-125 所示。

图 10-125　绘制车库

4. 绘制操场

操场基本是由跑道组成，而跑道又是由圆弧和直线部分组成。

绘制操场的具体方法如下：

步骤 01 单击"常用"选项卡|"图层"面板上的"图层特性"按钮，在打开的"图层特性管理器"对话框中将"操场"层设置为当前图层，并将当前图层的线型设置为 Continuous，

线宽为默认。同时将状态栏中的"对象捕捉"打开，选择端点、交点和圆心等对象捕捉
方式。

步骤02 单击"常用"选项卡|"绘图"面板上的"多段线"按钮，绘制操场的外轮廓，具体尺
寸如图 10-126 所示。

步骤03 单击"常用"选项卡|"修改"面板上的"移动"按钮✥，将步骤（2）所绘制的操场外
轮廓以其操场的中心为基点，将其移动到规划区域 F 的中心。

步骤04 单击"常用"选项卡|"修改"面板上的"偏移"按钮，将规划区域 F 内的操场外轮廓
向内偏移，偏移距离为 700。

步骤05 绘制完成后，综合使用"直线"和"圆"命令对操场进行修饰，具体尺寸如图 10-127 所
示。

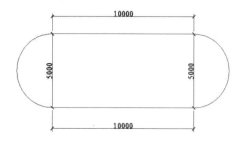

图 10-126　草场外轮廓尺寸

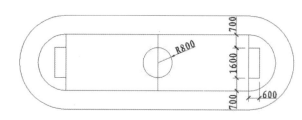

图 10-127　操场尺寸

步骤06 绘制完成后，单击绘图区左上角"视图控件"|"西南等轴测"命令，将绘图环境设置为
西南等轴测。然后单击"可视化"选项卡|"渲染"面板上的"渲染到尺寸"按钮，渲
染后的效果如图 10-128 所示。

到此为止，三维小区基本绘制完毕。

步骤07 单击绘图区左上角"视觉样式控件"|"真实"命令，对模型进行真实着色，小区效果如
图 10-129 所示。

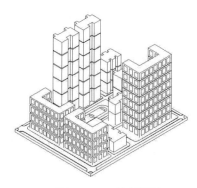

图 10-128　绘制操场

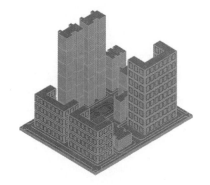

图 10-129　小区效果

5. 绘制绿色植物

在讲究绿色环保生活的今天，绿色植物也是小区的重要组成部分。在本部分中，将通过
AutoCAD 2021 设计中心中提供的一些树木的参考图形来绘制小区内的绿色植物。

具体绘制步骤如下：

步骤01 单击"常用"选项卡|"图层"面板上的"图层特性"按钮 🔲，在打开的"图层特性管理器"对话框中将"绿色植物"层设置为当前图层，并将当前图层的线型设置为 Continuous，线宽为默认。同时将状态栏中的"对象捕捉"打开，选择端点、交点和圆心等对象捕捉方式。

步骤02 单击"视图"选项卡|"选项板"面板上的"设计中心"按钮 🔲，在弹出的"设计中心"选项板的左侧"文件夹"列表中选择"E:\Program Files\AutoCAD 2021\Sample\DesignCenter\Landscaping.dwg\块"路径，打开"设计中心园艺样例"，如图 10-130 所示。

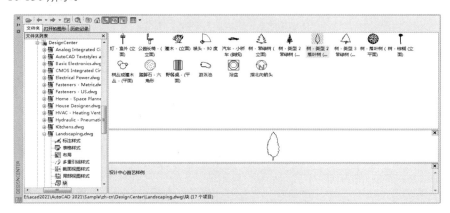

图 10-130　"设计中心"选项板

步骤03 在"设计中心园艺样例"中，选择"树 — 类型 2 落叶树（立面）"树木样例，将其插入到绘图区域内。

步骤04 在将该树木样例插入到绘图环境后，发现所插入的图形在 XY 平面内。单击"常用"选项卡|"修改"面板上的"三维旋转"按钮 🔲，旋转轴如图 10-131 所示。将树木样例沿旋转轴旋转 90°，旋转后的效果如图 10-132 所示。

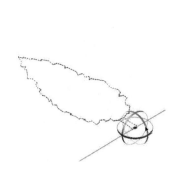

图 10-131　三维旋转轴　　　　　　　　图 10-132　旋转效果

步骤05 在命令行中输入 3DARRAY，执行"三维阵列"命令，将旋转后的树木以环形阵列进行旋转，旋转数目为 10，旋转角度为 360°，旋转轴为树木的中心轴。这样进行操作的目的是为了增强树木的立体效果，如图 10-133 所示。

步骤 06　单击"插入"选项卡|"块定义"面板上的"创建块"按钮，将图 10-133 的树木创建成块，块名为"tree"，该块的基点为树木底端的中心。

步骤 07　单击"常用"选项卡|"块"面板上的按钮"插入块"按钮，在打开的"块"选项板中选择"tree"图块，插入比例为 1，将其插入到所绘制的小区内。具体的插入位置不具体，只要大体能够表示出绿化即可。

步骤 08　单击绘图区左上角"视觉样式控件"|"真实"命令，小区效果如图 10-134 所示。

6. 三维小区的观察

由于在"视图"|"三维视图"里面只能固定设置一个视图，所以无法观察所被阻挡的建筑物。

在 AutoCAD 2021 中，单击绘图区右侧"导航栏"|"自由动态观察"按钮，此时绘图环境如图 10-135 所示。

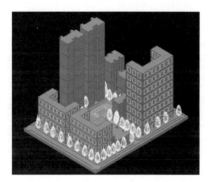

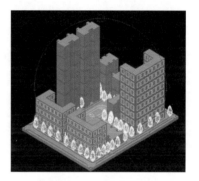

图 10-133　树木效果　　　　图 10-134　真实效果　　　　图 10-135　动态观察

按住鼠标左键拖动便可旋转绘图环境。采用该方法，可以观察到所绘制小区的每一处地方。

10.18　小　结

本章主要介绍了三维绘图的基本命令（包括绘制三维表面、三维实体）和渲染等方面的知识，简单介绍了三维绘图的基本规范，并结合这些知识，通过具体的三维家具、三维建筑物、三维小区（总平面）的绘制实例，使用户掌握三维绘图的基本命令以及绘制常见三维图形的基本步骤。在本章的最后，简单介绍了建筑巡游动画的绘制，以便于动态观察三维图形。三维绘图比二维绘图更复杂，但却比二维图更能反映图形的立体效果，应用更广泛。为绘制更具效果的三维图形，可结合其他具体的图形、动画处理软件。

10.19　上机练习

练习 1：结合本章知识，绘制如图 10-136 所示的三维沙发。

练习 2：结合本章知识，绘制如图 10-137 所示的三维凉亭。

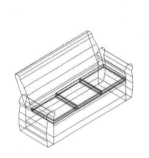

图 10-136　三维沙发

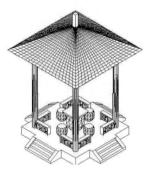

图 10-137　三维凉亭

练习 3：结合本章知识，绘制如图 10-138 所示的三维房屋效果图。

练习 4：结合本章知识，根据第 5 章建筑总平面图绘制中的实例，绘制如图 10-139 所示的三维小区。

图 10-138　三维房屋真实效果

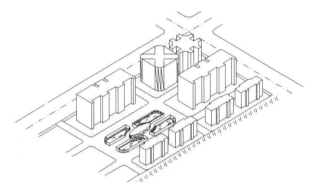

图 10-139　三维小区

第 11 章
天正建筑在 AutoCAD 建筑制图中的使用

 导言

前面详细介绍了 AutoCAD 2021 的使用方法，以及利用 AutoCAD 命令绘制平面图、立面图、剖面图等典型实例，这些都是 AutoCAD 最基本的功能，也是建筑设计师必须熟练掌握的技能。同时，AutoCAD 软件也提供了二次开发的平台，用户可以在这个平台上开发自己的功能，以节省时间提高绘图质量和绘图效率。实际的建筑工程设计中，直接利用 AutoCAD 命令绘图只占一部分，更多的是使用二次开发的专用软件，比如天正建筑软件。本章将具体介绍天正建筑软件的基本使用方法和典型案例的绘制。

11.1　天正建筑简介

天正建筑以工具集为突破口，结合 AutoCAD 图形平台的基本功能，使它从建筑设计方案到施工图的各阶段，在平面、立面、剖面图形绘制方面都有灵活适用的辅助工具，还为三维方案提供了独特的三维建模工具。当前天正建筑最新版本为 T20-Arch V7.0，其操作界面如图 11-1 所示。

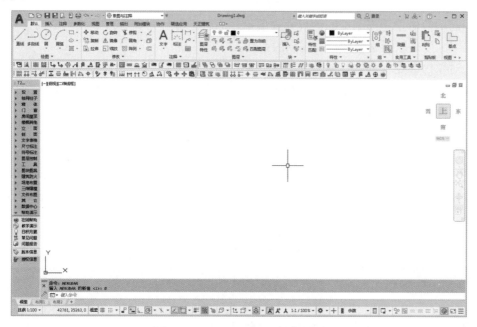

图 11-1　T20-Arch V7.0 操作界面

天正建筑软件在中国建筑设计界一枝独秀，是目前最普及的建筑软件，也成为用户和各专业之间文件交换的事实标准。曾经国内最高的建筑上海金茂大厦施工图正是由天正建筑软件辅助完成的。在各等级的设计单位中，建筑专业 90%以上的设计师都在使用天正软件，可想而知，此软件的强大功能备受本行业设计师的青睐。

天正建筑软件的特点有以下两点。

1. 二维图形与三维图形同步设计

快速、方便地达到施工图的设计深度，同步提供三维模型是天正建筑软件的设计目标。天正建筑由于应用专业对象技术，有能力在满足建筑施工图功能大大增强的前提下，兼顾三维快速建模，模型是与平面图同步完成的，不需要建筑师额外劳动。

三维模型除了提供效果图外，还可以用来分析空间尺度，有助于设计者与设计团队的交流和与业主的沟通以及施工前的交底。

在天正建筑软件中，当完成各层标准平面图后，打开新图即可生成立面图和剖面图。这几种作业的共同特点就是首先使用"工程管理"命令，建立一个新的工程文件，通过"工程管理"界面定义工程。对于通过此方法生成的立、剖面图，仅是基本的构件及轮廓，还需要通过执行"门窗""工具"等菜单命令进行修改完善。

2. 自定义对象技术

天正开发了一系列专门面向建筑专业的自定义对象表示专业构件，具有使用方便、通用性强的特点。比如，预先建立了各种材质的墙体构件，具有完整的几何和物理特征。可以像 AutoCAD 的普通对象一样进行操作，可以用夹点随意拉伸，可以改变位置和几何形状。各种构件按相互关系只能联动。同时，软件提供转换接口，可将低版本天正软件绘制的图形进行转换，使其具有自定义对象特性，方便用户快速绘图。

天正的构件对象用模型空间的尺寸来度量，而天正标注对象则用最终出图的尺寸来度量，其中的文字高度采取国家制图标准规定的系列。

天正对象内部是含有比例属性的智能对象，用户可以查询到对象的当前比例是否符合要求并且加以调整，大大方便了图纸的输出，特别是调整模型的输出比例时，天正的尺寸对象、符号对象能自动适应新的输出比例。

T20-Arch V7.0 的平面图主要由天正对象构成，有 AutoCAD 基本对象作为补充；立面图和剖面图由平面图导出后添加替换天正图块，或者自己用 AutoCAD 基本对象绘制，结合添加天正图块，最终由 AutoCAD 的基本对象、天正图块对象和天正标注对象构成；房间详图由天正构件对象和天正标注对象构成；节点详图由 AutoCAD 基本对象和天正标注对象构成。

11.2　天正建筑的基本操作

11.2.1　绘制轴线

轴网是由两组到多组轴线与轴号、尺寸标注组成的平面网格，是建筑物单体平面布置和

墙柱构件定位的依据。完整的轴网由轴线、轴号和尺寸标注三个相对独立的系统构成。这里介绍轴线系统和轴号系统，尺寸标注系统的编辑方法在后面的章节中介绍。

考虑到轴线的操作比较灵活，为了使用时不至于给用户带来不必要的限制，轴网系统没有做成自定义对象，而是把位于轴线图层上的 AutoCAD 的基本图形对象，包括 LINE、ARC、CIRCLE 识别为轴线对象，天正软件默认轴线的图层是 DOTE，可以通过设置菜单中的"图层管理"命令修改默认的图层标准。

轴线默认使用的线型为细实线，是为了绘图过程中方便捕捉，在出图前应该将"轴改线型"命令改为规范要求的点画线。

轴号是内部带有比例的自定义专业对象，是按照《房屋建筑制图统一标准》GB/T50001-2017 的规定编制的，它默认是在轴线两端成对出现，可以通过对象编辑单独控制个别轴号与其某一端的显示，轴号的大小与编号方式符合现行制图规范要求，保证出图后号圈的大小是 8，不出现规范规定不得用于轴号的字母，轴号对象预设有用于编辑的夹点，拖动夹点的功能用于轴号偏移、改变引线长度、轴号横向移动等。

执行"轴网柱子"|"绘制轴线"命令，弹出"绘制轴网"对话框，如图 11-2 所示。在该对话框的右下角有 4 个单选按钮，其含义如下：

- 上开：在绘制轴线时绘制出图形上方的主要轴线。
- 下开：在绘制轴线时绘制出图形下方的主要轴线。
- 左进：在绘制轴线时绘制出图形左方的主要轴线。
- 右进：在绘制轴线时绘制出图形右方的主要轴线。

图 11-2 "绘制轴网"对话框

通常见到的圆弧轴网是纵向轴线以一定的角度弯曲，称为纬线，纬线之间的间距是不变的；而横向轴线与纬线始终是垂直的，它们之间的间距是随着圆心角的不同而变化的。下面通过实例来讲解圆弧轴网的创建过程。

步骤 01 执行"轴网柱子"|"绘制轴网"命令，在弹出的"绘制轴网"对话框中单击"圆弧轴网"选项卡，切换到绘制圆弧轴网模式下，如图 11-3 所示。

步骤 02 在这里设置"起始角"为 50°，"内弧半径"为 10000，并输入径向轴线的圆心角，然后选中"进深"单选按钮，输入纬线的间距为 1500。在绘制圆弧轴网时，应该先确定初始角度和内弧半径，其中起始角度是相对 0°来说，即水平；内弧半径的大小则是相对圆形来说的。

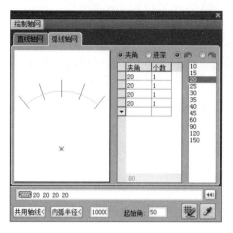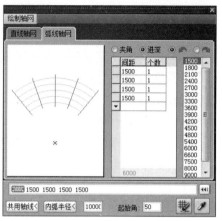

图 11-3　"绘制轴网"对话框

步骤 03　圆弧轴网的尺寸数值设置完毕后，在视图中拾取一点，确定轴线网的位置，即可创建出弧形轴线网，如图 11-4 所示。

在绘制定位轴线时，可能会遇到直线轴网与圆弧轴网同时出现在一个图形中的情况。这时，首先绘制出直线轴网，然后单击"圆弧轴网"选项卡，在该选项卡中输入弧形轴网的具体尺寸，最后单击"圆弧轴网"选项卡中的"共用轴线"按钮即可，效果如图 11-5 所示。

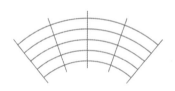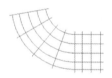

图 11-4　圆弧轴网　　　　　　　图 11-5　直线轴网与弧形轴网同时出现

11.2.2　轴网标注

轴网的标注包括轴号标注和尺寸标注，轴号可按规范要求用数字、大写字母、小写字母、双字母、双字母间隔连字符等方式标注，可适应各种复杂分区轴网。系统按照《房屋建筑制图统一标准》7.0.4 条的规定，字母 I、O、Z 不用于轴号，在排序时会自动跳过这些字母。软件一次完成标注，但轴号和尺寸标注二者属于独立存在的不同对象，不能联动编辑，用户修改轴网时应注意自行处理。执行"轴网柱子"|"轴网标注"命令，弹出如图 11-6 所示的对话框，"轴网标注"对话框中包括"多轴标注"和"单轴标注"两个选项卡，其中"多轴标注"选项卡主要用于对多个轴线进行标注轴号，而"单轴标注"选项卡则只对单个轴线进行标注轴号，而且轴号独立生成，不与已经存在的轴号系统和尺寸系统相关联。此种功能一般不适用于平面图轴网，而较适用于剖面、详图等个别单独的轴线标注。

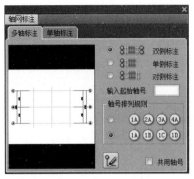

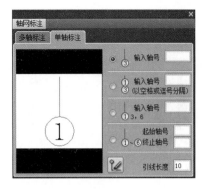

| (a) "多轴标注"选项卡 | (b) "单轴标注"选项卡 |

图 11-6　"轴网标注"对话框

图 11-6（a）所示的"多轴标注"选项卡各选项的含义如下：

- 双侧标注：选中该单选按钮，标注轴号时包括当前选择的一侧和另外一侧的轴号及尺寸。
- 单侧标注：选中该单选按钮，轴号标注时只标注当前选择的那一侧轴号与尺寸。
- 对侧标注：选中该单选按钮，轴号标注时只标注前选择的那一侧轴号，而对侧只标注尺寸。
- 输入起始轴号：该文本框用于设置起始轴的编号，输入编号后即可确定编号的样式。
- 轴号排列规则：该选项组主用于设置轴号的排列规则。
- 共用轴号：选中该复选框，轴号的编号连续下去。
- 删除轴网：单击该按钮，删除不需要的轴网标注。

图 11-6（b）所示的"单轴标注"选项卡各选项的含义如下：

- 引线长度：该文本框主要用于设置轴号引线的长度。
- 单轴标注的第一种模式：一条引线标注一个轴号，只需在"输入轴号"文本框内输入轴号即可。
- 单轴标注的第二种模式：一条引线标注多个轴号，而这多个轴号垂直排列，只不过在"输入轴号"文本框内输入轴号时，每相邻轴号要使用逗号或空格隔开。
- 单轴标注的第三种模式：一条引线标注多个轴号，而这多个轴号水平排列，后面的轴号使用逗号隔开，且不带圆圈。
- 单轴标注的第四种模式：一条引线标注多个轴号，而这多个轴号是连续的，那么这些轴号呈水平排列，只需分别输入起始轴号和终止轴号即可。

11.2.3　插入标准柱

插入标准柱的具体操作步骤如下：

步骤 01 执行"轴网柱子"|"标准柱"命令，弹出如图 11-7 所示的对话框。在该对话框中可以设置柱子的参数，包括截面类型、截面尺寸、材料等。T20-Arch V7.0 中提供的柱子截面类型和材料类型如图 11-8 所示。在本例中，选择矩形柱，截面尺寸为 240×240，材料为钢筋砼。

步骤 02 设置完参数后，在对话框底部选择矩形选定区域的方式来插入柱子，然后在视图中框选轴线网格，结果如图 11-9 所示。

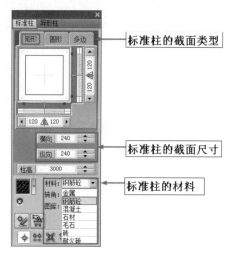
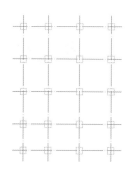

图 11-7　"标准柱"对话框　　　图 11-8　标准柱的截面类型和材料　　　图 11-9　轴网中插入标准柱

11.2.4　墙体

墙体是天正建筑软件中的核心对象，它模拟实际墙体的专业特性构建而成，因此可实现墙角的自动修剪、墙体之间按材料特性连接、与柱子和门窗互相关联等智能特性，并且墙体是建筑房间的划分依据，因此理解墙对象的概念非常重要。墙对象不仅包含位置、高度、厚度这样的几何信息，还包括墙类型、材料、内外墙这样的内在属性。

一个墙对象是柱间或墙角间具有相同特性的一段直墙或弧墙单元，墙对象与柱子围合而成的区域就是房间，墙对象中的"虚墙"作为逻辑构件，围合建筑中挑空的楼板边界与功能划分的边界（如同一空间内餐厅与客厅的划分），可以查询得到各自的房间面积数据。

使用"绘制墙体"工具可以连续绘制直墙或弧墙，使用该工具可以直接在视图中生成具有一定高度和一定宽度的墙体。

执行"墙体"|"绘制墙体"命令，弹出如图 11-10 所示的对话框，在此对话框内有直墙、弧墙、矩形布置等多种绘制墙体的方式。

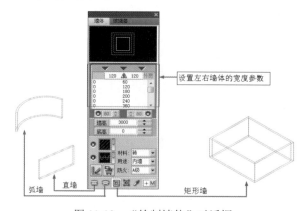

图 11-10　"绘制墙体"对话框

该对话框中各选项的含义如下：

- 左宽和右宽：设置墙线向中心轴线偏移的距离，通过这两个参数的设置可以控制墙体的宽度值，单击"交换"按钮可以交换设置值。
- 高度：可以设置墙体的高度值，通常取默认值 3000。
- 材料：选择绘制的墙体材料，有"钢筋砼""混凝土""填充墙""砖墙""石材""空心砖"等多种材料的墙体可供选择。
- 用途：选择绘制的墙体用途，有外墙、内墙、分户、虚墙、矮墙和卫生隔断等用途。
- 防火：用于选择防火级别，有 A 级、B1 级、B2 级、B3 级和无共五种。
- 删除按钮🖉：单击该按钮可以删除墙体。
- 编辑墙体🗝：单击该按钮可以编辑墙体。
- 直墙按钮🖿：单击该按钮可以绘制直线墙体。
- 弧墙按钮🕮：单击该按钮可以绘制弧形墙体。
- 按钮🖭：单击该按钮可以替换图中已插入的墙体。
- 按钮🖉：单击该按钮可以提取图上已有天正墙体对象的一系列参数，然后依据这些提取的参数进行绘制新墙体。

在"绘制墙体"对话框中除了绘制普通墙体之外，还提供了玻璃幕墙的绘制功能，还为用户提供了在如图 11-11 所示的"玻璃幕墙"选项卡中，可直接对玻璃幕墙的横梁、立柱参数进行设置，设置完之后可直接绘制出相关参数的幕墙，省去在对幕墙进行参数编辑的操作。

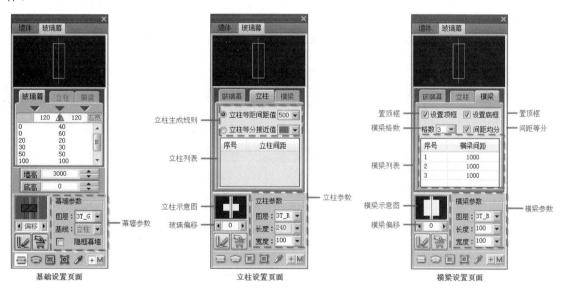

图 11-11　"玻璃幕墙"选项卡

这里采用砖墙材料，墙体宽度为 240，高度为 3000 进行绘制，效果如图 11-12 所示，三维效果如图 11-13 所示。

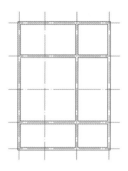

图 11-12　绘制墙体

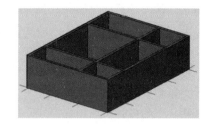

图 11-13　墙体三维效果图

11.2.5　插入门窗

在建筑构件中，窗是起着采光通风等作用的建筑构件之一，其尺寸主要是根据组成结构及造型的一些特殊要求而定，比如居室中的客厅、厨房、卧室等，由于它们的空间面积、作用及朝向等特点的不同，所以门窗的尺寸和造型也截然不同。

二维视图和三维视图都用图块来表示，可以从门窗图库中分别挑选门窗的二维形式和三维形式，其合理性由用户自己掌握。选择"门窗"|"门"命令，弹出"门"对话框，普通门窗的参数设置如图 11-14 所示，通过该对话框可以选择各种所需的门窗类型，并确定门窗的宽高值。

单击"门"对话框中的图例，将弹出"天正图库管理系统"对话框，天正建筑提供的门和窗的类型都包含在里面，用户可以按照自己的需求选择不同的类型，如图 11-15 和图 11-16所示。

图 11-14　"门"对话框

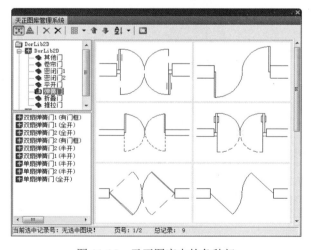

图 11-15　天正图库中的各种门

图 11-16　天正图库中的各种窗

为了能够在绘图过程中方便用户操作，更加有效地提高工作效率，天正将原来的多种门窗类型全部统一到"门"对话框中，这样在插入不同类型的门窗时不必反复切换命令。从 6.0 版本开始，天正建筑将门窗的"插普通门""插普通窗"两个命令合并为一个"门窗"命令，通过单击不同的图标选择门的类型或窗的类型，如图 11-17 所示。

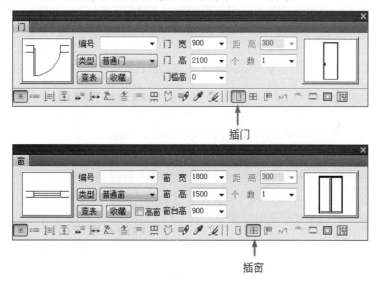

图 11-17　插入门窗的切换

在"门"对话框下方有两组控制按钮，左边的一组控制按钮可以选择门窗的插入类型，其中包括自由插入、沿着直墙顺序插入、轴线定距插入、充满整个墙段插入、替换插入等插入方法，如图 11-18 所示。

图 11-18　门窗插入方式

各种插入方式的具体功能如下：

- 自由插入 ▦：可以在所绘制墙段的任意位置插入，并显示门窗两侧到轴线的动态尺寸，如果没有动态尺寸，说明光标并没有在墙体内或所处位置插入门窗后将与其他构件比如柱子、门窗发生干预，但是用户仍然可以插入门窗。

- 沿墙顺序插入 ▦：使用该工具可以以墙段的起点为基点，按指定的距离插入门窗。

- 依据点取位置两侧的轴线等分插入 ▣：使用该工具可以选择墙体的两侧轴线间距进行等分插入，如果墙段内没有轴线，则按墙段等分插入。插入时屏幕将出现门窗的动态尺寸及开启方向。

- 在点取的墙段上等分插入 ▦：该工具的操作方式类似于轴线的等分插入，不同的是该方式是针对当前操作的墙体，而轴线等分则是针对当前操作的墙体两段的轴线。

- 垛宽定距插入 ▦：使用该工具可以自动选取墙体边线离点位置最近的特征点，并快速插入门窗。

- 轴线定距插入 ↦：在"门"对话框中设置距离参数，然后使用该插入方式在墙体上单击确定门窗的大体位置，系统将自动选取离墙体端点位置最近的轴线与墙体的交点，并将该点作为参考位置快速插入门窗。

- 按角度插入弧墙上的门窗 ▨：选择该插入类型可以在弧墙上按照预设的角度值插入门窗。

- 根据鼠标位置居中或等距插入门窗 ▦：使用该工具可以在墙段中按预先定义的规则自动按门窗在墙段中的合理位置插入门窗，可适用于直墙与弧墙。

- 充满整个墙段插入门窗 ▭：使用该工具插入门窗，则门窗的宽度由选择的墙段所决定，在门窗宽度方向上完全充满一段墙。

- 插入上层门窗 ▤：使用该工具可以在已经存在的门窗上再加一个宽度相同、高度不等的门窗，比如厂房或大堂的墙体上经常会出现这样的情况。

- 在已有洞口插入多个门窗 ▽：使用该工具可以在同一个墙体已有的门窗洞口内再插入其他样式的门窗，常用在防火门、密闭门、户门和车库门中。

- 替换图中已插入的门窗 ▧：该工具用于批量修改门窗，包括门窗类型之间的转换。用对话框内的当前参数作为目标参数，替换图中已经插入的门窗。

- 拾取门窗参数 ▧：用于查询图中已有门窗对象并将其尺寸参数提取到"门"对话框中的功能，方便在原有门窗尺寸基础上加以修改。

利用"门窗"功能在如图 11-12 所示的墙体上插入门窗，效果如图 11-19 所示。

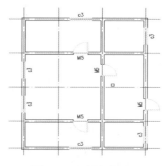

图 11-19　插入门窗

11.2.6 楼梯其他

T20-Arch V7.0 提供了由自定义对象建立的基本梯段对象，包括直线、圆弧与任意梯段、由梯段组成了常用的双跑楼梯对象、多跑楼梯对象，考虑了楼梯对象在二维与三维视口下的不同可视特性。双跑楼梯具有梯段改为坡道、标准平台改为圆弧休息平台等灵活可变的特性，各种楼梯与柱子在平面相交时，楼梯可以被柱子自动剪裁；双跑楼梯的上下行方向标识符号可以自动绘制。

1. 直线梯段

执行"楼梯其他"|"直线梯段"命令，打开"直线梯段"对话框，如图 11-20 所示。

图 11-20 "直线梯段"对话框

该对话框中部分选项的含义及功能如下：

- 起始高度：相当于当前所绘梯段所在楼层地面起算的楼梯起始高度，梯段高以此算起。
- 梯段高度：指当前所绘制直线梯段的总高度。
- 梯段长度：在平面图中，楼梯垂直方向上的长度。
- 踏步高度：输入一个概略的踏步高设计值，有楼梯高度推算出最接近初值的设计值。需要踏步数目是整数，梯段高度是一个给定的整数，因此踏步高度并非总是整数。需要给定一个粗略的目标值后，系统经过计算，才能确定踏步高度的精确值。
- 踏步数目：其中"梯段高度""踏步高度"和"踏步数目"这三个数值之间存在一定的逻辑关系，即梯段高度=踏步高度×踏步数目。当确定好梯段的高度以后，而在"踏步高度"和"踏步数目"两个选项中只要确定好其中的一个参数即可，另外一个参数由系统自动算出。
- 踏步宽度：在梯段中踏步板的宽度。
- "需要 3D"和"需要 2D"：主要设置楼梯段在视图中的显示方式。
- 坡道：选择该选项时，则将梯段转为坡道。

利用直线梯段可以绘制如图 11-21 所示的楼梯。

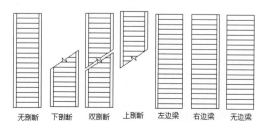

图 11-21 直线梯段楼梯形式

2. 圆弧梯段

该命令创建单段弧线型梯段，适合单独的圆弧楼梯，也可与直线梯段组合创建复杂楼梯和坡道，如大堂的螺旋楼梯与入口的坡道。

执行"楼梯其他"|"圆弧梯段"命令，可以绘制如图 11-22 所示的楼梯。

3. 双跑楼梯

双跑楼梯是最常见的楼梯形式，由两跑直线梯段、一个休息平台、一个或两个扶手和一组或两组栏杆构成的自定义对象，具有二维视图和三维视图。双跑楼梯可分解（EXPLODE）为基本构件即直线梯段、平板、扶手栏杆等，注意楼梯方向线是与楼梯相互独立的箭头引注对象。双跑楼梯对象内包括常见的构件组合形式变化，如是否设置两侧扶手、梯段边梁、休息平台是半圆形或矩形等，尽量满足建筑的个性化要求。

执行"楼梯其他"|"双跑梯段"命令，可以绘制如图 11-23 所示的楼梯。

图 11-22　圆弧梯段　　　　　　　　　图 11-23　双跑楼梯

以上介绍的都是最基本的楼梯形式，天正建筑中还提供了多跑梯段、任意梯段等楼梯形式，有兴趣的读者可以进一步学习。

11.2.7　房间屋顶

房间在建筑设计中是一个非常重要的概念。墙体、门窗构造完毕后，建筑的基本轮廓就显示出来了。由墙体所构成的房间可以区分出不同的建筑空间。天正采用面向对象技术定义出符合建筑所需要的房间对象。

所谓的房间查询，主要是针对房间面积的查询。房间面积可通过搜索房间、套内面积、查询面积等菜单命令来实现，下面重点讲一下"搜索房间"命令，其他命令的操作基本类似。

"搜索房间"命令可用来批量搜索建立或更新已有的普通房间和建筑轮廓，建立房间信息并标注室内使用面积，标注位置自动置于房间的中心。如果用户编辑墙体改变了房间边界，房间信息不会自动更新，可以通过再次执行该命令更新房间或拖动边界夹点，和当前边界保持一致。

执行"房间屋顶"|"搜索房间"命令，弹出如图 11-24 所示的对话框。

图 11-24　"搜索房间"对话框

在该对话框中选择相应的选项并设置相应的参数后，命令行提示如下：

命令：TUpdSpace
请选择构成一完整建筑物的所有墙体(或门窗)<退出>:指定对角点：找到 27 个
//选中视图中的所有墙体和门窗
请选择构成一完整建筑物的所有墙体(或门窗)://按 Enter 键确认，效果如图 11-25 所示

在使用"搜索房间"命令后，当前图形中生成的房间对象显示为房间面积的文字对象，但默认的名称则根据需要重新命名。选择房间，在快捷菜单中选择"对象编辑"命令，进入如图 11-26 所示的"编辑房间"对话框，可以对房间信息进行编辑。

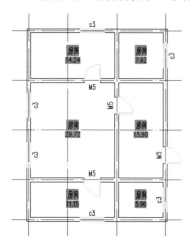

图 11-25　房间搜索

图 11-26　"编辑房间"对话框

11.2.8　文字表格

文字表格的绘制在建筑制图中占有重要的地位，所有的符号标注和尺寸标注的注写离不开文字内容，而必不可少的整个图面的设计说明则主要是由文字和表格所组成。

天正表格是一个具有层次结构的复杂对象，读者应该完整地掌握如何控制表格的外观表现，制作出美观的表格。天正表格对象除了独立绘制外，还在门窗表和图纸目录、窗日照表等处应用。表格的构造具体如下：

- 表格的功能区域组成：包括标题和内容两部分，如图 11-27 所示。
- 表格的层次结构：由高到低的级次为"1. 表格""2.标题、表行和表列""3.单元格和合并单元格"。

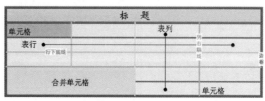

图 11-27　表格构造

- 表格的外观表现：文字、表格线、边框和背景，表格文字支持在位编辑，双击文字即可进入编辑状态，按方向键，文字光标即可在各单元之间移动。

表格对象由单元格、标题和边框构成，单元格和标题的表现是文字，边框的表现是线条，单元格是表行和表列的交汇点。天正表格通过表格全局设置、行列特征和单元格特征三个层次控制表格的表现，可以制作出各种不同外观的表格。

具体命令介绍如下：

（1）文字样式

该命令为天正自定义文字样式的组成，设置中西文字体各自的参数。执行"文字表格"|"文字样式"命令，弹出如图 11-28 所示的对话框。

文字样式分别由设定参数的中西文字体或 Windows 字体组成，由于天正扩展了 AutoCAD 的文字样式，可以分别控制中英文字体的宽度和高度，达到文字的名义高度与实际可量度高度统一的目的，字高由使用文字样式的命令确定。

（2）单行文字

该命令使用已经建立的天正文字样式，输入单行文字，可以方便为文字设置上下标、加圆圈、添加特殊符号，导入专业词库内容。执行"文字表格"|"单行文字"命令，弹出如图11-29所示的对话框。

图 11-28　"文字样式"对话框

图 11-29　"单行文字"对话框

（3）多行文字

该命令使用已经建立的天正文字样式，按段落输入多行中文文字。执行"文字表格"|"多行文字"命令，弹出如图 11-30 所示的对话框。

图 11-30　"多行文字"对话框

文字内容编辑完毕以后，单击"确定"按钮完成多行文字的输入，该命令的自动换行功能特别适合输入以中文为主的设计说明文字。

多行文字对象设有两个夹点，左侧的夹点用于整体移动，右侧的夹点用于拖动改变段落宽度。当宽度小于设定时，多行文字对象会自动换行，而最后一行的结束位置由该对象的对齐方式决定。

多行文字的编辑考虑到排版的因素，默认双击进入"多行文字"对话框，不推荐使用在位编辑，但是可通过右键菜单进入在位编辑功能。

（4）新建表格

该命令从已知行列参数通过对话框新建一个表格，提供以最终图纸尺寸值（mm）为单位的行高与列宽的初始值，考虑了当前比例后自动设置表格尺寸大小。

执行"文字表格"|"新建表格"命令，弹出如图11-31所示的对话框。

在其中输入表格的标题以及所需的行数和列数，单击"确定"按钮后，命令行提示："左上角点或[参考点(R)]<退出>："，要求给出表格在图上的位置。在视图中单击任意一点，绘制完成，如图11-32所示。

图11-31 "新建表格"对话框

图11-32 新建表格并编辑

选中表格，双击需要输入的单元格，即可启动"在位编辑"功能，在编辑栏进行文字输入。

（5）全屏编辑

该命令用于从图形中取得所选表格，在对话框中进行行列编辑以及单元编辑，单元编辑也可由在位编辑所取代。执行"文字表格"|"表格编辑"|"全屏编辑"命令，命令行提示："选择表格"，选择要编辑的表格，显示如图11-33所示的对话框。

在对话框的电子表格中，可以输入各单元格的文字，以及表行、表列的编辑。选择一到多个表行（表列）后右击行（列）首，显示快捷菜单，如图11-33所示（实际行列不能同时选择），还可以拖动多个表行（表列）实现移动、交换的功能，最后单击"确定"按钮完成全屏编辑操作，从天正建筑 7.5 版本开始全屏编辑界面增加了最大化按钮，适用于大型表格的编辑。

图 11-33　全屏编辑

11.2.9　尺寸标注

尺寸标注是设计图纸中的重要组成部分，图纸中的尺寸标注在国家颁布的建筑制图标准中有严格的规定，直接沿用 AutoCAD 本身提供的尺寸标注命令不适合建筑制图的要求，特别是编辑尺寸尤其显得不便，为此 T20-Arch V7.0 提供了自定义的尺寸标注系统，完全取代了 AutoCAD 的尺寸标注功能，分解后退化为 AutoCAD 的尺寸标注。

1. 门窗标注

该命令适合标注建筑平面图的门窗尺寸，有以下两种使用方式：

（1）在平面图中参照轴网标注的第一、二道尺寸线，自动标注直墙和圆弧墙上的门窗尺寸，生成第三道尺寸线。

（2）在没有轴网标注的第一、二道尺寸线时，则在选定的位置标注出门窗尺寸线。

执行"尺寸标注"|"门窗标注"命令，命令行提示如下：

```
命令：TDim3
请用线选第一、二道尺寸线及墙体！
起点<退出>：　　//如图 11-34，捕捉 p1 点
终点<退出>：　　//捕捉 p2 点
选择其他墙体：
命令：　　　　　//按 Enter 键退出，效果如图 11-34 所示
```

2. 两点标注

该命令为两点连线附近有关系的轴线、墙线、门窗、柱子等构件标注尺寸，并可标注各墙中点或添加其他标注点。

执行"尺寸标注"|"两点标注"命令，命令行提示如下：

```
命令：TDimTP
请选择起点<退出>：　　　　　　　　　　//在标注尺寸线一端点取起始点 p1
```

| 请选择终点<退出>: | //在标注尺寸线另一端点取结束点 p2 |
| 请点取标注位置: | //点取尺寸标注的位置点 |

请点取其他需增加或删除尺寸的直线、墙、门窗: //如果要略过其中不需要标注的轴线、门、窗、柱子，可以选择相应的对象

...

请点取其他需增加或删除尺寸的直线、墙、门窗: //按 Enter 键结束标注，效果如图 11-35 所示

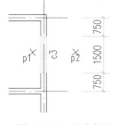

图 11-34　门窗标注

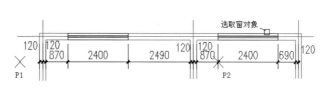

图 11-35　两点标注

11.2.10　符号标注

按照建筑制图的国家标准及规定画法，天正软件提供了一整套的自定义工程符号对象，这些符号对象可以方便地绘制剖切号、指北针、引注箭头；绘制各种详图符号、引出标注符号，如图 11-36 所示。使用自定义工程符号对象，不是简单地插入符号图块，除了在插入符号的过程中通过对话框的参数控制选项，根据绘图的不同要求，还可以在图上已插入的工程符号上，拖动夹点或者按 Ctrl+1 组合键启动对象特性栏，在其中更改工程符号的特性，双击符号中的文字，启动在位编辑功能即可更改文字内容。

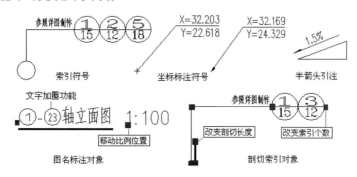

图 11-36　符号标注

天正的工程符号对象可随图形指定范围的绘图比例的改变，对符号大小、文字字高等参数进行适应性调整以满足规范的要求。剖面符号除了可以满足施工图的标注要求外，还为生成剖面定义了与平面图的对应规则。

符号标注的各命令由主菜单下的"符号标注"子菜单引导，常用标注的功能如下：

- "索引符号"和"索引图名"两个命令用于标注索引号。
- "剖面剖切"和"断面剖切"两个命令用于标注剖切符号，同时为剖面图的生成提供了依据。
- "画指北针"和"箭头引注"命令分别用于在图中画指北针和指示方向的箭头。

- "引出标注"和"做法标注"主要用于标注详图。
- "图名标注"为图中的各部分注写图名。

11.2.11 图库与图案

1. 天正图块的概念

天正图块是基于 AutoCAD 普通图块的自定义对象，普通天正图块的表现形式依然是块定义与块参照。"块定义"是插入到 DWG 图中，可以被多次使用的一个被"包装"过的图形组合，块定义可以有名字（有名块），也可以没有名字（匿名块）；"块参照"是使用中引用"块定义"，重新指定了尺寸和位置的图块"实例"。

2. 图块与图库的概念

块定义的作用范围可以在一个图形文件内有效（简称内部图块），也可以对全部文件都有效（简称外部图块）。如非特别申明，块定义一般指内部图块。外部图块就是有组织管理的 DWG 文件，通常把分类保存利用的一批 DWG 文件称为图库，把图库里面的外部图块通过命令插入图内，作为块定义，才可以被参照使用；内部图块可以通过 Wblock 命令导出外部图块，通过图库管理程序保存称为"入库"。

天正图库以使用方式来划分，可以分为专用图库和通用图库；以物理存储和维护来划分，可以分为系统图库和用户图库，多个图块文件经过压缩打包保存为 DWB 格式文件。

- 专用图库：用于特定目的的图库，采用专门有针对性的方法来制作和使用图块素材，如门窗库、多视图库。
- 通用图库：即常规图块组成的图库。代表含义和使用目的完全取决于用户，系统并不认识这些图块的内涵。
- 系统图库：随软件安装提供的图库，由天正公司负责扩充和修改。
- 用户图库：由用户制作和收集的图库。对于用户扩充的专用图库（多视图库除外），系统给定了一个"U_"开头的名称，这些图块和专用的系统图块一起放在 DWB 文件夹下，用户图库在更新软件重新安装时不会被覆盖，但是用户为方便起见会把用户图库的内容拖到通用图库中，此时如果重装软件就应该事先备份图库。

3. 块参照与外部参照

块参照有多种方式，最常见的就是块插入（INSERT），如非特别声明，块参照就是指块插入。此外，还有外部参照，外部参照自动依赖于外部图块，即外部文件变化了，外部参照可以自动更新。块参照还有其他更多的形式，例如门窗对象也是一种块参照，而且它还参照了两个块定义（一个二维的块定义和一个三维的块定义），与其他图块不同，门窗图块有自己的名称 TCH_OPENING，而且插入时门窗的尺寸受到墙对象的约束。

4. 天正图库的逻辑组织结构层次为：图库组→图库（多视图库）→类别→图块

图库的使用涉及如下术语：

- 图库：由文件主名相同的 TK、DWB 和 SLB 三个类型文件组成，必须位于同目录下才能正确调用。其中 DWB 文件由许多外部图块打包压缩而成；SLB 为界面显示幻灯库，存放图块包内的各个图块对应的幻灯片，TK 为这些外部图块的索引文件，包括分类和图块描述信息。
- 多视图库：文件组成与普通图库有所不同，它由 TK、*_2D.DWB、*_3D.DWB 和 JPB 组成。*_2D.DWB 保存二维视图，*_3D.DWB 保存三维视图，JPB 为界面显示三维图片库，存放图块对应的着色图像 JPG 文件，TK 为这些外部图块的索引文件，包括分类和图块描述信息。
- 图库组（TKW）：是多个图库的组合索引文件，即指出图库组由哪些 TK 文件组成。

5. 天正构件库

T20-Arch V7.0 提出的天正构件是基于天正对象的图形单元，一个构件代表一个参数定义完整的天正对象。将天正构件以外部库文件方式组织起来便形成了天正构件库。天正构件库包括若干个独立构件库，每个构件库内保存一种类型的天正构件对象。

用户可以将定义好参数的常用构件对象作为标准构件命名入库，通过构件库的支持，这些构件对象在多项工程的图纸中可以很方便地重复使用。构件库内的构件对象可以直接插入到当前图；在一些构件创建的命令过程中（如插门窗、插柱子），也可以直接从对应构件库选取库中已有的标准构件。

11.2.12 立面图、剖面图的绘制方法

设计好一套工程的各层平面图后，还需要绘制立面图、剖面图来表达建筑物的立面设计细节。立面图、剖面图的图形表达和平面图有很大区别，它们表达的是建筑物三维模型的一个投影视图，受三维模型细节和视线方向建筑物遮挡的影响，天正立面图形是平面图中构件的三维信息进行消隐后获得的纯粹的二维图形，除了符号与尺寸标注对象以及门窗阳台图块是天正自定义的对象外，其他图形构成元素都是 AutoCAD 的基本对象。很多没有系统学过天正建筑的人，只用天正软件画平面图，或者在图中插入几个天正图块。实际上画完平面图后，可以自动生成立面图、剖面图等图样，最后只需要利用 AutoCAD 命令对图形做局部修改即可。利用天正建筑绘制立面图，通常按以下思路进行：

（1）用天正软件绘制标准层的建筑平面图。
（2）用 AutoCAD 的基点命令指定各个标准层的对齐点。
（3）用天正建筑的楼层表命令，生成楼层表。
（4）执行"生成立面图"或"生成剖面图"命令，生成建筑的立面图和剖面图。
（5）利用 AutoCAD 命令修正立面图和剖面图。

11.3 以别墅为例介绍天正建筑软件的使用

本节以某实际别墅设计工程为例，运用天正建筑软件来绘制别墅的平面图、立面图和剖面图，在这个过程中具体讲解 T20-Arch V7.0 的大部分专业命令。

11.3.1 别墅平面图的绘制

建筑图中的平面图，就是在建筑物中的窗台以上的位置，通过一个设想的水平剖切面将建筑物剖开，移除观察者与剖切面之间的部分，然后绘制剩余部分的水平投影图，即可形成建筑平面图。

1. 图形初始化

绘图前应先设置一些作图和标注的参数，称为初始设置。执行"设置"|"天正选项"命令，弹出"天正选项"对话框，用来进行初始设置，如图 11-37 所示。

图 11-37 "天正选项"对话框

预计将以 1:100 的比例打印出图，所以本例将对象比例设置为 100，即在"当前比例"右侧的文本框中输入 100，或者单击右侧的下拉按钮 100 ，从下拉列表框中选择 100。该比例用来控制文字、尺寸数字、轴号等二维对象的大小。"当前比例"变大，输入文字的高度、尺寸数字、轴号的圆圈直径、虚线的间隔等都变大。同样设置"当前层高"，本例中设置为 3000。

2. 创建轴线

平面图中体现出的所有建筑构件，例如墙体、门窗、楼梯、阳台等，在空间中都有其固定的尺寸及位置，而这些尺寸及位置的数据就是通过纵横交错的定位轴线来设定的。

在本例中，首先绘制几条主要的轴线，这样图形整洁且便于下一步操作。其他的轴线可以进一步添加和修改。右进、左进、上开、下开的尺寸分别如图 11-38 所示。

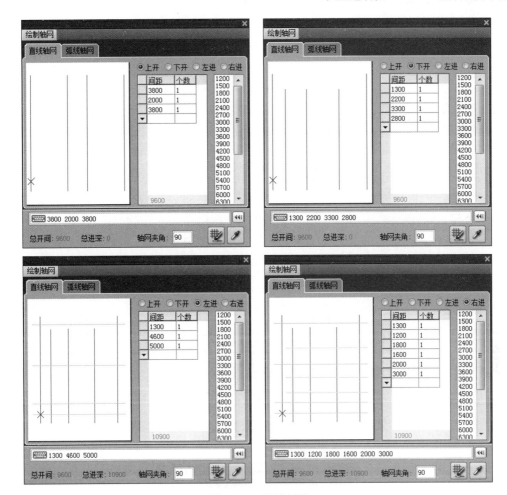

图 11-38　轴线间距

在绘图区指定插入点，生成的轴网如图 11-39 所示。

3．标注轴网

当绘制好轴网后，就可以对它们进行标注尺寸和编号。下面采用"两点轴标"命令对别墅平面图轴网进行标注。

执行"轴线柱子"|"轴网标注"命令，对轴网进行标注。命令行提示如下：

```
命令：TAxisDim2p
请选择起始轴线<退出>：        //选择图 11-40 中的 p1 点
请选择终止轴线<退出>：        //选择图 11-40 中的 p2 点
请选择不需要标注的轴线：      //按 Enter 键
请选择起始轴线<退出>：        //选择图 11-40 中的 p3 点
请选择终止轴线<退出>：        //选择图 11-40 中的 p4 点
请选择不需要标注的轴线：      //按 Esc 键
```

最后生成的轴网如图 11-40 所示。

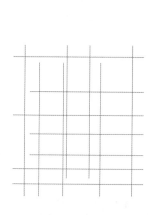

图 11-39　建立轴网

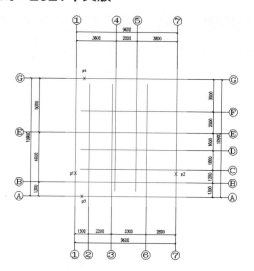

图 11-40　标注好的轴网

4. 编辑轴网

在建筑工程图中，凡是主要承重构件，都要用定位轴线来表示其构件与构件之间的位置，如承重墙、柱子等。而对于非承重的分割墙、次要的承重构件等，则用附加轴线来进行表示。下面将对已经绘制好的轴网进行编辑修改。

（1）添加轴线

在轴线 7 左侧 2200 处，添加一条辅助轴线 1/6。执行"轴线柱子"|"添加轴线"命令，在打开的"添加轴线"对话框中设置参数如图 11-41 所示，进行添加轴线。

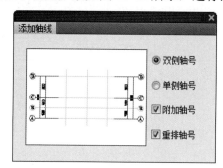

图 11-41　"添加轴线"对话框

命令行提示如下：

```
命令：TInsAxis
选择参考轴线 <退出>：          //选择轴线 7
距参考轴线的距离<退出>：2200   //鼠标停留在轴线 5 和轴线 7 之间的一点，输入 2200，则在轴线
7 左侧偏移出一条轴线
距参考轴线的距离<退出>：        //按 Enter 键，结束命令
```

生成新的附加轴线和附加轴号，如图 11-42 所示。

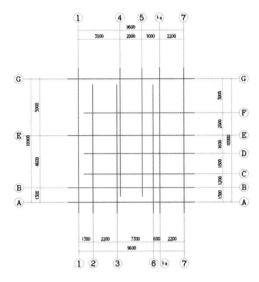

图 11-42　添加轴线

（2）更改轴号

在制图中有时为了满足一些特殊的标注要求，例如对轴号进行重新编号、删除多余的没有标注意义的轴号，对一些单独的轴号对象进行编辑。

下面将对轴线 1/6 进行处理，使用"轴号隐现"命令控制其下端轴号不显示。

执行"轴网柱子"|"轴号隐现"命令，隐藏轴号。命令行提示如下：

```
命令：TShowLabel
请选择需要隐藏/显示的轴号<退出>：
//选择下端轴号 1/6
请选择需要隐藏/显示的轴号<退出>：    //按 Enter 键，完成消隐，结果如图 11-43 所示
```

下面将对轴线 F 执行"主附转换"命令。使用"主附转换"命令，更改轴网中单根轴线的编号，而使余轴的编号维持不变，不影响整个轴线号的排序问题，为此需要设置参数。

执行"轴网柱子"|"主附转换"命令，在打开的"主附转换"对话框中取消"重排轴号"复选项，并勾选"主号变附"单选项。命令行提示如下：

```
命令：TChAxisNo
请选择需主号变附的轴号<退出>：    //选择轴号 F
请选择需主号变附的轴号<退出>：    //按 Enter 键，完成变号，效果如图 11-43 所示
```

（3）轴线改型

"轴改线型"命令主要是用于更改定位轴线的线型。使用 AutoCAD 制图时，常见的线型有点线、点划线、实线等。使用"轴改线型"命令所指的线型只有两种，即实线和点画线。假如新创建的轴线网中的线型为实线，执行该命令后可以将其改为点画线；反之，假如原来轴线网中的线型为点画线，执行该命令后则将转为实线。

执行"轴网柱子"|"轴改线型"命令，结果所有轴线线型由实线改为点画线，如图 11-44 所示。

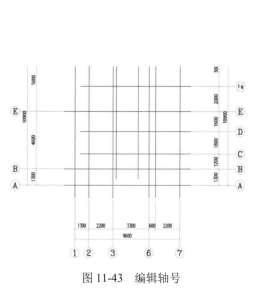

图 11-43　编辑轴号

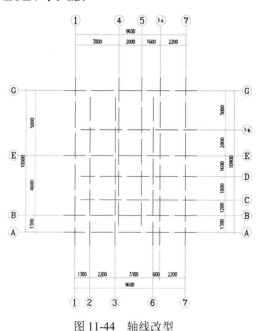

图 11-44　轴线改型

5. 墙体布置与修改

墙体是建筑中最基本、最重要的构件，是天正建筑中比较智能的对象，可实现墙角的自动修剪，其绘制的主要命令有"绘制墙体""单线变墙"等。

在绘制中无论是使用"绘制墙体"还是"单线变墙"命令，其生成的墙体的底标高为当前标高（默认值为0），墙高默认值为楼层层高。也可以在绘制完成后用"改墙高"命令来进行修改，但高度为0时不绘制三维墙体。

（1）绘制墙体

执行"墙体"|"单线变墙"命令，弹出"单线变墙"对话框，如图 11-45 所示，选中"轴网生墙"单选按钮，并设置外墙"外侧宽"为 120，外墙"内侧宽"为 120，"内墙宽"为 240。命令行提示如下：

图 11-45　"单线变墙"对话框

```
命令：TSWall
选择要变成墙体的直线、圆弧或多段线：　　//窗交选择选中所有的轴线
选择要变成墙体的直线、圆弧或多段线：
处理重线…
处理交线…
识别外墙…　　　　　　　　　　　　　　　//生成墙体，效果如图 11-46 所示
```

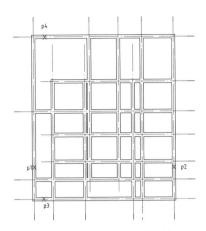

图 11-46　轴线生成的墙体

（2）编辑修改墙体

将不需要的墙线删除。执行"工具"|"对象选择"命令，弹出"匹配选项"对话框，如图 11-47 所示。单击选中墙体，确认要选择的对象为墙体，然后依次选中要删除的部分。命令行提示如下：

```
命令：TSelObj
请选择一个参考图元或 [恢复上次选择(2)]<退出>：
提示：空选即为全选，中断用 Esc 键！
选择对象：
总共选中了 21 个，其中新选了 21 个。
命令：_erase 找到 21 个
命令：　//按 Enter 键退出，效果如图 11-48 所示
```

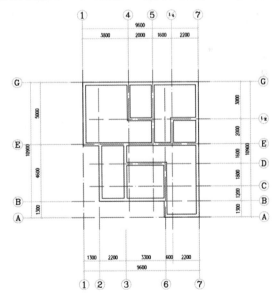

图 11-47　"匹配选项"对话框

图 11-48　修改后的墙体

另外，也可以直接使用 AutoCAD 中的"删除"命令，直接删除不需要的墙体对象。接下

来按照外墙的设计，执行"墙体"|"边线对齐"命令，把外墙体外皮对齐轴线。命令行提示如下：

```
命令：TAlignWall
请点取墙边应通过的点或 [参考点(R)]<退出>：      //选中轴线 1
请点取一段墙<退出>：                          //选中轴线 1 上的外墙
命令：//按 Enter 键退出。使用同样的方法，对其他外墙进行操作，效果如图 11-48 所示
```

天正建筑中墙是按照三维模式建立的，可以通过三维视角来观察墙体的生成情况，在绘图区左上角单击"视图控件"|"西南等轴测"命令，效果如图 11-49（左）所示，单击"视觉样式控件"|"消隐"命令，效果如图 11-49（中）所示，单击"视觉样式控件"|"概念"命令，效果如图 11-49（右）所示。

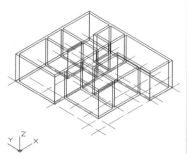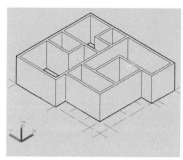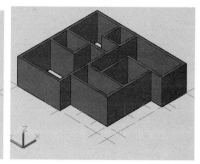

图 11-49　三维视角下的墙体

6. 布置柱网

柱子在建筑设计中主要起到结构支撑作用，有时候也用于纯粹的装饰。天正建筑中用自定义对象来表示柱子，但各种柱子对象定义不同，标准柱用底标高、柱高和柱截面参数描述它在三维空间的位置和形状；构造柱用于砖混结构，只有截面形状而没有三维数据描述，只服务于施工图。

柱子与墙相交时，按墙与柱子之间的材料等级关系决定柱自动打断墙或墙穿过柱，如果墙与柱子的材料相同，则墙体被打断的同时与柱子连为一体。

柱子的填充方式与柱子和墙的当前比例有关，当前比例大于预设的详图模式比例，柱子和墙的填充图案按照详图填充图案填充，否则按照标准填充图案填充。

柱子的常规截面形式有矩形、圆形、多边形等，异型截面柱由异性柱命令定义，或者由任意形状柱子和其他封闭线通过布尔运算获得。

插入图中的柱子，如需要移动或修改，可充分利用夹点编辑功能和其他编辑功能。对于标准柱的批量修改，可以使用"替换"的方式。柱子同样可采用 AutoCAD 的编辑命令进行修改，修改后相应墙段会自动更新。

（1）插入标准柱

执行"轴网柱子"|"标准柱"命令，弹出"标准柱"对话框，如图 11-50 所示。设置柱子的横向、纵向尺寸分别为 240、240，柱高为 3000。在轴线 D 和轴线 6 的交点处插入该柱子。由于"标准柱"对话框是无模式对话框，插入一个柱子后，对话框并不会关闭，可以继续插

入其他的柱子，效果如图 11-51 所示。

图 11-50　"标准柱"对话框

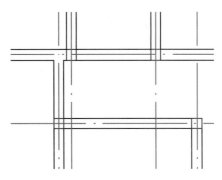

图 11-51　插入标准柱

（2）插入角柱

小型框架结构建筑通常在墙角处运用 L 形、T 形平面的角柱，达到增大室内使用面积或增加建筑强度的目的，天正建筑 2021 的柱子菜单中提供了专门的角柱命令来解决这一问题。从天正建筑 6.5 版本开始，角柱命令增加了可以输入宽度的功能，在进行角柱的分支长度的设置时要注意由于宽度变化带来的影响。

执行"轴网柱子"|"角柱"命令，选择外墙的角点后弹出"转角柱参数"对话框，如图 11-52 所示，分支的长度一般按照默认长度选取。命令行提示如下：

```
命令：TCornColu
请选取墙角或 [参考点(R)]<退出>：    //选择轴线 1 和轴线 G 交点处的外墙角点
命令：                          //按 Enter 键退出
```

图 11-52　"转角柱参数"对话框

（3）柱子编辑

选择要编辑的柱子，选择快捷菜单中的"对象编辑"命令，弹出"标准柱"对话框，如图 11-53（a）所示。在该对话框中设置好柱子的参数后，单击"确定"按钮，即可完成相应的编辑操作。

利用 AutoCAD 的图案填充命令，为标准柱和角柱填充图案，最终效果如图 11-53(b)所示。

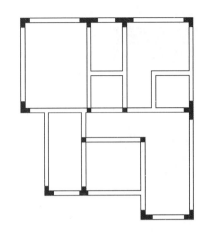

（a）　"标准柱"对话框　　　　　　（b）　最终效果

图 11-53　插入并编辑柱子

7. 插入并修改门窗

门窗是组成建筑物的重要构件，也是建筑立面的重要维护及装饰。在建筑中，内墙和外墙都将设置一系列不同尺寸标准的门窗。

在天正建筑系统中，门窗是一种自定义对象，门窗和墙体建立了智能联动关系，当插入门窗之后，墙体的外观几何尺寸不变。但墙体对象的粉刷面积、开洞面积已经立刻进行了计算，以备查询，为工程量统计接口作了准备。门窗和其他自定义对象一样可以使用 AutoCAD 相关的命令及夹点编辑修改，并可通过电子表格检查和统计设计的门窗编号。

（1）执行"门窗"|"门窗"命令，在打开的"门"对话框中设置门的尺寸、编号等参数，如图 11-54（a）所示，使用沿墙顺序插入方式插入门 M1，门宽为 700，门高为 2100。

首先选中轴线 E 上，轴线 4、轴线 5 之间墙体。命令行提示如下：

```
命令：TOpening
点取墙体<退出>：//选中轴线 E 上，轴线 4、轴线 5 之间墙体
输入从基点到门窗侧边的距离或 [取间距 120(L)] <退出>：120
输入从基点到门窗侧边的距离或 [左右翻转(S)/内外翻转(D)/取间距 120(L)]<退出>：S 键入 S 左右
翻转
输入从基点到门窗侧边的距离或 [左右翻转(S)/内外翻转(D)/取间距 120(L)]<退出>：
//按 Enter 键退出，效果如图 11-54（b）所示
```

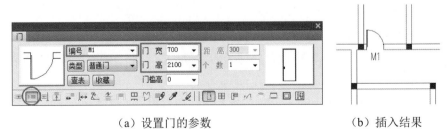

（a）设置门的参数　　　　　　　　　　（b）插入结果

图 11-54　设置参数并插入门 M1

  暂时关闭与当前操作无关的图层，然后执行"门窗"|"门窗"命令，在打开的"门"对话框中单击门图例，打开"天正图库管理系统"对话框，然后选择如图 11-55（a）所示的四扇推拉门，返回"门"对话框，设置门的尺寸、编号等参数，如图 11-55（b）所示，使用沿墙顺序插入方式插入门 M3，门宽为 2400，门高为 2100。

  首先选中轴线 1 上，轴线 E、轴线 G 之间墙体。命令行提示如下：

```
命令：TOpening
点取墙体<退出>://选中轴线 1 上，轴线 E、轴线 G 之间墙体
输入从基点到门窗侧边的距离或 [取间距 120(L)] <退出>:1300
输入从基点到门窗侧边的距离或 [左右翻转(S)/内外翻转(D)/取间距 120(L)]<退出>:S 键入 S 左右
翻转
输入从基点到门窗侧边的距离或 [左右翻转(S)/内外翻转(D)/取间距 120(L)]<退出>:
//按 Enter 键退出，效果如图 11-55（c）所示
```

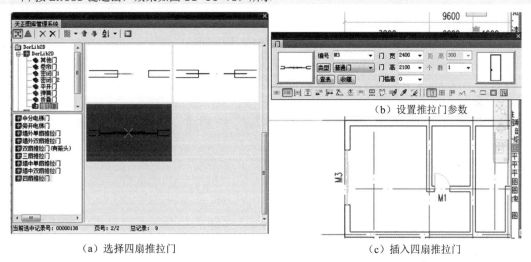

（a）选择四扇推拉门   （b）设置推拉门参数   （c）插入四扇推拉门

图 11-55 设置参数并插入门 M3

  执行"门窗"|"门窗"命令，在打开的"门"对话框中单击门图例，打开"天正图库管理系统"对话框，然后选择如图 11-56（a）所示的单扇推拉门，返回"门"对话框，设置门的尺寸、编号等参数，如图 11-56（b）所示，使用沿墙顺序插入方式插入门 M2，门宽为 2400，门高为 2100。

  首先选中轴线 3 上，轴线 E、轴线 D 之间墙体。命令行提示如下：

```
命令：TOpening
点取墙体<退出>://选中轴线 3 上，轴线 E、轴线 D 之间墙体
输入从基点到门窗侧边的距离或 [取间距 120(L)] <退出>:1300
输入从基点到门窗侧边的距离或 [左右翻转(S)/内外翻转(D)/取间距 120(L)]<退出>:S 键入 S 左右
翻转
输入从基点到门窗侧边的距离或 [左右翻转(S)/内外翻转(D)/取间距 120(L)]<退出>:
//按 Enter 键退出，效果如图 11-56（c）所示
```

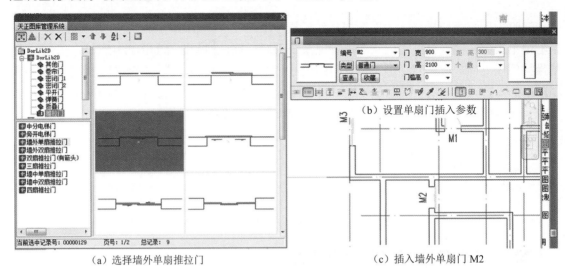

（a）选择墙外单扇推拉门　　　　　　　　（c）插入墙外单扇门 M2

图 11-56　设置参数并插入门 M2

重复执行"门窗"|"门窗"命令，参数设置如图 11-54（a）所示，采用相同的方法插入其他位置的门 M1，效果如图 11-57 所示。

（2）用轴线等分方式插入窗 C1。执行"门窗"|"门窗"命令，弹出"窗"对话框，如图 11-58 所示，切换到插入窗模式。

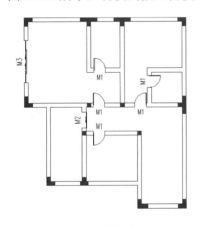

图 11-57　插入其他位置的门 M1

图 11-58　"窗"对话框

首先，在对话框的"编号"下拉列表框中选择 C1，作为该窗户的编号，然后单击左侧的平面图像框；在门窗图库中选择四线表示窗的平面图块，如图 11-59 所示，双击所选择的图形返回；接着单击右侧的立面图像框，在如图 11-60 所示的门窗图库中选择"无亮子窗"的三维图块，双击所选择的图形返回"窗"对话框。

天正建筑在 AutoCAD 建筑制图中的使用

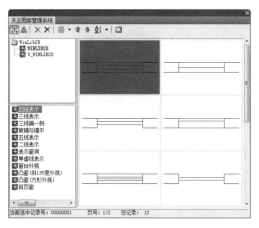

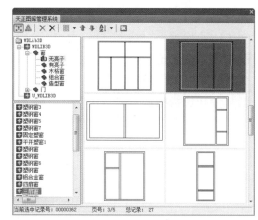

图 11-59　选择平面门窗图形　　　　　图 11-60　选择三维门窗图形

在"窗"对话框中输入窗的相关参数，并在工具栏中选择插入方式，如图 11-61 所示。

图 11-61　选择插入方式

选中轴线 B 上，轴线 4、轴线 6 之间墙体。命令行提示如下：

```
命令: TOpening
点取门窗大致的位置和开向(Shift－左右开)或[多墙插入(Q)]<退出>://选中轴线 B 上，轴线 4、轴线 6
之间墙体
指定参考轴线[S]/门窗或门窗组个数(1~1)<1>:  //S Enter
第一根轴线:                                          //单击轴线 4
第二根轴线:                                          //单击轴线 6
门窗或门窗组个数(1~2)<1>:                            //按 Enter 键
点取门窗大致的位置和开向(Shift－左右开)或[多墙插入(Q)]<退出>: //按 Enter 键，结束命令
```

利用相同的办法插入其他位置的窗户，其中窗 C3 的宽度为 3000，效果如图 11-62（a）所示。其实，窗户和门都是在墙体上开一个洞，然后装入门窗，所以可以从一个三维的角度来更好地观察门窗安装的情况，效果如图 11-62（b）所示。

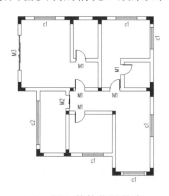

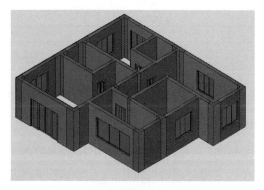

（a）　插入其他位置的窗　　　　（b）　切换视图并概念着色显示

图 11-62　插入其他窗

（3）检查和修改门窗编号和门窗表。执行"门窗"|"门窗检查"命令，弹出如图 11-63 所示的"门窗检查"对话框，此时会自动按对话框"设置"中的搜索范围将当前图纸或工程中含有的门窗搜索出来，列在右边的表格中供用户检查。如果普通门窗洞口宽高与编号不一致，或者同编号的门窗中，二维或三维样式不一致，或者同编号的凸窗样式或其他参数不一致，则都会在表格中显示"冲突"。在左边下部显示冲突门窗列表，用户可以选择修改冲突门窗的编号，单击"更新原图"按钮对图纸中的门窗编号进行实时纠正。

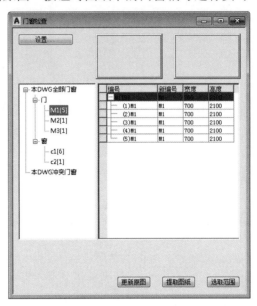

图 11-63　门窗编号验证表

在建筑图完成以后，一般需要对绘制的门窗进行统一的修改，执行"门窗"|"门窗表"命令，然后选中视图中的所有门窗，弹出如图 11-64 所示的门窗表格，门窗表内完整地列出了所有门窗的具体信息。

门窗表

类型	设计编号	洞口尺寸(mm)	数量	图集名称	页次	选用型号	备注
普通门	M1	700X2100	5				
	M2	900X2100	1				
	M3	2400X2100	1				
普通窗	c1	1500X1500	6				
	c2	3000X1500	1				

图 11-64　门窗表

8. 添加楼梯

本例将在平面图中添加一段双跑楼梯。在日常生活当中见到的楼梯多为双跑楼梯或多跑楼梯。双跑楼梯是由两跑直线梯段、一个休息平台和一组或两组栏杆构成的字定义对象，具有二维视图和三维视图。双跑楼梯可分解为基本构件，即直线梯段、平板、扶手栏杆等，注意楼梯方向线是与楼梯相互独立的箭头引注对象。双跑楼梯对象内包括常见的构件组合形式

变化，例如是否设置两侧扶手、梯段边梁、休息平台是半圆形或矩形等，尽量满足建筑的个性化要求。

执行"楼梯其他"|"双跑楼梯"命令，弹出"双跑楼梯"对话框，如图 11-65 所示。在进行设计时，最关键的问题是要控制好楼梯的坡度。一般来讲，楼梯的坡度小，踏步相对平缓，行走就较舒适；反之，行走就比较吃力。但楼梯段的坡度越小，它的水平投影面积就越大，即楼梯占地面积较大，就会增加投资，经济性差。

本例中楼梯高度取默认的层高 3000，楼梯间宽度通过单击"梯间宽"按钮从图中直接量取，踏步宽为 280，踏步数为 20，踏步高由其他参数通过对话框自动求得。

图 11-65　双跑楼梯的参数设置

返回绘图区在命令行："点取位置或 [转 90 度(A)/左右翻(S)/上下翻(D)/对齐(F)/改转角(R)/改基点(T)]<退出>:"提示下，指定插入点，插入楼梯。因为插入方向不一定符合要求，所以要输入 A 旋转，或者输入 S 和 D 左右上下翻转上楼方向，拖动楼梯将插入基点移到梯间角点，效果如图 11-66 所示。

插入楼梯之后，可以将楼梯的剖切线安排在指定的位置，或者按照某个角度进行修改，楼梯对象提供了调整剖切线角度和位置的夹点，如图 11-67 所示。

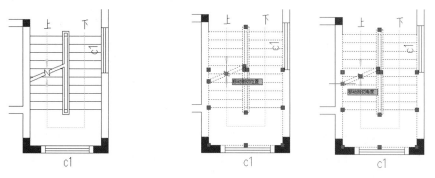

图 11-66　插入楼梯　　　　　图 11-67　改变剖切位置

下面将从三维的角度来观察楼梯的效果，如图 11-68 所示。

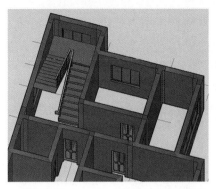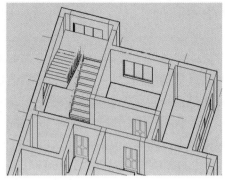

图 11-68　楼梯效果图

9. 创建阳台

阳台是居住者接受阳光，吸收新鲜空气，进行户外锻炼、观赏、纳凉、晾晒衣物的场所。阳台一般有悬挑式、嵌入式和转角式三类。阳台的布置要求是适用、实惠、宽敞、美观。

在天正建筑中，阳台可以直接使用菜单命令进行绘制，也可以将绘制好的多段线转换为阳台。下面将以第二种方法进行讲解。

此方法主要适用于造型比较特殊的异形阳台，首先利用"多段线"命令绘制出异形阳台的平面形状，然后转换为异形阳台的立体效果。

展开"默认"选项卡"图层"面板上的"图层"下拉列表，设置 BALCONY 为当前图层，然后单击"默认"选项卡|"绘图"面板上的"多段线"按钮，配合坐标输入功能绘制出阳台造型的二维轮廓线。命令行提示如下：

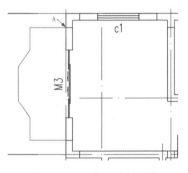

图 11-69　阳台二维轮廓线

```
命令: _pline
指定起点:                //捕捉如图 11-69 所示的端点 A
当前线宽为 0
指定下一个点或 [圆弧(A)/半宽(H)/长度(L)/放弃(U)/宽度(W)]: @-1300,0
指定下一点或 [圆弧(A)/闭合(C)/半宽(H)/长度(L)/放弃(U)/宽度(W)]: @0,-800
指定下一点或 [圆弧(A)/闭合(C)/半宽(H)/长度(L)/放弃(U)/宽度(W)]: @729<-125
指定下一点或 [圆弧(A)/闭合(C)/半宽(H)/长度(L)/放弃(U)/宽度(W)]: @0,-1200
指定下一点或 [圆弧(A)/闭合(C)/半宽(H)/长度(L)/放弃(U)/宽度(W)]: @729<-55
指定下一点或 [圆弧(A)/闭合(C)/半宽(H)/长度(L)/放弃(U)/宽度(W)]: @0,-800
指定下一点或 [圆弧(A)/闭合(C)/半宽(H)/长度(L)/放弃(U)/宽度(W)]: @1300,0
指定下一点或 [圆弧(A)/闭合(C)/半宽(H)/长度(L)/放弃(U)/宽度(W)]:
//按 Enter 键退出，如图 11-69 所示
```

异形阳台的二维轮廓线绘制好之后，执行"楼梯其他"|"阳台"命令，在"绘制阳台"对话框中单击"选择已有路径生成"按钮。命令行提示如下：

```
命令: TBalcony
选择一曲线(LINE/ARC/PLINE)<退出>:        //选择绘制好的多段线
请选择邻接的墙(或门窗)和柱:              //选择与阳台连接的墙体
请选择邻接的墙(或门窗)和柱:              //按 Enter 键
```

请点取邻接墙的边：	//选择邻接的墙
请点取邻接墙的边：	//按 Enter 键
选择一曲线(LINE/ARC/PLINE)<退出>：	//按 Enter 键，结果如图 11-70 所示

单击"视图控件"|"西南等轴测"命令，将视图切换到西南视图，然后单击"视觉样式控件"|"概念"命令，效果如图 11-71 所示。

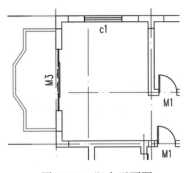

图 11-70　阳台平面图

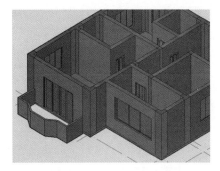

图 11-71　阳台立体效果图

10. 布置洁具

卫生洁具主要是指浴厕间的专用设施。浴厕间是家庭中处理个人卫生的空间，它与卧室的位置应靠近，且同样具有较高的私密性。小面积住宅中常把浴厕盥洗置于一室。面积标准较高的住宅，为使有人洗澡时，其他人使用厕所不受影响，因此也可以采用浴厕间单独分开的布局。多室户或别墅类住宅，常设置两个或两个以上的浴厕间。浴厕间内的环境应整洁，平面布置紧凑合理，设备与各管道的连接可靠，便于检修。

（1）插入浴缸

执行"房间屋顶"|"房间布置"|"布置洁具"命令，弹出"天正洁具"对话框，如图 11-72 所示。从左上的列表中选择洁具类别后，双击右侧窗格中选中的图块，会针对不同洁具显示各自不同的参数输入对话框，如图 11-73 所示。

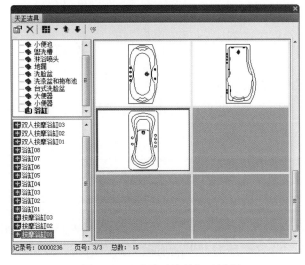

图 11-72　"天正洁具"对话框

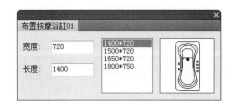

图 11-73　"布置按摩浴缸"对话框

浴缸按照靠墙边的预设模式插入，如果想要它另外一侧也靠墙边，则可执行 AutoCAD 中的"修改"|"移动"命令，把浴缸的另外一侧也靠墙边放置。命令行提示如下：

```
命令：m
MOVE
选择对象：指定对角点：找到 1 个  //选择浴缸
选择对象：
指定基点或 [位移(D)] <位移>：   // 选择基点
指定第二个点或 <使用第一个点作为位移>：
//把浴缸移动到指定位置，按 Enter 键退出
```

（2）插入大便器

完成浴缸插入后，在浴缸旁插入大便器。

执行"房间屋顶"|"房间布置"|"布置洁具"命令，选择大便器的类型后，进入"布置妇洗器 01"对话框，如图 11-74 所示。在"初始间距"文本框中输入 450，单击屏幕区插入。然后利用 AutoCAD 中的"移动"命令，将其靠墙边放置。

图 11-74　"布置妇洗器 01"对话框

（3）插入脸盆

执行"房间屋顶"|"房间布置"|"布置洁具"命令，选择脸盆的类型后，进入"布置妇洗器 01"对话框，如图 11-75 所示。在"初始间距"文本框中输入 1000，单击屏幕区插入。然后利用 AutoCAD 中的"移动"命令，将其靠墙边放置，效果如图 11-76 所示。

图 11-75　"布置妇洗器 01"对话框

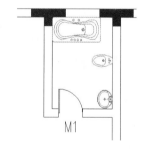

图 11-76　浴厕间洁具布置

11. 室内家具布置

绘制完基本的框架后，就可以布置一下室内的家具。

调用天正图库中提供的图块，插入到合适的位置即可。下面插入卧室内的"双人床"图块，执行"图库图案"|"通用图库"命令，双击选中的图块，弹出"图块编辑"对话框，分别用于输入块的尺寸和块的缩放比例，如图 11-77 所示，将天正图库中的床插入卧室。利用同样的方法，把床头灯也插入卧室内的合适位置，最后插入所有的家具及洁具，效果如图 11-78 所示。

图 11-77　"图块编辑"对话框

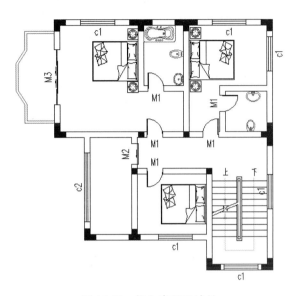

图 11-78　插入家具及洁具

12. 尺寸标注

尺寸标注是所有绘图过程中不可缺少的操作步骤，在进行尺寸标注时应按照我国的有关规定以及天正建筑提供的各种尺寸控制选项选择合适的尺寸标注特性。并且天正提供了多种尺寸编辑工具，可以方便、快捷地对图形中已存在的标注进行修改。

（1）门窗标注

在建筑图纸中门窗的标注是比较常见的，繁多的门窗如果使用 AutoCAD 的标注方式可能要浪费许多宝贵的时间，使用天正自带的门窗标注功能可以迅速对门窗进行标注。

执行"尺寸标注"|"门窗标注"命令，命令行提示如下：

```
命令：TDim3
请用线选第一、二道尺寸线及墙体
起点<退出>：                              //如图 11-79 所示，过 c1 与两道尺寸线取点 p1
与 p2
终点<退出>：                              //取点 p2
选择其他墙体:指定对角点：找到 1 个，总计 1 个 //取两对角点 p3、p4 框选范围
选择其他墙体：                            //按 Enter 键退出
```

命令结束，生成第三道尺寸线。可以使用 MOVE 命令分别移动三道尺寸线，进行尺寸线之间间距的调整，结果如图 11-80 所示。

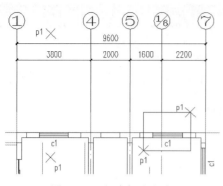

图 11-79 门窗标注取点

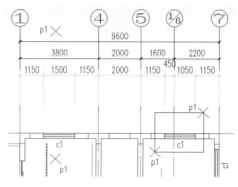

图 11-80 门窗标注完成

（2）两点标注

"两点标注"命令用于标注与两点连线附近有关系的直线、轴线、墙线、门窗、柱子构件标注尺寸，并可标注各墙中点或者添加其他标注点，也可选择是否标注总尺寸。本命令可以识别外部参照或块参照中的天正墙体、柱子、轴线和门窗，受高级选项中的参照设置控制。下面将用该命令来进行柱子尺寸的标注。

执行"尺寸标注"|"两点标注"命令，打开如图 11-81（左）所示对话框，设置标注对象等。命令行提示如下：

```
命令：TdimTP
请选择起点<退出>：    //在所需位置单击指定起点，在此选择柱子的一个端点 p1
请选择终点<退出>：    //在所需位置单击指定终点，在此选择柱子的另一个端点 p2
请点取标注位置：      //指定标注位置
请点取其他需增加或删除尺寸的直线、墙、门窗：    //选择轴线穿过的墙体
请点取其他需增加或删除尺寸的直线、墙、门窗：    //选择其他位置进行标注墙体
请点取其他需增加或删除尺寸的直线、墙、门窗：    //按 Enter 键，结束命令，效果如图 11-81 所示
```

图 11-81 两点标注柱子尺寸

（3）内门标注

"内门标注"命令门用于标注平面室内门窗尺寸以及定位尺寸线，其中定位尺寸线与邻近的正交轴线或者墙角（墙垛）相关。执行命令后可打开如图 11-82（左）所示的对话框。

执行"尺寸标注"|"内门标注"命令。命令行提示如下：

```
命令：TdimInDoor
请用线选门窗，并且第二点作为尺寸线位置
起点<退出>：
终点<退出>：  <对象捕捉 关>//线选门 M1，效果如图 11-82（右）所示
```

图 11-82　内门标注

13. 符号标注

（1）房间面积标注

房间面积标注包括房间名称标注和房间面积标注两部分。后者是指室内由墙体、柱子所划分的平面净面积。天正软件可以自动搜索房间面积，虽然面积标注没有列在符号标注菜单里面，但也是一种类似的自定义对象，其属性通过右键快捷菜单的"对象编辑"进行修改。

执行"房间屋顶"|"搜索房间"菜单命令，弹出"搜索房间"对话框，如图 11-83（左）所示，根据命令行的提示选择完整建筑物的所有墙体及门窗，并点取建筑面积的标注位置，房间及面积将自动生成，如图 11-83（右）所示。

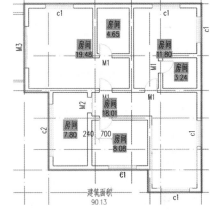

图 11-83　搜索房间

还可以对自定义对象进行修改。选中该符号，执行快捷菜单中的"对象编辑"命令，在弹出如图 11-84 所示的对话框中进行设置，可以更改房间的名称、编号等。修改后的房间符号如图 11-85 所示。

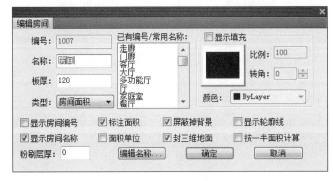

图 11-84　符号编辑

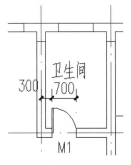

图 11-85　房间符号

（2）平面标高标注

执行"符号标注"|"标高标注"命令，弹出如图 11-86 所示的对话框。命令行提示如下：

```
命令：TMElev
请点取标高点或 [参考标高(R)]<退出>：     //选择平面内一点
请点取标高方向<退出>：                  //选择标高的方向
下一点或 [第一点(F)]<退出>：            //按 Enter 键退出
```

由于绘制的是二层平面图，所以自动标注的标高不是我们所需要的。因此先选中"手工输入"复选框，再输入二层"楼层标高"为 3.000，效果如图 11-87 所示。

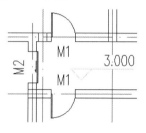

图 11-86　"标高标注"对话框

图 11-87　标高标注

（3）图名标注

一个图形中绘有多个图形或详图时，需要在每个图形下方标出该图的图名，并且同时标注比例，比例变化时会自动调整其中文字的大小。

执行"符号标注"|"图名标注"命令，弹出"图名标注"对话框，设置参数如图 11-88 所示。

绘制出的图名如图 11-89 所示，图名标注本身不是专门的自定义对象，而是两个天正文字对象与两个多段线的组合，因此图名标注整体的大小，线段粗细不能自动调整（文字大小会自动调整）。如果图形比例发生变化，要注意人工调整线段粗细。

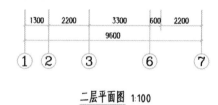

图 11-88　"图名标注"对话框

图 11-89　图名标注实例

至此，已经完成了别墅二层平面图的绘制，效果如图 11-90 所示。

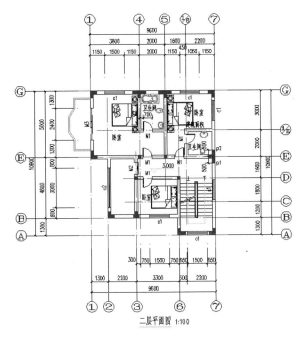

图 11-90　二层平面图

11.3.2　别墅首层平面图的绘制

1. 清理二层平面图

二层平面图是在首层平面图的基础上绘制的。首先将二层平面图另存为首层平面图，然后把平面图中不符合首层平面图需要的构件和标注删除，保留一些以后可以修改利用的构件和标注。

（1）删除二层平面图专属构件和符号

执行 AutoCAD 的"删除"命令，把二层平面图中的尺寸标注、符号标注等删除。有一部分墙体和门窗也需要删除。

为了加快选择删除对象的速度，可使用"对象选择"命令，可以一次过滤选择特定的一批对象。下面以选择家具对象为例来进行说明。

执行"工具"|"对象选择"命令，弹出如图 11-91 所示的对话框。

命令行提示如下：

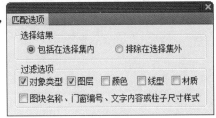

图 11-91　"匹配选项"对话框

```
命令: TSelObj
请选择一个参考图元或 [恢复上次选择(2)]<退出>:
提示：空选即为全选，中断按 Esc 键
选择对象:找到 1 个                                    //选择一个床体
选择对象:指定对角点：找到 6 个(1个重复)，总计 6 个      //全选整个图形
选择对象:
总共选中了 6 个，其中新选了 6 个。
命令: _erase 找到 6 个//删除选中的图形
```

（2）以对象编辑修改轴号

将轴线 4 和轴线 C 删除。注意，轴号删除时是使用"对象编辑"进行的，不能使用 AutoCAD 的"删除"命令。下面以删除轴线 C 为例进行演示。选择"工具" | "对象编辑"命令。命令行提示如下：

```
命令：TObjEdit
选择要编辑的物体：     //选择轴号 C
选择 [变标注侧(M)/单轴变标注侧(S)/添补轴号(A)/
删除轴号(D)/单轴变号(N)/重排轴号(R)/轴圈半径(Z)]<
退出>：      //D Enter
在需要删除的轴号附近取一点或 [参考点(R)]<退出>：
//在轴线 C 右端选取一点
是否重排轴号?[是(Y)/否(N)]<Y>：   //按 Enter 键，
轴号重新排列
```

利用同样的方法修改轴号，清理完成的首层平面图如图 11-92 所示。

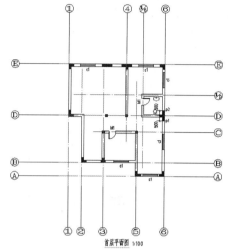

图 11-92　清理后的首层平面图

2. 创建散水

所谓散水就是房屋的外墙外侧，用不透水的材料做出一定宽度，带有向外倾斜的带状保护带，其外沿必须高于建筑外地坪，其作用是不让墙根处积水，故称散水。一般散水是用豆石混凝土现场打出，民房为了节省成本也有先用砖铺，再抹上水泥砂浆的，但是要防止日后塌陷。

从 T20-Acch V7.0 开始，散水把原有的二维散水、三维散水和内外高差命令合并，而且散水自动被凸窗、柱子等对象剪裁，也可以通过对象编辑添加和删除顶点满足复杂要求。

执行"楼梯其他" | "散水"命令，弹出"散水"对话框，按照如图 11-93 所示进行设置。命令行提示如下：

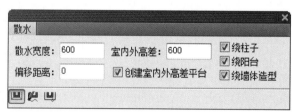

图 11-93　"散水"对话框

```
命令：TOutlna
请选择构成一完整建筑物的所有墙体(或门窗、阳台)<退出>:指定对角点：找到 29 个    //选中整个
图形
请选择构成一完整建筑物的所有墙体(或门窗、阳台)<退出>：                           //按
Enter 键退出，生成了高 600 的室内外高层和宽 600 的散水，如图 11-94(a)所示，其立体效果如图 11-94
(b) 所示
```

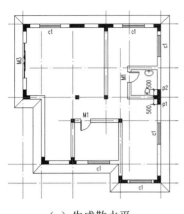 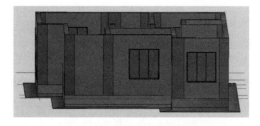

|（a）生成散水平|（b）　部分立体着色图|

图 11-94　内外高差平台和散水平面图

3. 修改柱高

使用"对象选择"命令，先行选取所有的柱子，然后把柱底高度修改为-0.60m，此时柱子的高度应为 3.0+0.6=3.6m。

执行"工具"|"对象选择"命令。命令行提示如下：

```
命令：TSelObj
请选择一个参考图元或 [恢复上次选择(2)]<退出>://选择一根柱子
是否为该对象?[是(Y)/否(N)]<Y>:      //按 Enter 键确定
提示：空选即为全选，中断按 Esc 键
选择对象:指定对角点：找到 14 个      //全选整个图形
选择对象:
总共选中了 14 个，其中新选了 14 个    //按 Enter 键退出
```

此时已经建立了图中所有柱子的选择集，执行快捷菜单中的"改高度"命令，如图 11-95 所示。命令行提示如下：

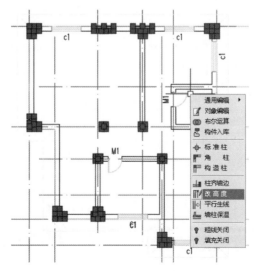

图 11-95　柱子选择集及右键菜单

```
命令: TChHeight
新的高度<3000>:3600      //键入新的高度
新的标高<0>:-600         //键入-600 后按 Enter 键
```

4. 绘制新的墙体和门窗

在首层平面图中添加新的墙体，并且插入需要的门窗，其中窗 C3 为三扇立面窗，门 M3 为双扇平开拱顶木门，参数设置如图 11-96（a）所示，平面图最终效果如图 11-96（b）所示。

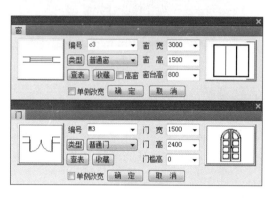
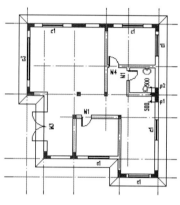

（a）设置门窗参数　　　　　　　　　　（b）插入门窗后的效果

图 11-96　设置门窗参数并插入门窗

5. 绘制台阶和花池

由于建筑室内外地坪存在高差，需要在建筑入口处设置台阶和坡道作为建筑室外的过渡。台阶是供人们进出建筑时用的，因此在一般情况下，台阶的踏步数不多。有些建筑由于使用功能或精神功能的需要，有时设有较高的室内外高差或把建筑入口设在二层，此时就需要大型的台阶和坡道配合。台阶与建筑入口关系密切，又具有装饰作用，故美观要求较高。

在本例中，主入口处有一个直台阶。

（1）绘制辅助线

单击"默认"选项卡|"修改"面板上的"偏移"按钮 ⊆，将轴线 D 向下偏移 1300，轴线 B 向上偏移 1300，轴线 1 向右偏移 600，作为绘制台阶的辅助线，效果如图 11-97 所示。

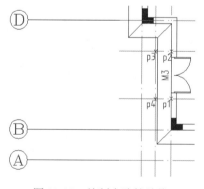

图 11-97　绘制台阶辅助线

（2）绘制台阶

执行"楼梯其他"|"台阶"命令，弹出"台阶"对话框，设置参数如图 11-98 所示。命令行提示如下：

```
命令：TSTEP
台阶平台轮廓线的起点<退出>：          //选取 p1 点
直段下一点或 [弧段(A)/回退(U)]<结束>：  //选取 p2 点
直段下一点或 [弧段(A)/回退(U)]<结束>：  //选取 p3 点
直段下一点或 [弧段(A)/回退(U)]<结束>：  //选取 p4 点
直段下一点或 [弧段(A)/回退(U)]<结束>：  //选取 p1 点
直段下一点或 [弧段(A)/回退(U)]<结束>：  //按 Enter 键退出
请选择邻接的墙(或门窗)和柱：找到 1 个   //选择轴线 2 上的墙
请选择邻接的墙(或门窗)和柱：          //按 Enter 键退出
请点取没有踏步的边：                 //选择轴线 2 上的边
请点取没有踏步的边：//按 Enter 键
台阶平台轮廓线的起点<退出>：          //按 Enter 键退出，结果如图 11-99（左）所示
```

单击"视图控件"|"西南等轴测"命令，将视图切换到西南视图，然后单击"视觉样式控件"|"概念"命令，效果如图 11-99（右）所示。

图 11-98 "台阶"对话框

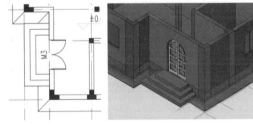

图 11-99 绘制台阶效果图

6. 创建首层楼梯

执行"楼梯其他"|"双跑楼梯"命令，按照如图 11-100 所示进行设置。注意在"层类型"选项中选中"首层"单选按钮。

设置完参数后，返回绘图区在命令行"点取位置或 [转 90 度(A)/左右翻(S)/上下翻(D)/对齐(F)/改转角(R)/改基点(T)]<退出>："提示下拾取点插入楼梯。注意插入方向不一定符合要求，所以要进行旋转或翻转，拖动楼梯将插入基点移到楼梯角点，效果如图 11-101 所示。

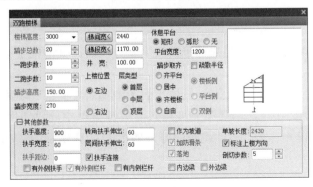

图 11-100 "双跑楼梯"对话框

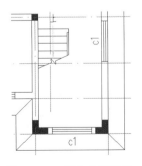

图 11-101 插入首层楼梯

7. 尺寸和符号标注及家具布置

采用与二层平面图相同的方法，标注轴线和门窗。布置各个房间的家具，同时标注各个房间的功能。

完成后的首层平面图如图 11-102 所示。

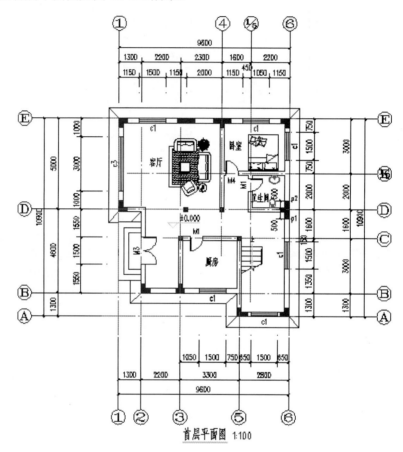

图 11-102　首层平面图

11.3.3　别墅三层平面图的绘制

1. 清理三层平面图

三层楼面与二层楼面基本是一致的，特点是局部平面改为露台，而该处的柱子不再通到三层。

首先将二层平面图另存为三层平面图，然后清理三层平面图中不需要的部分墙体、门窗和标注。在删除连续标注中的部分尺寸时，需要事先夹点尺寸右键菜单中的"通用编辑"|"分解"命令进行分解，然后再删除不需要尺寸。清理完毕后如图 11-103 所示。

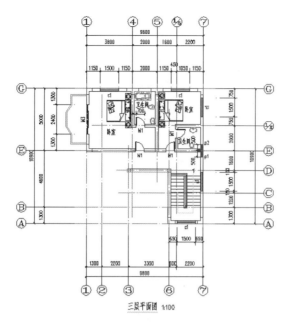

图 11-103　清理后的三层平面图

2. 修改门窗和楼梯

步骤 01　在轴线 3 上，轴线 D、轴线 E 之间插入玻璃幕墙。执行"墙体"|"绘制墙体"命令，弹出"绘制墙体"对话框，展开"玻璃幕墙"选项卡，分别设置玻璃幕、立柱和横梁等参数如图 11-104 所示。

图 11-104　设置玻璃幕、立柱和横梁参数

设置完参数后，根据命令行的提示绘制玻璃幕墙。命令行提示如下：

命令：tgwall

起点或 [参考点(R)]<退出>： //拾取如图 11-105（左）所示位置作为起点

直墙下一点或 [弧墙(A)/矩形画墙(R)/闭合(C)/回退(U)]<另一段>： //在图 11-105（左）所示位置指定下一点

直墙下一点或 [弧墙(A)/矩形画墙(R)/闭合(C)/回退(U)]<另一段>： //按 Enter 键

起点或 [参考点(R)]<退出>://按 Enter 键，绘制结果如图 11-105（中）所示，其立体效果如图 11-105（右）所示

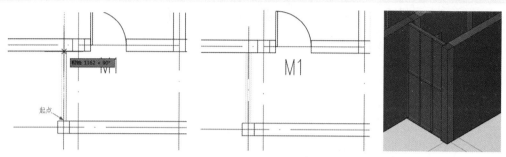

图 11-105　绘制玻璃幕墙

步骤 02　在轴线 D 上，轴线 3、轴线 6 之间插入一个四扇推拉自动门，编号为 M5，参数设置如图 11-106（左）所示，插入结果如图 11-106（中）所示，立体效果如图 11-106（右）所示。

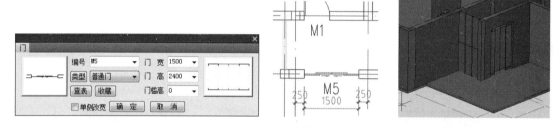

图 11-106　插入露台处四扇推拉门

步骤 03　修改楼梯。具体方法同二层平面图，效果如图 11-107 所示。

3. 创建露台楼板

首先单击"默认"选项卡|"绘图"面板上的"多段线"按钮，绘制露台闭合的边界线，如图 11-108 所示。

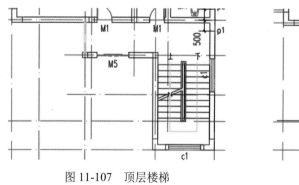

图 11-107　顶层楼梯

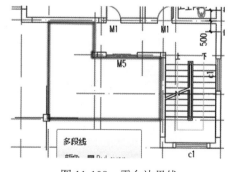

图 11-108　露台边界线

执行"三维建模"|"造型对象"|"平板"命令，将闭合的边界线转化成楼板。命令行提示如下：

```
命令：TSlab
选择一封闭的多段线或圆<退出>：              //选择刚刚生成的闭合边界线
请选择邻接的墙(或门窗)和柱：                //按 Enter 键
是否认为两端点接邻一段直墙?[是(Y)/否(N)]<Y>：
选择作为板内洞口的封闭的多段线或圆：        //按 Enter 键
板厚(负值表示向下生成)<200>:100            //向上生成100厚的板
```

4. 露台楼板填充图案

把作为露台的地面用方格子图案填充，表示铺装地砖的效果，而且填充后的图案颜色最后在出图的时候应以灰度打印。

步骤 01 选中房间门 M5，在右键快捷菜单中选择"门口线"命令，如图 11-109（左）所示，为外侧添加门口线。命令行提示如下：

```
命令：TDoorLine
请选择要加减门口线的门窗或[高级模式(Q)]<退出>：     //选择门 M5
请选择要加减门口线的门窗或[高级模式(Q)]<退出>：     //选择露台
请选择要加减门口线的门窗或[高级模式(Q)]<退出>：     //Enter
请点取门口线所在的一侧<退出>：                      //在露台区单击
请选择要加减门口线的门窗<退出>：                    //按 Enter 键，结束命令
```

步骤 02 单击"默认"选项卡|"绘图"面板上的"图案填充"按钮，设置填充比例为 200，颜色为随层，为露台填充 ANSI37 图案，地面填充图案结果如图 11-109（右）所示。

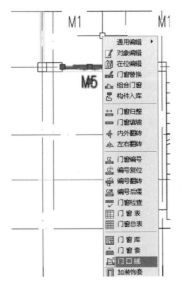
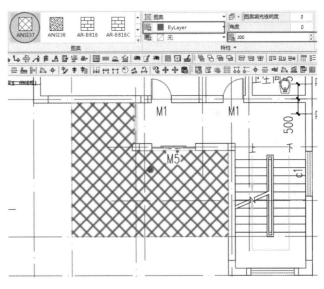

图 11-109　图案填充

步骤 03 修改填充图层的颜色为灰色。在"图层特性管理器"选项板中修改 PUB_HATCH 的颜色，把颜色改为 252~254 中的任意一种，如图 11-110 所示。

在打印时该颜色会被打印为深浅不等的灰度，与其他表示构件边界的黑色有所区别。灰度打印是一个美化图纸的技巧，希望读者善于运用。

到此，完成了三层平面图的绘制，露台上的栏杆将在后面图中给出。三层平面图如

图 11-111 所示。

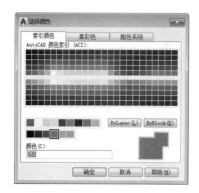

图 11-110　更改填充图案颜色

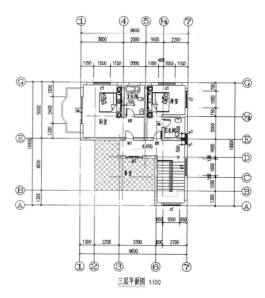

图 11-111　三层平面图

11.3.4　别墅屋顶平面图的绘制

屋顶是房屋的重要部分，也是房屋最上部的外围护构件。其主要作用有三方面：一是维护建筑空间，隔绝风霜雨雪、太阳辐射、温湿度等自然条件的影响，为室内空间创造良好的使用环境；二是作为房屋的主要水平构件，承受和传递屋顶上的各种荷载，对房屋起着水平支撑的作用，以保证房屋具有良好的刚度、强度和稳定性；三是在许多建筑中，特别是大型公共建筑中，屋顶的色彩及造型等对建筑的艺术和风格有着十分重要的影响，是建筑造型的重要部分。

天正建筑提供了多种屋顶造型功能，标准屋顶包括凭屋顶与双坡屋顶、歇山屋顶，任意坡顶是指任意多段线围合而成的四坡屋顶和攒尖屋顶，还可以利用三维造型工具创建其他形式的屋顶。任意坡顶为自定义对象，支持对象编辑、特性编辑和夹点编辑等编辑方式。

1. 清理平面图

首先将三层平面图另存为屋顶平面图。在屋顶的下一步绘制中，只需保留阳台、轴号、轴线和轴线标注即可，其他的都不再保留。利用 AutoCAD 的"删除"命令，修改平面图。

2. 生成坡屋顶边界线

为了建立坡屋面，需要先建立坡屋面的轮廓线，按照设计草图，坡屋面的轮廓线以外墙和阳台为基线加上挑出的 600 构成，因此要先生成屋顶边界线。

执行"房间屋顶"|"搜索顶线"命令。命令行提示如下：

```
命令：TRoflna
请选择构成一完整建筑物的所有墙体(或门窗)：指定对角点：找到 35 个 //框选整个图形
请选择构成一完整建筑物的所有墙体(或门窗)：
```

偏移外皮距离<600>: //按 Enter 键确定
命令: //按 Enter 键退出，效果如图 11-112 所示

3. 修正坡屋面与阳台交界处的边界线

坡屋顶的设计范围包含阳台，因此需要对屋顶
边界线进行修改。

步骤 01 首先在阳台对角插入闭合的多段线，可利用
AutoCAD 中的"矩形"命令来实现。然后再
单击"默认"选项卡|"修改"面板上的"偏移"
按钮 ⊆，把生成的阳台边界线向外偏移 600，
如图 11-113 所示。

步骤 02 执行"工具"|"曲线工具"|"布尔运算"
命令，弹出"布尔运算选项"对话框，选中
"并集"复选框，合并边界线。命令行提示
如下：

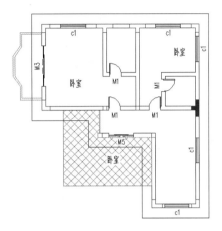

图 11-112　生成屋顶边界线

命令: TPolyBool
选择第一个闭合轮廓对象(pline、圆、平板、柱子、墙体造型、房间、屋顶、散水等):
//选择屋顶边界线
选择其他闭合轮廓对象(pline、圆、平板、柱子、墙体造型、房间、屋顶、散水等):找到 1 个
//选择阳台外框 pline 线
选择其他闭合轮廓对象(pline、圆、平板、柱子、墙体造型、房间、屋顶、散水等):
//按 Enter 键退出，效果如图 11-114 所示

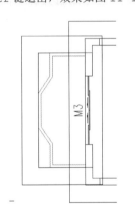

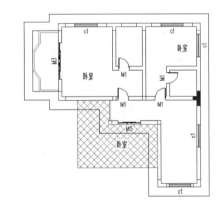

图 11-113　合并前的屋顶边界线　　　图 11-114　合并后的坡屋顶边界线

4. 生成坡屋面

需要生成的坡屋面是由多个坡度不同的坡屋面组成的复杂坡屋面，可以在生成后双击坡
顶进入对象编辑后逐一修改，达到要求的形式。

执行"房间屋顶"|"任意坡顶"命令。命令行提示如下：

命令: TSlopeRoof
选择一封闭的多段线<退出>: //选择坡屋顶轮廓线

```
请输入坡度角 <30>:           //按 Enter 键确认
出檐长<600>:                //按 Enter 键确认，生成的屋顶如图 11-115 所示
```

如果需要修改屋面的坡度，可以双击屋面对象，弹出如图 11-116 所示的对话框，在"坡角"栏中修改坡面的角度。

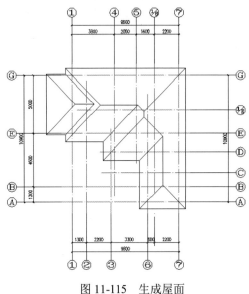

图 11-115　生成屋面

图 11-116　"任意坡顶"对话框

5. 坡屋面的符号标注

执行"符号标注"|"箭头引注"命令，弹出如图 11-117 所示的对话框。直接标注出坡度和箭头方向，注意"对齐方式"选择"齐线中"。

图 11-117　"箭头引注"对话框

只要完成向上、向下、向左、向右各一个箭头引注即可，其他的屋顶可以直接利用 AutoCAD 中的"复制"命令。

6. 坡屋面的图案填充

为了表示坡屋面的铺瓦方向，常在各坡面垂直于檐线填充图案。在本例中比较简单，屋檐都是正交的，只有垂直和水平两个方向，直接使用 AutoCAD 中的"图案填充"命令填充两次即可。

在功能区单击"默认"选项卡|"绘图"面板上的"图案填充"按钮，然后激活"设置"选项，在打开的"图案填充和渐变色"对话框中单击样例图案，打开"填充图案选项板"对话框，选择预定义的 ISO07W100 图案，如图 11-118 所示。

回到"图案填充和渐变色"对话框，设置"比例"为 200，"角度"为 0°；单击"添加：拾取点"按钮，进入图形中各个坡向水平的坡面，按 Enter 键返回对话框，如图 11-119 所示。

图 11-118　"填充图案选项板"对话框

图 11-119　填充图案参数 1

回到"图案填充和渐变色"对话框，设置"比例"为 200，"角度"为 90°；单击"添加：拾取点"按钮，进入图形中各个坡向垂直的坡面，按 Enter 键返回对话框，如图 11-120所示。

完成后的屋顶平面图如图 11-121 所示。

图 11-120　图案填充参数 2

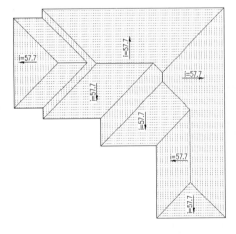

图 11-121　屋顶平面图

11.3.5　别墅立面图的绘制

1. 建立楼层表并生成立面图

在完成了各层平面图的绘制之后，利用天正建筑提供的"建筑立面"命令可以直接绘制立面图。

步骤 **01** 打开二层平面图，执行"立面"|"建筑立面"命令，此时系统提示建立一个新的工程项目，如图 11-122 所示。

图 11-122 提示对话框

步骤 **02** 天正的立面生成是通过"工程管理"功能实现的，单击"确定"按钮，弹出"工程管理"卷展栏。在"工程管理"卷展栏中执行如图 11-123 所示的"新建工程"命令，弹出如图 11-124 所示的对话框，将文件命名为"别墅工程"。

图 11-123 "工程管理"卷展栏   图 11-124 新建工程

步骤 **03** 展开"楼层"卷展栏，在"层号"列中输入编号，在"层高"列中输入相应的高度，在"文件"列中选择相应的文件。一个楼层表便完成了，设置的结果如图 11-125 所示。

步骤 **04** 楼层表建立以后，便可以生成立面图了。执行"立面"|"建筑立面"命令。命令行提示如下：

```
命令：TBudElev
请输入立面方向或 [正立面(F)/背立面(B)/左立面(L)/右立面(R)]<退出>：L      //创建左立面图
请选择要出现在立面图上的轴线:找到 1 个
请选择要出现在立面图上的轴线:找到 1 个，总计 2 个                    //拾取 AG 轴线
请选择要出现在立面图上的轴线:
```

按 Enter 键，弹出如图 11-126 所示的"立面生成设置"对话框，设置相应的参数后，单击"生成立面"按钮，生成立面。

图 11-125　楼层表

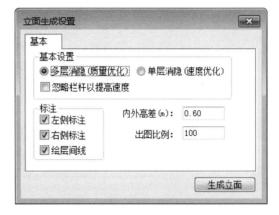

图 11-126　"立面生成设置"对话框

立面生成时会提示保存的位置，保存名称为"左立面图"，如图 11-127 所示。

图 11-127　保存为"左立面图"

生成的左立面图如图 11-128 所示。利用相同的方法生成正立面图，如图 11-129 所示。

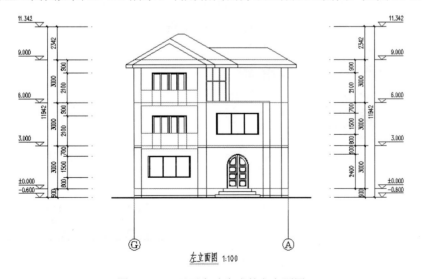

图 11-128　天正自动生成的左立面图

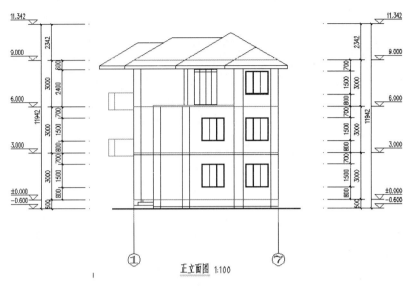

图 11-129　天正自动生成的正立面图

2. 加深立面图

天正建筑的立面图和剖面图是通过自行开发的整体消隐算法，对自定义的建筑对象进行消隐完成的，同时天正也对 AutoCAD 的三维对象起作用，但并不保证对它们准确消隐，生成的立面图除了有少量的错误需要纠正外，内容也不够完善，需要对立面图进行内容深化，包括添加门窗分格，替换阳台的样式，墙身修饰等工作。

（1）立面门窗及窗套

"立面门窗"命令主要用于替换、添加立面图上门窗，同时也是立面图和剖面图的门窗图块管理工具，可处理带装饰门窗套的立面门窗，并提供了与之配套的立面门窗图库。执行"立面" | "立面门窗"命令，弹出如图 11-130 所示的"天正图库管理系统"对话框，在图库中选择需要插入的门窗样式，然后单击对话框中的"替换"按钮，命令行提示："选择对象"，然后在视图中选择需要插入的门窗。按 Enter 键后程序自动识别图块中的插入点和右上角定位点对应的范围。替换门窗后效果如图 11-131 所示。

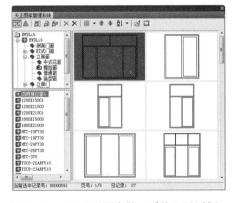

图 11-130　"天正图库管理系统"对话框

图 11-131　替换门窗后效果

利用"立面窗套"命令可以为已有的立面窗创建全包的窗套或窗楣线和窗台线。执行"立面"|"立面窗套"命令，命令行提示："请指定窗套的左下角点，<退出>："，在视图中绘制框形区域作为窗套的轮廓，通常捕捉门窗的两个角点来作为窗套的外轮廓。

捕捉窗套轮廓后，在视图中弹出"窗套参数"对话框，如图 11-132 所示。选中"上下 B"单选按钮，单击"确定"按钮，完成窗套的添加，效果如图 11-133 所示。

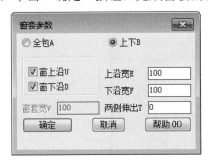

图 11-132　"窗套参数"对话框

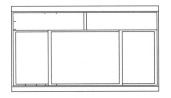

图 11-133　添加窗套

（2）插入露台栏杆

"立面阳台"命令主要用于替换、添加立面图上阳台的样式同时也是对立面阳台图块的管理的工具。执行"立面"|"立面阳台"菜单命令，弹出"天正图库管理系统"对话框，如图 11-134 所示。双击选择的图块，设置如图 11-135 所示的参数，然后将其插入到三层露台处。

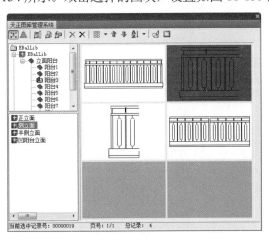

图 11-134　阳台图库

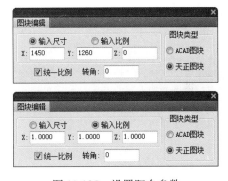

图 11-135　设置阳台参数

3. 立面编辑

立面图生成后，得到的立面图形的部分构件可能需要修改，或者得到的立面图效果是需要得到的构件间的遮挡效果等。

使用"立面轮廓"命令，可以自动搜索建筑立面图外轮廓，在边界上加一圈粗实线，但不包括地坪线在内。

执行"立面"|"立面轮廓"命令，命令行提示如下：

```
命令：TElevOutline
```

选择二维对象:指定对角点：找到 161 个   //全选整个图形
选择二维对象:
请输入轮廓线宽度(按模型空间的尺寸)<0>：150   //输入轮廓线宽度值
成功生成了轮廓线

至此，立面图已经绘制完成，效果如图 11-136 所示。

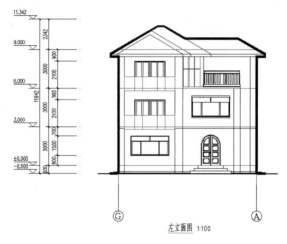

图 11-136   左立面图

11.3.6   别墅剖面图的绘制

1. 在二层平面图中添加剖面标注

执行"符号标注"|"剖切符号"命令，弹出如图 11-137 所示的"剖切符号"对话框，设置"剖切编号"为 1，单击"正交剖切"按钮。命令行提示如下：

```
命令: TSection
点取第一个剖切点<退出>：    //在楼梯间下方选取一点
点取第二个剖切点<退出>：    //使用正交功能配合，在正上方拾取第二个剖切点
点取剖视方向<当前>：        //点取剖切方向向左
点取第一个剖切点<退出>：    //按 Enter 键确认，效果如图 11-137（右）所示
```

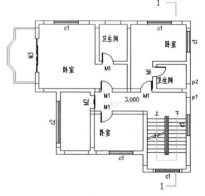

图 11-137   创建剖切线

2. 生成剖面图

生成剖面图的方法与生成立面图的方法相同，都需要先建立楼层表，然后利用"建筑剖面"命令生成剖面图。

执行"剖面"|"建筑剖面"命令，选择 1-1 剖切线，弹出"剖面生成设置"对话框，按照如图 11-138 所示进行设置，生成的剖面图如图 11-139 所示。

图 11-138　"剖面生成设置"对话框

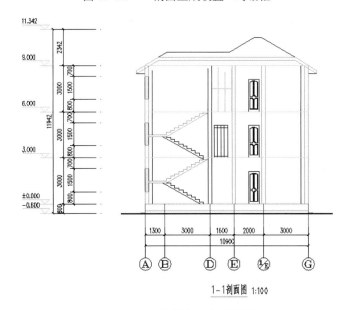

图 11-139　天正软件自动生成的剖面图

3. 加深剖面图

由于平面图中没有定义楼板，在生成剖面图的时候楼板处就没有厚度表示。执行"剖面"|"双线楼板"命令，用一对平行的 AutoCAD 直线在视图中绘制楼板。命令行提示如下：

```
命令: sdfloor
请输入楼板的起始点 <退出>:              //选择楼梯处的起点
结束点 <退出>:                        //选择最右侧墙交点
楼板的厚度(向上加厚输入负值) <200>: 120  //输入楼板厚度，效果如图 11-140 所示
```

（1）补充剖面图中楼梯栏杆部分

执行"剖面"|"参数栏杆"命令，弹出如图 11-141 所示的对话框，对话框中的参数必须与楼梯的参数相匹配。

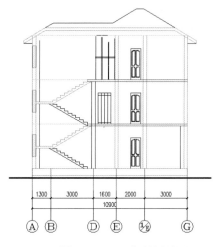

图 11-140　添加楼板效果

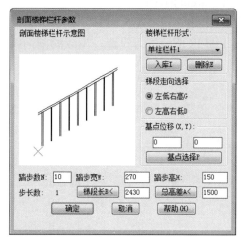

图 11-141　设置栏杆参数

插入一段栏杆后，可以调整楼梯的走向再次插入栏杆，完成后如图 11-142 所示。

（2）扶手接头

从图 11-142 中可以看出扶手栏杆是没有接头的，因为栏杆的接头在建筑设计上有很多方法可以选用，在天正建筑中可以通过"扶手接头"命令来实现。

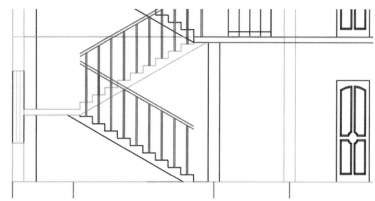

图 11-142　插入栏杆

执行"剖面"|"扶手接头"菜单命令，创建扶手接头并增加接头位置的栏杆。命令行提示如下：

```
命令：TConnectHandRail
请输入扶手伸出距离<150>:300                    //输入扶手接头的伸出长度
请选择是否增加栏杆[增加栏杆(Y)/不增加栏杆(N)]<增加栏杆(Y)>:    //按 Enter 键确认
请指定两点来确定需要连接的一对扶手
选择第一个角点<取消>:
另一个角点<取消>://选中两段楼梯的接头区域，效果如图 11-143（左）所示
```

重复上述操作，分别创建其他位置的接头及接头位置的栏墙，结果如图 11-143（右）所示。

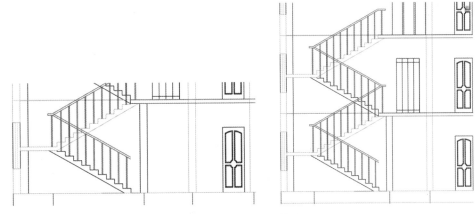

图 11-143　插入扶手接头

（3）门窗过梁

执行"剖面"|"门窗过梁"命令，可以在剖面门窗上方绘出给定梁高的矩形过梁剖面，带有灰度填充。命令行提示如下：

```
命令：MCGL
选择需加过梁的剖面门窗:找到 1 个                //选中剖面图中的三个窗子
选择需加过梁的剖面门窗:找到 1 个，总计 2 个
选择需加过梁的剖面门窗:找到 1 个，总计 3 个
选择需加过梁的剖面门窗:
输入梁高<120>:                                  //按 Enter 键确认，效果如图 11-144 所示
```

至此，剖面图的绘制已完成，最终如图 11-145 所示。

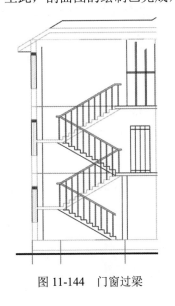

图 11-144　门窗过梁

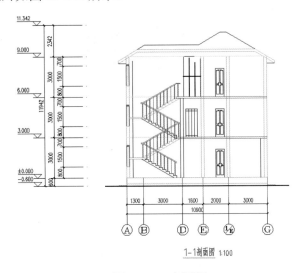

图 11-145　剖面图

11.4 建筑详图的绘制

11.4.1 厨房详图

步骤 01 首先从 11.2.1 节中绘制的"二层平面图"中复制需要的墙体。具体做法为：将"二层平面图"另存为"厨房详图"，然后删除不需要的部分，得到如图 11-146 所示的图形。

步骤 02 调整图形的绘图比例，执行"设置"|"当前比例"命令，将当前比例设置为 1:20。命令行提示如下：

命令：TPScale
当前比例<100>:20//输入要调整的比例，按 Enter 键退出

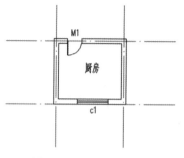

图 11-146 厨房平面图

步骤 03 绘制厨房家具。执行"图库图案"|"通用图库"命令，在打开的"天正图库管理系统"对话框中双击选择的图案，如图 11-147 所示，在打开的"图块编辑"对话框中设置插入参数，如图 11-148 所示，返回绘图区在命令行点取插入点[转 90(A)/左右(S)/上下(D)/对齐(F)/外框(E)/转角(R)/基点(T)/更换(C)]<退出>:提示下，配合"对象捕捉"和"对象捕捉追踪"功能定位插入点，插入厨房中，结果如图 11-149 所示。

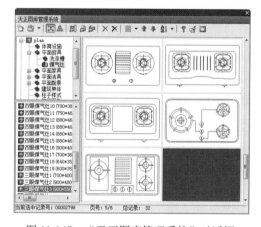

图 11-147 "天正图库管理系统"对话框

图 11-148 设置块参数

步骤 04 重复执行上一操作步骤，分别为厨房插入其他用具，并插入地漏，使用箭头表示坡度，结果如图 11-150 所示。

图 11-149 插入灶具

图 11-150 插入其他图例

步骤 05 执行"符号标注"|"图名标注"命令,在打开的"图名标注"对话框中设置参数如图 11-151 所示,为厨房详图标注图名及比例,结果如图 11-152 所示。

图 11-151 "图名标注"对话框

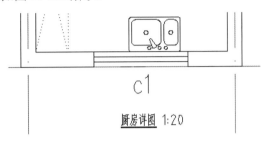

图 11-152 图名标注实例

步骤 06 调整视图,使厨房详图全部显示,最终结果如图 11-153 所示。

11.4.2 卫生间详图

卫生间详图的绘制与厨房详图的绘制基本相同。天正建筑中提供了专门进行卫生间洁具布置的"洁具布置"命令。

执行"房间屋顶"|"房间布置"|"洁具布置"命令,将洁具插入到合适的位置,效果如图 11-154 所示。

图 11-153 厨房详图

图 11-154 卫生间详图

11.5 小 结

本章详细介绍了天正建筑 2021 的各种专业功能,包括各种轴网柱子、墙体、尺寸标注等各种自定义对象的使用方法,并且通过实例讲解了天正建筑功能与 AutoCAD 命令的结合使用。本章完成了别墅的首层、二层、三层、屋顶平面图的绘制,并且利用"工程管理"命令绘制了相应的立面图和剖面图。读者通过本章的学习,基本掌握天正建筑软件的使用方法,并对别墅施工图的绘制有一个清晰的掌握。

11.6 上机练习

根据以上所学习到的内容，利用天正建筑软件绘制出如图 11-155~图 11-159 所示的某办公楼的首层平面图、二层平面图和屋顶平面图。注意该办公楼一共有 5 层，二层平面图为标准层平面图，并根据平面图绘制出立面图和剖面图。

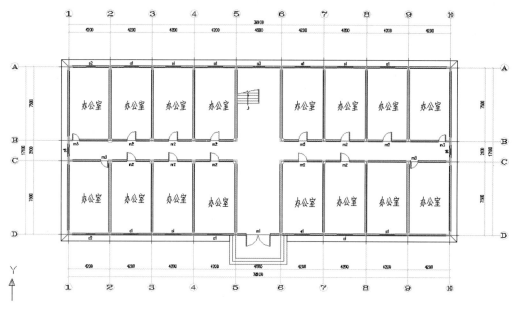

图 11-155 某办公楼首层平面图

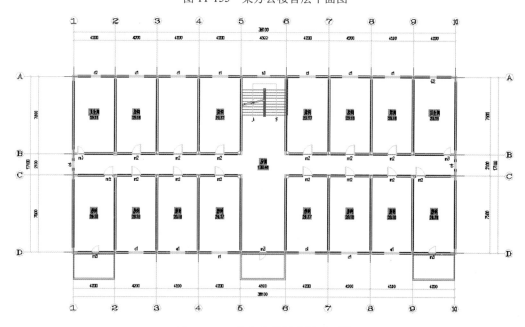

图 11-156 某办公楼标准层平面图

图 11-157　某办公楼屋顶平面图

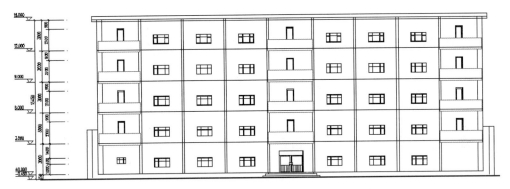

图 11-158　某办公楼屋正立面图

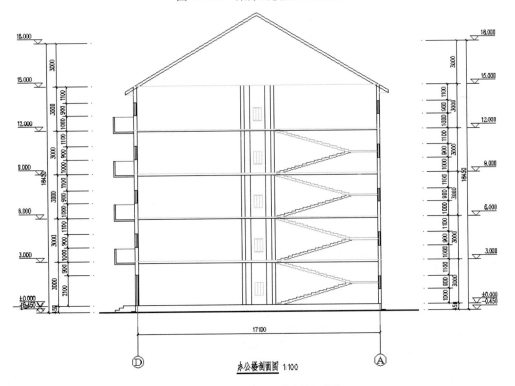

办公楼剖面图 1:100

图 11-159　某办公楼屋剖面图

附 录

快捷命令的使用

使用快捷命令，可以提高绘图的效率，这里为读者列出了 AutoCAD 常见的快捷命令，方便读者绘图时使用。

1. 基本绘图命令

快捷命令	对应命令	菜单操作	功　能
L	LINE	绘图→直线	绘制直线
XL	XLINE	绘图→构造线	绘制构造线
PL	PLINE	绘图→多段线	绘制多段线
POL	POLYGON	绘图→正多边形	绘制正三角形、正方形等正多边形
REC	RECTANGLE	绘图→矩形	绘制日常所说的长方形
A	ARC	绘图→圆弧	绘制圆弧，圆弧是圆的一部分
C	CIRCLE	绘图→圆	绘制圆
SPL	SPLINE	绘图→样条曲线	绘制样条曲线
EL	ELLIPSE	绘图→椭圆	绘制椭圆或椭圆弧
I	INSERT	插入→块	弹出"插入"对话框，插入块
B	BLOCK	绘图→块→创建	弹出"块定义"对话框，定义新的图块
PO	POINT	绘图→点→单点	创建多个点
H	BHATCH	绘图→图案填充	创建填充图案
GD	GRADIENT	绘图→渐变色	创建渐变色
REG	REGION	绘图→面域	创建面域
TB	TABLE	绘图→表格	创建表格
MT/T	MTEXT	绘图→文字→多行文字	创建多行文字
ME	MEASURE	绘图→点→定距等分	创建定距等分点
DIV	DIVIDE	绘图→点→定数等分	创建定数等分点

2. 二维绘图编辑命令

快捷命令	对应命令	菜单操作	功　能
E	ERASE	修改→删除	将图形对象从绘图区删除
CO/CP	COPY	修改→复制	可以从原对象以指定的角度和方向创建对象的副本
MI	MIRROR	修改→镜像	创建相对于某一对称轴的对象副本
O	OFFSET	修改→偏移	根据指定距离或通过点，创建一个与原有图形对象平行或具有同心结构的形体
AR	ARRAY	修改→阵列	按矩形或环形有规律的复制对象

（续表）

快捷命令	对应命令	菜单操作	功　能
M	MOVE	修改→移动	将图形对象从一个位置按照一定的角度和距离移动到另外一个位置
RO	ROTATE	修改→旋转	绕指定基点旋转图形中的对象
SC	SCALE	修改→缩放	通过一定的方式在 X、Y 和 Z 方向按比例放大或缩小对象
S	STRETCH	修改→拉伸	以交叉窗口或交叉多边形选择拉伸对象，选择窗口外的部分不会有任何改变；选择窗口内的部分会随选择窗口的移动而移动，但也不会有形状的改变，只有与选择窗口相交的部分会被拉伸
TR	TRIM	修改→修剪	将选定的对象在指定边界一侧的部分剪切掉
EX	EXTEND	修改→延伸	将选定的对象延伸至指定的边界上
BR	BREAK	修改→打断	通过打断点将所选的对象分成两部分，或者删除对象上的某一部分
J	JOIN	修改→合并	将几个对象合并为一个完整的对象，或者将一个开放的对象闭合
CHA	CHAMFER	修改→倒角	使用成角的直线连接两个对象
F	FILLET	修改→圆角	使用与对象相切并且具有指定半径的圆弧连接两个对象
X	EXPLODE	修改→分解	将合成对象分解为多个单一的组成对象
PE	PEDIT	修改→对象→多段线	对多段线进行编辑或将其他图线转换成多段线
SU	SUBTRACT	修改→实体编辑→差集	差集
UNI	UNION	修改→实体编辑→并集	并集
IN	INTERSECT	修改→实体编辑→交集	交集

3. 尺寸标注命令

快捷命令	对应命令	菜单操作	功　能
D	DIMSTYLE	格式→标注样式	创建和修改尺寸标注样式
DLI	DIMLINEAR	标注→线性	创建线性尺寸标注
DAL	DIMALIGNED	标注→对齐	创建对齐尺寸标注
DAR	DIMARC	标注→弧长	创建弧长标注
DOR	DIMORDINATE	标注→坐标	创建坐标标注
DRA	DIMRADIUS	标注→半径	创建半径标注
DDI	DIMDIAMETER	标注→直径	创建直径标注
DJO	DIMJOGGED	标注→折弯	创建折弯半径标注
DJL	DIMJOGLINE	标注→折弯线性	创建折弯线性标注
DAN	DIMANGULAR	标注→角度	创建角度标注
DBA	DIMBASELINE	标注→基线	创建基线标注
DCO	DIMCONTINUE	标注→连续	创建连续标注
DCE	DIMCENTER	标注→圆心标记	创建圆心标记
TOL	TOLERANCE	标注→公差	创建形位公差

（续表）

快捷命令	对应命令	菜单操作	功　能
LE	QLEADER	-	创建引线或者引线标注
DED	DIMEDIT	-	对延伸线和标注文字进行编辑
MLS	MLEADERSTYLE	格式→多重引线样式	创建和修改多重引线样式
MLD	MLEADER	标注→多重引线	创建多重引线
MLC	MLEADERCOLLECT	修改→对象→多重引线→合并	合并多重引线
MLA	MLEADERALIGN	修改→对象→多重引线→对齐	对齐多重引线

4. 文字相关命令

快捷命令	对应命令	菜单操作	功　能
ST	STYLE	格式→文字样式	创建文字样式
DT	TEXT	绘图→文字→单行文字	创建单行文字
MT	MTEXT	绘图→文字→多行文字	创建多行文字
ED	DDEDIT	修改→对象→文字→编辑	编辑文字
SP	SPELL	工具→拼写检查	拼写检查
TS	TABLESTYLE	格式→表格样式	创建表格样式
TB	TABLE	绘图→表格	创建表格

5. 其他命令

快捷命令	对应命令	菜单操作	功　能
H	HATCH	绘图→图案填充	创建图案填充
GD	GRADIENT	绘图→渐变色	创建渐变色
HE	HATCHEDIT	修改→对象→图案填充	编辑图案填充
BO	BOUNDARY	绘图→边界	创建边界
REG	REGION	绘图→面域	创建面域
B	BLOCK	绘图→块→创建	创建块
W	WBLOCK	-	创建外部块
ATT	ATTDEF	绘图→块→定义属性	定义属性
I	INSERT	插入→块	插入块文件
BE	BEDIT	工具→块编辑器	在块编辑器中打开块定义
Z	ZOOM	视图→缩放	缩放视图
P	PAN	视图→平移→实时	平移视图
RA	REDRAWALL	视图→重画	刷新所有视口的显示
RE	REGEN	视图→重生成	从当前视口重生成整个图形
REA	REGENALL	视图→全部重生成	重生成图形并刷新所有视口
UN	UNITS	格式→单位	设置绘图单位
OP	OPTIONS	工具→选项	打开"选项"对话框
DS	DSETTINGS	工具→草图设置	打开"草图设置"对话框

6. 特性相关命令

快捷命令	对应命令	菜单操作	功　能
LA	LAYER	格式→图层	打开"图层特性管理器"选项板，创建和管理图层
COL	COLOR	格式→颜色	设置新对象颜色
LT	LINETYPE	格式→线型	设置新对象线型

（续表）

快捷命令	对应命令	菜单操作	功 能
LW	LWEIGHT	格式→线宽	设置新对象线宽
LTS	LTSCALE	-	设置线型比例因子
REN	RENAME	格式→重命名	更改指定项目的名称
MA	MATCHPROP	修改→特性匹配	将选定对象的特性应用于其他对象
ADC/DC	ADCENTER	工具→选项板→设计中心	打开设计中心
MO	PROPERTIES	工具→选项板→特性	打开特性选项板
OS	OSNAP	-	设置对象捕捉模式
SN	SNAP	-	设置捕捉
DS	DSETTINGS	-	设置极轴追踪
EXP	EXPORT	文件→输出	输出数据，以其他文件格式保存图形中的对象
IMP	IMPORT	文件→输入	将不同格式的文件输入当前图形中
PRINT	PLOT	文件→打印	创建打印
PU	PURGE	文件→图形实用工具→清理	删除图形中未使用的项目
PRE	PREVIEW	文件→打印预览	创建打印预览
TO	TOOLBAR	-	显示、隐藏和自定义工具栏
V	VIEW	视图→命名视图	命名视图
TP	TOOLPALETTES	工具→选项板→工具选项板	打开工具选项板窗口
MEA	MEASUREGEOM	工具→查询→距离	测量距离、半径、角度、面积、体积等
PTW	PUBLISHTOWEB	文件→网上发布	创建网上发布
AA	AREA	工具→查询→面积	测量面积
DI	DIST	-	测量两点之间的距离和角度
LI	LIST	工具→查询→列表	创建查询列表

7. 视窗缩放

快捷命令	功 能
P	PAN 平移
Z＋空格＋空格	实时缩放
Z	局部放大
Z+P	返回上一视图
Z＋E	显示全图

8. 常用Ctrl快捷键

快捷命令	功 能
【Ctrl】＋1	PROPERTIES 修改特性
【Ctrl】＋2	ADCENTER 打开设计中心
【Ctrl】＋3	TOOLPALETTES 打开工具选项板
【Ctrl】＋9	COMMANDLINEHIDE 控制命令行开关
【Ctrl】＋O	OPEN 打开文件

（续表）

快捷命令	功　能
【Ctrl】＋N、M	NEW 新建文件
【Ctrl】＋P	PRINT 打印文件
【Ctrl】＋S	SAVE 保存文件
【Ctrl】＋Z	UNDO 放弃
【Ctrl】＋A	全部旋转
【Ctrl】＋X	CUTCLIP 剪切
【Ctrl】＋C	COPYCLIP 复制
【Ctrl】＋V	PASTECLIP 粘贴
【Ctrl】＋B	SNAP 栅格捕捉
【Ctrl】＋F	OSNAP 对象捕捉
【Ctrl】＋G	GRID 栅格
【Ctrl】＋L	ORTHO 正交
【Ctrl】＋W	对象追踪
【Ctrl】＋U	极轴

9. 常用功能键

快捷命令	功　能
【F1】	HELP 帮助
【F2】	文本窗口
【F3】	OSNAP 对象捕捉
【F7】	GRIP 栅格
【F8】	ORTHO 正交